기초제도·계획설계·실시설계를 위한

건축상세설계

윤천근 강혁진 전봉구 김혜민 이우진 공저

ARCHITECTUREARCH

기문당

머리말

건축설계도면은 건축적 표현의 의사전달 수단인 동시에 세계적으로 통용되는 언어라고 할 수 있다. 건축제도는 건축을 종합적으로 표현하기 위한 건축설계도면을 작도하는 기본적인 기술로 건축가뿐만 아니라 건축주에게 의사전달의 중요한 수단이다.

건축물이 완성되기 위해서는 설계도면의 반복적인 연습을 통하여 이해와 표현력을 배양하고, 여러 종류의 도면을 정확하게 표현할 수 있는 작도방법이 요구되고 있다. 건축설계제도를 학생들에게 강의하고 실습을 지도해 오면서 건축물의 형태를 명확하게 파악하지 못하고 기계적으로 도면을 작도하는 경향이 있음을 알고, 건축제도의 실습내용을 쉽게 이해·활용할 수 있는 교재의 필요성을 절실하게 느끼고 건축물의 입체적인 형태를 제시하며 새로운 내용을 보완하여 책으로 펴내기로 하였다.

이 책은 1장에서 4장까지는 건축설계도서의 종류, 건축제도의 일반사항과 표시기호, 건축제도의 기본연습으로 구성하였으며, 5장과 6장에서는 기본도면의 이해와 작도, 7장과 8장에서는 상세도면의 이해와 작도, 9장과 10장에서는 구조도면의 이해와 작도 및 11장에서는 건축물의 용도별 상세도를 제시하였다. 그리고 부록에서는 건축상세설계 도면 작성과 관련이 높은 건축산업기사 기출문제와 건축사 기출문제를 정리하여 건축도면 작도에 필요한 다양한 표현방법들을 제시하였다.

기초적인 표현에서 시작하여 각종 상세도면의 작도 등 상세한 내용까지 제시하여 건축도면을 작도하는 학생들과 건축산업기사 및 건축사 실기를 준비하는 교재로 편성하였다.

그러나 아직 책의 내용에 부족한 부분이 다소 있을 것으로 생각되나, 이는 앞으로도 꾸준히 증보판에서 수정·보완해 나갈 것을 약속드리며, 아무쪼록 건축제도를 배우려는 학생들과 건축설계사무소에 입문을 준비하려는 독자들에게 좋은 지침서가 될 수 있기를 기대합니다.

끝으로 이 책의 출판을 기꺼이 허락해 주신 기문당의 강해작 사장님과 편집부 여러분들께 감사드립니다.

저 자

차 례

1. 건축설계도서의 종류

1-1. 일반도면

(1) 배치도(block plan, site plan)

배치도는 대지 안에 건축물의 위치 및 점유 부분과 그 밖의 부속건물 위치, 방위, 지형형상, 통로, 건축선, 조경 등을 평면으로 나타낸 도면이다.

(2) 평면도(floor plan)

일반단면도가 건물의 수직단면을 말한다면 평면도는 당해 층 지반면 혹은 당해 층 바닥의 약 1.2m(4feet) 정도에서 수평으로 잘라 그린 수평단면을 의미한다.

실의 배치, 넓이, 개구부의 위치, 크기, 창문이나 출입구 구별, 기둥, 벽, 바닥 등의 완성된 것을 나타낸 것으로서 설계, 시공, 어느 면에서나 가장 기본이 되는 중요한 도면이다.

평면도의 축척은 건물 규모에 따라 달라지지만 정확한 시공이나 견적을 위하여 부분평면상세도를 그려주기도 한다.

(3) 입면도(elevation)

입면도는 건물의 외부 모양을 각 방향(정면, 우측면, 좌측면, 배면)에 대하여 그린 도면으로서, 건물의 외형에 관한 전체를 한눈에 알아보기 위한 도면이다.

(4) 단면도(section)

단면도는 건축물을 수직으로 절단하여 수평방향에서 본 그림이다.

단면도에는 건축을 장축방향으로 절단했을 때의 종단면도와 단축방향으로 절단했을 때의 횡단면도 2종류가 있으며 평면도에 절단선을 그려 절단부의 위치를 나타내 주기도 한다.

(5) 각부 상세도(detail)

상세도는 기준도에 나타나지 않은 특정한 부분을 그린 도면으로서 단면상세, 평면상세, 입면상세의 3종류가 있다.

(6) 투시도(perspective)

투시도는 카메라 렌즈가 필름에 영상을 담는 것과 같이 건물이나 사물의 겉모양 및 실내 모양을 입체감 있게 투시작도법에 의하여 그린 도면을 말한다. 도면의 종류로는 1점 투시도, 2점 투시도, 3점 투시도가 있다.

1-2. 구조도면

(1) 기초도(foundation drawing)

기초도는 기계의 설치나 구조물의 기초공사에 쓰이는 도면으로 벽, 기둥의 위치와 함께 기초의 위치, 모양, 크기와 지중보의 연결 모양, 옹벽에 관한 사항 등을 평면으로 나타낸 도면이다.

(2) 바닥틀도(floor framing drawing) 및 보틀도(girder beam construction plan)

각 층의 바닥구조도를 말한다. 바닥을 꾸미는 뼈대를 나타내는 도면으로, 목조 마루틀의 경우, 바닥판 하부의 구조인 토대, 동바리, 멍에, 장선, 바닥재의 규격 및 배치 등을 나타내고, 기타 구조(온돌, 무근콘크리트 등)의 마감을 표시하기도 한다.

철근콘크리트구조인 경우, 각종 보, 기둥, 바닥의 구조를 나타내고 각 부재의 단면 크기에 따라 부호를 붙여 별도의 기둥, 보 리스트도에 각부의 치수, 철근배근 관계 등을 정확히 나타내준다.

(3) 지붕틀 평면도(roof truss plan)

지붕틀 평면도의 경우 우선 평면의 윤곽을 점선으로 표시하고, 그 위에 골격을 작도하는데 트러스의 위치, 부재(도리, 보, 중도리, 마룻대, 서까래 등)의 크기, 지붕 및 트러스의 형식, 물매, 지붕마감재를 표시하며 물홈통의 위치 등도 표시한다.

(4) 천장 평면도(ceiling plan)

천장을 볼 때 평면적으로 나타낸 도면으로 천장의 형태, 반자틀의 구조 및 재료 크기, 환기구, 조명기구의 위치 등을 나타낸 도면을 말한다.

(5) 슬래브철근 배근도

철근콘크리트조의 바닥에 배근되는 철근의 틀 모양을 나타내는 도면으로서, 장변과 단변 방향의 벤트업 위치, 상부근과 하부근의 위치, 간격, 굵기 등을 표시하고 큰보나 작은보를 경계로 바닥판의 크기가 다를 때는 슬래브에 부호를 붙여 기준이 될 슬래브 하나만을 그려주게 된다.

(6) 라멘도(rahmen framing drawing)

라멘이란, 구조부재의 절점, 즉 결합부가 강결로 되어 있는 골조를 말하는데, 이러한 구조물의 골조, 즉 인장재, 압축재, 휨재의 구성 틀을 그린 그림을 라멘도라 한다. 평면상 장축방향의 종라멘도와 단축방향의 횡라멘도, 기타 특별한 구조의 배근 부분을 그린다.

1-3. 각종 설비도면

설비 관계 도면은 건물의 특수성이나 규모에 따라 해당 분야의 전문 기술자가 설계자의 의도에 입각해서 작성하는 것이 관례이며, 대부분 설비공사용 도면은 다음과 같은 종류가 있다.

(1) 전기 설비도(electronic drawing)

전등, 전력용, 통신, 전화용, 일반경보, 화재경보용, 전기시계장치용 등의 배선도와 스위치, 분전배전반, 시설계통도, 동력관계도, 방재관계도 등을 나타낸 도면이다.

(2) 급배수(위생) 설비도(plumbing equipment)

건물의 급수, 급탕, 변수 등 처리에 관한 일체의 설비도, 일반적으로 급배수의 관공사뿐만 아니라 가스관공사도 포함되고, 관공사 외에 위생설비의 각종 기구나 스프링클러 등 방화설비 배관도 포함된다.

(3) 난방 설비도(heating apparatus drawing)

건물의 난방과 관련된 각종 배관의 위치, 크기, 접합방법을 나타내고 보일러의 위치, 용량 등을 나타낸다.

(4) 공기조화 설비도(air conditioning drawing)

공기조화장치 설비에 관한 모든 것을 나타내는 도면으로서 열원장치, 열운반장치, 공기조화기 자동제어장치 등을 나타낸다.

엘리베이터, 에스컬레이터, 리프트 등의 설치와 관련된 도면이다.

2. 건축제도의 일반사항

건축제도 총칙(KS F 1501)

2-1. 도면의 크기

① 제도용지의 크기는 KS A 5201(종이의 재단치수)의 A열의 A0~A6에 따른다. 다만, 필요에 따라 직사각형으로 연장할 수 있다.

② 도면은 그 길이방향을 좌우방향으로 놓은 위치를 정위치로 한다. 다만, A6 이하 도면은 이에 따르지 않아도 좋다.

③ 도면의 테두리를 만들 때는 여백을 다음 그림과 같이 표시하고, 치수는 다음의 표와 같다.

④ 접은 도면의 크기는 A4의 크기를 원칙으로 한다.

• 테두리선

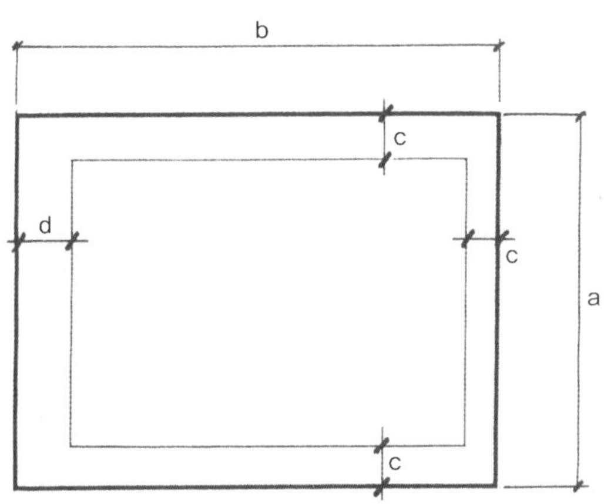

• 제도용지의 크기에 따른 테두리선 여백

(단위 : mm)

제도용지의 치수		A_0	A_1	A_2	A_3	A_4	A_5	A_6
a × b		841×1,189	594×841	420×594	297×420	210×297	148×210	105×148
c(최소)		10	10	10	5	5	5	5
d (최소)	철하지 않을 때	10	10	10	5	5	5	5
	철할 때	25	25	25	25	25	25	25

2-2. 투상법

(1) 투상법은 제3각법으로 작도함을 원칙으로 한다.

(2) 투상면의 명칭

A방향의 투상면 = 정면도

B방향의 투상면 = 평면도

C방향의 투상면 = 좌측면도

D방향의 투상면 = 우측면도

E방향의 투상면 = 배면도

다만, 방향에 따라 남측 입면도, 서측 입면도, 동측 입면도, 북측 입면도 등으로 표시하여도 좋다.

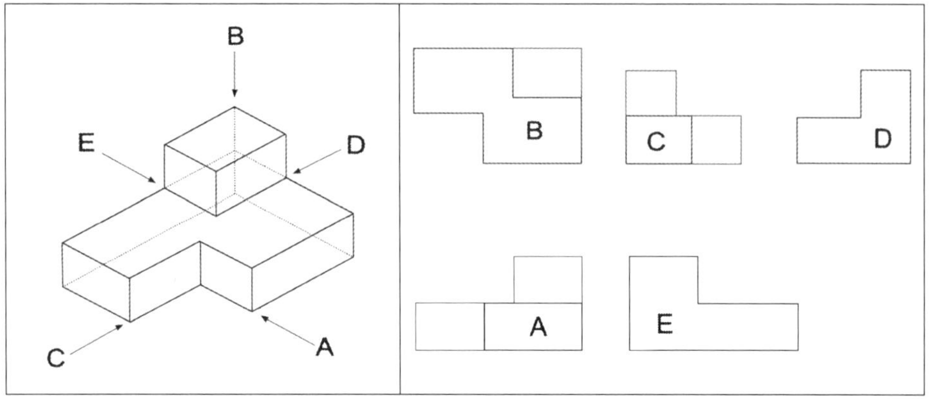

2-3. 도면의 방향

(1) 정면도, 배치도 등은 북을 위로 하여 작도함을 원칙으로 한다.

(2) 입면도, 단면도 등은 위 아래 방향을 도면지의 위 아래와 일치시키는 것을 원칙으로 한다.

2-4. 척도(scale)

(1) 도면에는 척도를 기입하여야 한다. 만일), 한 도면에 서로 다른 척도를 사용하였을 때는 각 도면마다 또는 표제란의 일부에 척도를 기입하여야 한다. 그림의 형태가 치수에 비례하지 않을 때는 "NS(none scale)"로 표시한다.

(2) 사진 및 복사에 의해 축소 또는 확대되는 도면에는 그 척도에 따라 자의 눈금 일부를 기입한다.

(3) 척도의 종류는 실척, 축척, 배척으로 구별하며 목적에 따라 다음 중에서 선택하여 사용한다.

① 실척 : 1/1

② 축척 : 1/2, 1/3, 1/4, 1/5, 1/10, 1/25, 1/30, 1/40, 1/50, 1/100, 1/200, 1/250, 1/300, 1/500, 1/600, 1/1000, 1/1200, 1/2000, 1/2500, 1/3000, 1/5000, 1/6000

③ 배척 : 2/1, 5/1

2-5. 경사

(1) 경사지붕, 바닥, 경사로 등의 경사는 모두 경사각으로 이루어지는 밑변에 대한 높이의 비로 표시하고, "경사"의 다음에 분자를 1로 한 분수로 표시한다.

〈보기〉 경사 1/8, 경사 1/20, 경사 1/150

(2) 지붕은 10을 분모로 하여 표시할 수 있다.

〈보기〉 경사 1/10, 경사 2.5/10, 경사 4/10

(3) 경사는 각도로 표시하여도 좋다.

〈보기〉 경사 30°, 경사 45°

2-6. 선

선의 종류 및 사용법은 다음의 표에 따르고 배치도, 구조도, 계통도, 외형도, 측량도 등에는 필요에 따라 이외의 선을 사용할 수 있다.

선의 종류		사용방법
실선	━━━━━━	단면의 윤곽 표시
	──────	보이는 부분의 윤곽 표시 또는 좁거나 작은 면의 단면 부분의 윤곽 표시
	──────	치수선, 치수보조선, 인출선, 격자선 등의 표시
파선 또는 점선	- - - - - -	보이지 않은 부분이나 절단면보다 앞면 또는 윗면에 있는 부분의 표시
1점 쇄선	──── · ────	중심선, 절단, 기준선, 경계선, 참고선 등의 표시
2점 쇄선	──── · · ────	상실선 또는 1점 쇄선과 구별이 필요할 때

2-7. 글자

(1) 글자는 명확히 쓴다.

(2) 문장은 왼편에서부터 가로쓰기를 원칙으로 한다. 다만, 가로쓰기가 곤란할 때에는 세로쓰기도 할 수 있다. 여러 줄일 때에는 가로쓰기를 한다.

(3) 숫자는 아라비아 숫자를 원칙으로 한다.

(4) 글자체는 수직 또는 15° 경사의 고딕체로 쓰는 것을 원칙으로 한다.

(5) 글자의 크기는 각 도면의 상황에 맞추어 알아보기 쉬운 크기로 한다.

(6) 4위 이상의 수는 3위마다 휴지부를 찍거나, 간격을 둠을 원칙으로 한다. 다만, 4위의 수는 이에 따르지 않아도 좋다. 소수점은 밑에 찍는다.

2-8. 치수

(1) 치수는 특별히 명시하지 않는 한 마무리 치수로 표시한다.

(2) 치수기입은 치수선 중앙 윗 부분에 기입하는 것이 원칙이다. 다만, 치수선을 중단하고 선의 중앙에 기입할 수도 있다.(아래 그림 참조)

(3) 치수기입은 치수선에 평행으로 도면의 좌로부터 우로, 아래로부터 위로 읽을 수 있도록 기입한다.(아래 그림 참조)

(4) 협소한 간격이 연속될 때에는 인출선을 사용하여 치수를 쓴다.

(5) 치수선의 양끝은 아래의 그림과 같이 표시한다. 치수선의 양끝 표시는 화살 또는 점으로 표시할 수 있다. 같은 도면에서는 하나의 표기법으로 표현한다.

(6) 치수의 단위는 mm를 원칙으로 하고, 이때에 단위기호는 쓰지 않는다, 치수의 단위가 mm가 아닌 때에는 단위기호를 쓰거나 다른 방법으로 그 단위를 명시한다.

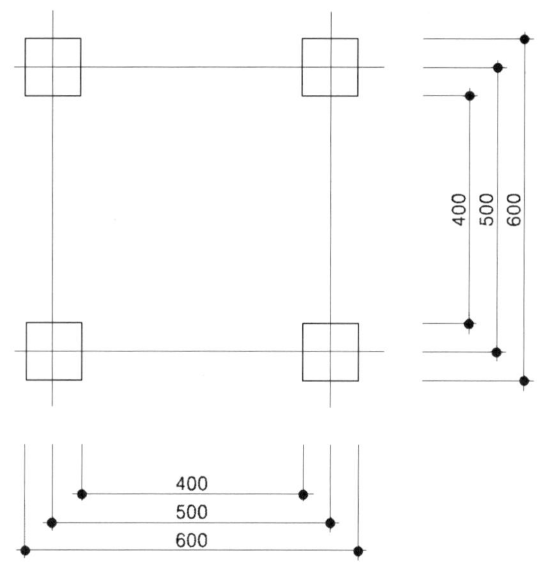

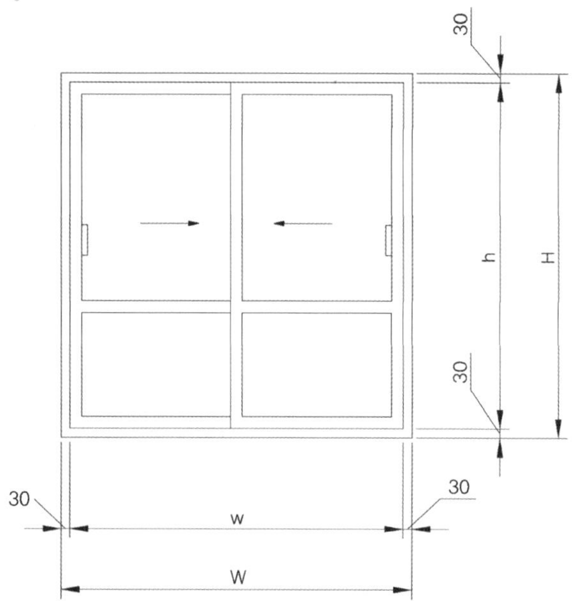

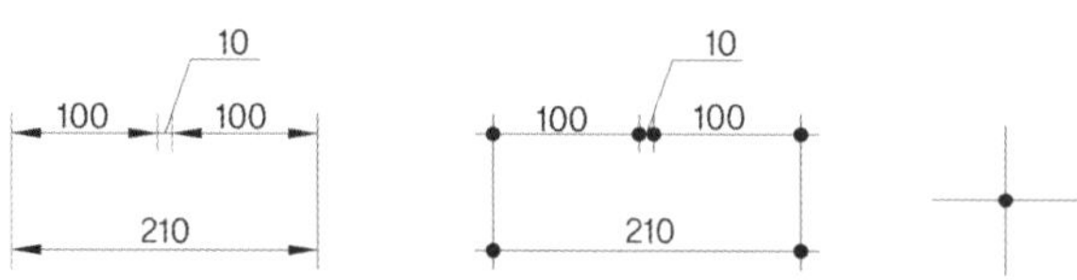

2-9. 도면 변경

도면을 변경할 때에는 변경한 부분에 적당한 기호를 써 놓고 변경 전의 모양 및 숫자를 보존하고 변경의 목적, 이유 등을 명백히 한 후 변경부분을 별도로 표시한다.

2-10. 표제란

(1) 도면의 아래 끝에 표제란을 설정하고 다음 사항을 기입함을 원칙으로 한다. 계획, 공사구조물 등의 명칭, 도면명칭, 도면번호, 축척, 설계 또는 계획자의 성명, 책임자의 서명, 도면작성 기관 명칭, 도면작성 년, 월, 일, 기타 필요한 사항.

(2) 보기, 기타 주의 사항은 표제란 부근에 기입함을 원칙으로 한다.

3. 건축제도의 표시기호

3-1. 각종 재료의 평면 표시기호

구분	축척 1/100 또는 1/200 일 때	축척 1/20 또는 1/50 일 때
벽 일반	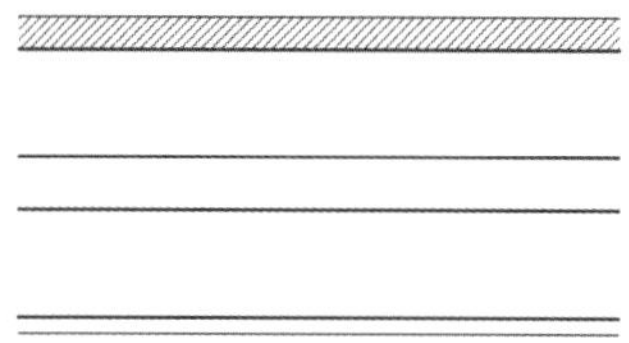	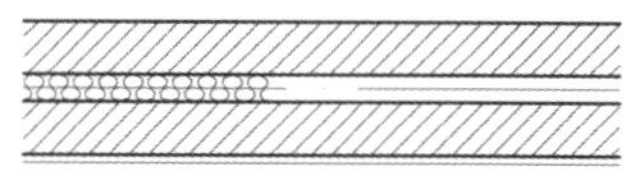
철골 · 철근 콘크리트 기둥 및 철근 콘크리트벽	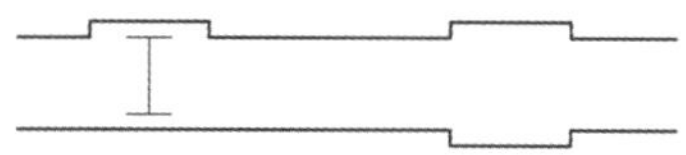	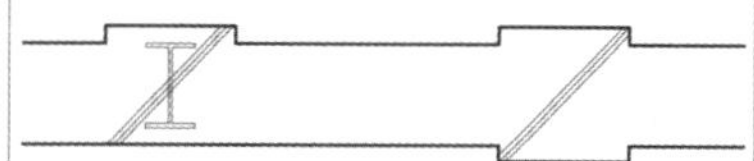
철근 콘크리트 기둥 및 칸막이 벽	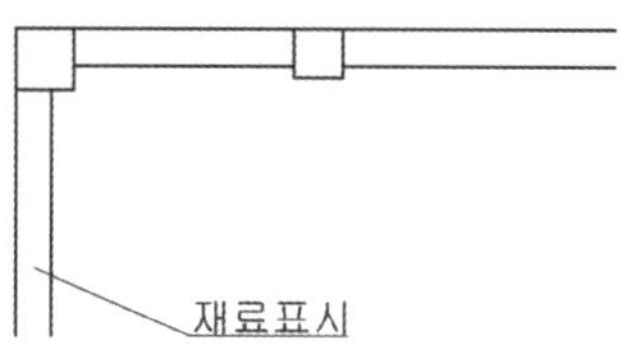	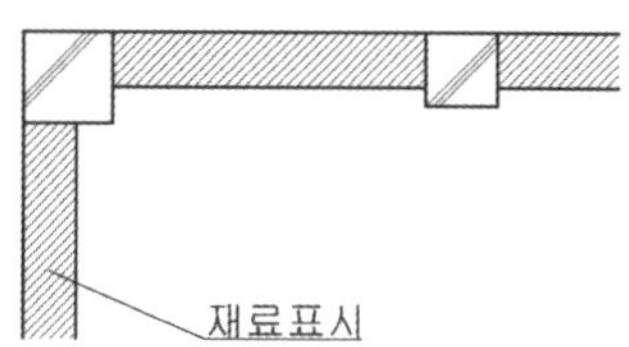
철골기둥 및 칸막이벽		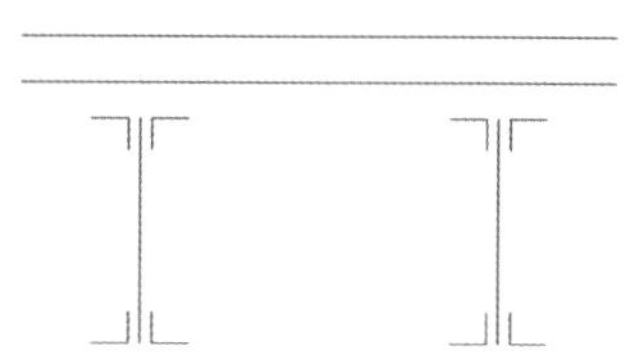

구분		축척 1/100 또는 1/200 일 때	축척 1/20 또는 1/50 일 때
블록벽		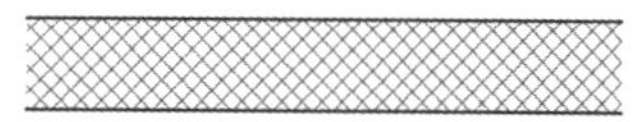	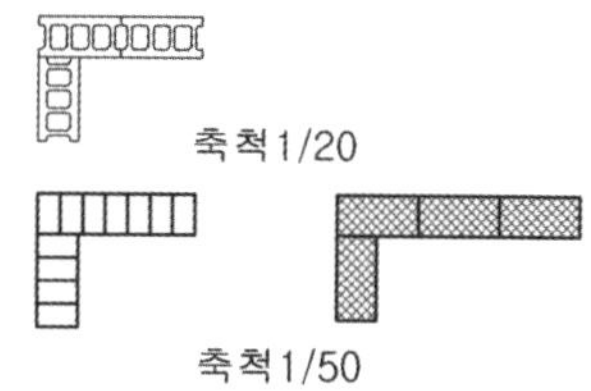
벽돌벽		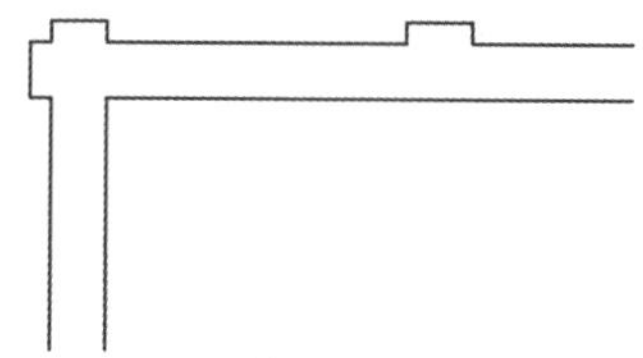	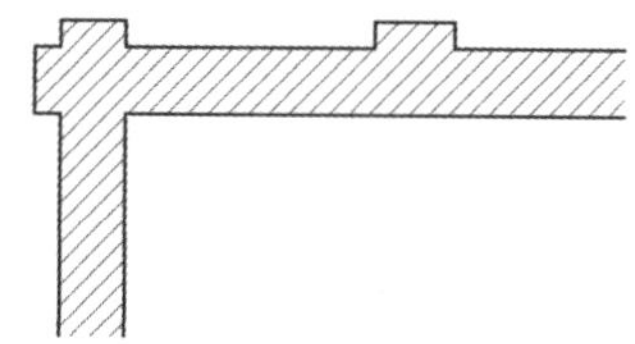
목조벽	양쪽심벽	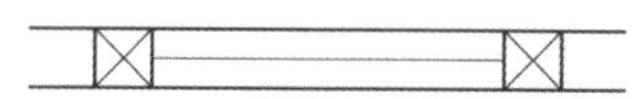	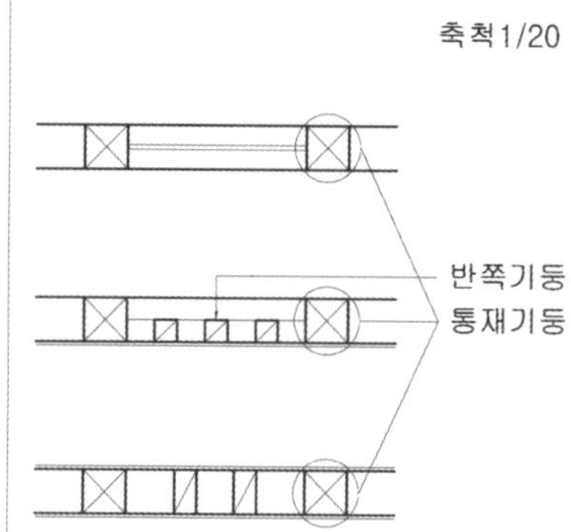
	안심벽 · 밖심벽	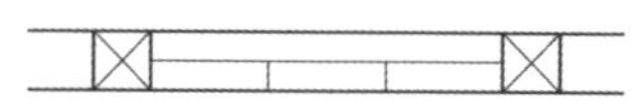	
	안팎평벽	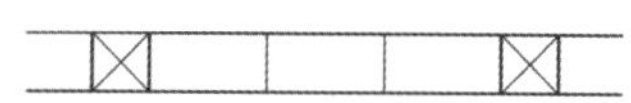	

3-2. 각종 재료의 단면 표시기호

구분	원칙사용	준용사용	비고
지반	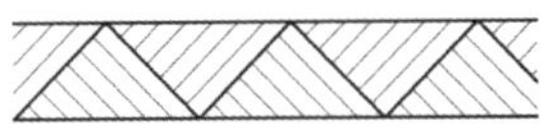	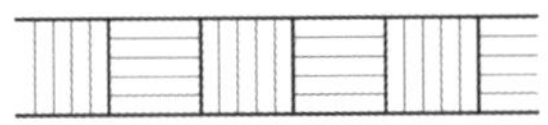	
잡석다짐	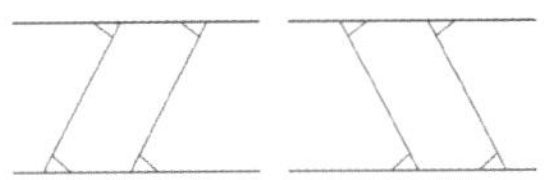	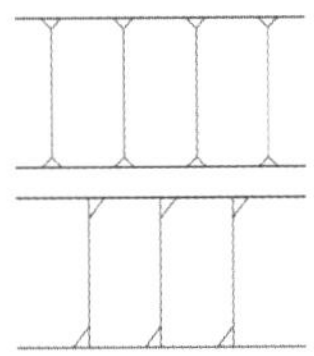	
자갈/모래	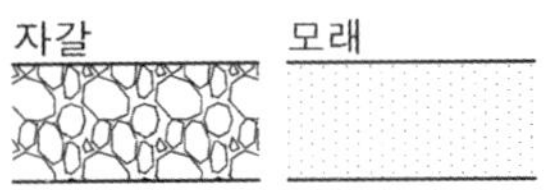	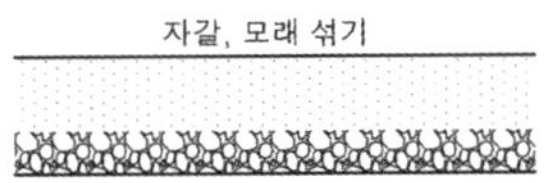	
석재 (자연석)	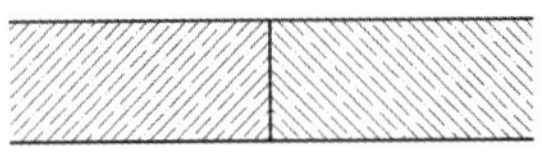		
석재 (모조석)	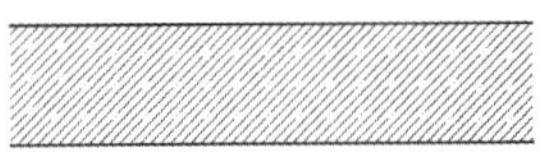		
콘크리트	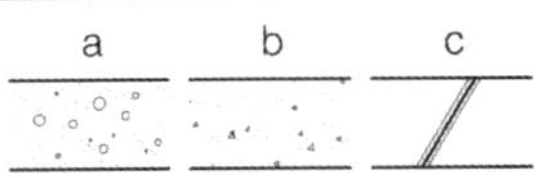		a : 강자갈 b : 깬자갈 c : 철근배근
벽돌	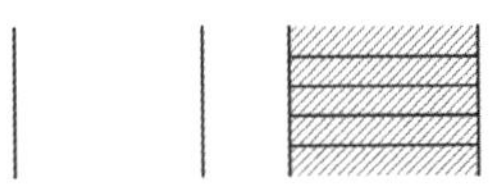	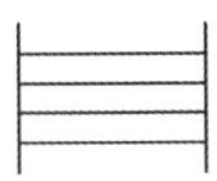	

구분		원칙사용	준용사용	비고
블록		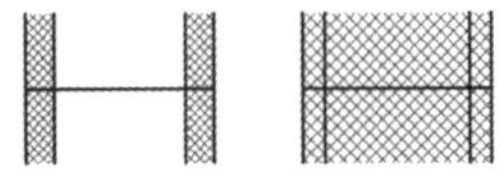	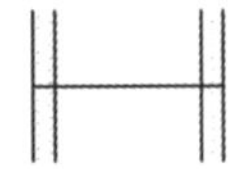	
목재	치장재	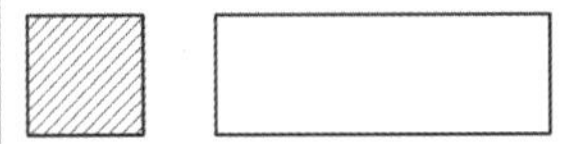	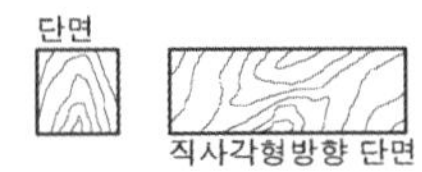	
	구조재		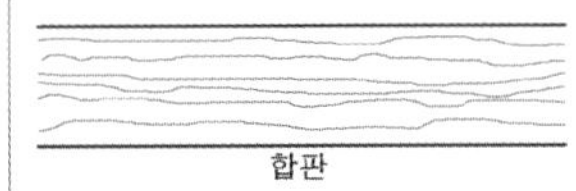	
철재			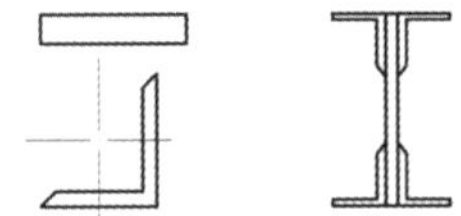	준용란은 축척이 실척에 가까울때 사용한다.
차단재 (보온,흡수, 방수,기타)		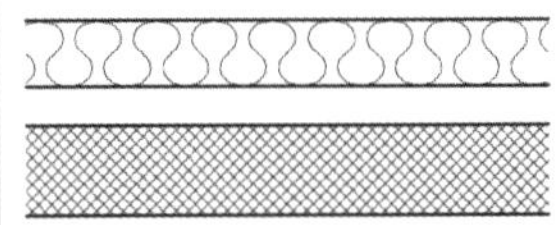		
얇은재료 (유리)				준용란은 축척이 실척에 가까울때 사용한다.
망 (사)				a는 실척에 가까울때 사용한다.
기타		윤곽을 그리고 재료명을 기입한다.		실척에 가까울수록 윤곽 또는 실형을 그리고 재료명을 기입한다.

3-3. 각종 재료의 표시기호 실습

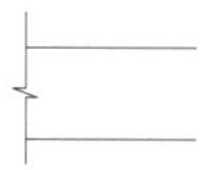
1. 절단선

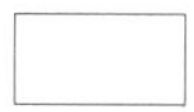
2. 입면선

3. 구조목재

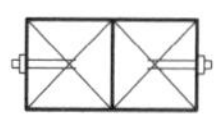
4. 앵커볼트

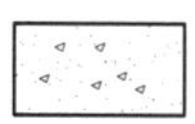
5. 자갈,모래 단면

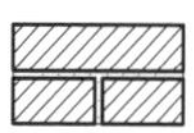
6. 벽돌 단면

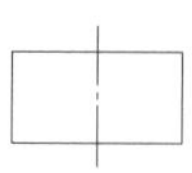
7. 중심선

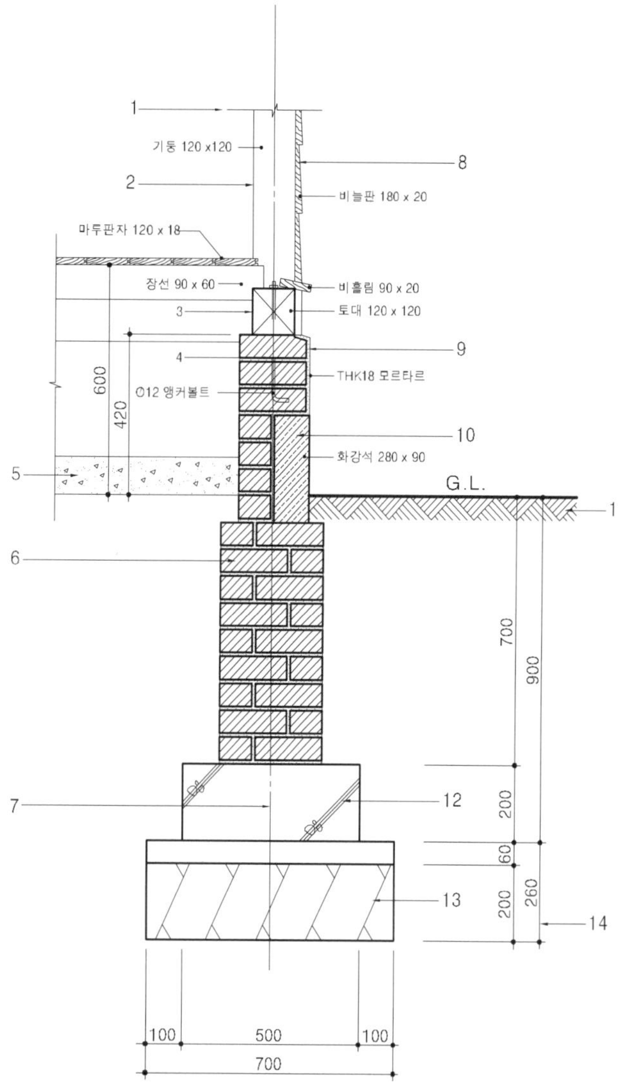

단 면 도 (축척:1/10)

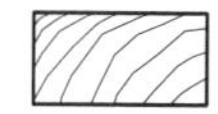
8. 목재 단면

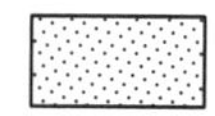
9. 모르타르 단면

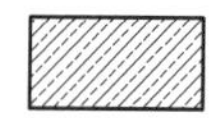
10. 석재 단면

11. 지반선

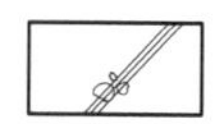
12. 콘크리트 단면

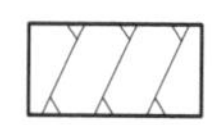
13. 잡석 단면

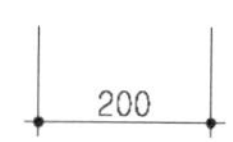

14. 치수 및 치수선

3-4. 창호 및 가구 표시기호

(1) 출입구 표현

명칭	평면형태	입면형태	입체표현	명칭	평면형태	입면형태	입체표현
출입구일반	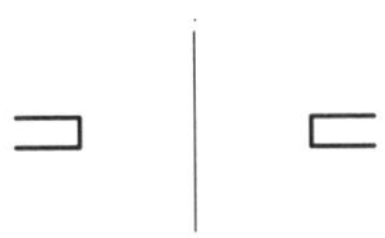	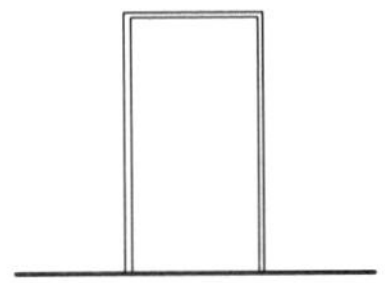	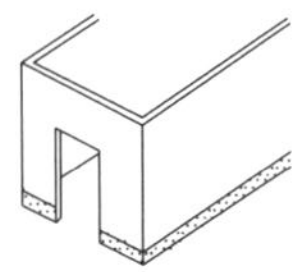	접 이 문		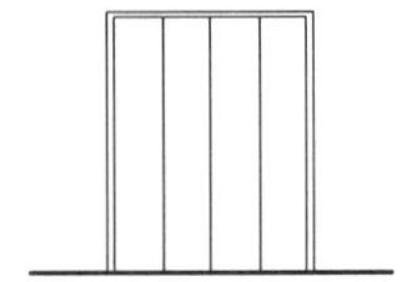	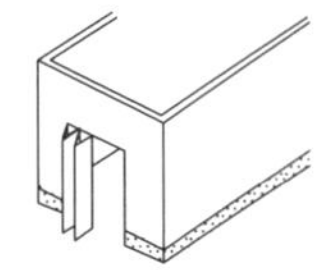
회 전 문	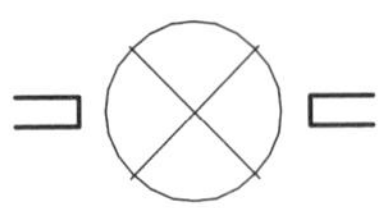	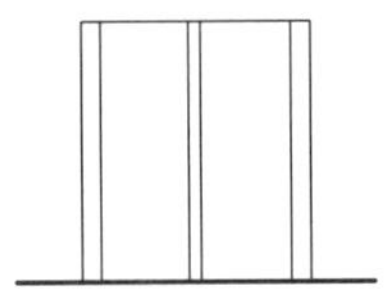	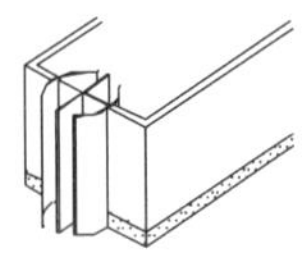	여닫이문	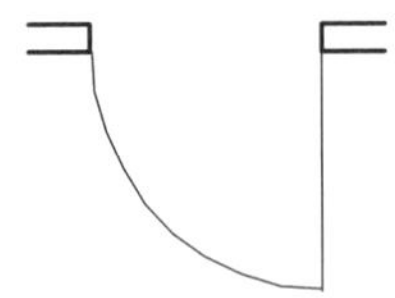	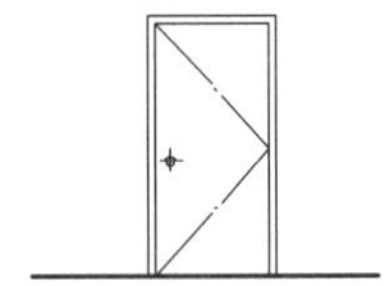	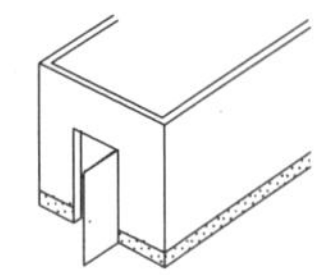
쌍여닫이문		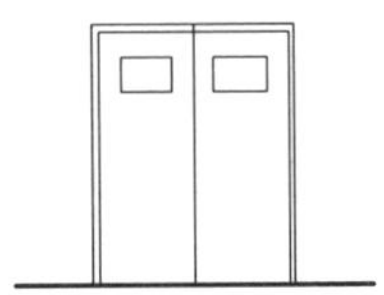	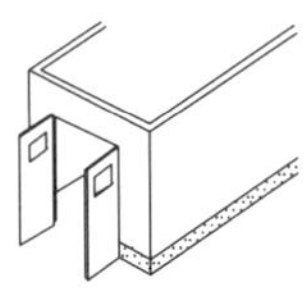	주 름 문		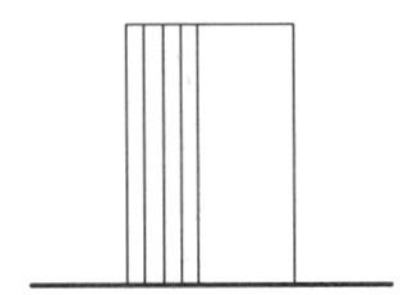	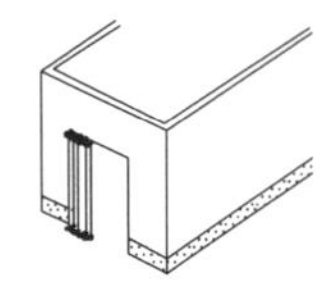

명칭	평면형태	입면형태	입체표현	명칭	평면형태	입면형태	입체표현
자 재 문	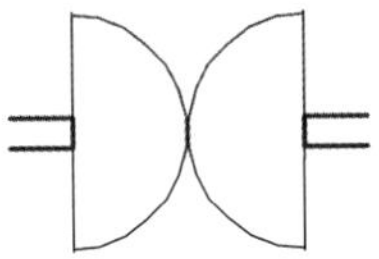	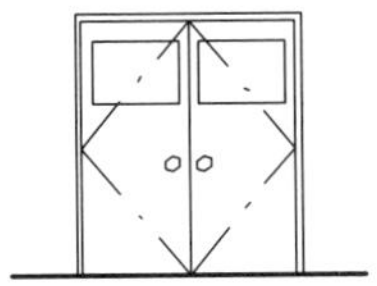	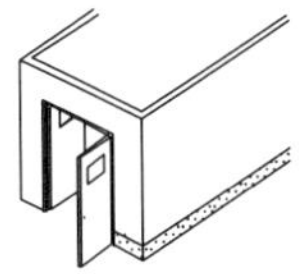	회전창 또는 돌출창	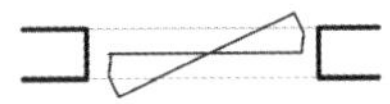	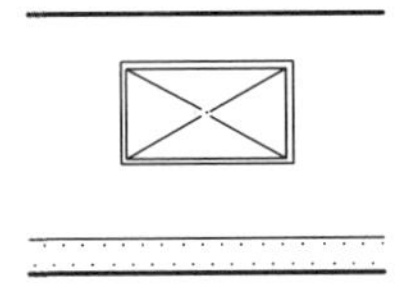	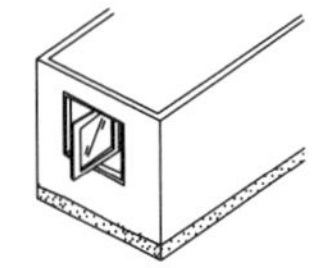
창 일 반		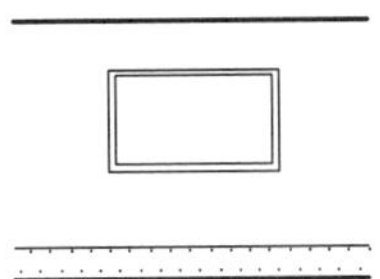	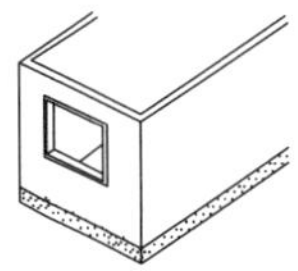	오르내리창	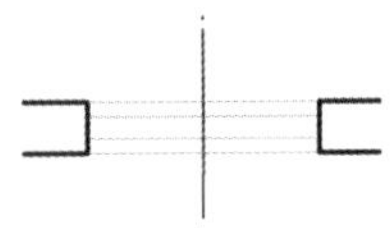	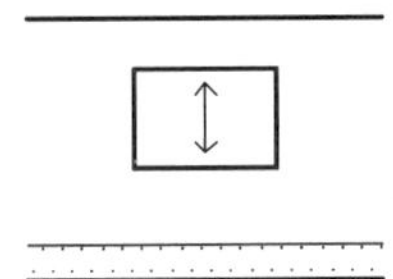	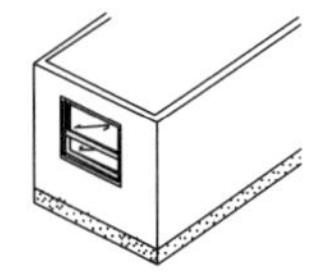
망 창		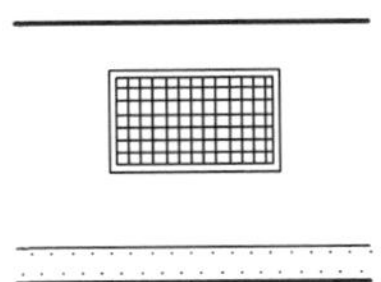	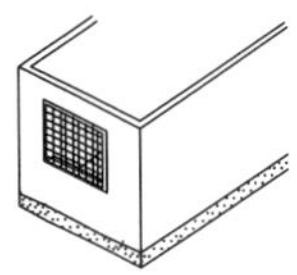	쌍여닫이창	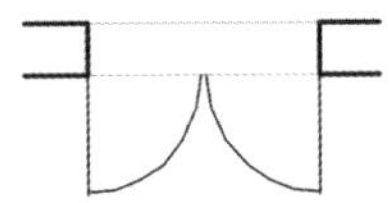	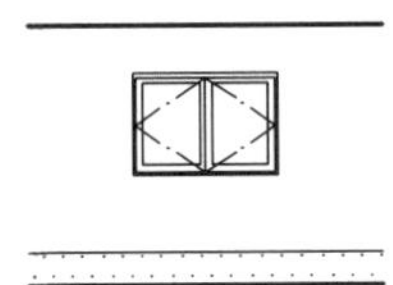	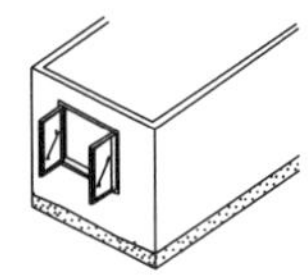

명칭	평면형태	입면형태	입체표현	명칭	평면형태	입면형태	입체표현
망 사 문	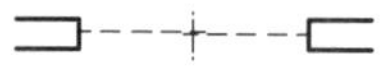	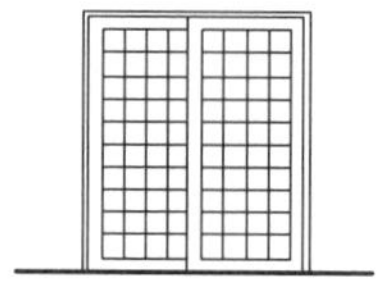	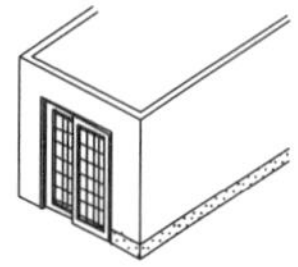	셔터창		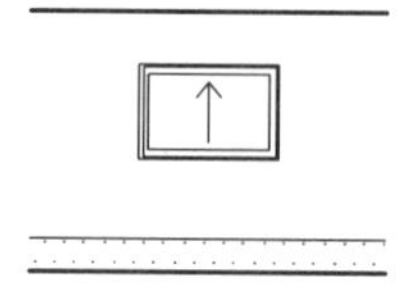	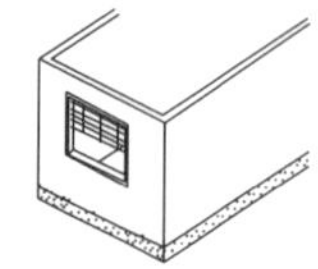
망 사 창		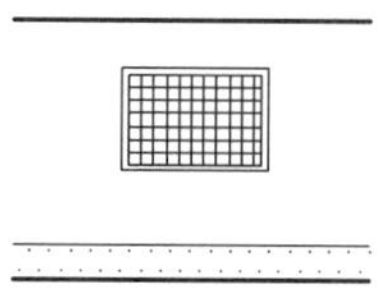	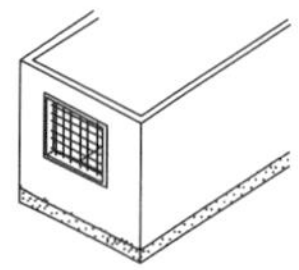	미세기창	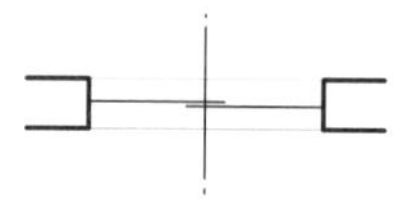	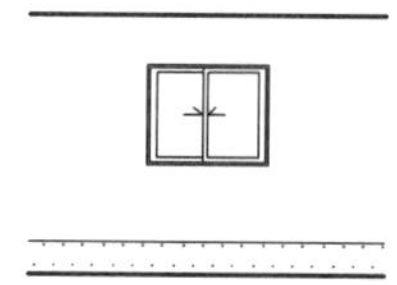	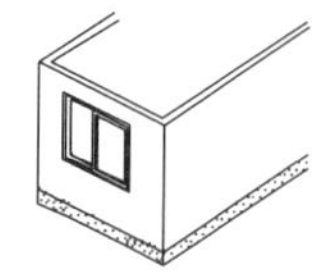
여닫이창	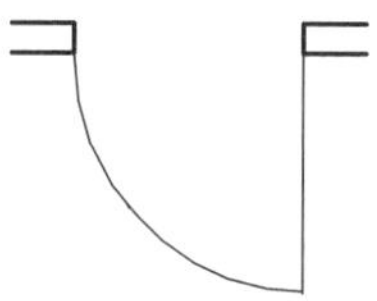	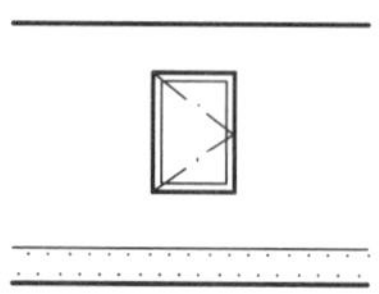	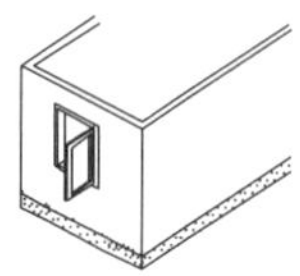	계단 오름표시	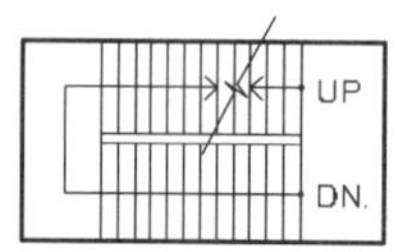	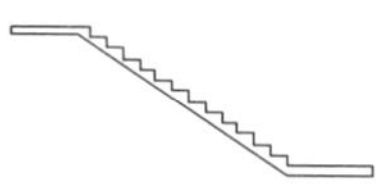	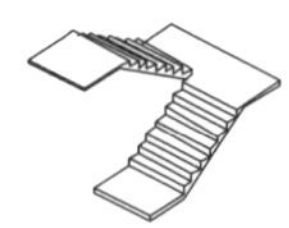

명칭	평면형태	입면형태	입체표현	명칭	평면형태	입면형태	입체표현
미세기문		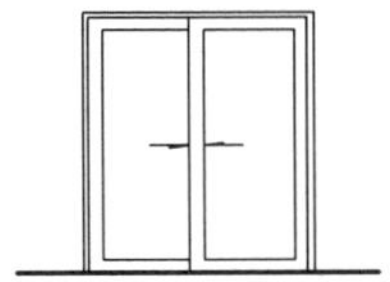	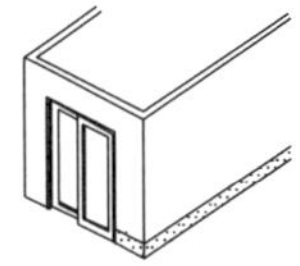	빈 지 문		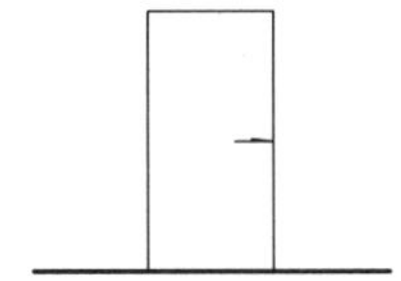	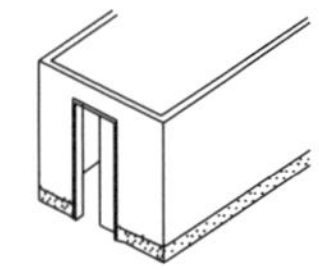
미닫이문		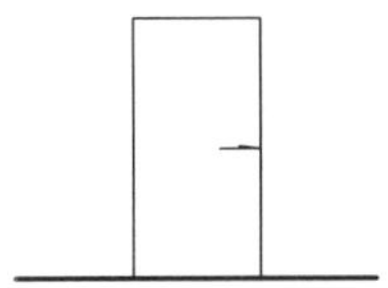	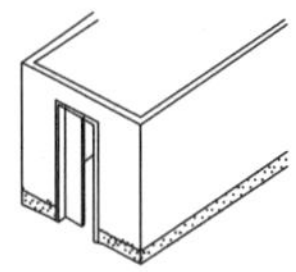	방화벽과 쌍여닫이문	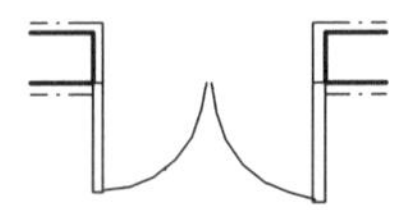	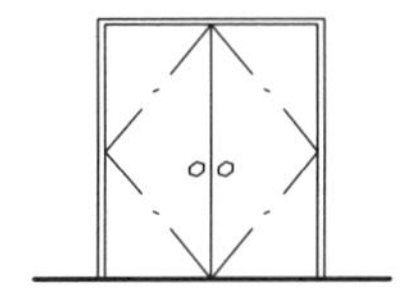	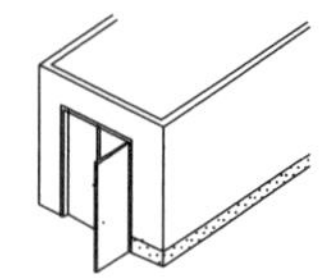
셔 터		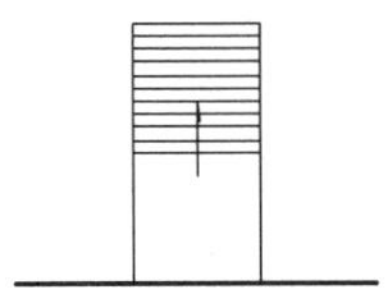	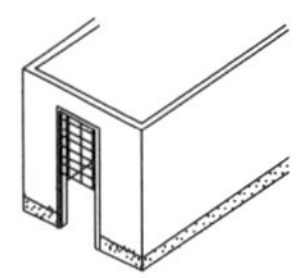	빈 지 문		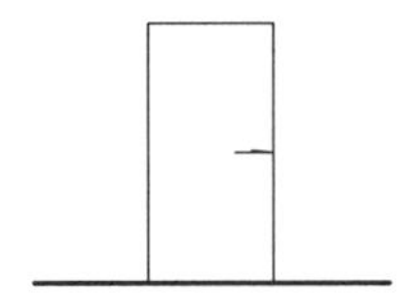	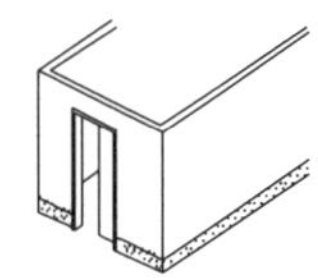

(2) 가구 표시기호

(단위 : 가로×세로×높이, mm)

명칭	평면표시	입체표현	명칭	평면표시	입체표현	명칭	평면표시	입체표현	명칭	평면표시	입체표현
테이블 (1,200×750×340)	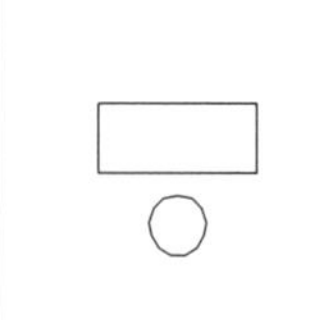	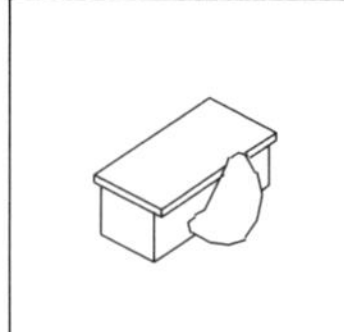	소파 (3인용) (2,300×970×660)	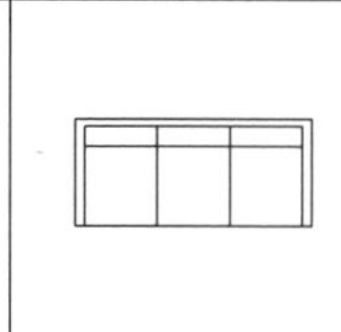	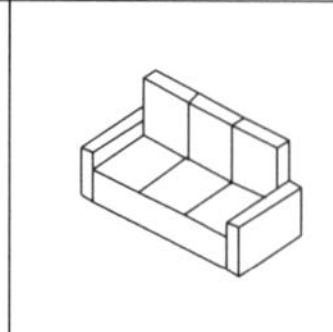	평형 피아노 (1,600×600×1,210)	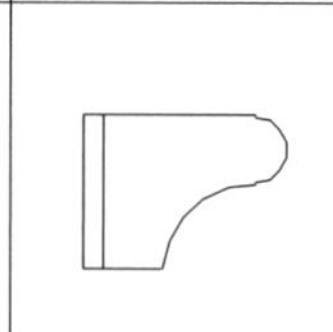	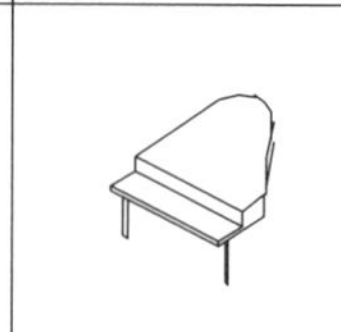	가스레인지 (680×440×200)	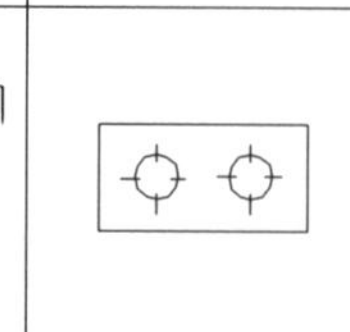	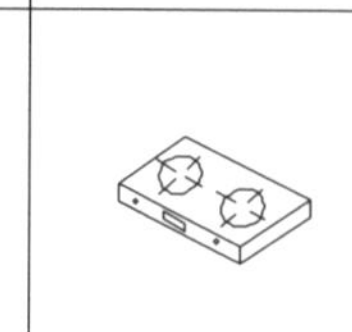
책상 (1,200×750×700)	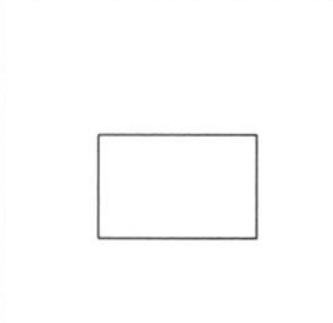	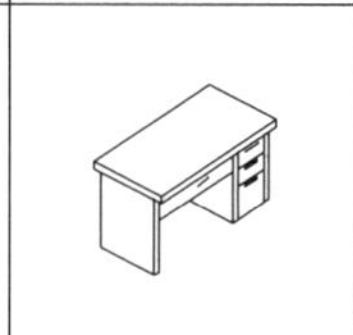	싱글베드 (990×2,070×450)	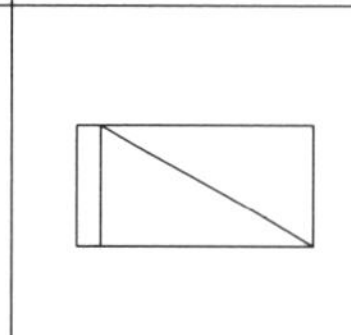	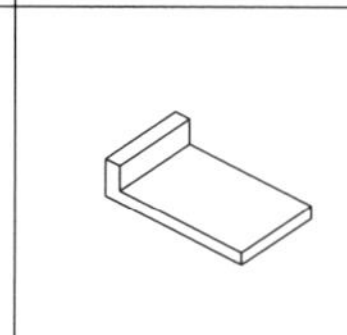	싱크대 (1,800×550×800)	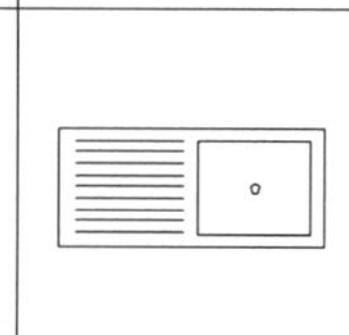	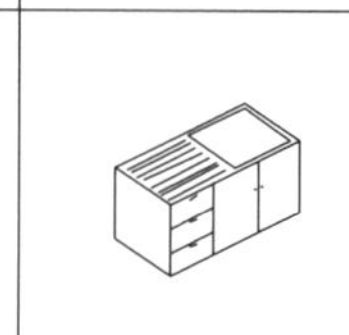	수납용가구 (1,240×450×1,800)	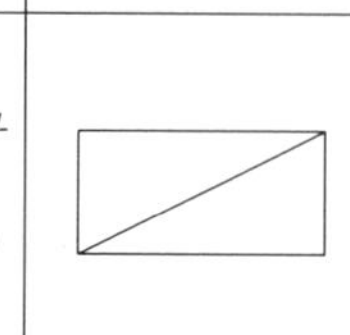	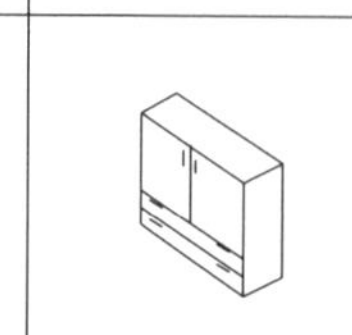
의자 (560×500×800)		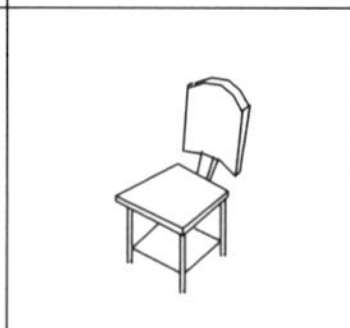	2단베드 (980×2,000×1,440)	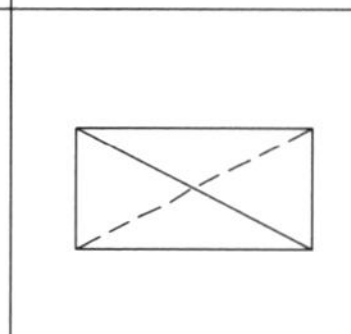	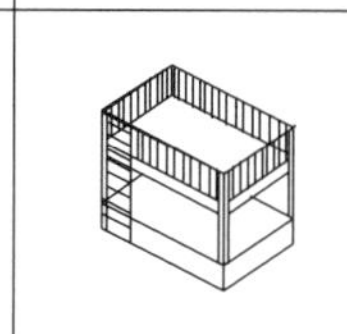	세면기 (650×540×720)	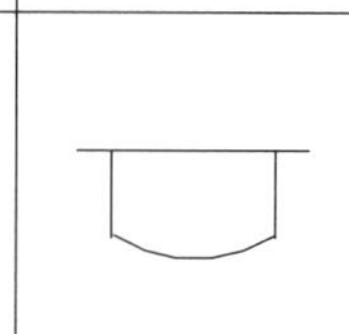	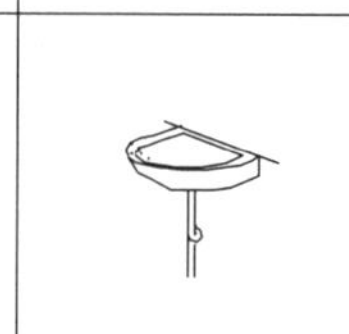	냉장고 (620×675×1,520)	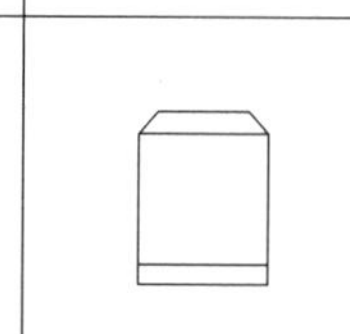	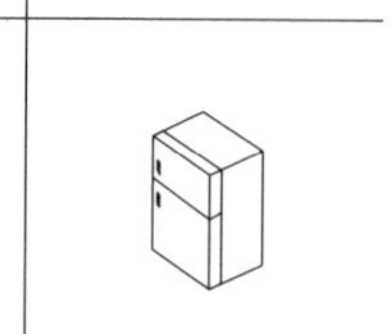
붙박이가구 (1,200×600×1,800)	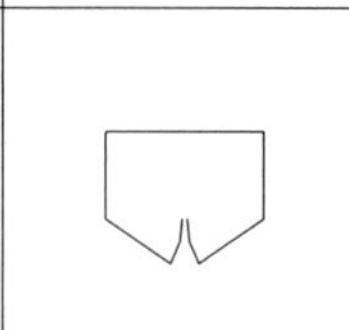	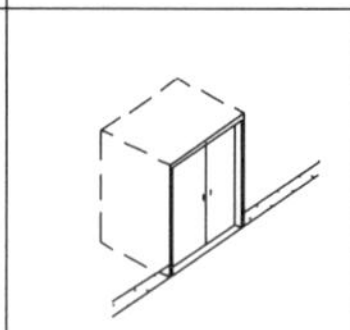	더블베드 (1,440×2,210×410)	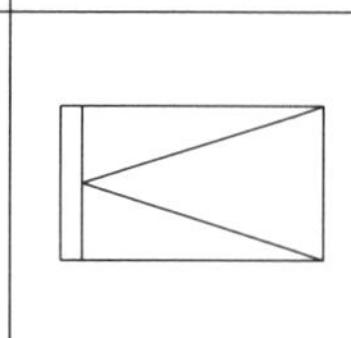	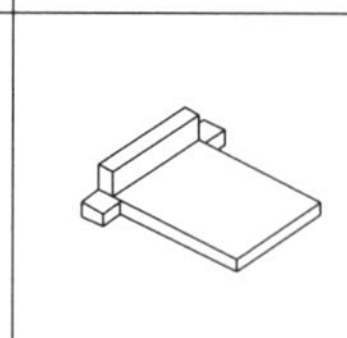	소변기 (380×380×920)	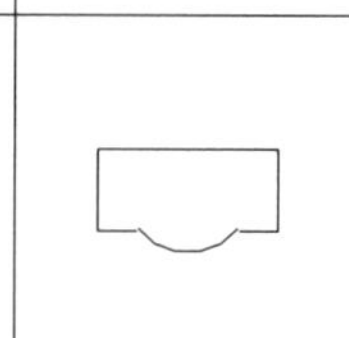	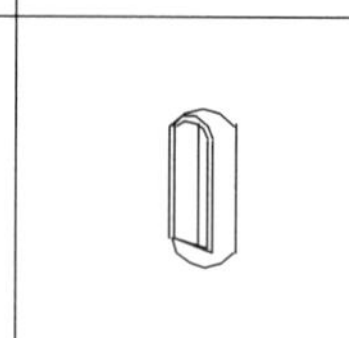	양변기 (350×775×780)	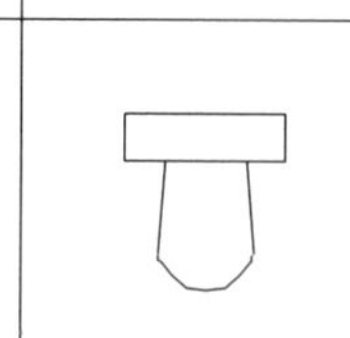	
소파(1인용) (920×880×800)	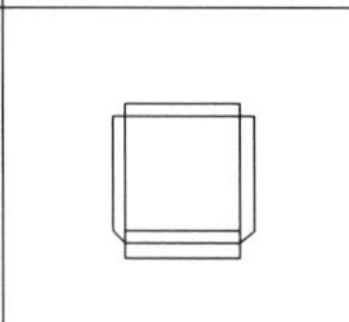	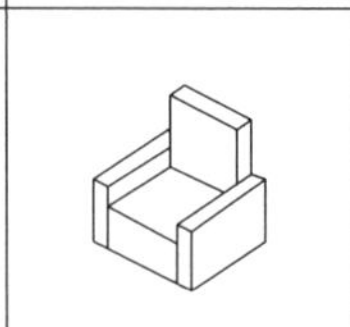	세로형 피아노 (1,600×2,500×1,030)	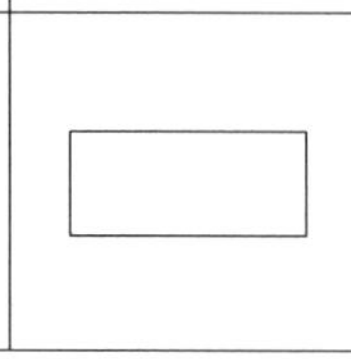	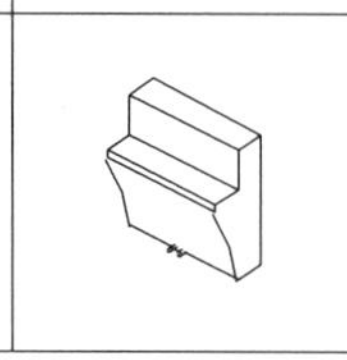	욕조 (700×1,600×500)	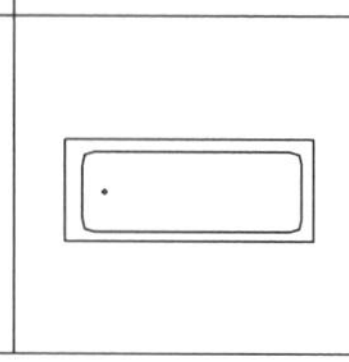	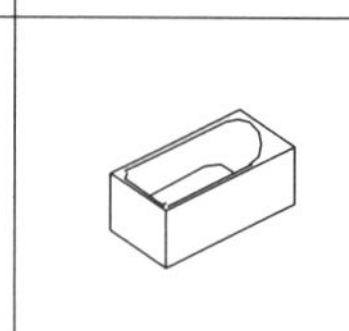	신발장 (1,200×400×1,800)	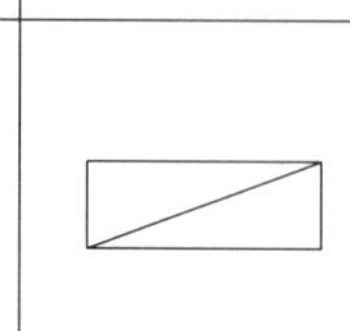	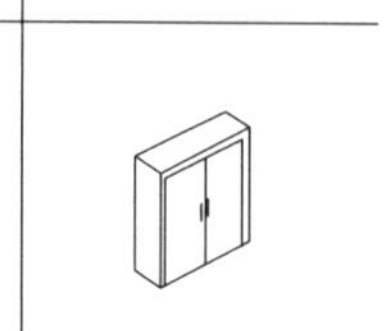

4. 건축제도의 기본연습

4-1. 기본 도구

건축상세설계에 사용되는 도구는 다음과 같이 제도판, T자, 삼각자, 각도자 또는 직선자, 삼각스케일, 샤프, 홀더 또는 연필, 템플릿, 기타 제도용구 등 용도에 적합한 도구를 준비하여 효율적으로 사용할 수 있도록 한다.

명칭	형태	용도 및 비고
제도판		· 제도판은 직사각형의 판으로 평평하며, 제도판의 기울기는 10~15° 가 적당함. · 크기는 특대판(1,200×900), 대판(1,050×750), 중판(900×600), 소판(600×450)이 있음.
T자, 평행자		· T자는 수평선을 긋는데 사용하며, 'T'자 형태로 길이가 1,200, 1,050, 900, 750, 600mm인 자 · T자는 삼각자와 조합하여 수직선, 사선 작도가 가능하며 보통 제도판에 부착된 평행자(I자)를 사용함.
삼각자, 자유 삼각자, 직선자	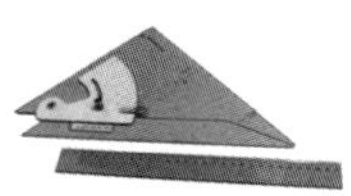	· 삼각자는 45°, 45°, 90° 와 30°, 60°, 90° 로 된 2개가 1쌍으로 되어 있음. · 삼각자의 각도 조절을 임의로 할 수 있는 자유 삼각자 · 테두리선, 수직축선, 도면 Layout 등의 용도로 사용 가능한 길이의 직선의 자
삼각 스케일	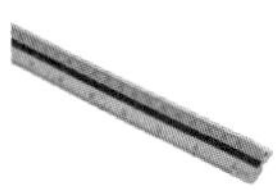	· 실물 크기의 확대, 축소를 위한 삼각형 상하변에 1/100, 1/200, 1/300, 1/400, 1/500, 1/600 축척 눈금의 스케일
기타	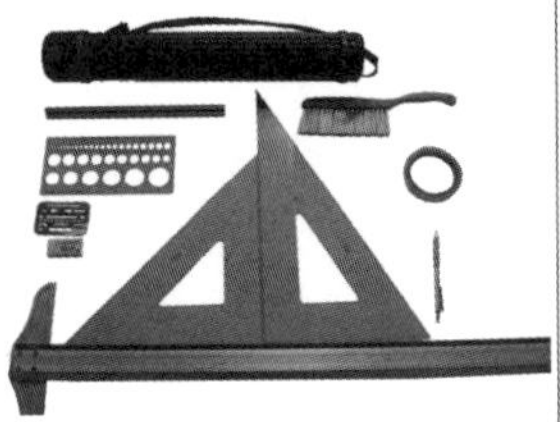	샤프, 홀더 또는 연필, 템플릿, 지우개, 지우개판, 제도용 비, 마스킹테이프, 도면통 등

4-2. 도면의 크기 및 용지

① 도면의 크기

제도용지의 크기는 한국산업규격에서 규정한 종이의 재단 치수(KS A 5201)에 따라 'A' 열을 사용함을 원칙으로 하며, 도면은 길이 방향을 좌우 방향으로 놓은 위치를 정위치로 한다.

제도용지의 세로와 가로의 비는 $1:\sqrt{2}$이며, A0(841×1,189)의 넓이는 대략 $1\,m^2$ 정도이고 도면을 접어서 보관할 경우에는 A4(210×297)의 크기로 접는다.

• 제도용지의 크기

A0 (약 $1m^2$)

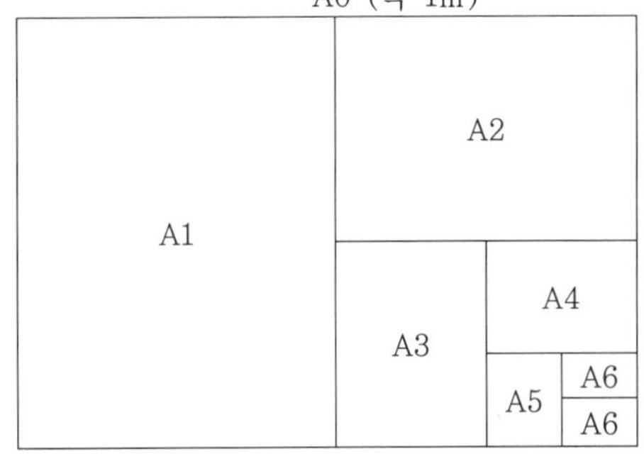

(단위 : mm)

번호	A0	A1	A2	A3	A4	A5	A6
치수	841×1,189	594×841	420×594	297×420	210×297	148×210	105×148

② 제도용지

제도용지는 순백색으로 질이 좋은 도화용지인 켄트지(Kent)와 트레이싱지(Tracing Paper)를 주로 사용한다.

트레이싱지는 투명도, 순백도, 조밀도로 구분한다. 표면이 매끈한 종이는 플로터 출력용으로 사용되며, 연필 작업을 위해 적당히 거친 종이가 좋다.

4-3. 도면의 부착 및 배치

① 제도용지 부착

제도용지는 제도판의 왼쪽 하단 부분에 위치시키며, T자를 이용하여 제도판에 수평과 수직을 유지하여 부착한다.

제도용지의 부착 순서는 왼쪽 상단을 먼저 붙이고, 대각선인 오른쪽 하단을 45° 방향으로 당기면서 붙인다.

그리고 오른쪽 상단, 왼쪽 하단을 차례로 당기면서 붙인다.

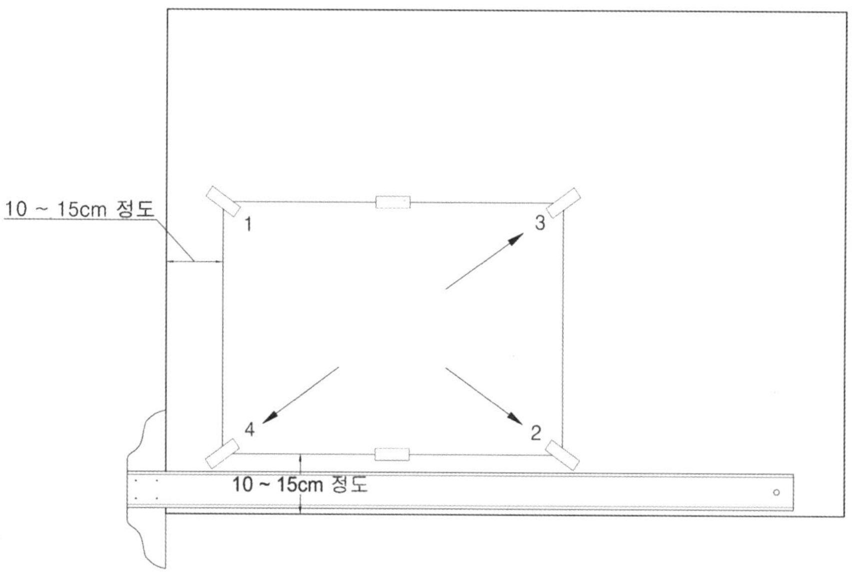

[제도용지 부착 위치 및 방법]

② 도면의 배치

도면의 배치는 제도용지의 정중앙 부분을 기점으로 상, 하, 좌, 우측 중 어느 한 곳으로 치우치지 않게 중앙 부분의 위치 선정이 중요하다.

먼저 제도용지의 외곽에 테두리선(5~25㎜ 여백)을 작도한 후, 네 모서리에서 대각선을 이은 다음 도면의 가로 및 세로의 정중앙 부분을 설정한다.

그리고자 하는 도면의 축척을 확인하여 도면 작도 부분의 가로 및 세로 범위와 글자의 표현범위를 고려하고 치수선의 위치(도면 외곽에서 40~50㎜ 정도)를 정한다.

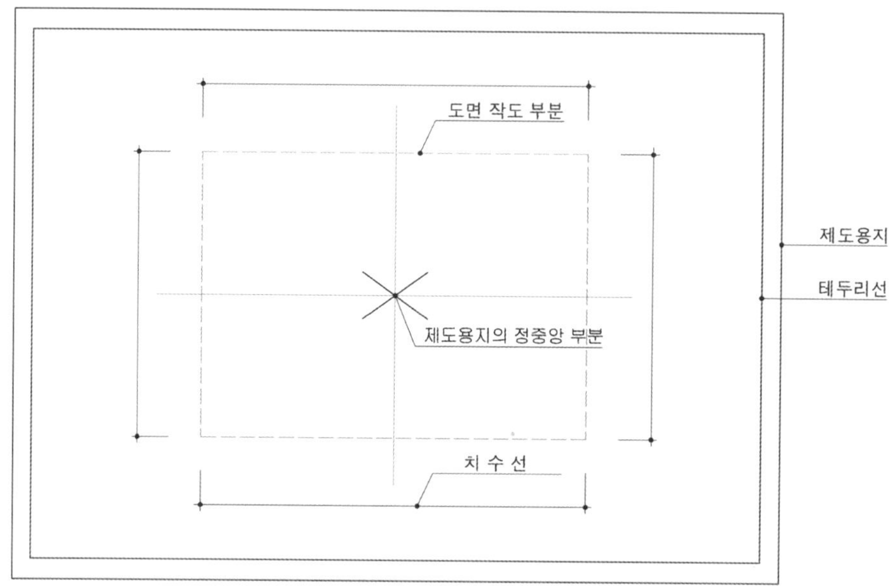

치수선이 차지하는 전체 면적이 도면 크기가 되므로 이 크기의 중앙점이 테두리선 안쪽 면적의 중앙점과 교차되도록 위치를 설정한다.

배치도는 도면의 위쪽 부분을 북쪽으로 위치시켜 배치하며, 주출입구 및 전면도로가 제도용지와 평행 또는 수직이 되도록 위치를 설정한다. 그리고 제도용지의 여백이 많이 생기지 않도록 하며, 도면의 일부분이 테두리선 밖으로 나가지 않도록 한다.

하나의 제도용지에 여러 개의 도면을 작도할 경우에는 제도용지 면적 중 어느 한 곳에 편중되지 않도록 한다.

③ 표제란

도면에는 반드시 표제란을 설정하고, 표제란의 위치는 일반적으로 도면의 오른쪽 아래로 하며, 오른쪽 및 아래쪽 일부, 그리고 수검용으로 왼쪽 상단을 사용한다.

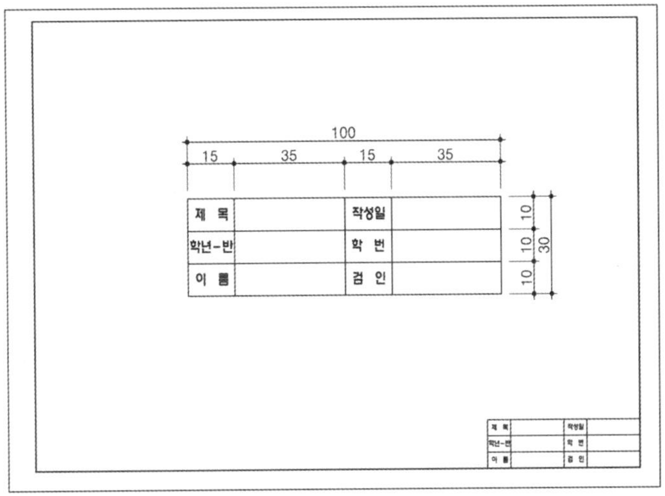

[학교용]

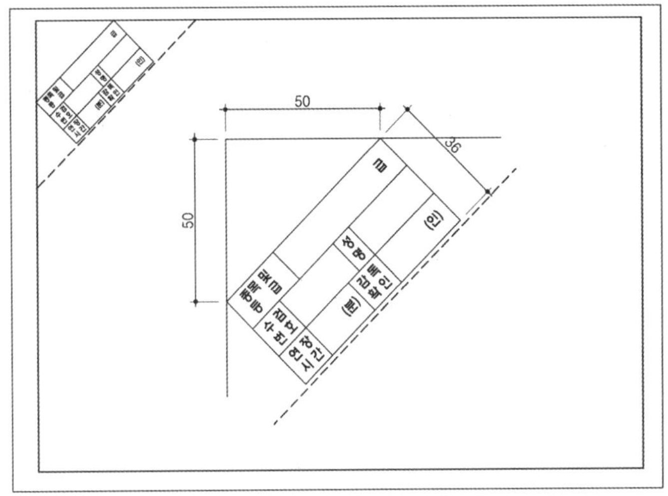

[수검용]

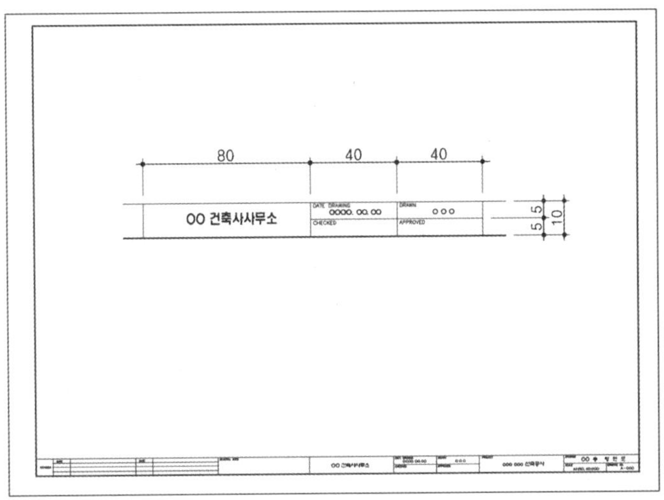

[설계사무소용(하단 위치)]

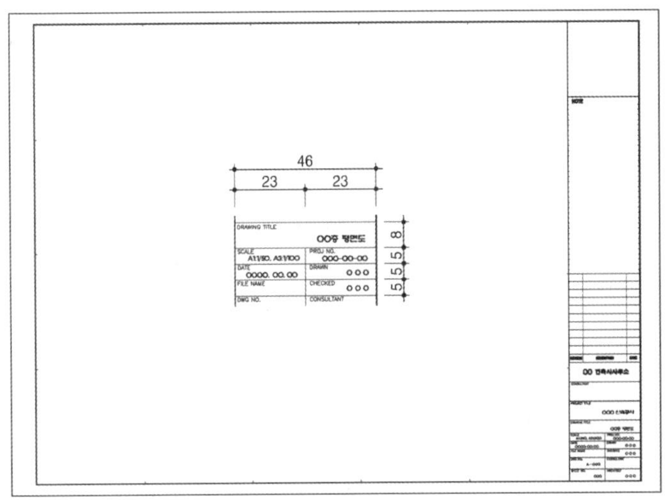

[설계사무소용(우측 위치)]

4-4. 제도 연습

1. 선

건축 도면은 80% 이상이 선으로 구성되어 있으므로 선은 도면 작성의 기본이라고 할 수 있다. 선의 표현은 자를 사용하여 작도하는 방법과 프리핸드(Freehand)로 작도하는 방법, 그리고 컴퓨터를 활용하여 작도하는 방법이 있다. 선의 강약 및 선의 종류에 따라 효과적인 도면을 표현할 수 있으며, 선의 굵기는 최소한 3종류 이상이 표현되도록 한다. 그리고 연필(샤프)은 제도판과 긋는 방향으로 보통 60° 정도의 기울기를 유지하는 것이 좋다.

① 용도별 선의 사용법

구 분		표 현	용 도	선굵기
보조선	치수 보조선	7,200	치수 기입	0.2mm
	도면보조선(가선)		보조선	0.1mm
실선	굵은 실선		단면선, 외벽선	0.7~0.9mm
	중간 실선		치수선, 인출선	0.4~0.6mm
	가는 실선		입면, 빗금, 창문	0.2~0.3mm
점선	점 선		숨은선	0.3~0.5mm
	일점 쇄선		중심선, open부위	0.2mm
	이점 쇄선		대지경계선	0.2mm
프리핸드선	굵 은 선		단면선, 외벽선	0.7~0.9mm
	가 는 선		창호 표현	0.2~0.3mm
	해 치 선		건물 및 수목 음영 표현	0.1mm

② 선 긋는 방법

선은 용도에 따라 굵기를 명확하게 구분하여 사용하고, 선긋기는 처음부터 끝까지 일정한 힘과 속도로 그어 나가며, 연필을 돌리면서 선의 굵기를 일정하게 유지하도록 한다.

수평선은 왼쪽에서 오른쪽으로, 수직선은 아래에서 위로 그으며, 사선은 왼쪽에서 오른쪽으로 긋는다. 또한 점선, 일점쇄선, 이점쇄선은 일정한 크기와 간격으로 긋는다.

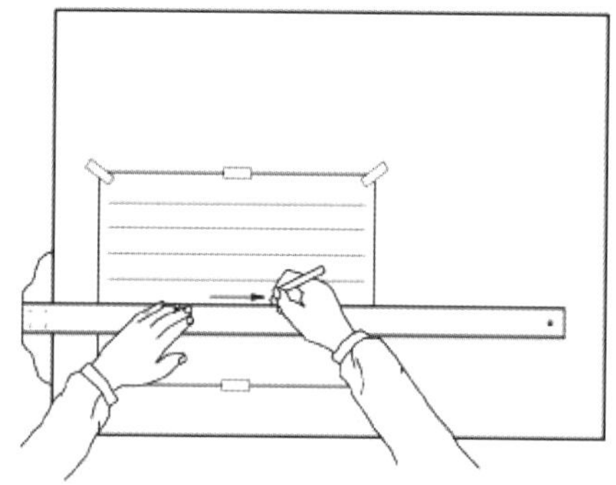
[수평선 긋기]

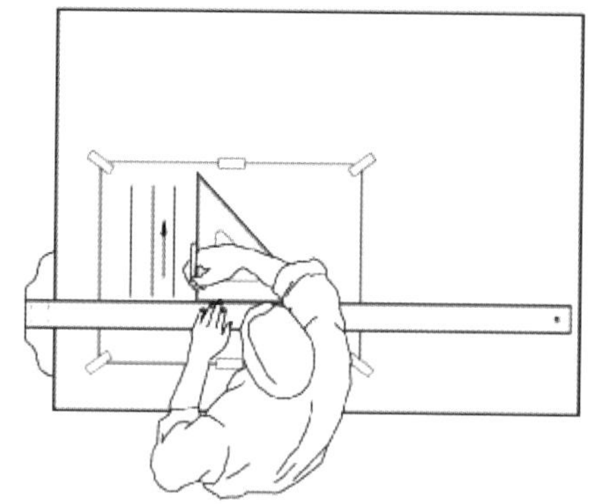
[수직선 긋기]

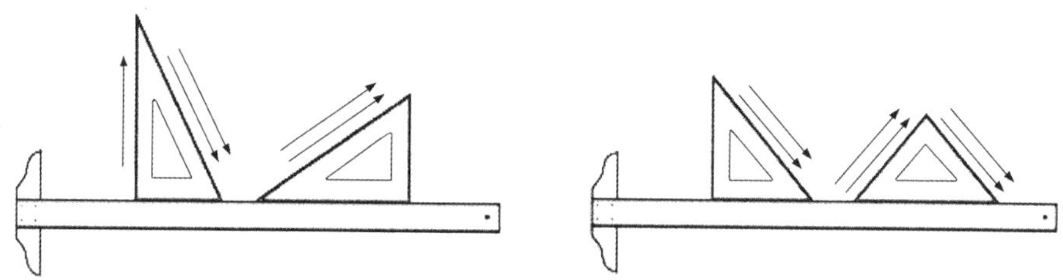
[사선 긋기]

[T자와 삼각자의 사용법]

2. 글자

도면의 글자는 마무리 단계에서 도면의 수준을 결정하는 요소라고 할 수 있다. 필기체보다는 일정한 고딕체를 사용하는 것이 효과적이며 시간단축을 위해 빨리 쓸 수 있도록 숙달시켜야 한다.

글자 크기는 도면명과 도면 내부의 글자 표현 등 위계를 미리 정하여 도면 작성시 반영하여 통일성을 부여하도록 한다. 일반적으로 도면명의 글자 높이는 6~8mm 정도, 가로 : 세로의 비례는 1.2 : 1 정도로 작성하고, 기타 글자는 높이 3~4mm 정도, 가로 : 세로의 비례는 1 : 1 정도로 작성한다.

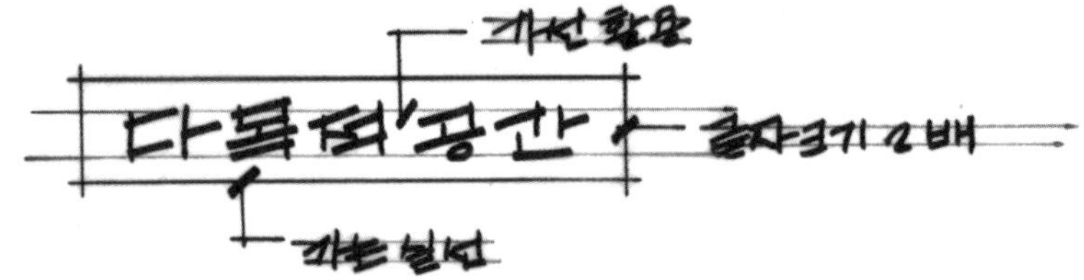

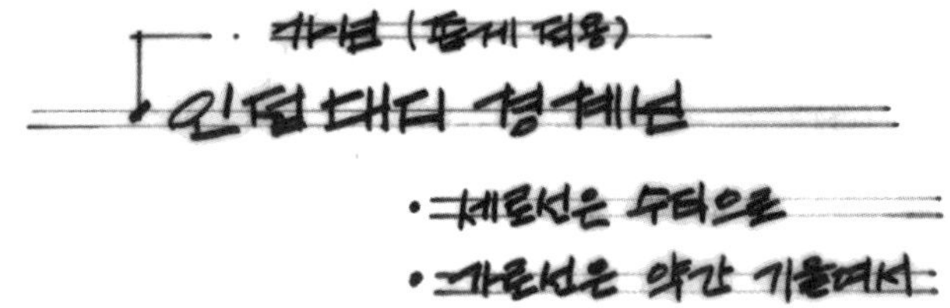

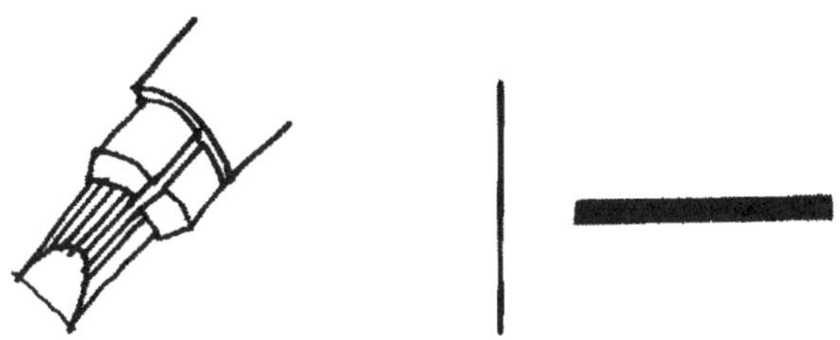

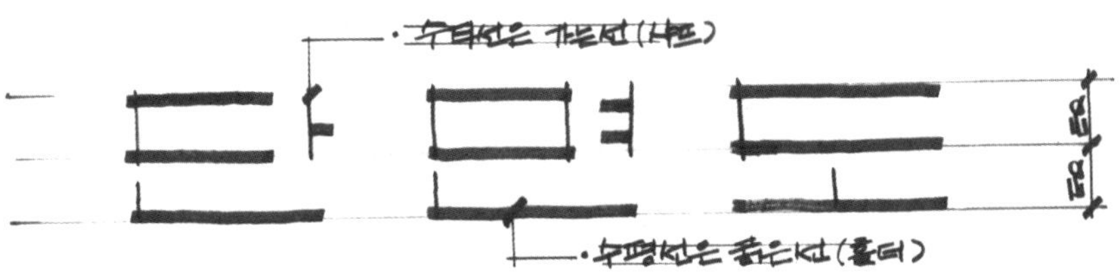

• 작성 예

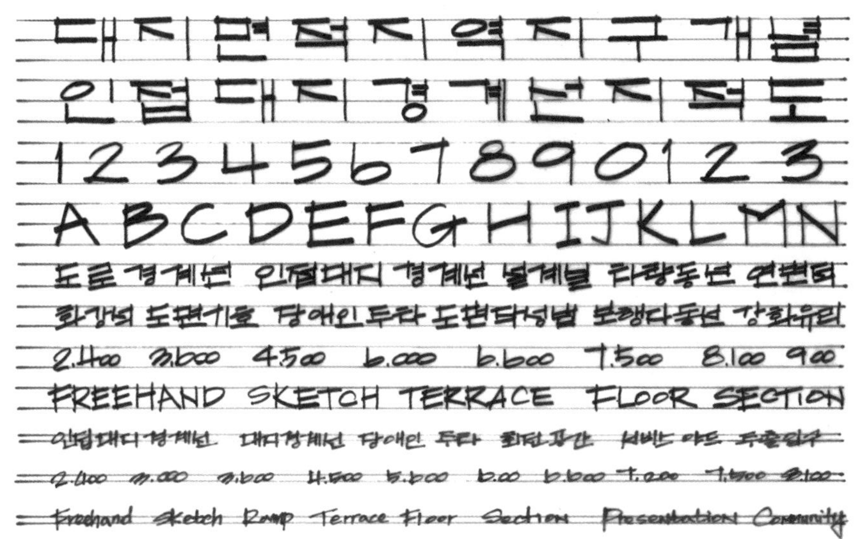

• 실습 예

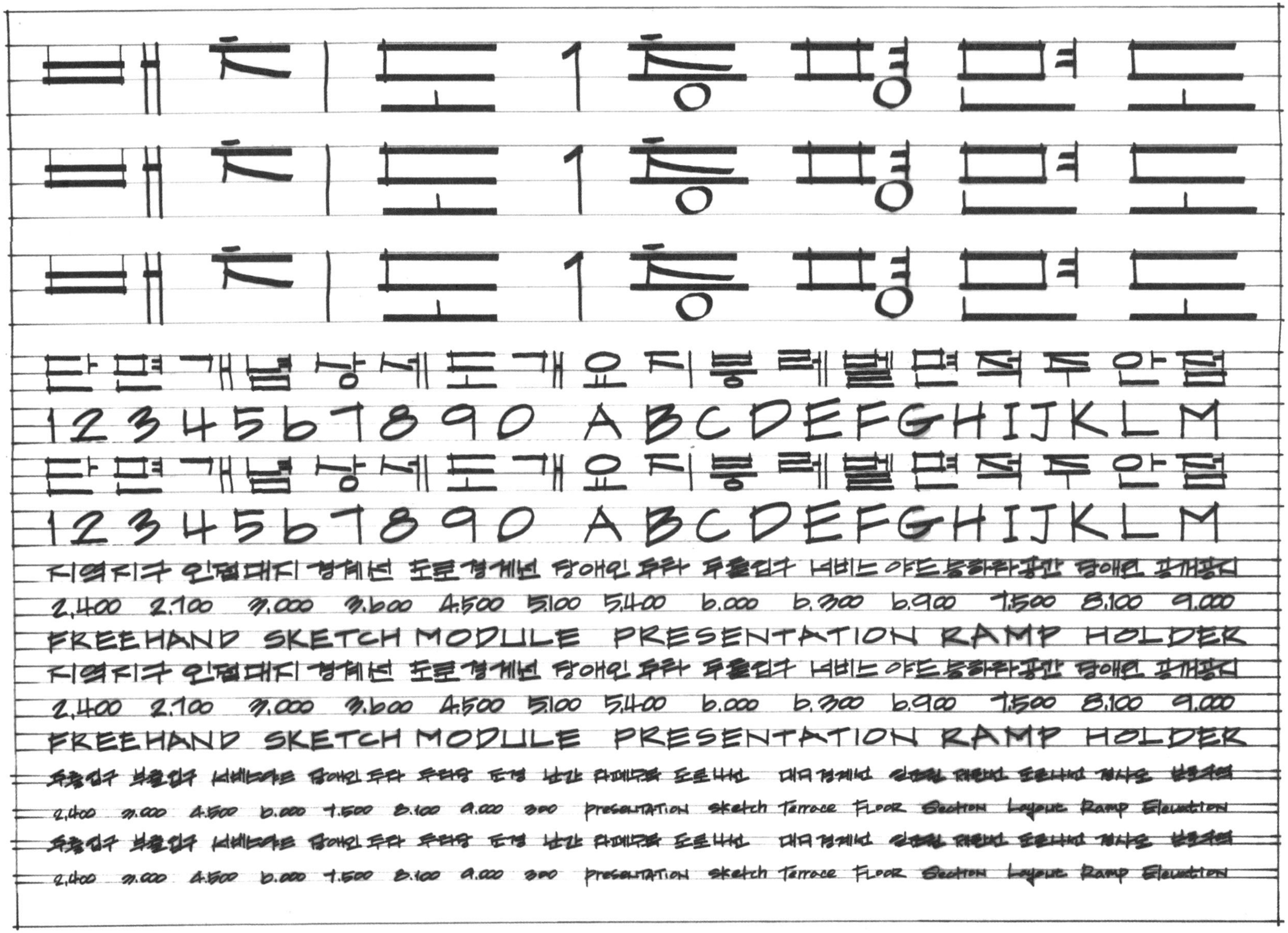
배치도 1층평면도
배치도 1층평면도
배치도 1층평면도
1234567890 ABCDEFGHIJKLM
1234567890 ABCDEFGHIJKLM
FREEHAND SKETCH MODULE PRESENTATION RAMP HOLDER
FREEHAND SKETCH MODULE PRESENTATION RAMP HOLDER

3. 척도

(1) 척도의 종류

척도에는 배척, 실척, 축척의 3종류가 있다. 배척은 실물을 일정한 비율로 확대하여 그리는 것이고, 실척은 실물과 같은 크기로 그리는 것이며, 축척은 실물을 일정한 비율로 축소하여 그리는 것이다.

일반적으로 건축설계 도면은 실제의 크기를 제한된 도면에 나타내기 위해서 그 크기를 일정한 비율로 축소하여 축척으로 작도한다. 다만, 특별한 경우에 확대하거나 현치도(現寸圖, Full size drawing)로 작도하기도 한다. 그러므로 척도에 대한 개념을 익히고 숙달시켜야 하는 것은 필수적이며 또한 능숙하게 익힘으로써 능률적인 제도를 할 수 있는 것이다.

(2) 척도의 결정방법

척도에 따라 실물이 도면에 표현되는 크기와 도면내용의 표현방법과 정밀도가 바뀌게 된다. 축척 1/50의 도면은 축척 1/100의 도면을 2배(넓이는 4배)로 확대한 것이며, 단순히 도면이 커질 뿐만 아니라 그에 따라 1/100로는 나타낼 수 없었던 상세한 부분도 표현되어야 한다.

축척은 그 도면에 요구되는 내용의 정도에 적합한 것을 선택하기도 한다.

축 척	도 면
1/1(실척), 1/2, 1/5, 1/10	부분상세도, 시공도 등
1/5, 1/10, 1/20, 1/30, 1/40	부분상세도, 단면상세도 등
1/50, 1/100, 1/200, 1/300	평면도, 입면도 등 일반도 기초평면도, 구조도, 설비도 등
1/200, 1/300, 1/400, 1/500, 1/600, 1/1,000	배치도, 대규모 건물의 평면도 등

(3) 축척의 기입방법

축척은 도면에 반드시 기입해야 하며, 하나의 도면 안에서 다른 축척으로 그린 도면이 섞여 있을 경우에는 도면마다 그 축척을 기입하고, 표제란에도 기입해야 한다.

축척은 1:100, 1/100 등으로 표시하며, B/A의 표시방법에서 A는 도면에서의 크기, B는 실제크기를 의미한다.

(4) 축척의 이해 및 사용법

삼각 스케일은 3면에 1/100, 1/200, 1/300, 1/400, 1/500, 1/600의 여섯 가지의 축척 눈금이 표시되어 있다. 이 눈금은 실물크기를 축척자로 도면에 원하는 크기로 늘리거나 줄일 수도 있다. 건축제도용 치수는 ㎜ 단위의 사용을 기본원칙으로 정하고 있으므로 1,000㎜(1m)를 기준으로 삼각 스케일의 사용법을 비교하면 다음과 같다.

축척 1/100에서 1m는 실제 1,000㎜이지만, 축소하면 1㎝에 해당하는 길이가 1m이며, 축척이 작아지면 실제길이도 배율만큼 작아진다.

① $\frac{1}{1} \sim \frac{1}{1,000}$ 사용법

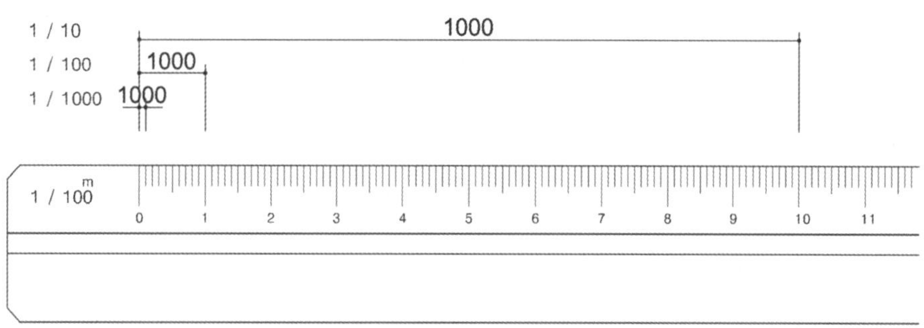

② $\frac{1}{2} \sim \frac{1}{2,000}$ 사용법

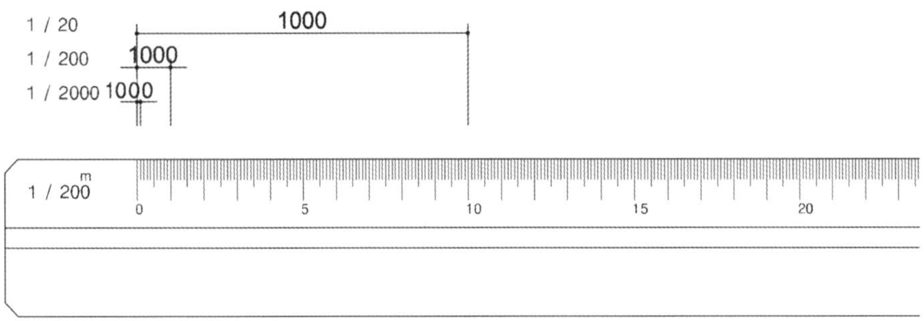

③ $\frac{1}{3} \sim \frac{1}{3,000}$ 사용법

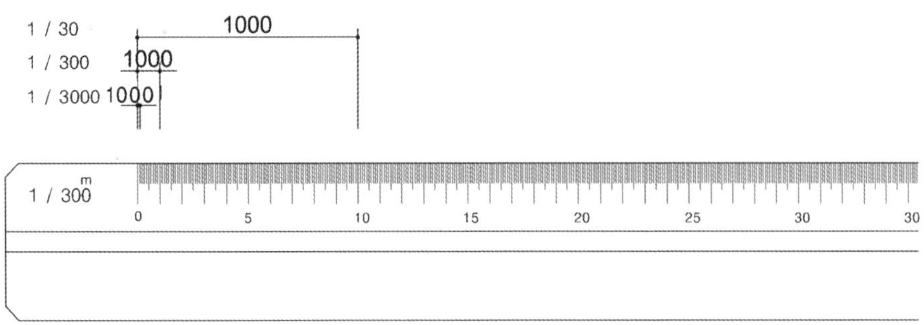

예를 들어 실물길이 10m를 1/100과 1/200로 축소하면 다음의 그림과 같다. 이때 1cm의 눈금은 실제길이의 1m를 나타내는 것이다.

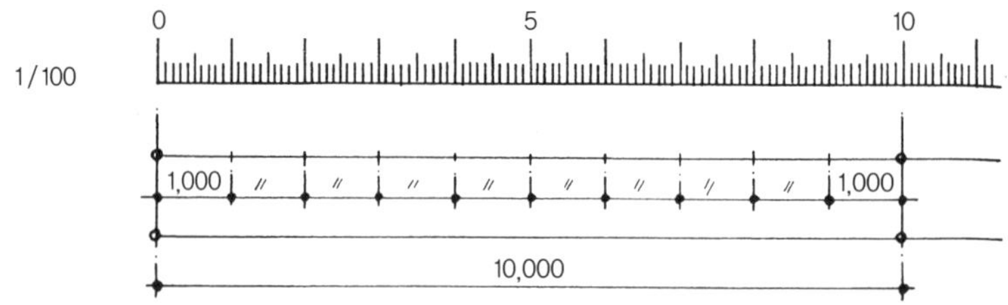

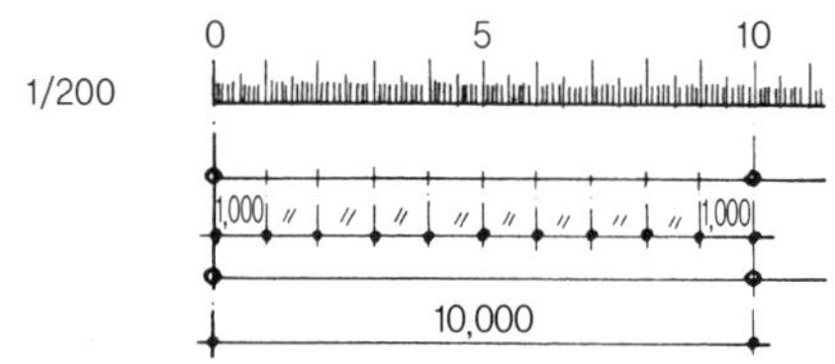

4. 치수 및 치수선

도면의 치수는 mm단위를 사용하고 단위기호는 기입하지 않으며, 자리수의 셋째 자리마다 점을 표기하여 편리하게 읽을 수 있도록 한다.

치수의 기입은 치수선이 수평일 때는 위쪽에, 치수선이 수직일 때는 좌측에 위치를 정하며, 도면글자와 동일한 크기 및 굵기로 표현한다.

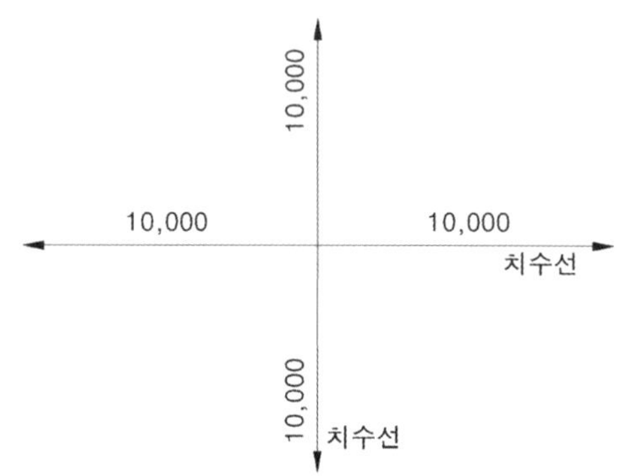

치수선의 종류는 다양하지만 하나의 도면에 표현되는 치수선은 한 가지 표현 방법을 선택하여 통일되도록 한다.

치수선을 기입할 때에는 중복되지 않게 하며 도면과 평행하게 기입한다.

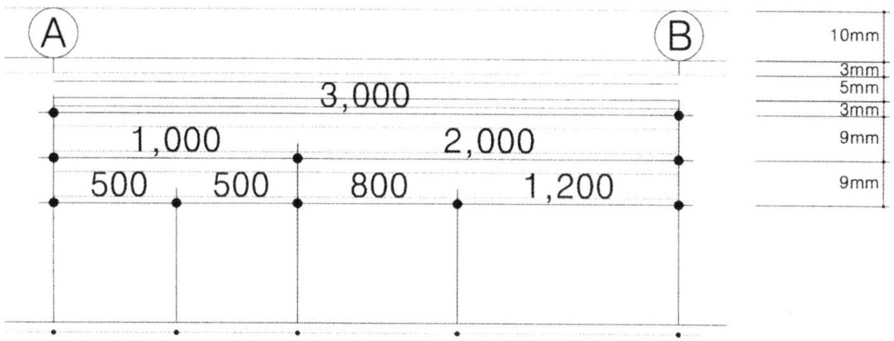

5. 기호

도면작성시에는 여러 가지 공통된 기호가 필요하며, 刀麵에서 사용되는 기호는 기존 건축제도통칙(KS F 1501)에 의해 사용해야 하는 부분과 기타 창조적인 부분으로 나눌 수 있다. 각각 기호의 크기 및 표현방법을 숙지하고 여러 가지 기호가 제시된 경우에는 자신이 선호하는 형태를 선정하여 적용하도록 한다.

(1) 도면명

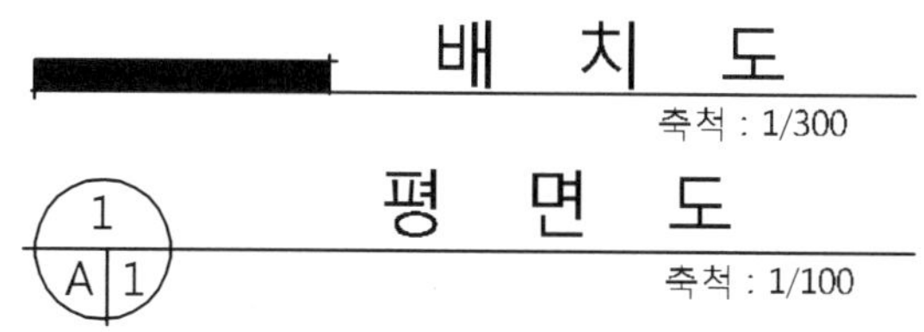

(2) 방위

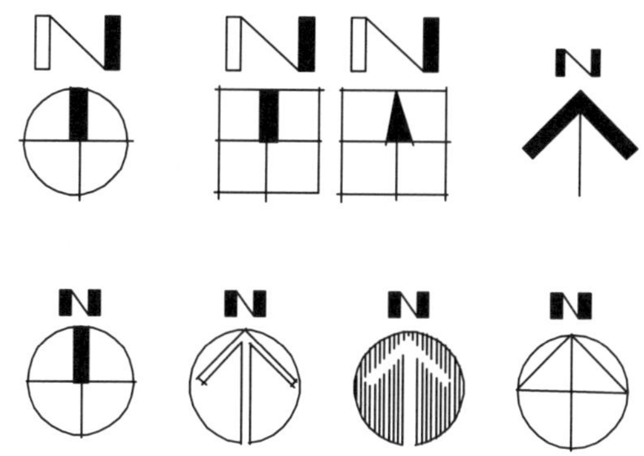

(3) 출입구

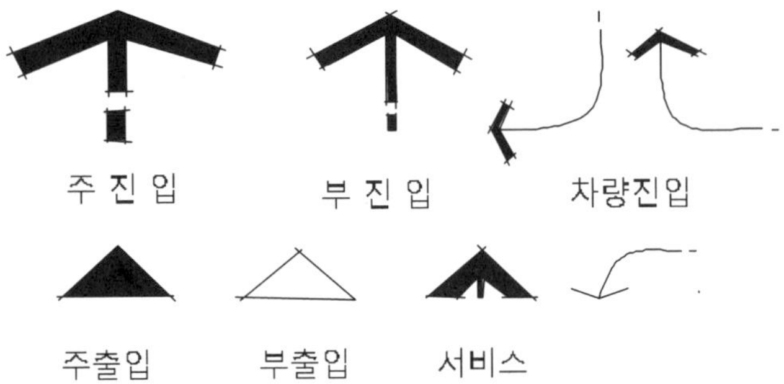

(5) 단면 절단 기호

(4) 축선

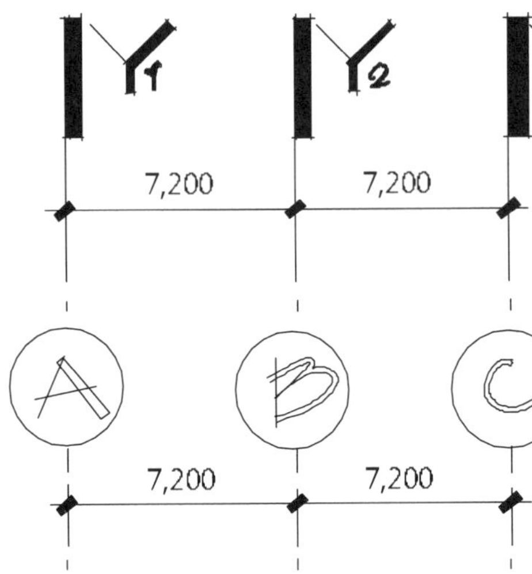

(6) 레벨 기호

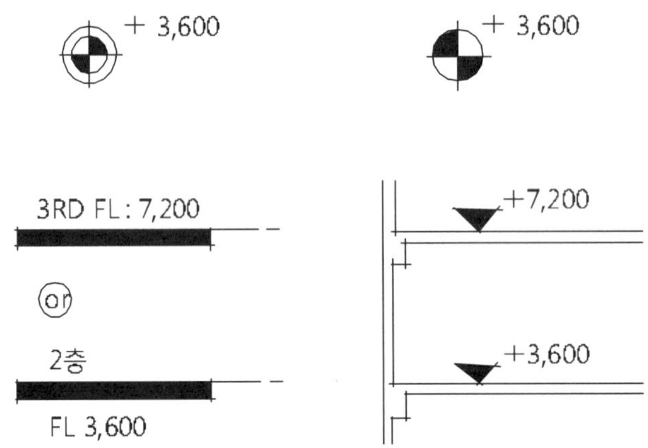

6. 인물

인물의 표현은 건축도면의 입면도, 투시도 등에서 크기(scale)의 기준으로 사용되는 중요한 요소로 가능한 한 인물 외곽선을 간략화하여 특징을 단순하게 표현하도록 한다. 인물의 표현은 입면 및 단면에 적용되는 표현을 그대로 적용하고, 시점에 따른 인물 표현은 시점에 가까울수록 인물의 외곽을 자세히 표현한다.

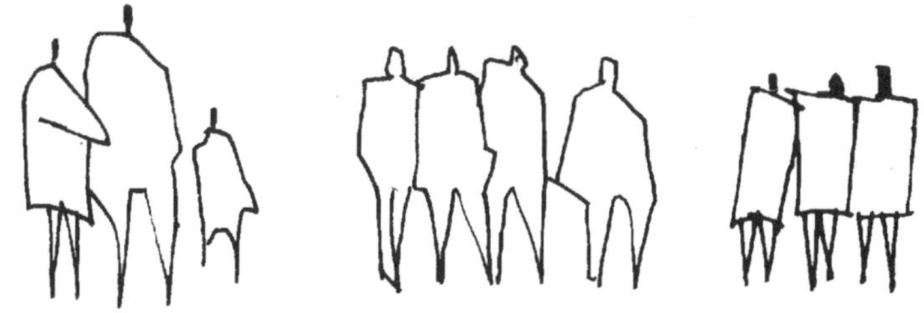

- 1단계 : 사람의 윤곽을 그린다.
- 2단계 : 윤곽을 다듬는다.
- 3단계 : 디테일을 첨가하여 자세히 그린다.

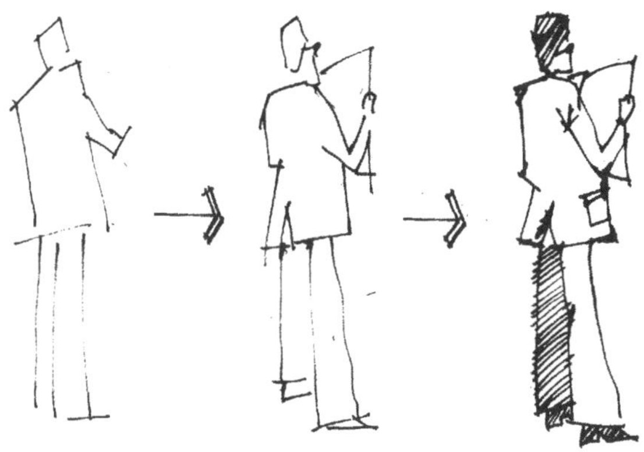

7. 수목

환경과 적절히 조화된 건축은 인간뿐만 아니라 건축환경에 영향을 미치는 중요한 내용이다. 수목표현은 크게 배치 및 수목 표현과 입면, 단면 수목 표현, 그리고 투시도 수목 표현으로 구분되어 적용된다.

(1) 교목

1) 교목의 표현순서

① 교목 외곽선 가선 및 원 중심에 나무심을 그린다.

② 외곽 부분에 강조된 수목경계선 및 상징화된 가지 등을 그려준다.

③ 수목경계선 밖으로 45° 방향의 그림자 영역을 작성한 후, 그림자를 사선 또는 홀더로 깊이감과 수목의 풍성함을 표현한다.

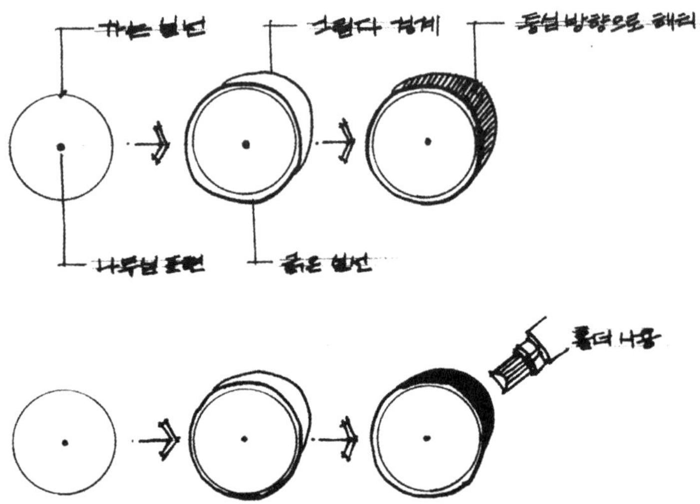

2) 교목의 종류

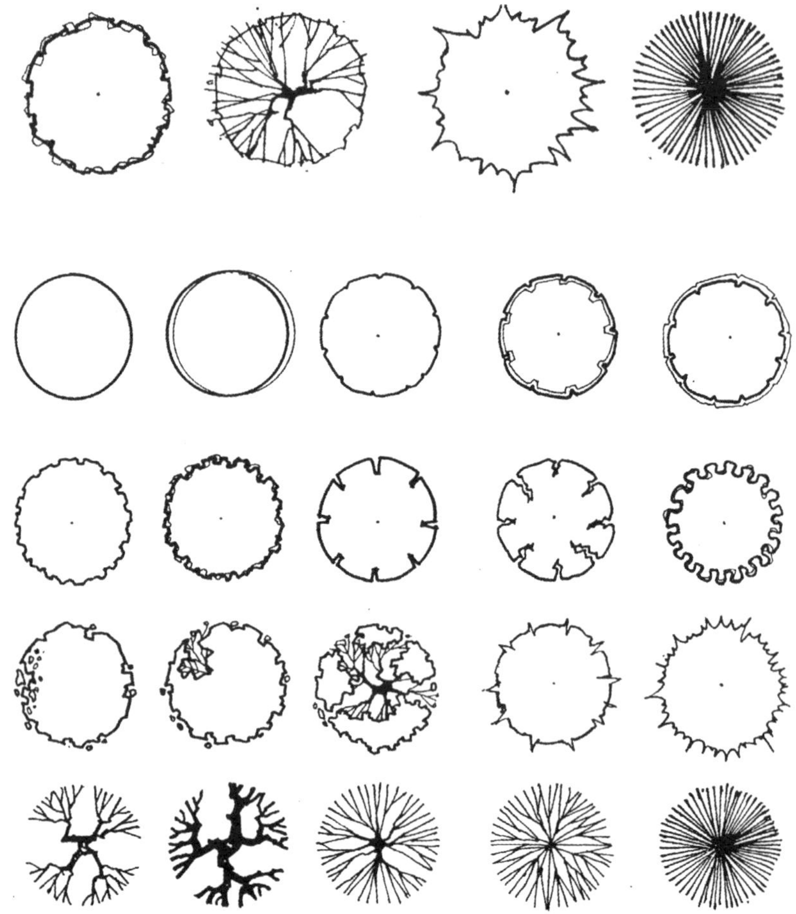

• 부등변삼각형 식재

• 임의 식재

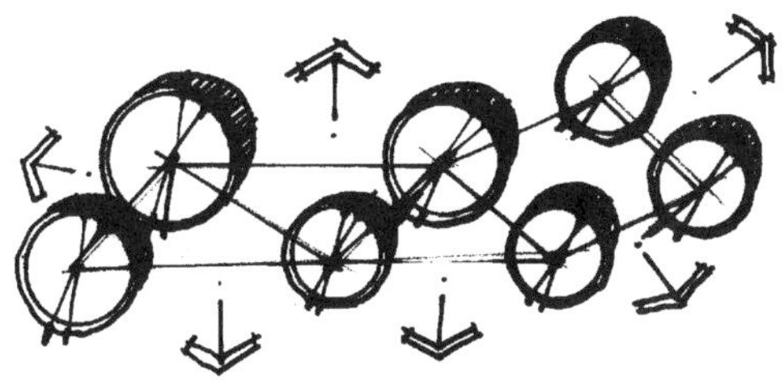

• 무리심기

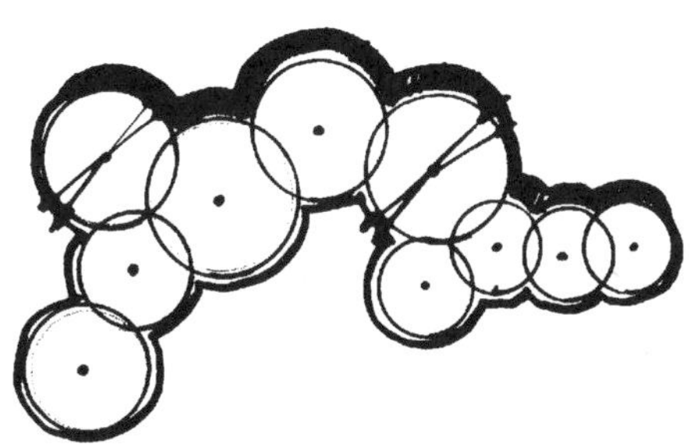

3) 교목 군식

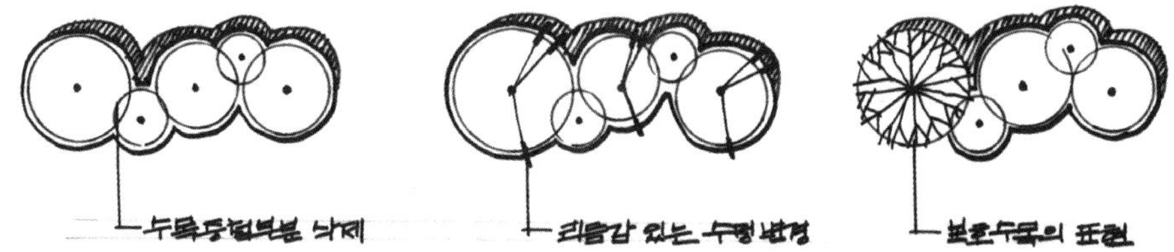

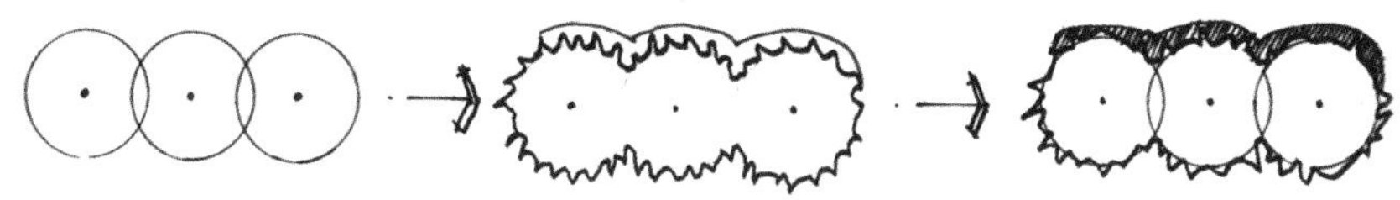

(2) 관목

1) 관목의 표현순서

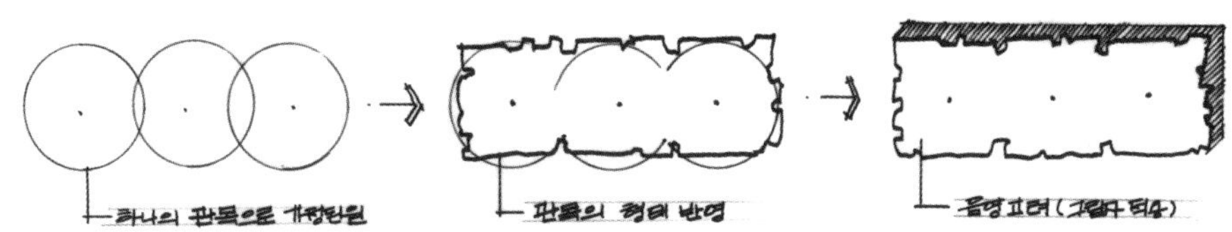

2) 관목의 군식

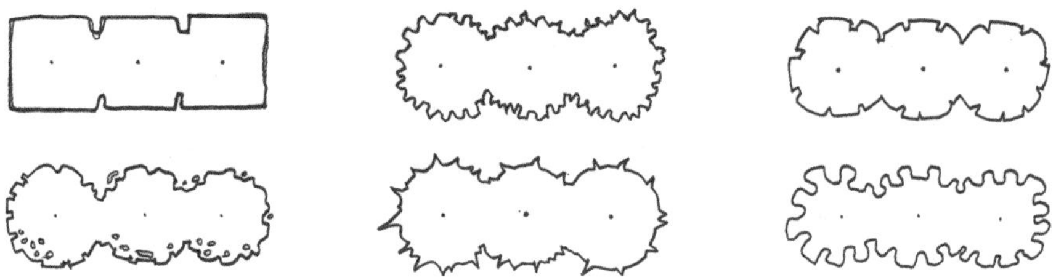

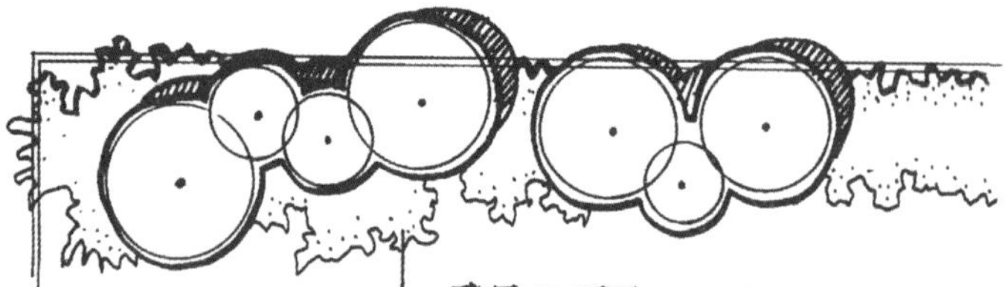

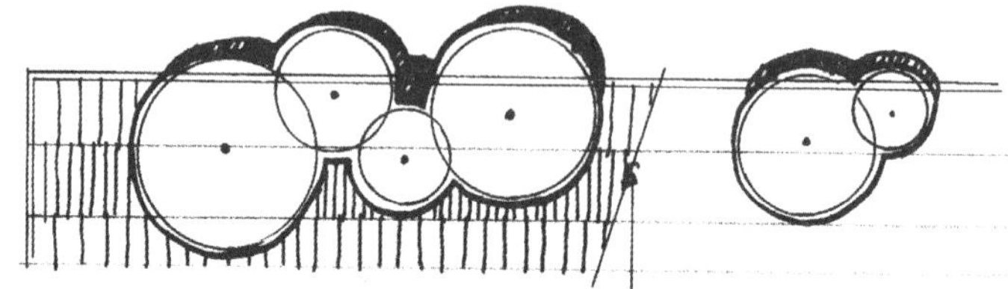

(3) 조합 식재

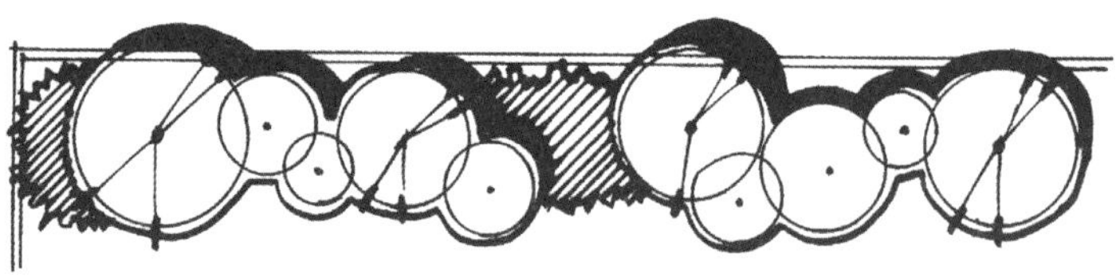

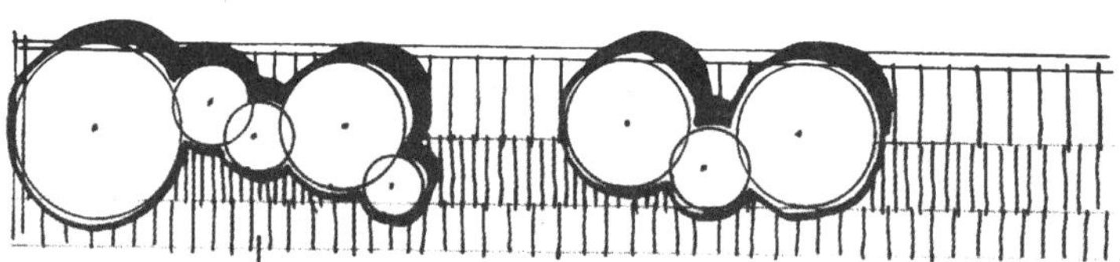

(4) 입면수목

원형 기둥형 계란형 원뿔형

8. 자동차

인물과 더불어 자동차도 스케일 척도에 중요한 요소이다. 자동차의 표현은 투시도에 움직임이나 도로의 진입방향, 주차공간 등을 나타내는 경우에 사용하며, 일반적으로 승용차를 많이 표현한다.

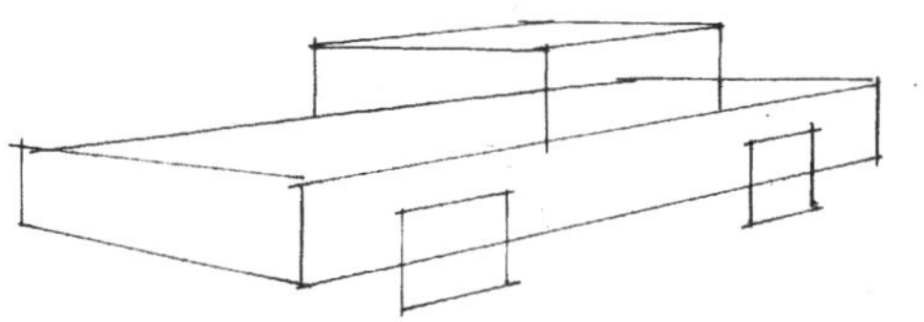

• 1단계 : 상자(box)형태로 가본 형태를 그린다.

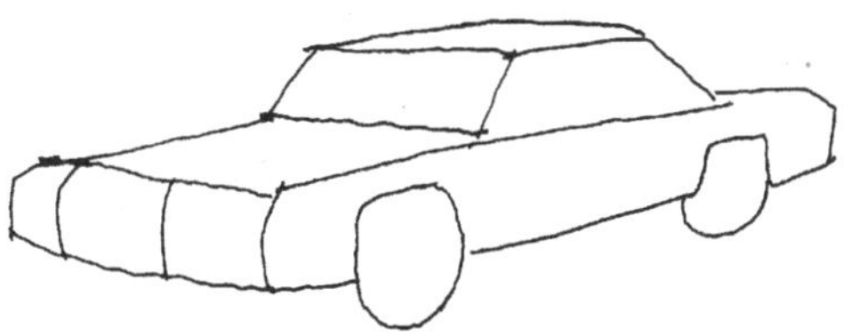

• 2단계 : 각 모서리를 둥글게 한다.

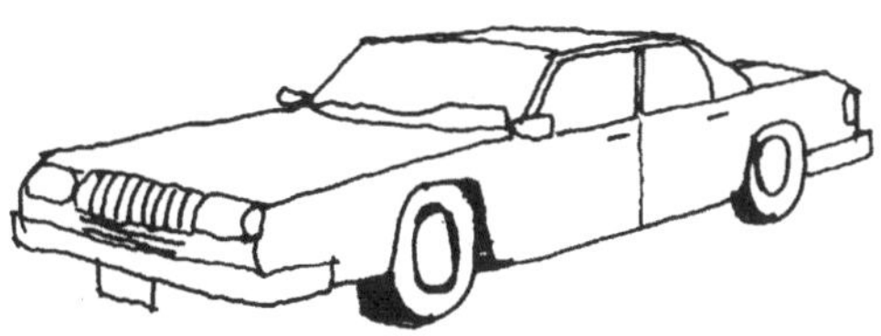

• 3단계 : 자세한 디테일을 그리고 음영을 첨가한다.

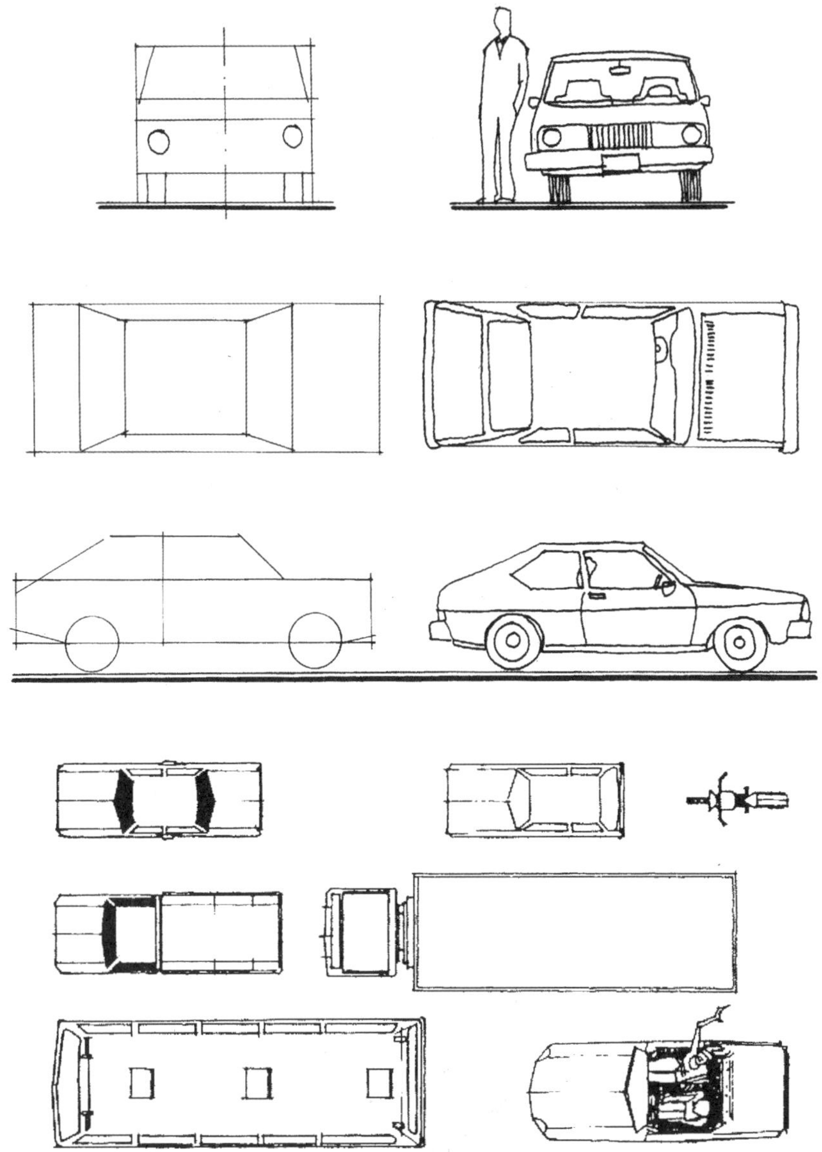

• 주차구획

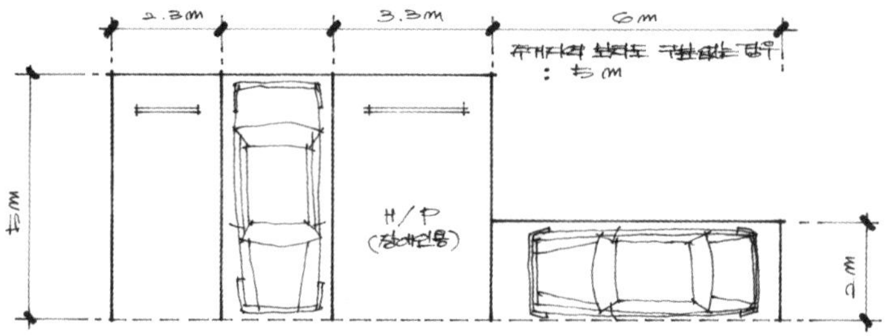

• 지하주차장 구조

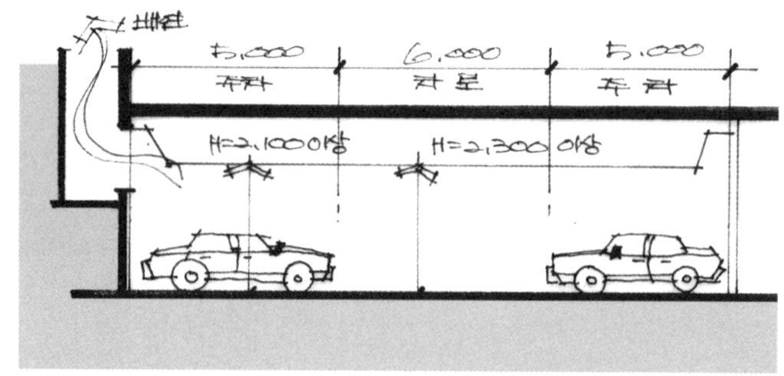

• 주차경사로 구조

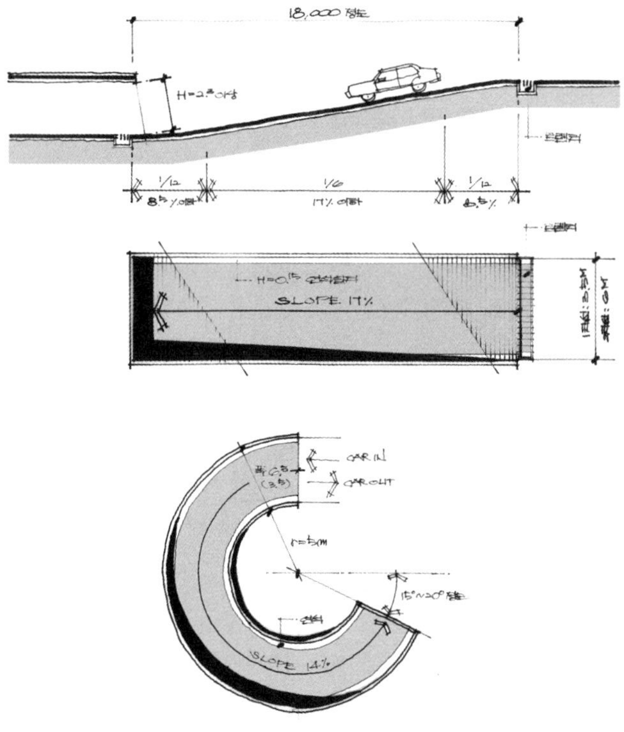

• 주차형식

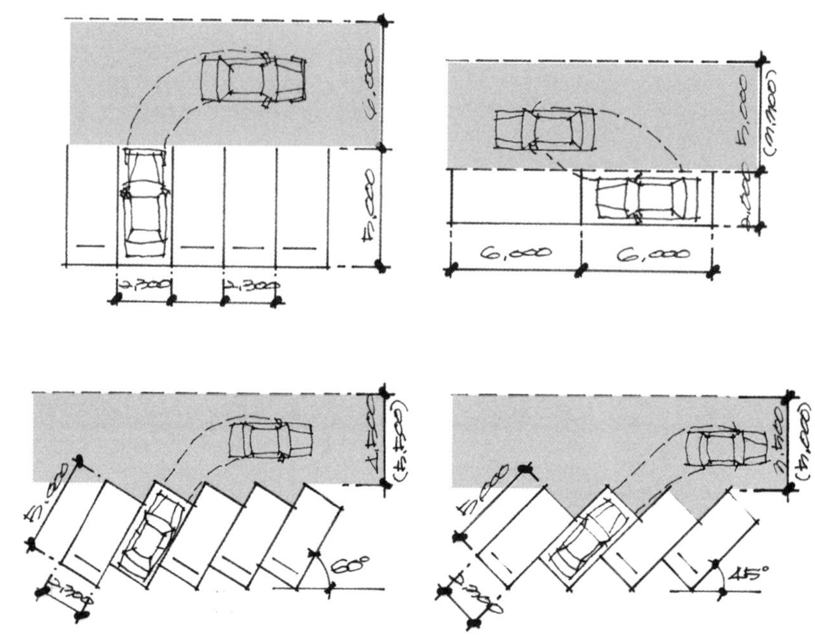

5. 기본도면의 이해

건축물의 도면 중에 배치도, 평면도, 단면도, 그리고 입면도의 도면 작성방법과 작도순서를 정리하면 다음과 같다.

5-1. 배치도

배치도는 대지형태, 도로상황, 방위, 출입구, 건축물의 위치 및 형태, 주차위치, 조경, 옥외공간 등을 파악할 수 있는 도면이다. 배치도는 하늘에서 비행기를 이용하여 항공사진을 촬영한 것으로 이해하는 것이 편리하다. 즉 대지형태, 도로와 건축물의 지붕, 그리고 조경 등을 위에서 보여지는 형태로 작도한다.

(1) 도면 작도방법

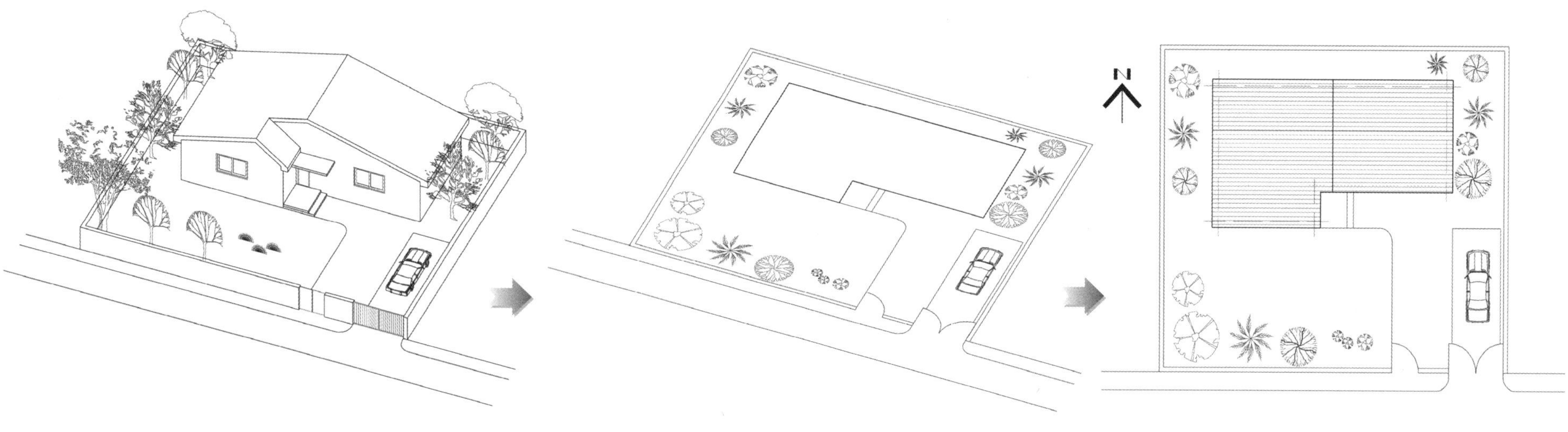

(2) 작도 순서

① 방위는 위쪽을 북쪽으로 배치하고, 도로와 대지형태를 작도한다.

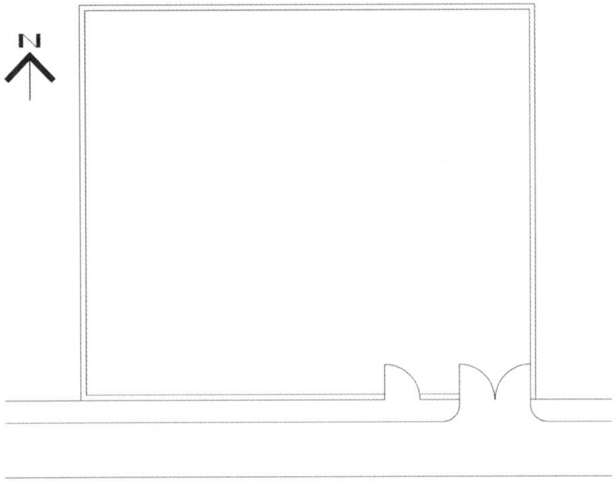

② 건축물의 위치 및 전체적인 형태인 외벽의 중심선을 가늘게 긋는다.

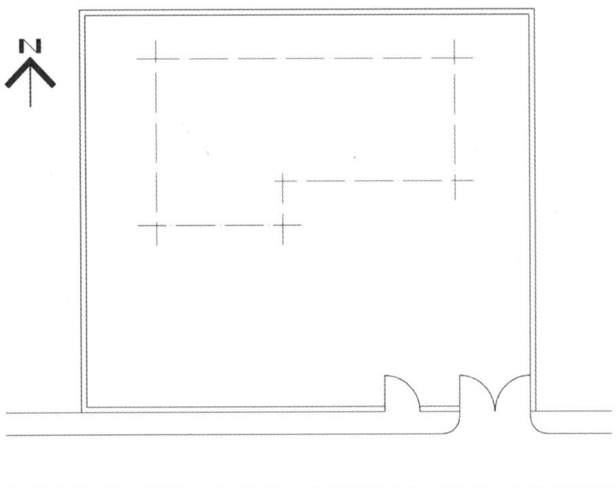

③ 건축물의 외벽 중심선에서 외벽두께와 처마의 내민길이 등을 고려하여 전체적인 형태를 작도한다.

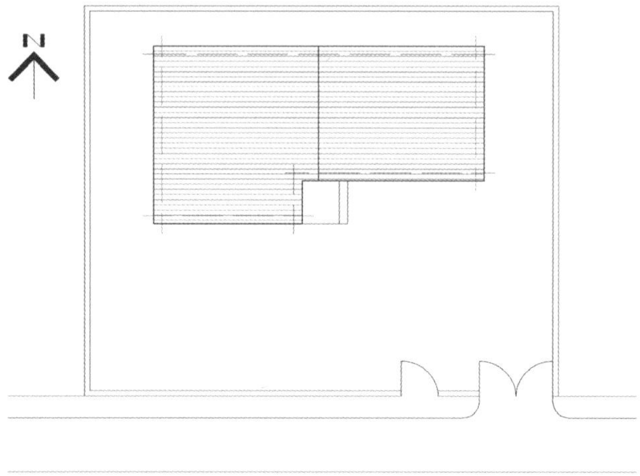

④ 동선, 조경 및 주차장 등 옥외공간을 작도한다.

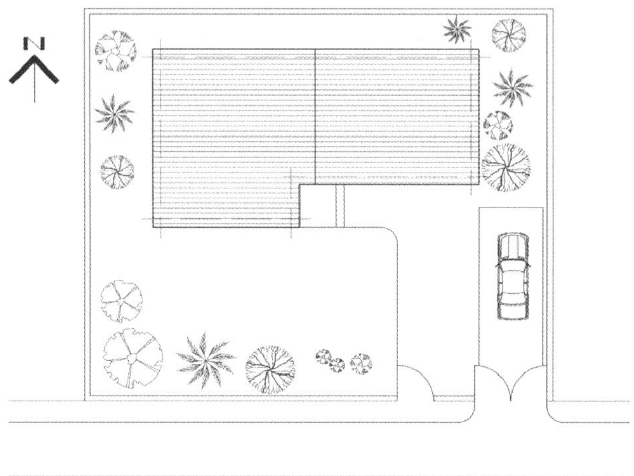

⑤ 음영 등 각종 표현의 효과를 넣는다.

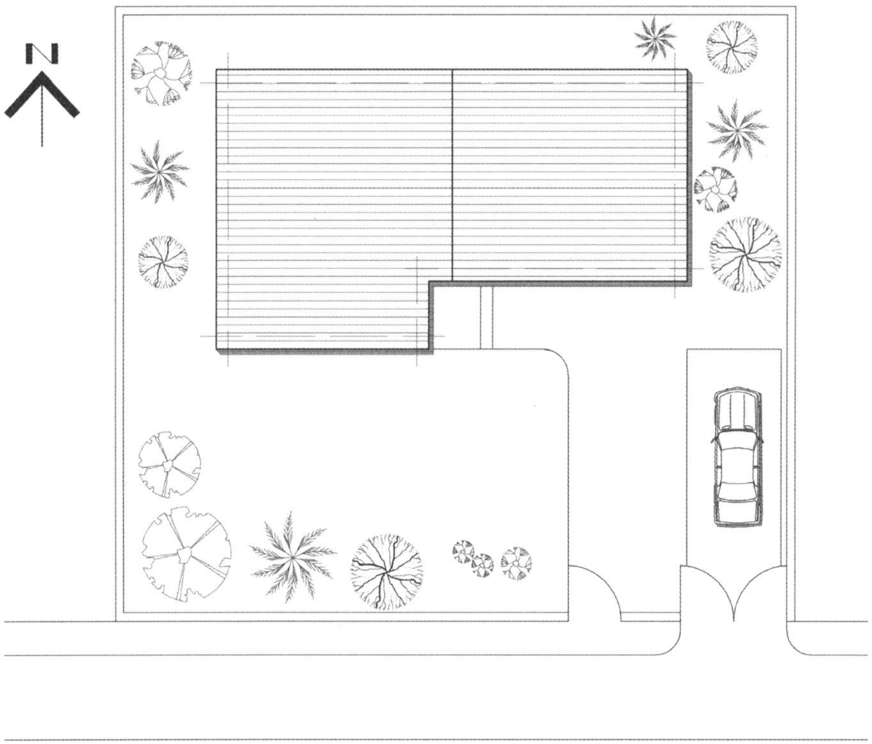

⑥ 시설명, 치수선 및 치수 기입, 도면명, 그리고 축척 등을 기입한다.

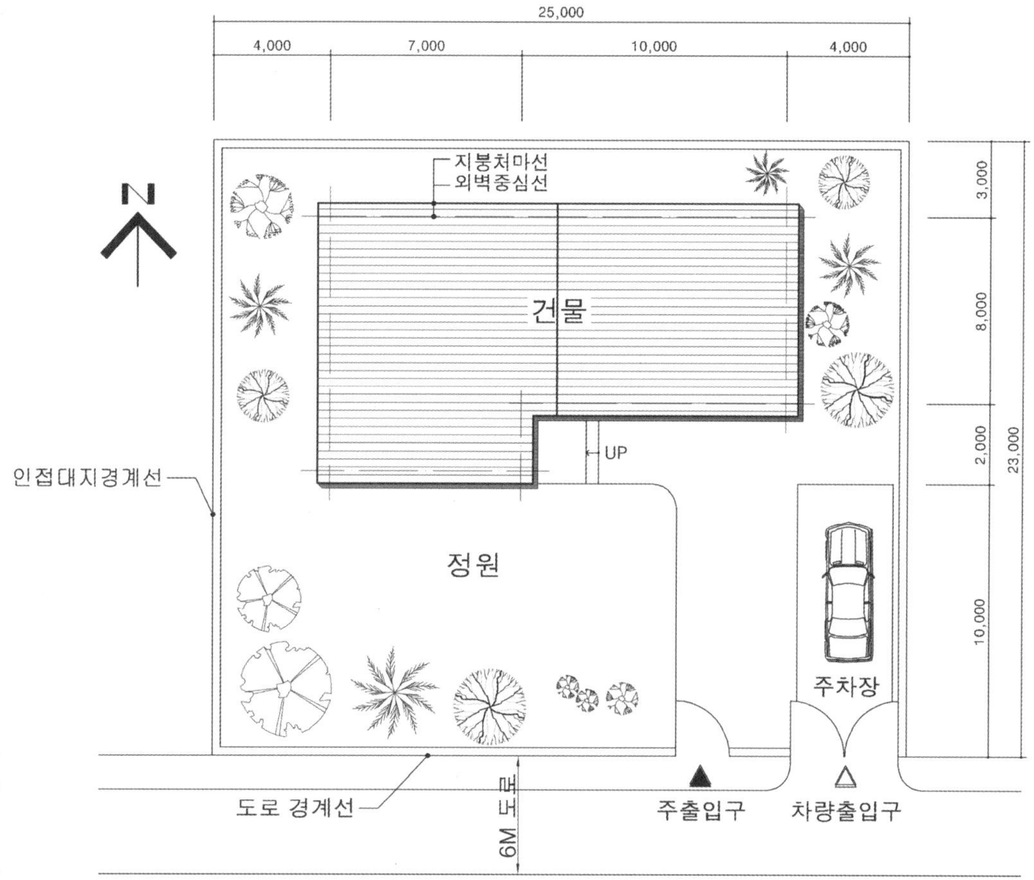

5-2. 평면도

도면 중에서 가장 기본이 되는 중요한 도면이다. 건물 내부에서 일어나는 모든 활동의 종류, 규모 및 그 상호관계를 평면상에 배치하여 각 실의 유기적 관계를 건물의 바닥으로부터 1.2~1.5m의 높이와 개구부를 중심으로 건축물을 수평으로 절단하여 표현한다.

(1) 도면 작도방법

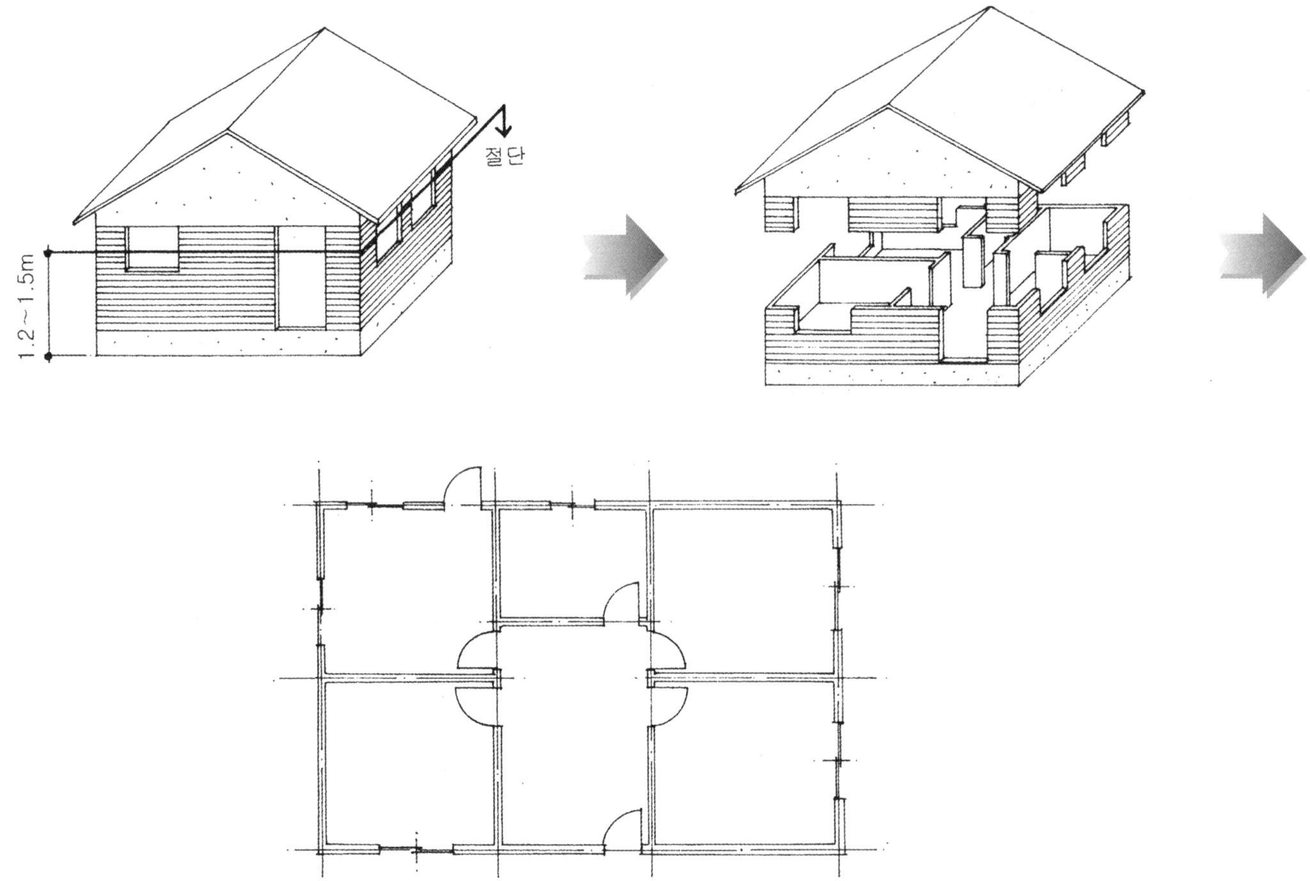

(2) 작도 순서

① 중심선을 가늘게 긋는다.

② 벽체두께 표시를 가늘게 한다.

③ 창호(문과 창문)의 위치를 가늘게 작도한다.

④ 단면 벽체를 가장 굵은 선으로 긋는다.

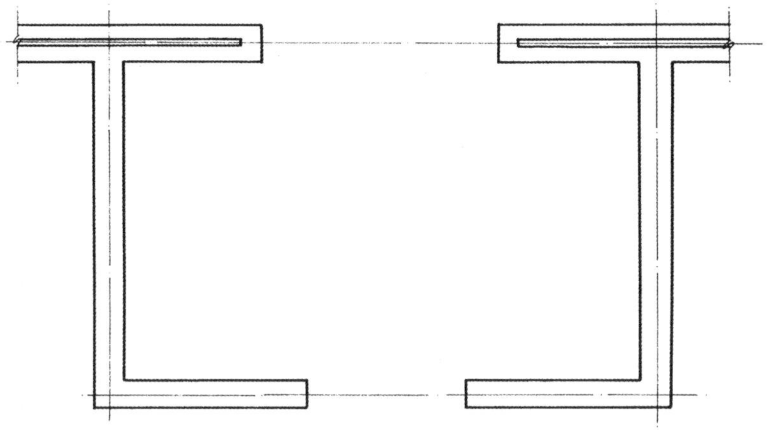

⑤ 창호(문과 창문)를 정확하게 표현한다.

⑥ 벽체 마감선을 그린다.

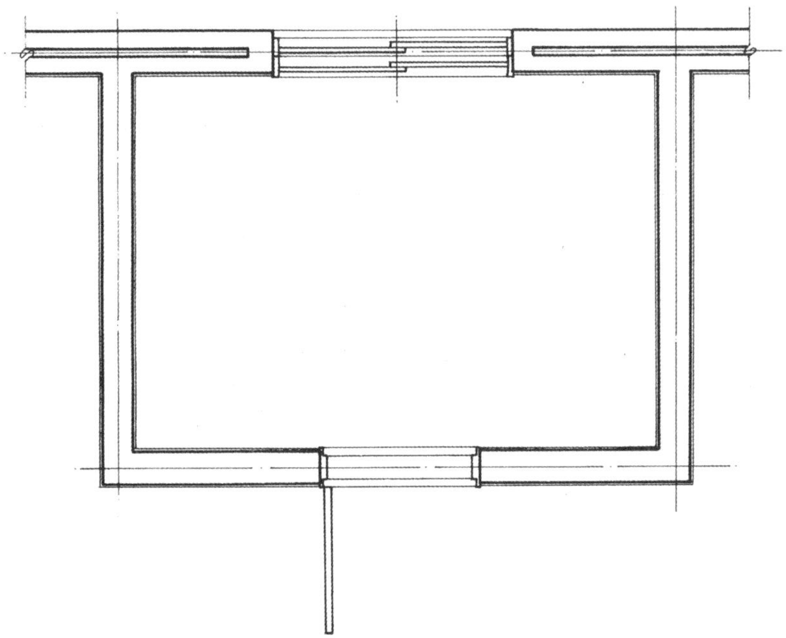

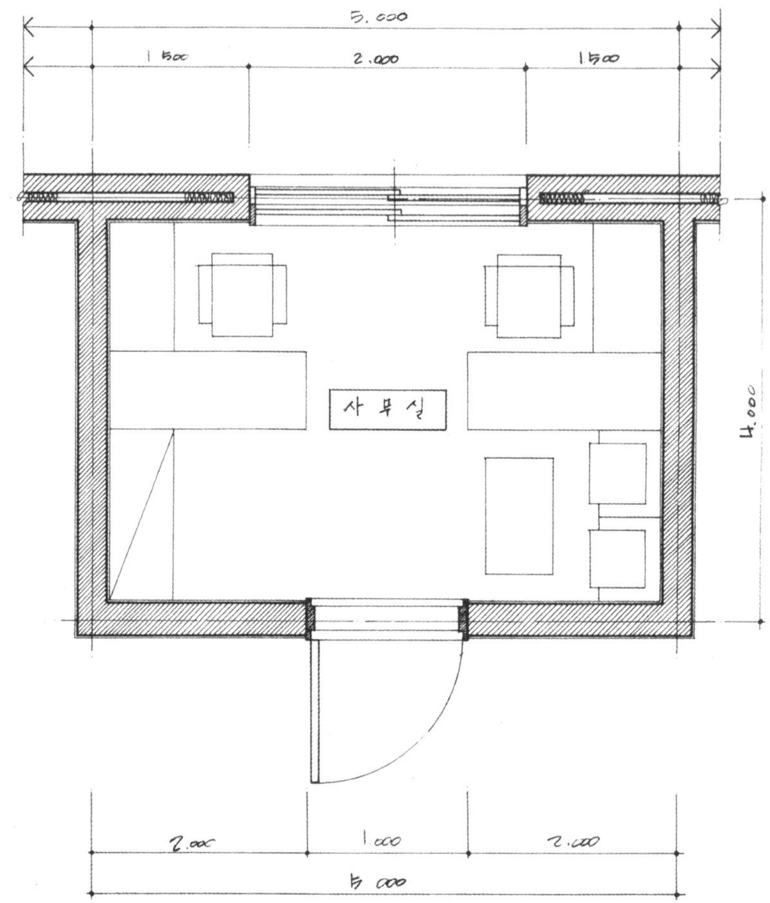

⑦ 가구 및 집기 등을 그린다.

⑧ 치수보조선과 치수선을 그린다.

⑨ 벽체 단면 해칭선(45°)을 긋는다.

⑩ 글씨를 쓰기 위한 보조선을 흐리게 긋고 글씨를 쓴다.

⑪ 도면명과 축척을 기입하고 정리한다.

5-3. 단면도

건축물을 길이방향(종) 및 너비방향(횡)에서 수직으로 절단하고, 그 절단한 면을 옆에서 바라본 도면이다. 단면도는 건축물 높이의 기준을 설정하고 구조체의 형태나 각종 마감재료 등을 나타내는 것으로 주단면도, 단면상세도, 부분단면상세도 등이 있다.

(1) 도면 작도방법

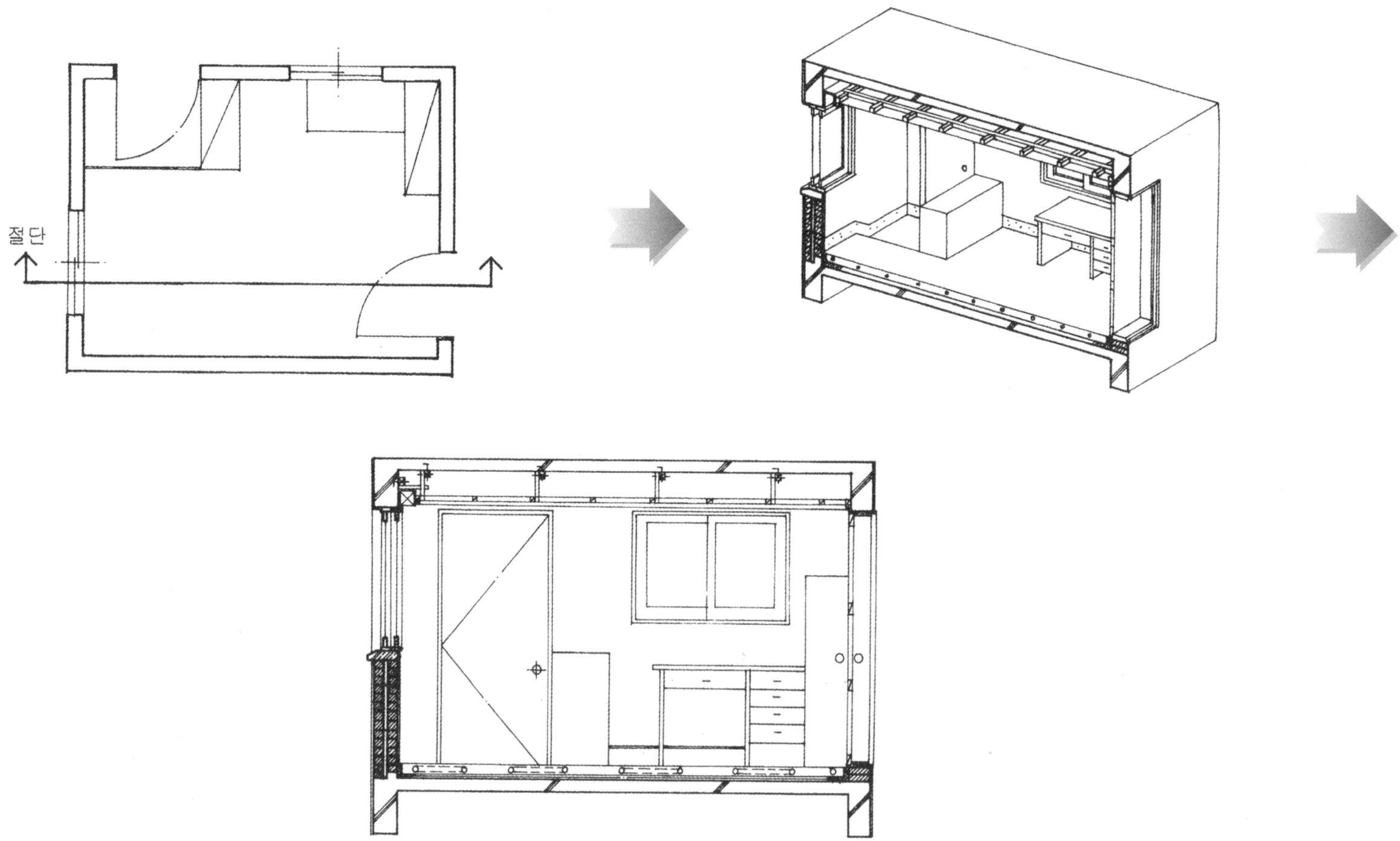

(2) 작도 순서

① 벽체의 중심선을 보조선으로 긋는다.

② 건물의 층고를 작도한 후 작도범위를 설정한다.

③ 구조물의 뼈대를 구성하고 바닥 및 반자의 형태를 작도한다.

④ 각종 단면 재료의 표현과 마감선을 작도한다.

⑤ 각종 입면표현의 효과를 넣는다.

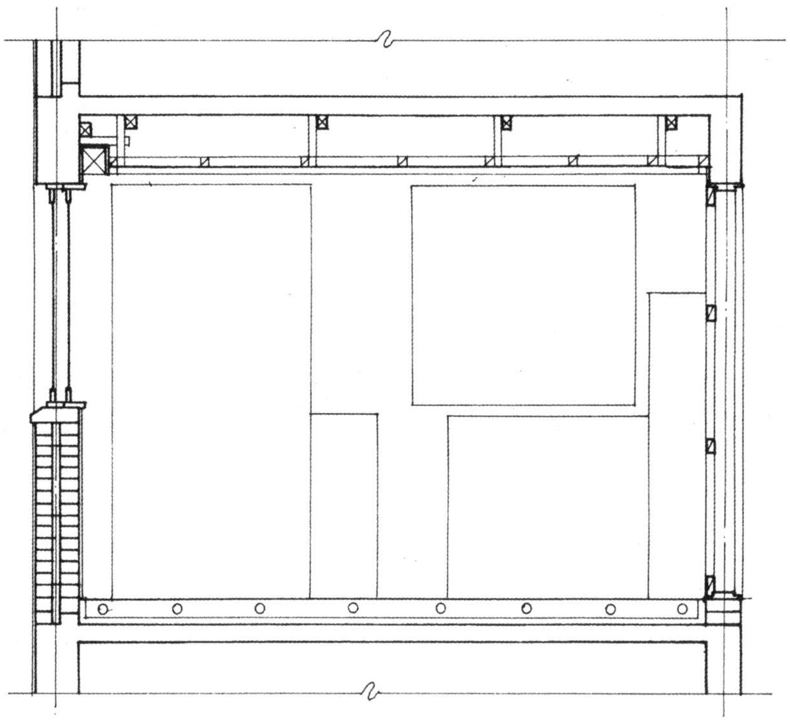

⑥ 치수선과 치수 기입, 재료명, 도면명, 그리고 축척 등을 기입한다.

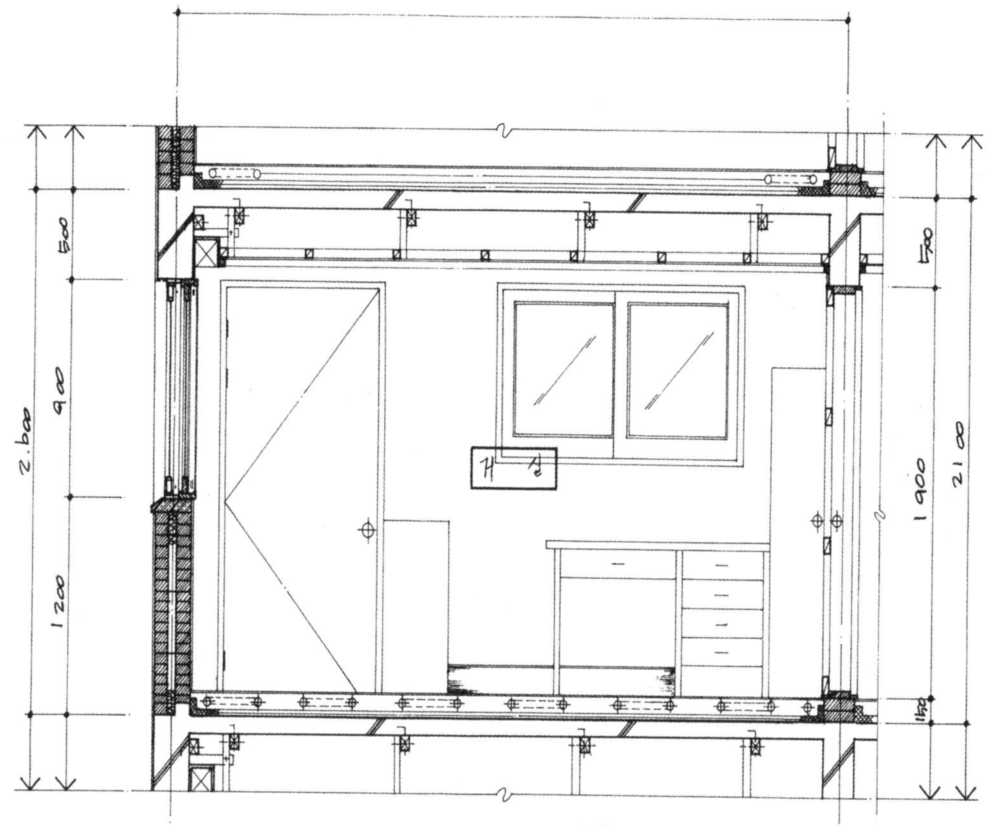

5-4. 입면도

건축물의 외관을 표현하기 위한 도면이다. 입면도를 작도하기 위해서는 평면도와 단면도를 이해한 후에 작도하여야 하며, 외벽의 마감재료와 개구부, 돌출된 기둥이나 발코니, 지붕, 난간 등의 형태를 표현한다. 입면도는 원근감을 표현하지 않으며, 원근감 표현은 수직 및 수평선을 굵은 실선으로 표현한다.

(1) 도면 작도방법

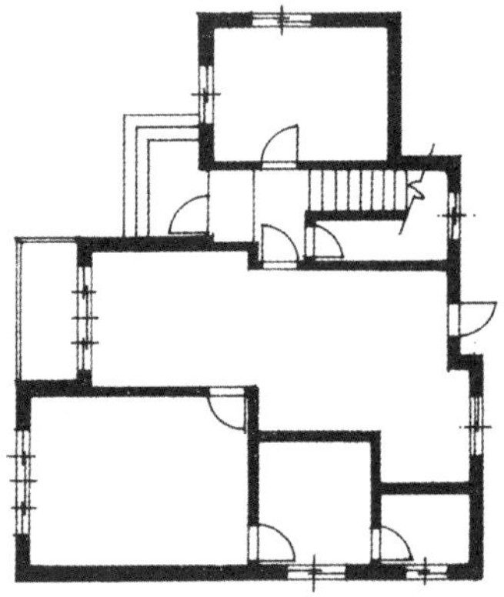

[1층]

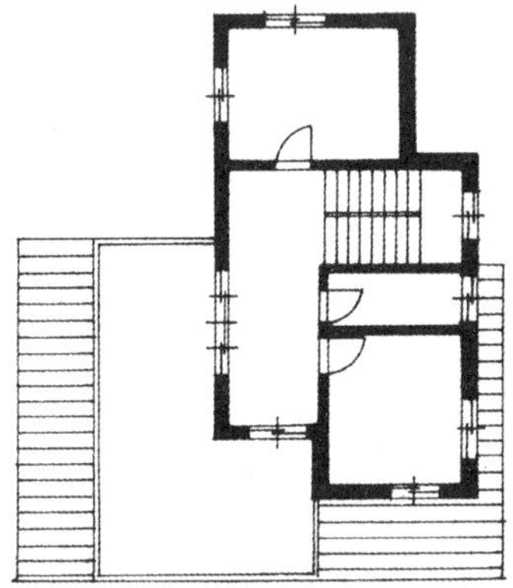

[2층]

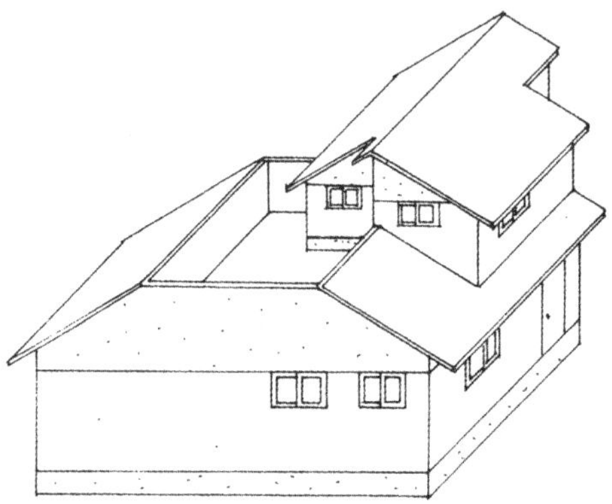

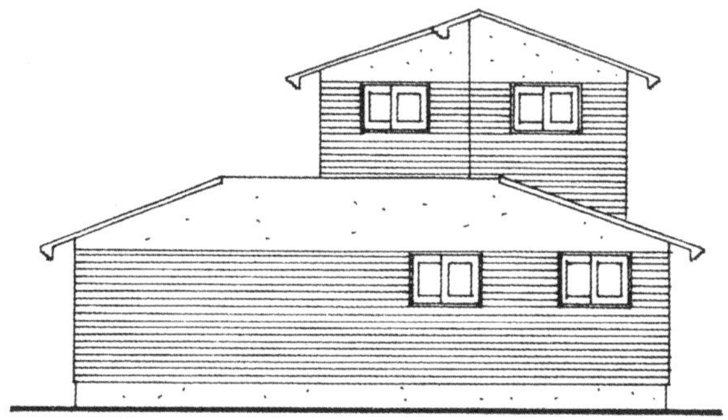

(2) 작도 순서

① 건물의 크기를 보조선으로 설정한다.

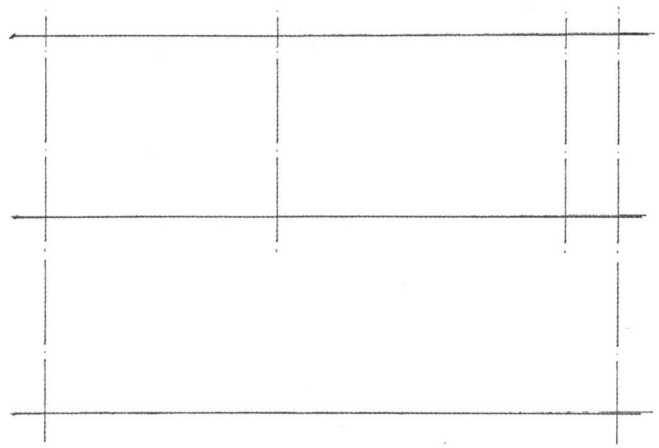

② 벽체두께, 지붕형태 등의 윤곽을 설정한다.

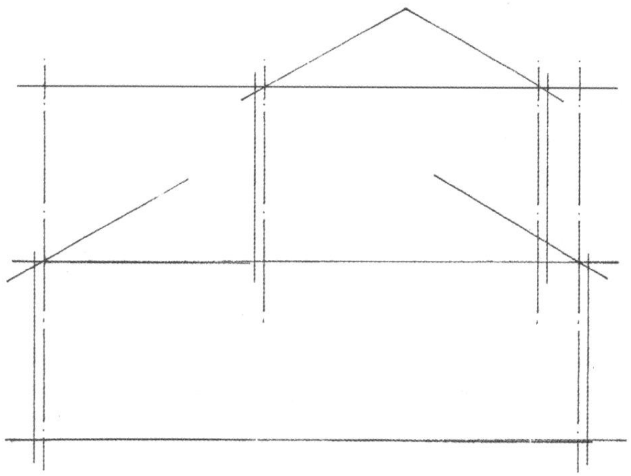

③ 창호의 위치를 설정한다.

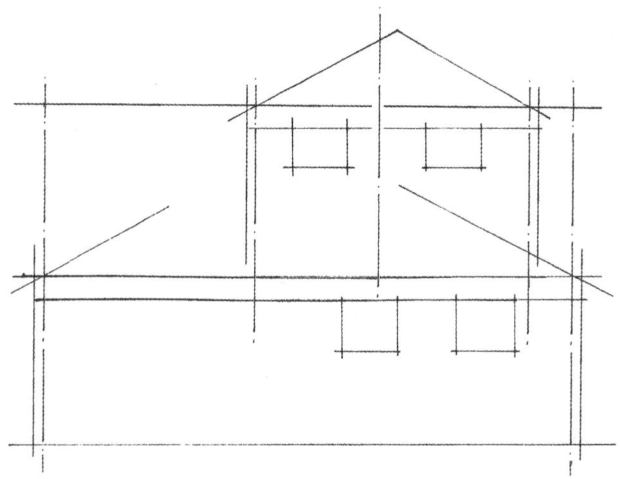

④ 건물의 외곽 및 창호를 굵은 선으로 작도한다.

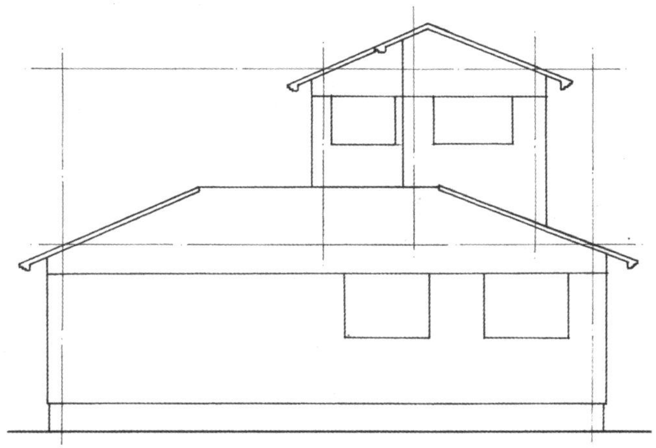

⑤ 외부 마감재료를 표현한다.

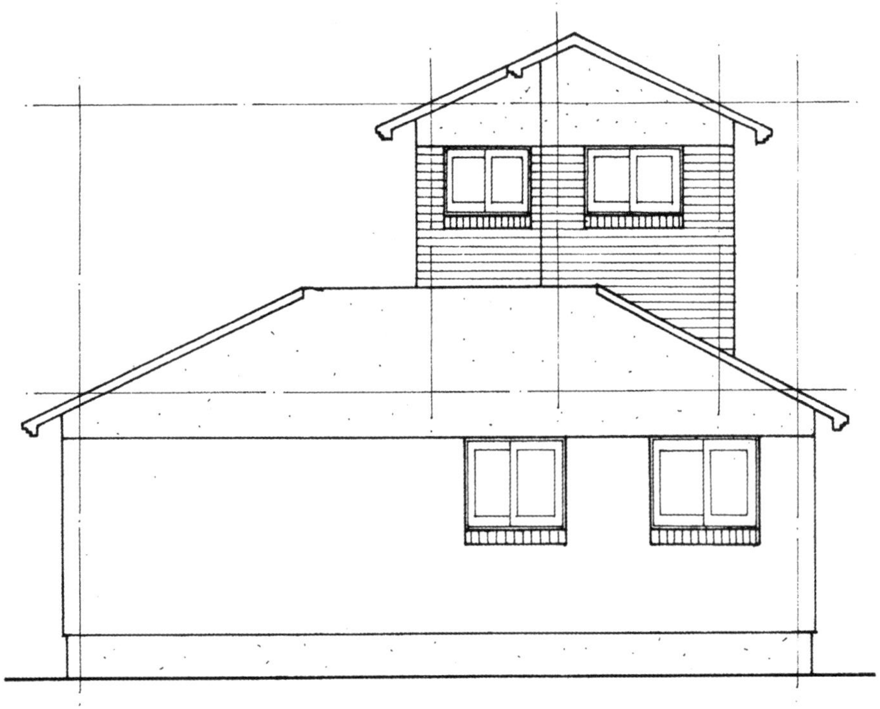

⑥ 건물 주변의 조경을 표현하고, 재료명, 도면명, 그리고 축척 등을 기입한다.

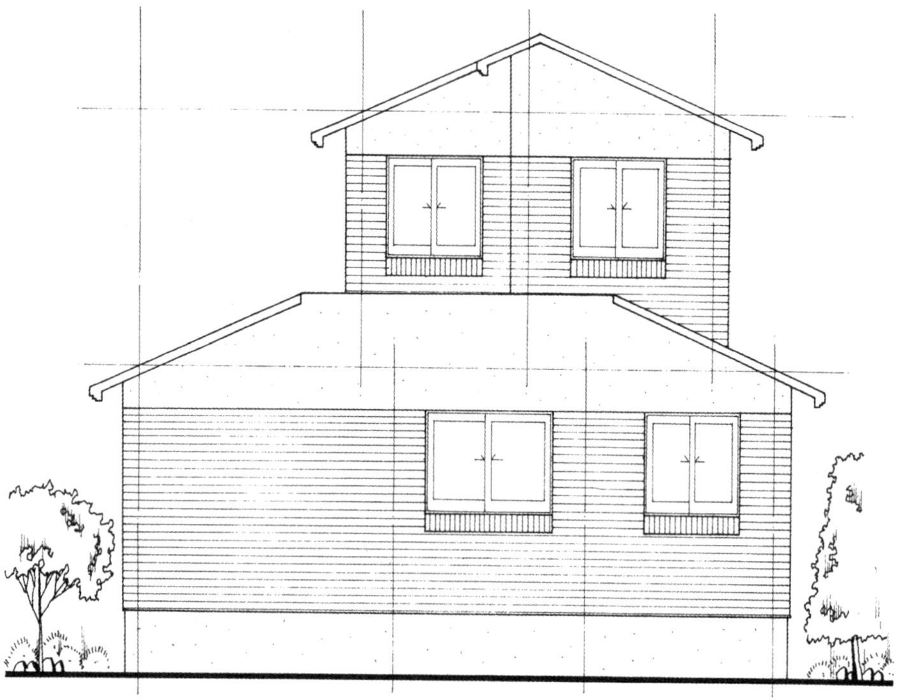

6. 기본도면의 작도

6-1. 배치도

배치도는 대지 위의 지상에서 대지형태와 도로상황, 건축물의 위치와 형태 등 대지와 건축물과의 관계를 표시하며 토지이용계획, 외부공간계획, 접근성 및 동선계획이 효과적으로 표현될 수 있도록 한다.

(1) 위치잡기

가능한 한 방위는 도면의 위쪽 부분을 북쪽으로 위치시켜 대지형태를 작도하며, 도로와 인접대지경계선, 그리고 주변 건축물의 현황을 표현한다.

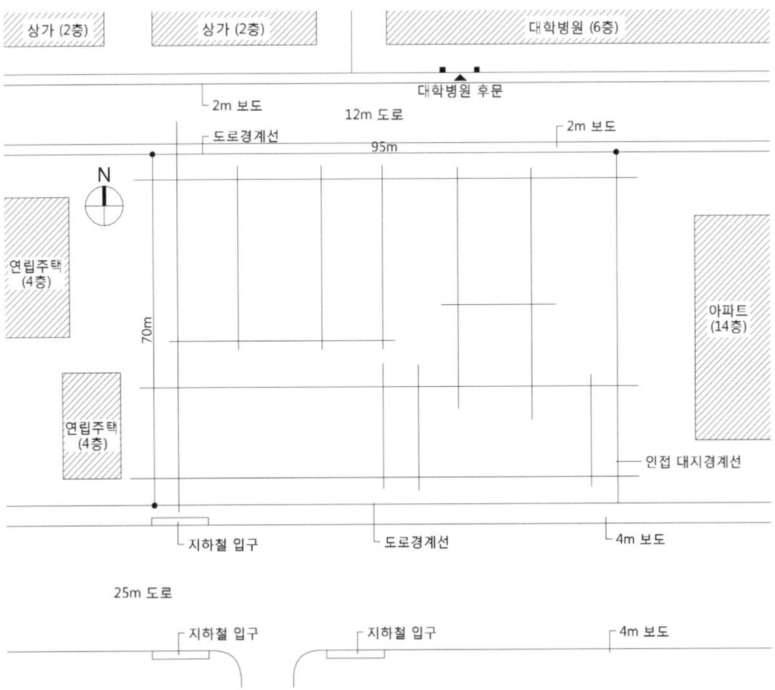

(2) 시설물

대지내 건축물과 건축물의 거리, 인접경계선과의 거리 및 옥외 휴게공간 등 시설물의 형태를 작도한다.

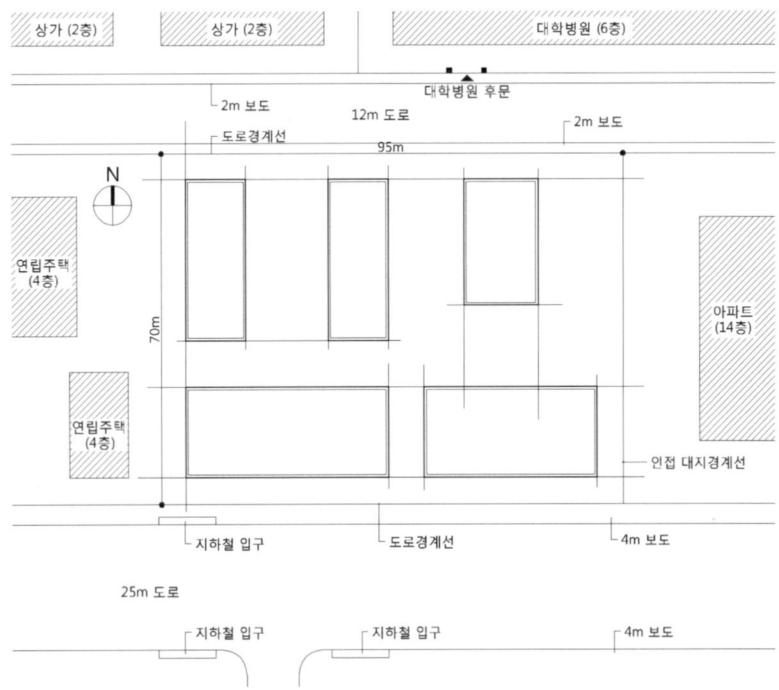

(3) 동선체계, 조경영역

보행자 동선과 차량동선의 분리, 주출입구와 부출입구, 현관 등을 표현하고 주차장과 조경영역을 작도한다.

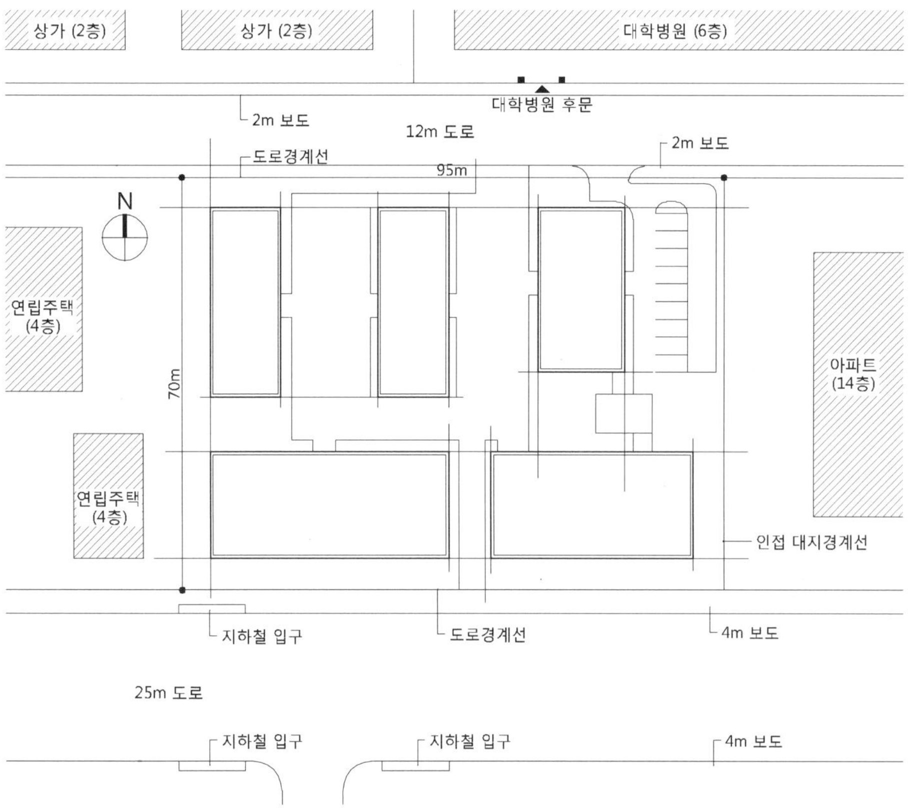

(4) 시설명, 치수, 기호

건축물동의 용도, 치수기입, 기호 등을 기입한다.

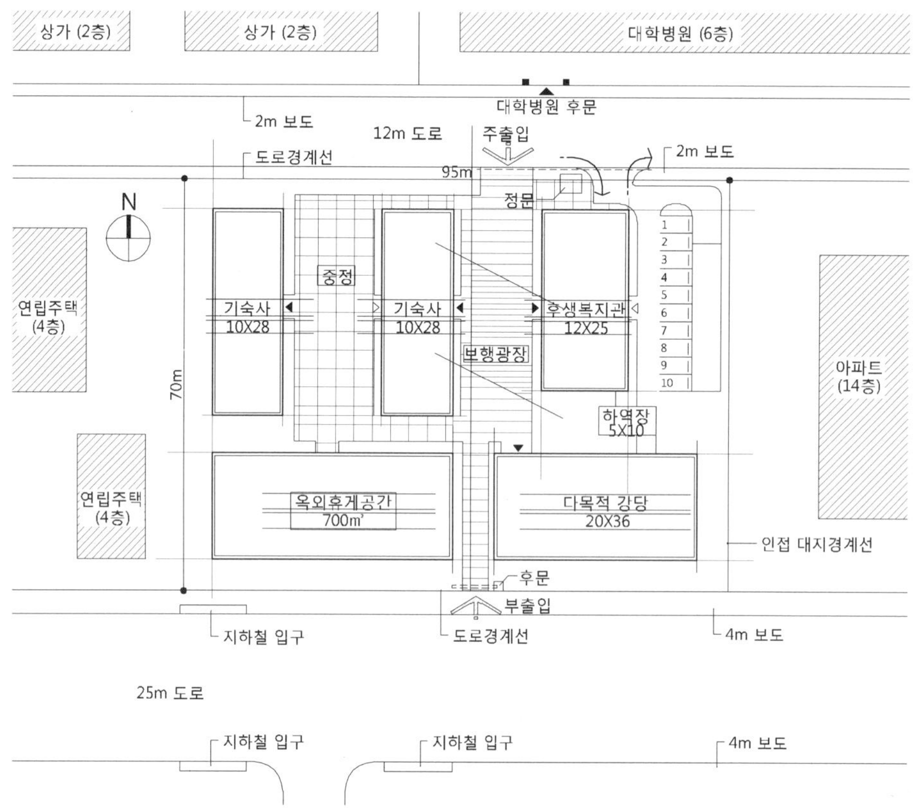

(5) 최종 도면 완성

수목, 음영 등을 표현하여 완성한다.

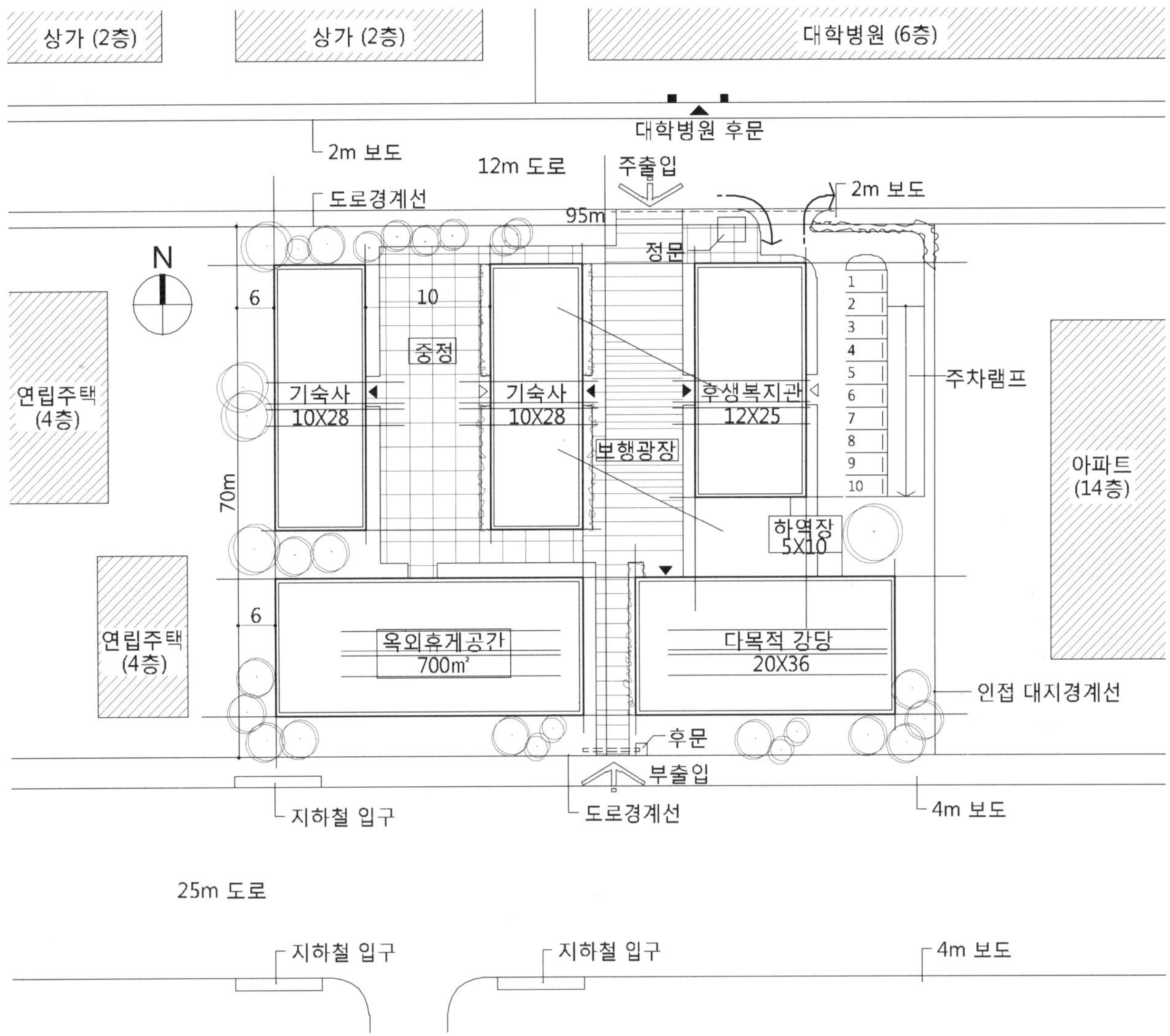

6-2. 평면도

평면도는 건축물을 건물의 바닥면으로부터 1.2~1.5m 정도 높이에서 수평으로 절단하여 위에서 아래로 내려다 본 수평투영도이다. 평면도는 코어의 위치와 실의 위치, 그리고 동선을 명확하게 표현하여야 하며 기둥, 벽, 창, 출입구, 계단, 바닥마감 등을 나타내고 실명, 치수 등을 기입한다.

평면도는 바닥면으로부터 1.2~1.5m 높이의 윗부분이나 아랫부분에 있는 개구부도 표현하고 단면선은 굵은 실선으로 표현한다.

1. 축선

(1) 표현 방법

① 축선

축선은 도면의 기준점을 잡는 중요한 기호이다.

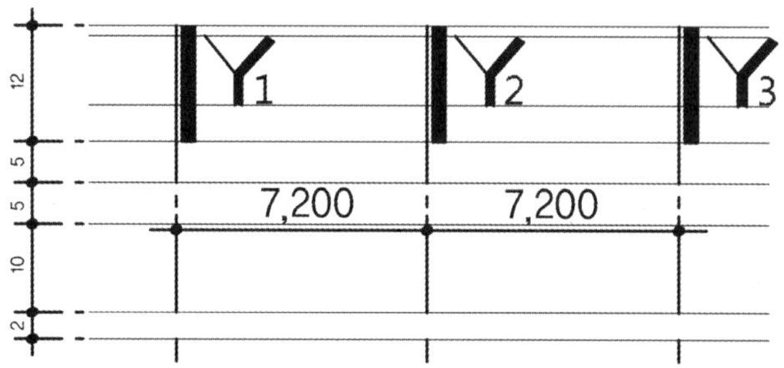

② 치수선

단수와 위계의 구성이 정확해야 도면 읽기가 쉬워진다.

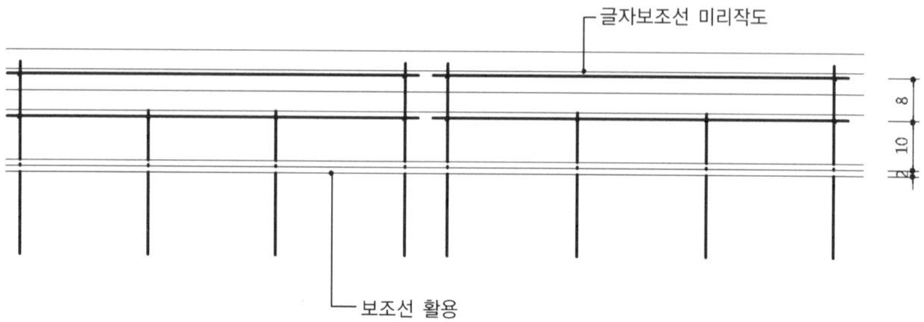

③ 중심선

중심선은 가장 먼저 그리는 선으로 중간 굵기 정도의 일점 쇄선으로 작도한다.

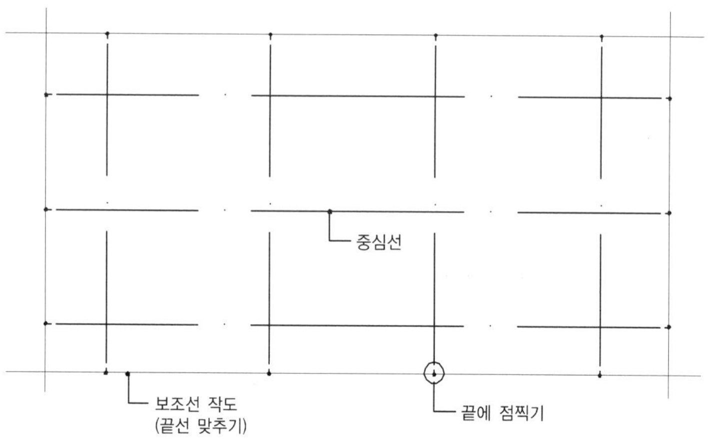

(2) 작도 순서

① 도면 위치 및 가선 그리기

축선 작업에서 가장 먼저 해야 할 것은 도면의 위치 잡기이다. 도면의 위치는 축선을 포함한 전체 도면의 크기를 고려하여 제도용지의 중심에 그리는 것이 중요하다.

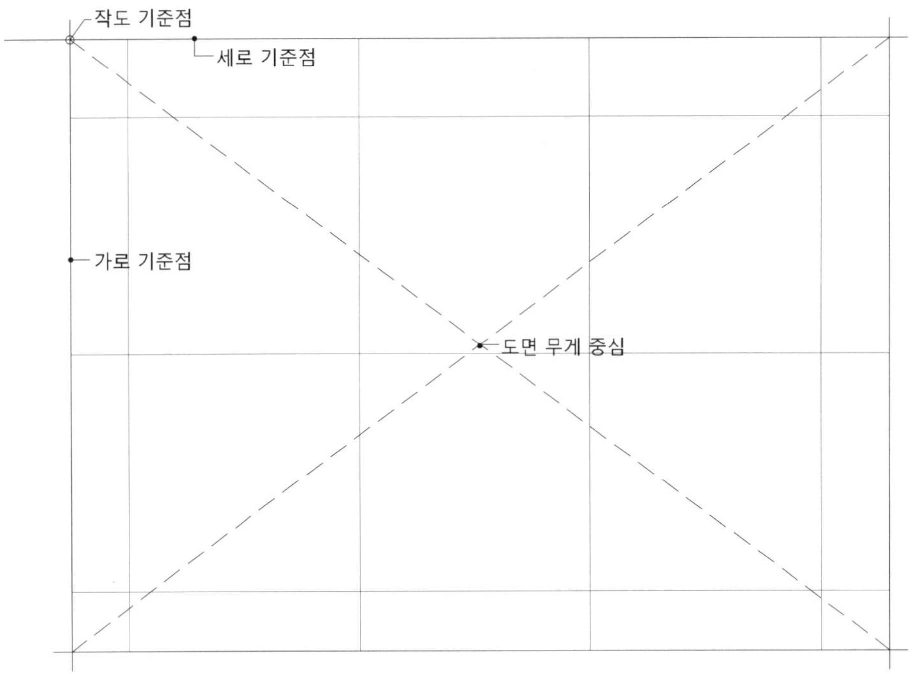

② 세로선 그리기

가로 가선이 완료되었으면 이제 세로 실선을 그릴 준비는 끝났다. 이제 45° 보조선을 이용하여 스케일 작업을 줄이고 세로실선을 그린다.

가장 중요한 점은 가선 작업과 동시에 축선을 완성하여야 하며 좌측에서 우측으로 그려나간다.

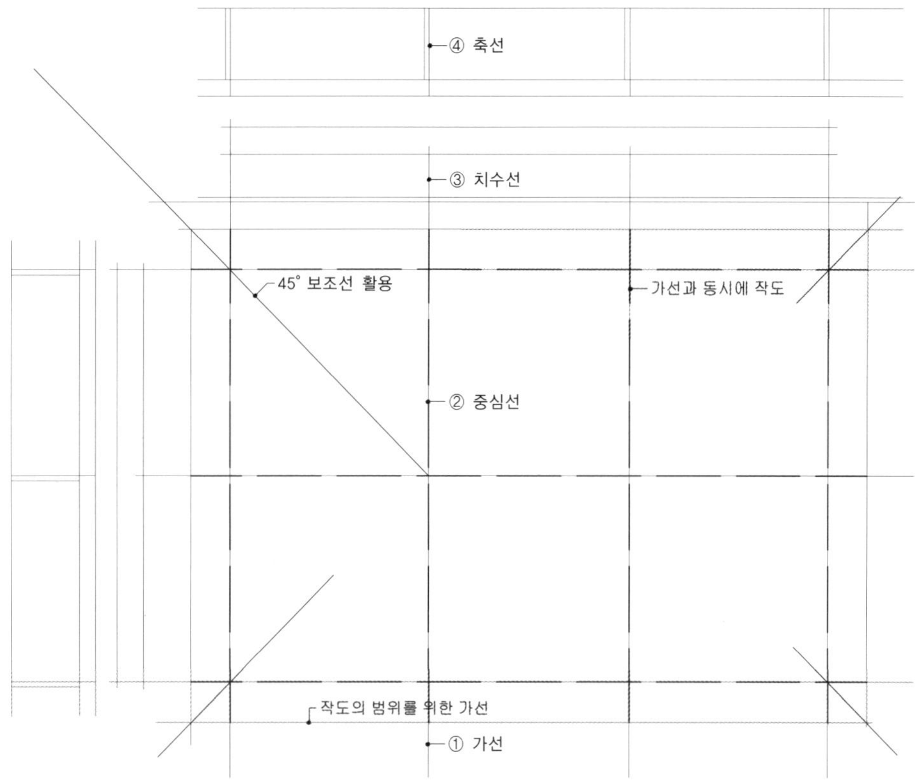

③ 가로선 그리기

세로선 작도를 완료한 후 가로선을 위에서 아래로 그려나가면 축선, 중심선, 치수선이 완성된다.

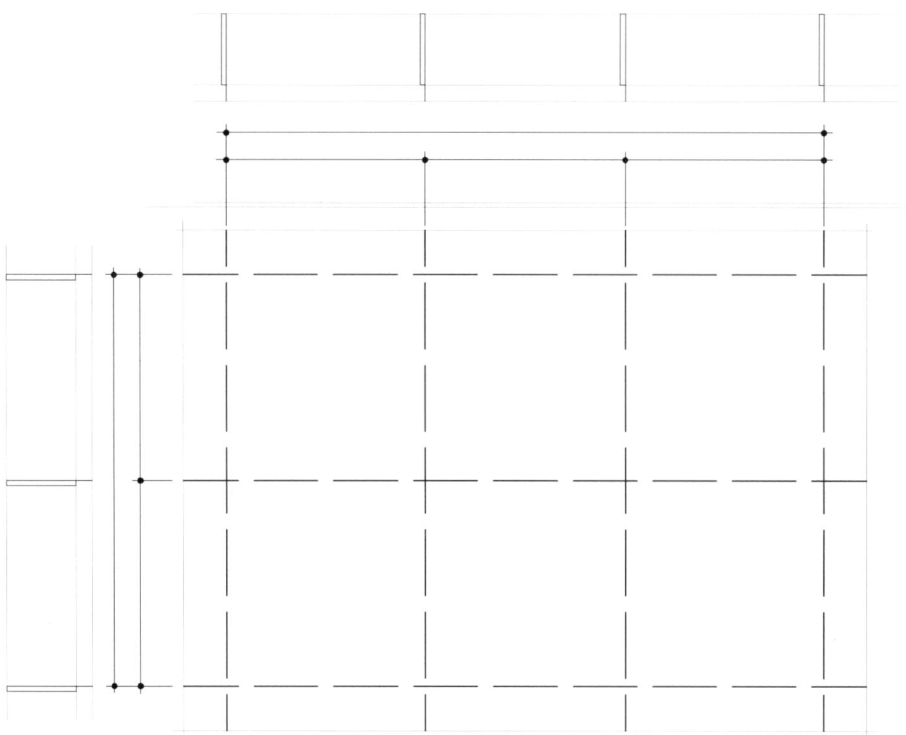

2. 기둥

축선이 완료되면, 이제 도면작도 순서에 맞추어서 평면도를 작도하게 된다.

기둥→벽체가선→문, 창문→벽체 순으로 작도를 하게 되며, 벽체까지 그리고 나면 전체적인 평면형태는 완성된다.

(1) 가로 가선 그리기

기둥은 1층과 2층 평면을 동시에 작도하게 되는데 기둥도 축선과 마찬가지로 가로→세로→가로의 순으로 작도하게 된다.

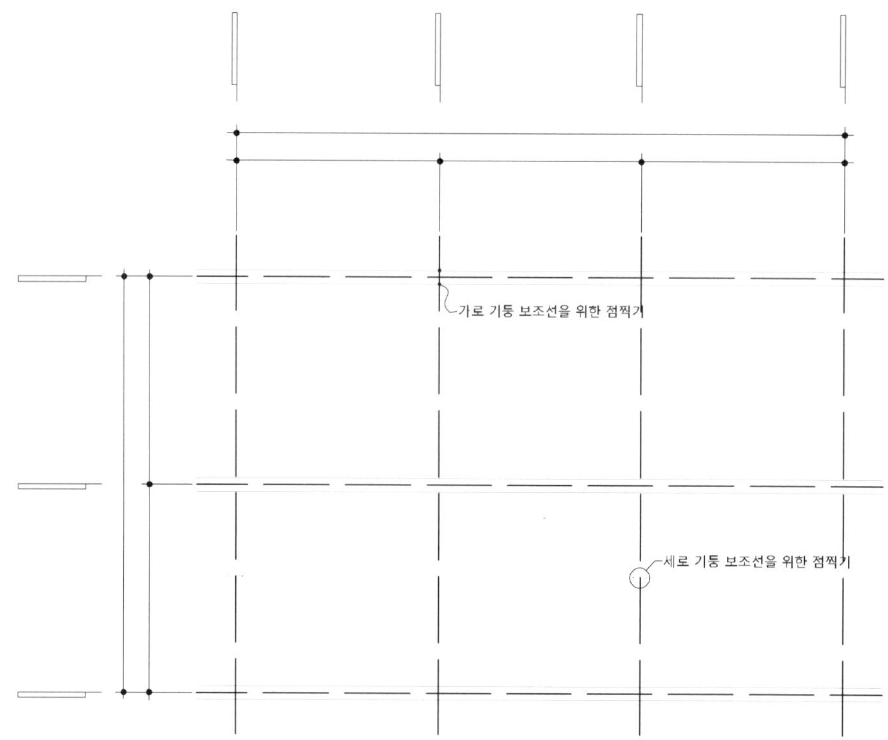

(2) 세로 기둥선

가로 가선을 완성하면 세로 기둥선을 그리게 되는데 이때 반드시 가선 작도 후 기둥선을 그려야 한다.

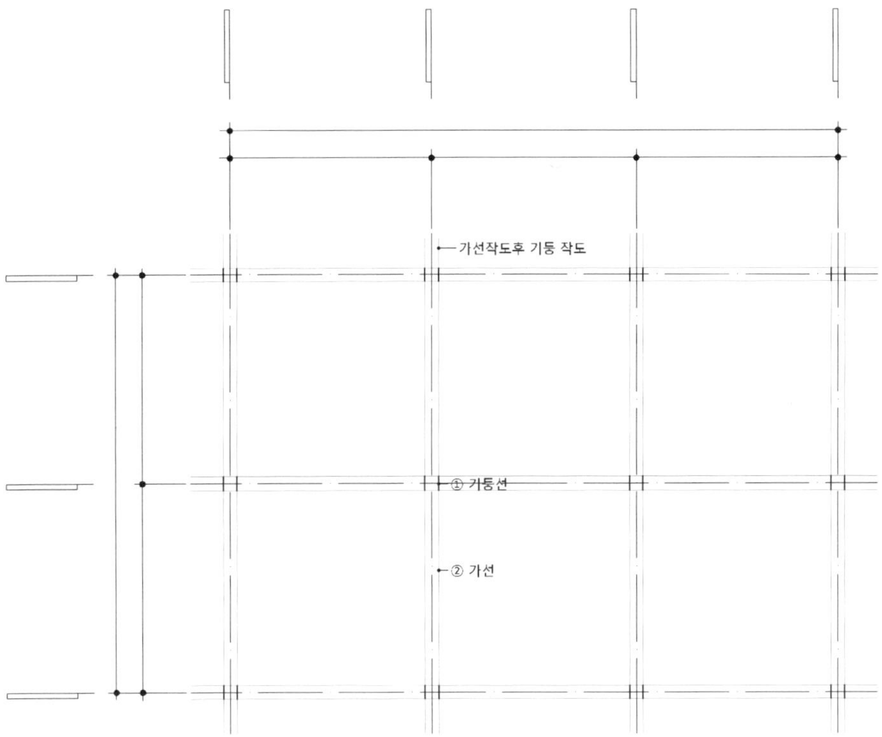

(3) 가로 기둥선

이제 세로 기둥선을 잇는 가로 기둥선을 작도하면 기둥의 작도는 완성된다.

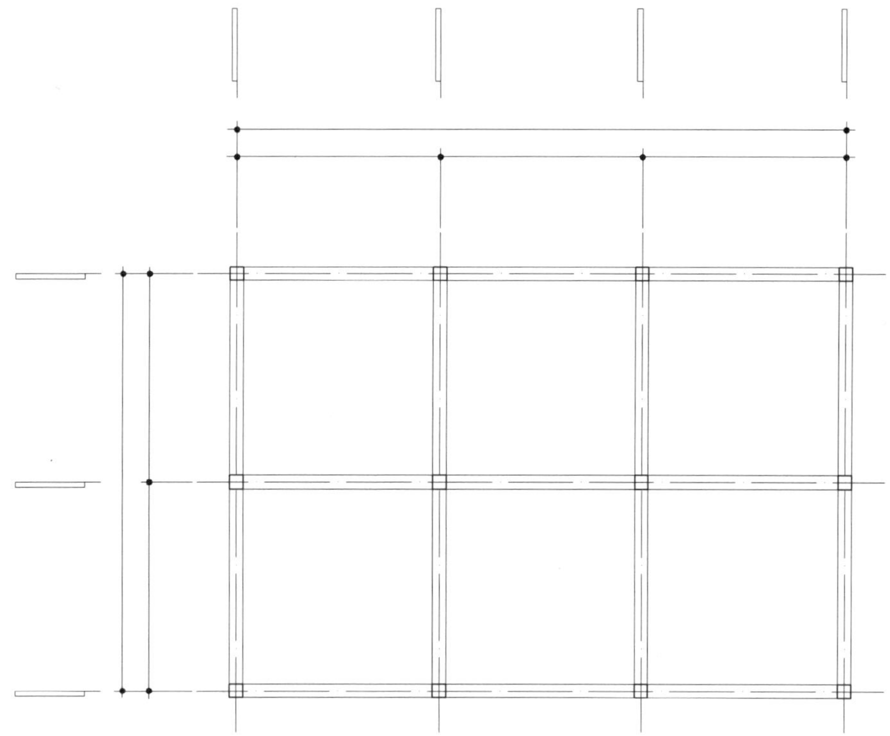

3. 문, 창문

기둥 작도가 완료되면 중간 벽체의 가선을 복선으로 그린다. 이 작업은 문, 창문 및 벽체를 그리기 위한 사전 작업이므로 누락된 곳이 없어야 한다.

(1) 문

문은 프리핸드로 작도하는 것이 훨씬 빠르며 실수도 적다. 이때 문의 개폐방향, 문짝의 개수 등에 유의한다.

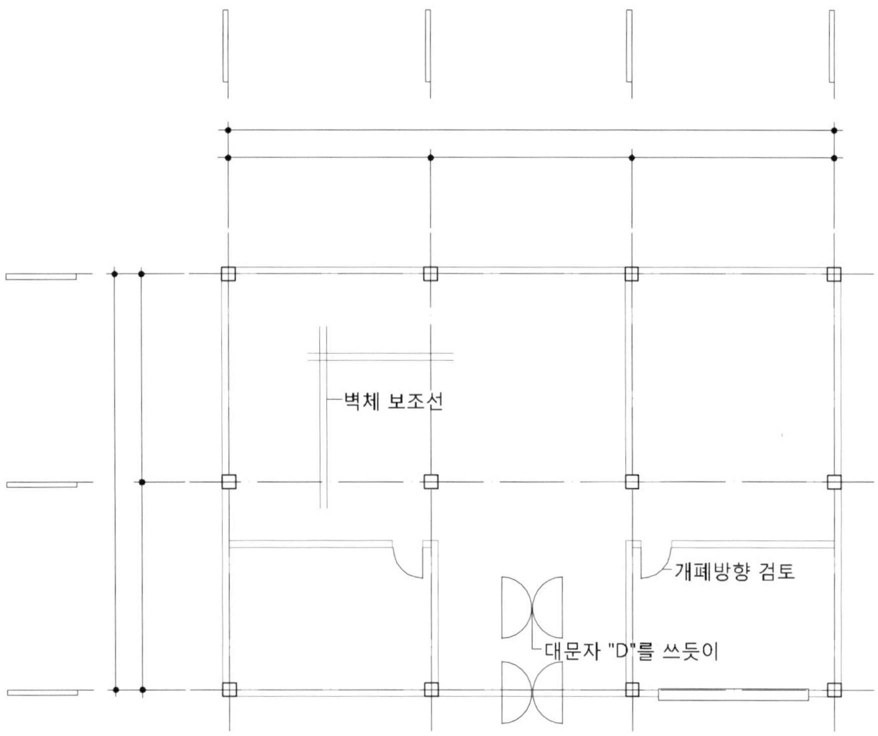

(2) 창문

중심선을 내부 창문선으로 하고 외부 창문선은 벽체보다 튀어 나오도록 그리는 것이 효과적이다.

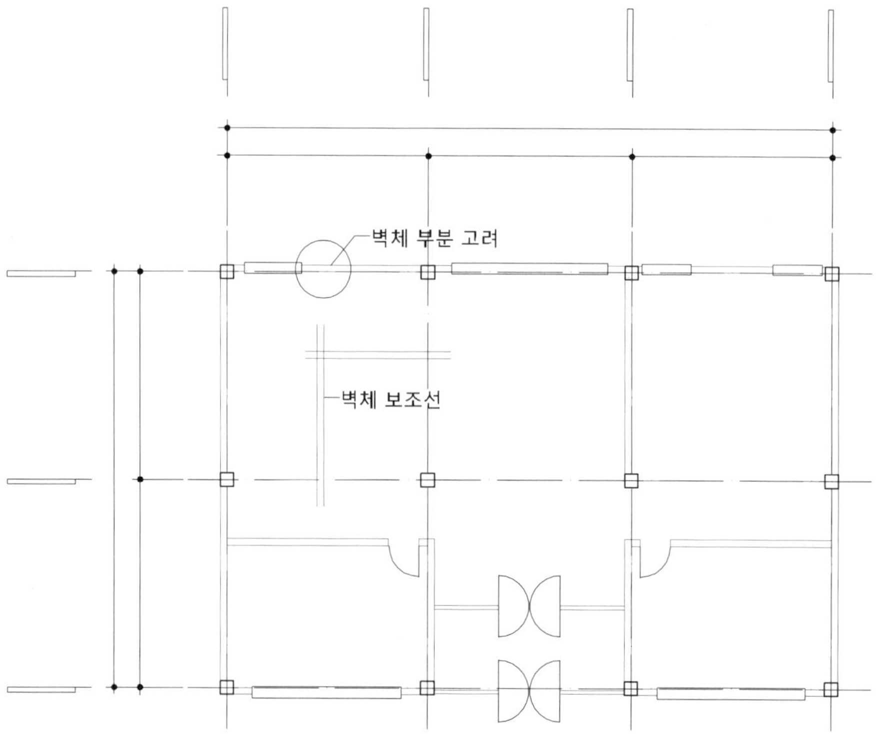

4. 벽체

문과 창문이 완성되면 벽체를 그리는데 이때도 마찬가지로 가로선→세로선 순으로 작도한다.

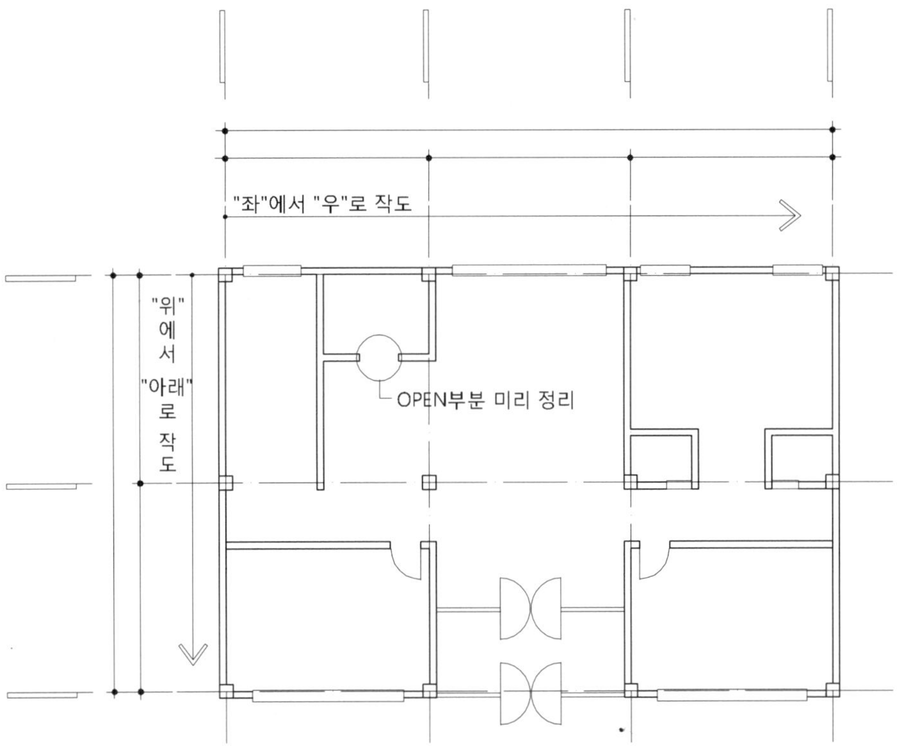

5. 도면완성

(1) 입면선

입면선은 벽체선과 구별하기 위해 가는 실선으로 작도한다.

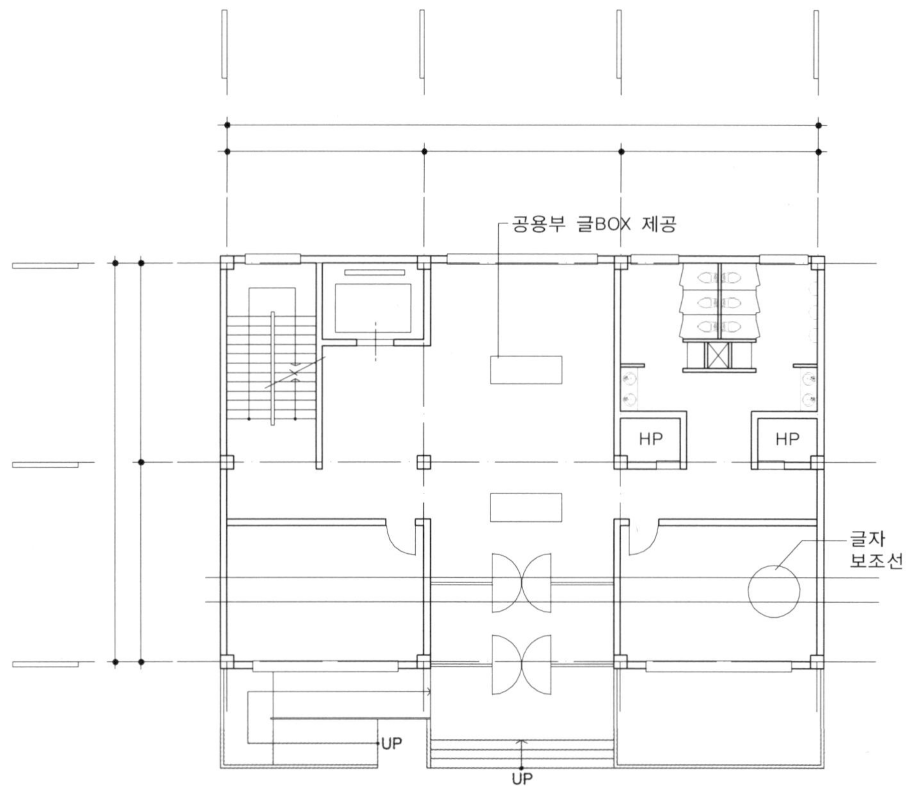

(2) 글자 및 패턴

가급적 글자의 위치를 맞추고, 패턴은 내외부를 차별화한다.

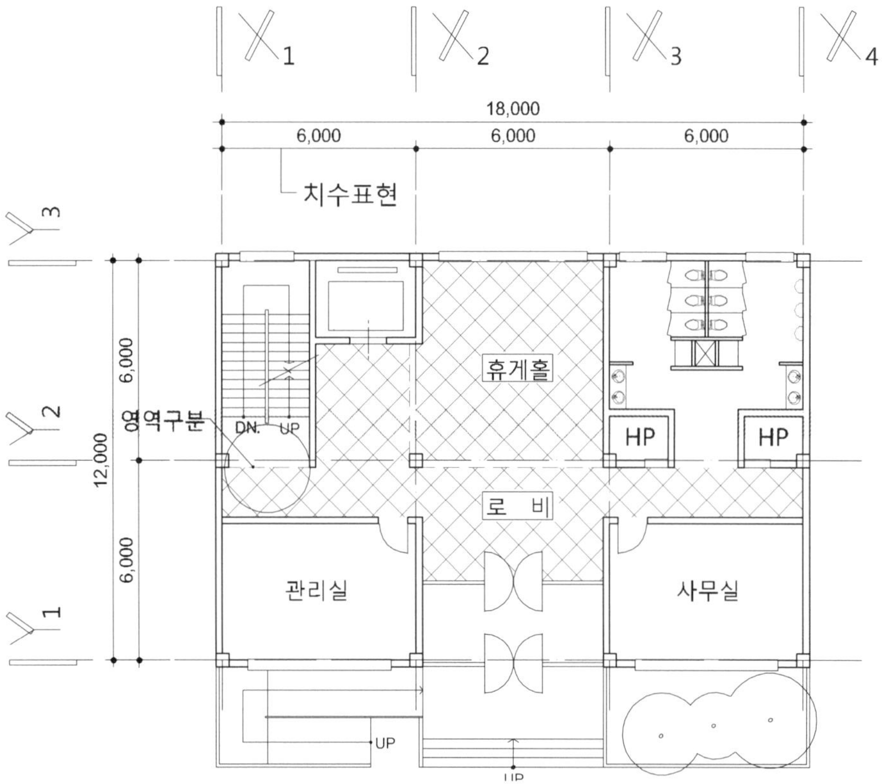

(3) 최종 도면 완성

수목, 음영 표현, 축열 기호, 해치 등을 표현하여 완성한다.

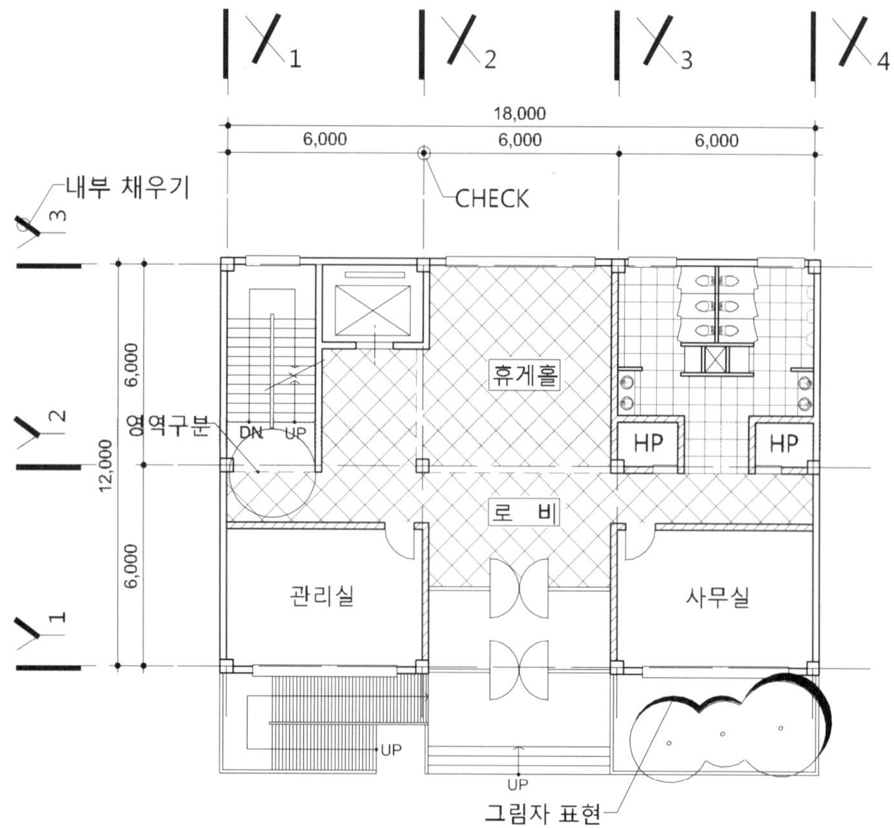

6-3. 단면도

단면도는 건축물을 수직으로 절단하여 수직적인 치수와 건축물의 구조형태, 그리고 마감재료 등을 표현한다. 단면으로 잘린 구조체는 굵은 실선으로 표현하며, 입면으로 보여지는 부분은 가는 실선으로 작도한다.

1. 중심선, 축선, 치수선

중심선, 치수선, 축선은 동시에 그리며, 축선은 평면과 동일하게 작도하되 가로 축선이 슬래브 레벨로 변경되는 것에 주의한다.

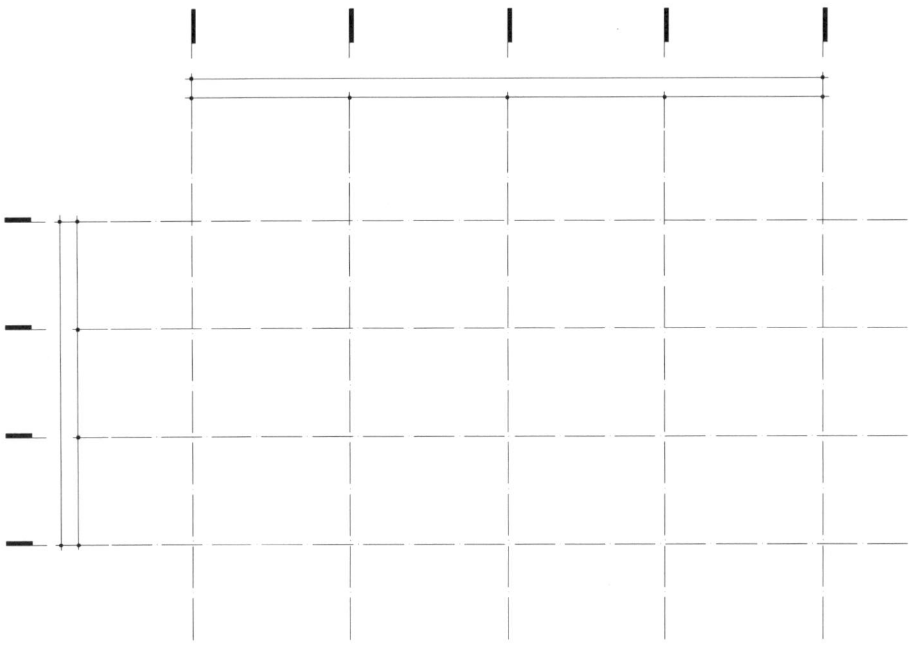

2. 벽체, 슬래브, 보

슬래브 및 벽체의 위치 가단면을 기준으로 파악하여 골조선을 가로선→세로선 순으로 그리며, 보조선을 활용하여 벽체, 보, 슬래브 등을 작도한다.

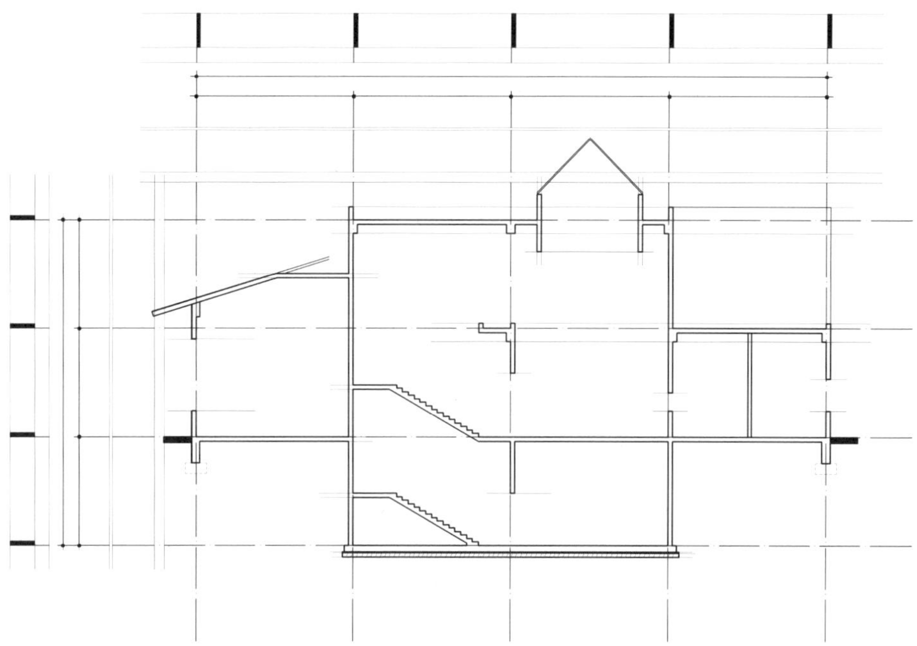

3. 창호 및 입면선

창호, 천장 등 단면요소를 그리며 계단난간, 지붕 등 입면선을 작도한다.

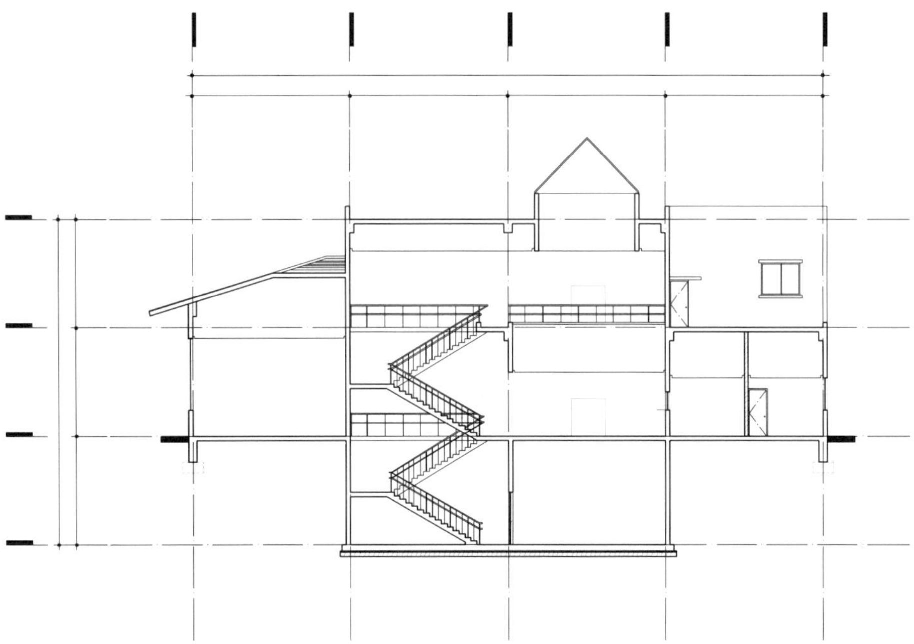

4. 도면완성

치수, 실명, 층별 레벨, 재료명을 기입하고 사람, 수목 등을 표현하여 완성한다.

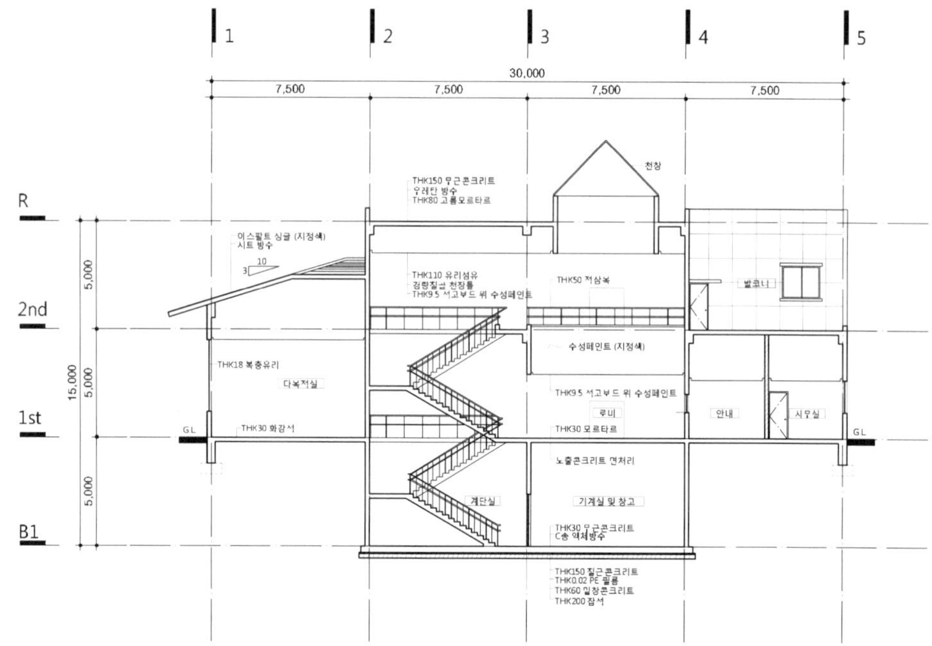

6-4. 입면도

입면도는 평면적인 공간을 입체화시켜 형태와 표면구조를 나타내며, 작도순서는 외벽 등 전체적인 형태를 그린 후 창호 등을 상세하게 작도한다.

1. 중심선, 층 기준선

평면도와 단면도를 파악하여 중심선과 층 기준선을 작도한다.

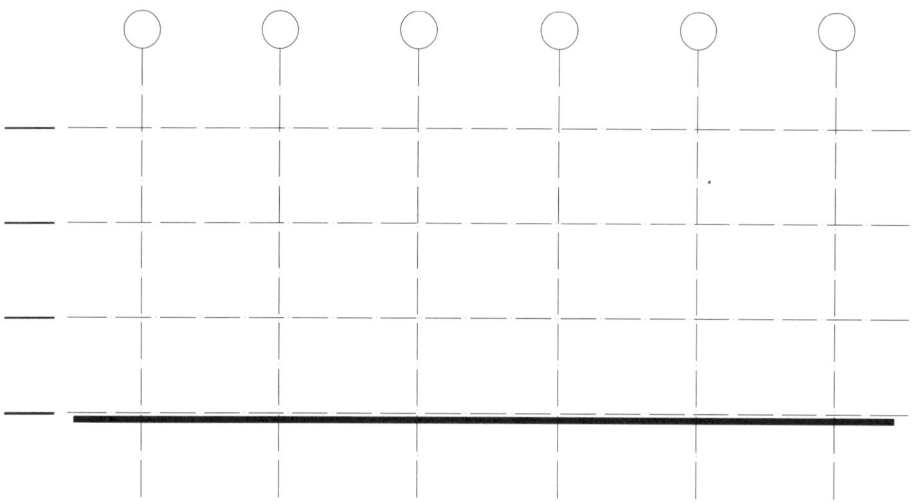

2. 지반선 및 건물외곽

단면도에서 지반선의 높이를 파악하여 지반선을 작도하고, 건물의 전체적인 형태를 굵은 실선으로 작도한다. 입면도에서는 원근감을 표현하지 않으므로 뒷면에 위치한 건물 표면이 앞면과 동일한 위치에 있는 것으로 가정하여 작도한다.

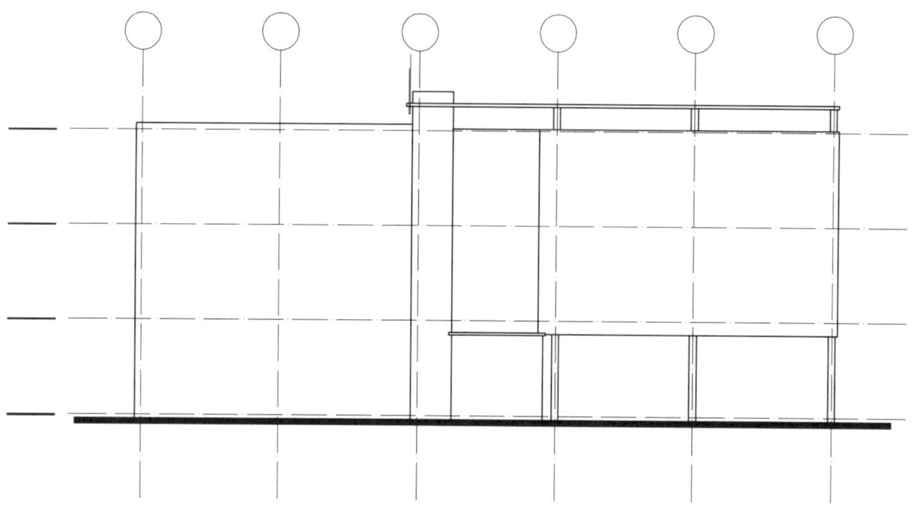

3. 창호 및 글자

창호의 형태와 층 구분 등 글자의 위치를 맞추어 기입한다.

4. 표현효과

재료, 수목 및 사람, 그리고 음영 등을 표현하여 도면을 완성한다.

7. 상세도면의 이해

건축물은 철근콘크리트구조와 조적식구조 등 다양한 구조형식을 가지고 있으며, 기초부터 지붕까지 각 부분의 형태와 단면을 정리하여 상세도면 파악과 작도 능력을 향상시킬 수 있도록 표현하면 다음과 같다.

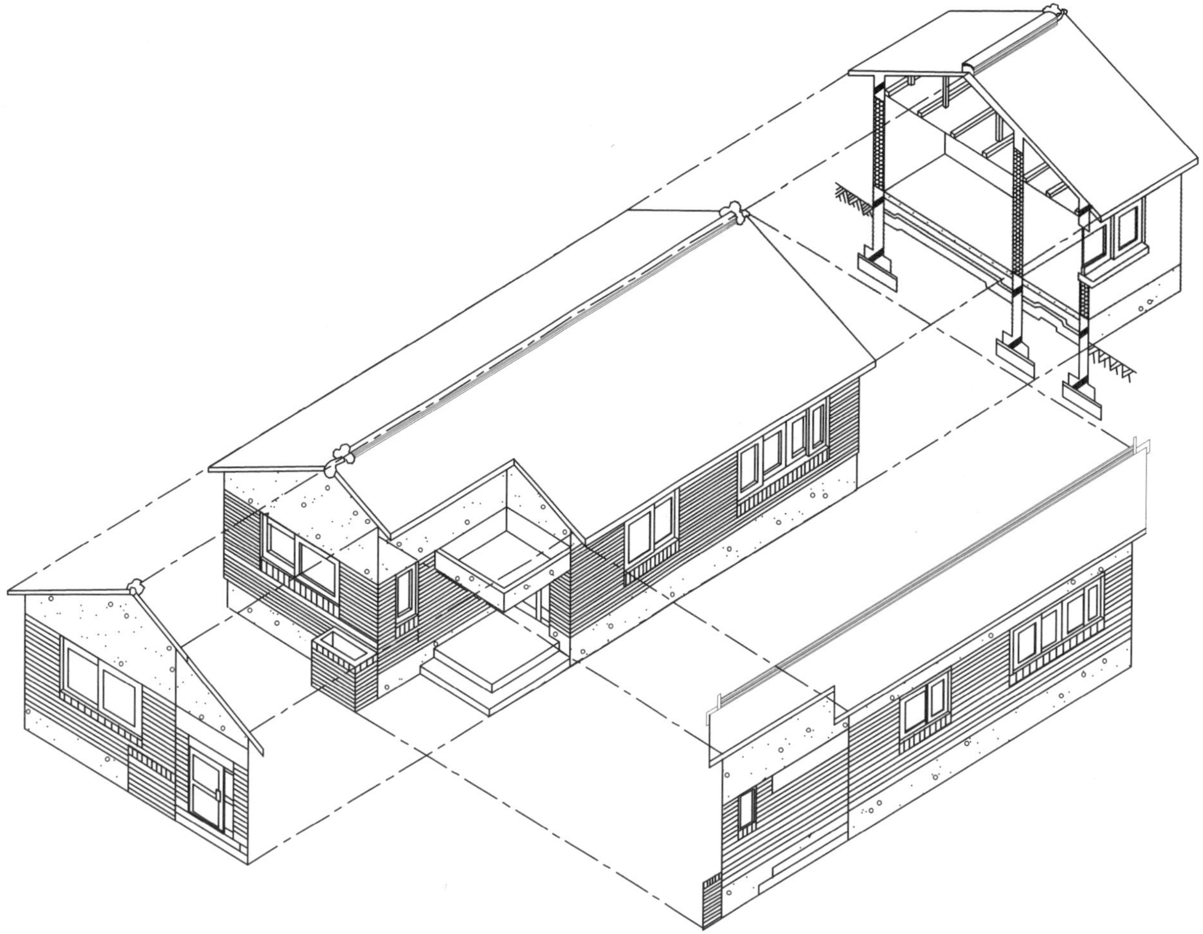

철근콘크리트 라멘구조 (아파트, 사무실 등)

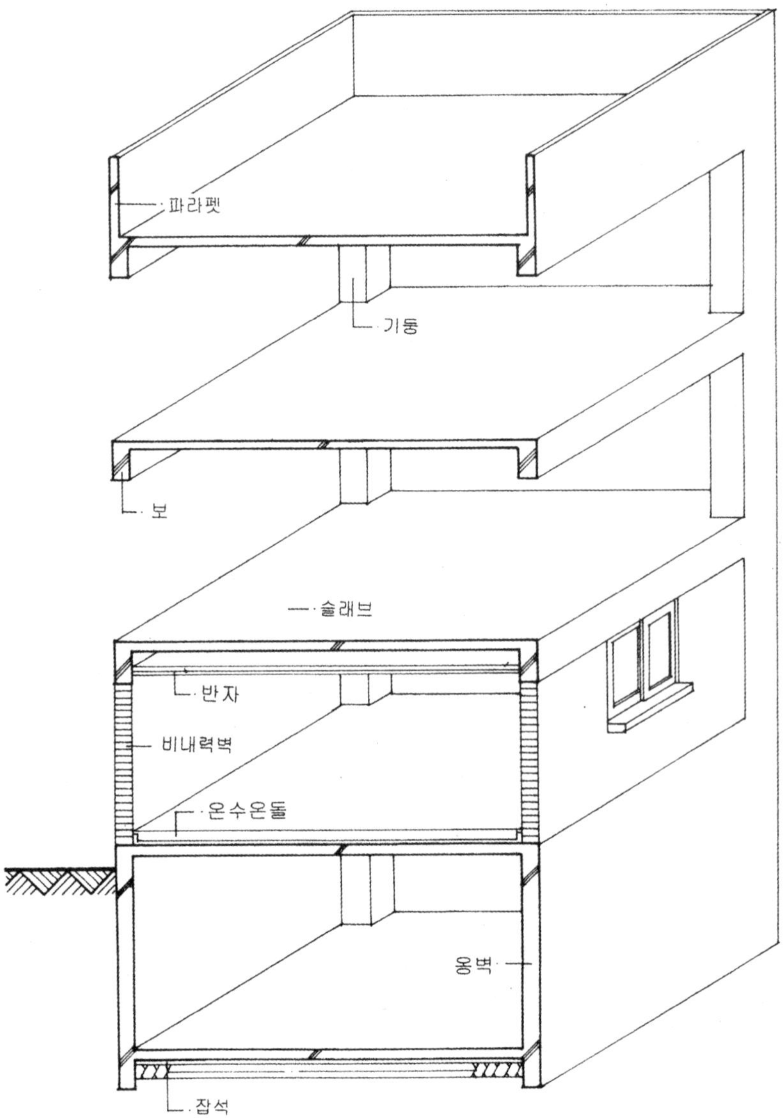

조적조 구조 (단독주택, 연립주택 등)

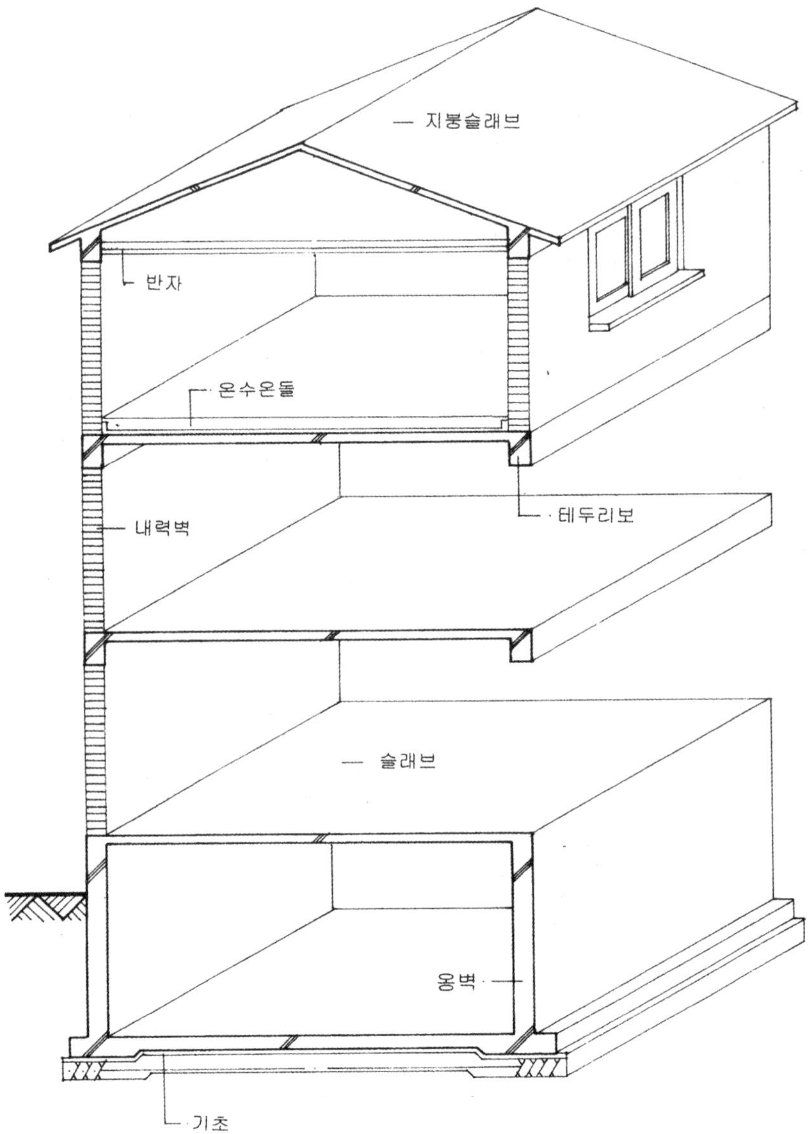

7-1. 기초

기초는 건축물의 자체 하중과 적재하중 및 풍력, 지진력 등의 외력을 지반에 전달하고, 건축물을 지반에 안정되게 정착시키는 건물의 최하부 구조 부분이다.

기초는 동결선(우리나라의 중부지방 : G.L.에서 900mm) 이하에 위치하도록 하고, 부동침하가 생기지 않는 구조로 한다. 기초의 종류에는 독립기초, 줄기초, 복합기초, 온통기초 등이 있다.

1. 기초의 종류

(1) 독립기초

하나의 기초판이 하나의 기둥을 지지하는 것으로 상부에 기둥이 세워진다.

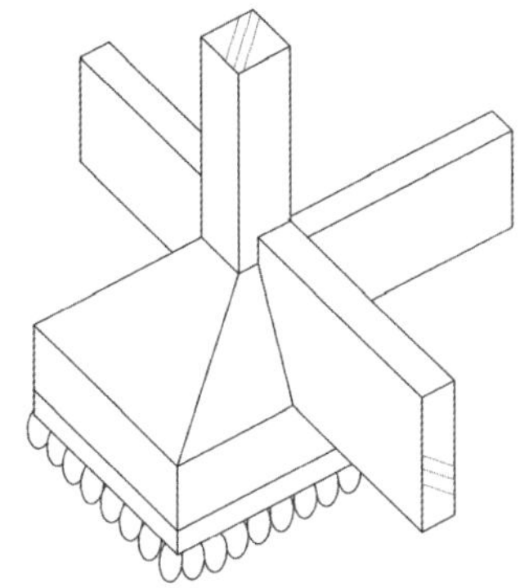
독립기초

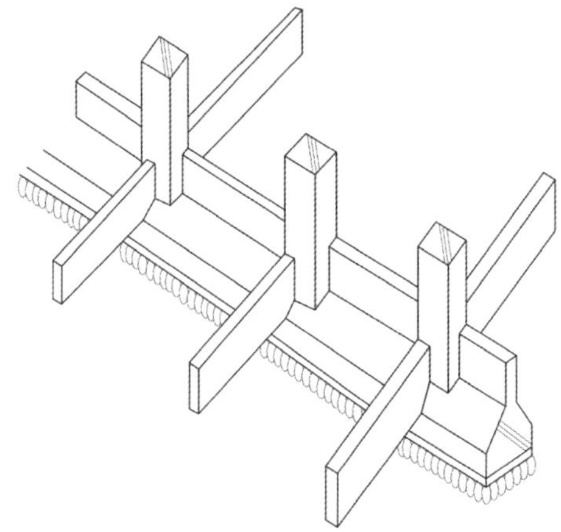
줄기초

(2) 줄기초

건축물의 상부구조가 벽식구조인 경우에 작용하는 것으로 벽체 하부에 기초판이 연속해서 있는 것이다.

(3) 복합기초

지반이 연약하거나 협소한 경우, 상부 구조가 밀집되었을 경우, 편심하중이 생길 경우에 사용하는 것으로 독립기초와 줄기초가 복합적으로 사용된다.

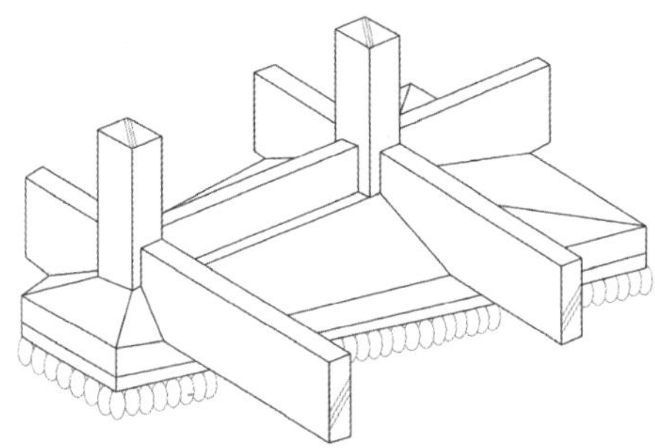
복합기초

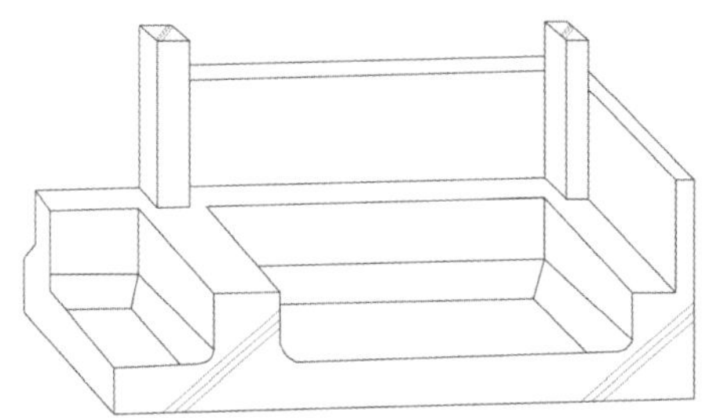
온통기초

(4) 온통기초

지반이 연약하거나 기초판이 커야 할 경우에 건축물의 바닥 전체를 기초판으로 만드는 것으로 주로 철근콘크리트구조로 한다.

2. 줄기초

(1) 입체표현

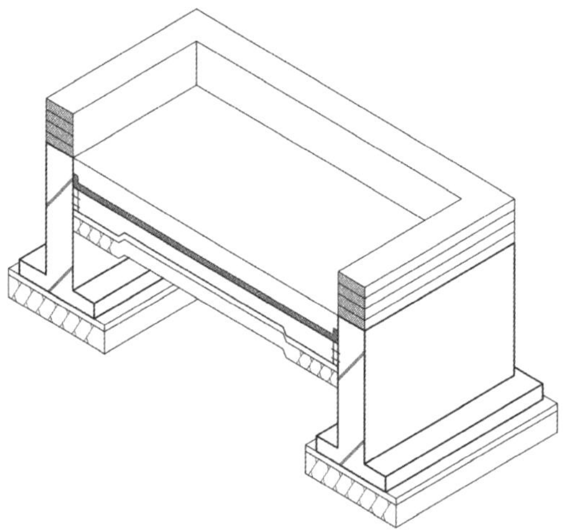

(2) 단면형태

철근콘크리트 외벽 줄기초
(1.0B 공간쌓기)

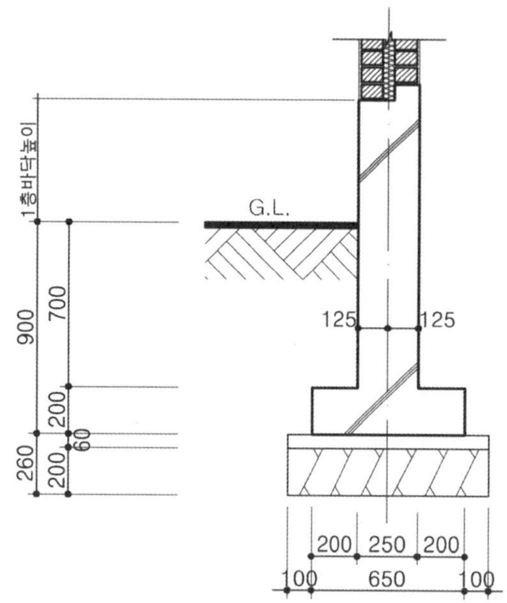

철근콘크리트 외벽 줄기초
(1.5B 공간쌓기)

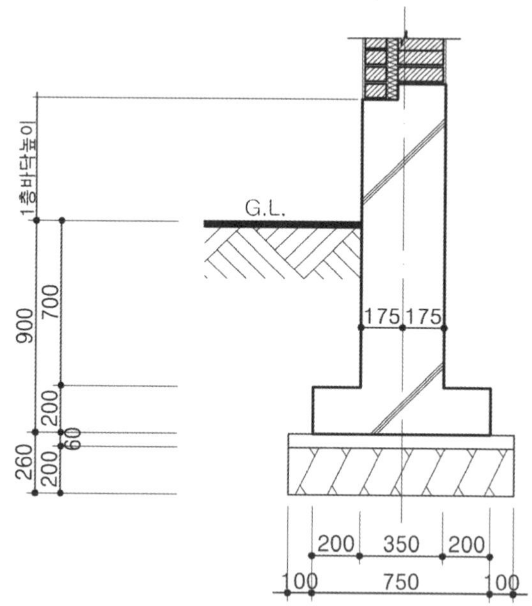

1) 외벽 줄기초(두께 1.0B 공간쌓기 : 250mm)

① 줄기초의 실내부분 상단부는 벽돌 1장~2장 높이(60~120mm) 정도로 방습을 고려하여 턱을 만들어준다.

② 벽체 중앙부에 두께 50mm의 단열재(양쪽에 각각 10mm씩 여유공간)를 넣어 벽체두께는 0.5B(90mm)+10mm+50mm+10mm+0.5B(90mm) 두께로 250mm를 설정한다.

③ 중심선은 벽체두께 250mm의 중앙인 실내쪽으로 125mm, 실외쪽으로 125mm의 위치에 설정한다.

2) 외벽 줄기초(두께 1.5B 공간쌓기 : 350mm)

① 벽체두께는 외부로부터 0.5B(90mm)+10mm+50mm+10mm+1.0B(190mm) 두께로 설정하며, 도면상에 특별한 표현이 없는 한 벽두께 350mm를 나눌 때 중심선에서 실내쪽으로 175mm, 실외쪽으로 175mm를 설정한다.

7-2. 바닥

바닥은 목구조, 조적구조, 철근콘크리트구조 등에 따라 구성 재료와 양식에 차이가 있다. 목구조에서는 변형 방지와 통풍, 조적구조에서는 벽체와 바닥과의 연결, 철근콘크리트구조에서는 하중 분포 등이 고려되어야 한다. 바닥은 보온, 방습, 내구, 내수성 등을 고려하며, 실의 기능에 적합한 재료를 선택한다.

1. 바닥의 종류

(1) 온수난방 바닥

지반 위 온수난방 바닥은 지반에 잡석을 깔고 밑창콘크리트를 타설하며, 무근콘크리트에 와이어 메시(wire mesh)로 보강한다.

콘크리트 바닥판 위에 단열층을 두고 온수 파이프를 200~250mm 간격으로 설치하며, 콩자갈을 이용하여 바닥판을 구성한 후 고름 모르타르 위에 마감 모르타르를 바르고 장판지 등으로 마감한다.

(2) 납작마루

철근콘크리트 바닥 위에 멍에와 장선으로 마루틀을 구성하므로 구조적으로 안정적이며, 주택에서는 거실 또는 테라스 등에 설치한다.

(3) 동바리 마루

지반에 호박돌 또는 주춧돌을 설치하고, 동바리를 900mm 간격으로 세우고 멍에를 설치한 후 장선과 마루널을 깔아서 마감한다.

(4) 타일 바닥

내수성이 요구되거나 물을 많이 사용하는 곳에는 타일 붙이기 또는 인조석 물갈기 등으로 바닥을 마감한다. 욕실에서는 자기질타일을 사용하며 미끄럼을 방지하고 내수성을 좋게 한다.

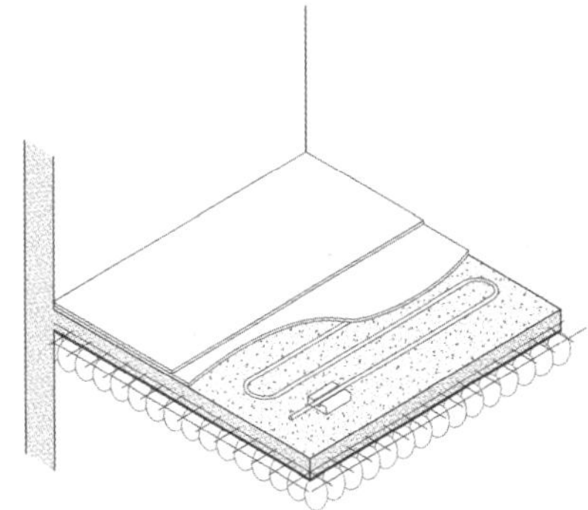

(1) 지반 위 온수난방

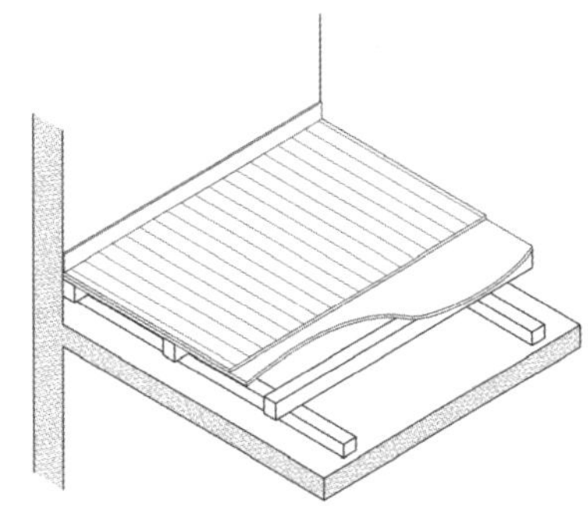

(2) 슬래브 위 납작마루

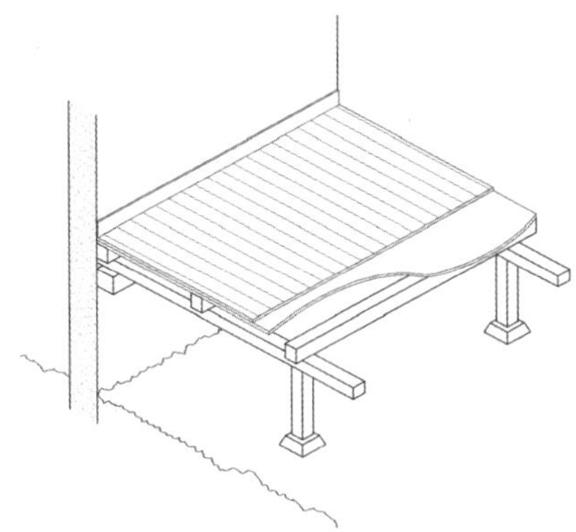

(3) 지반 위 동바리 마루

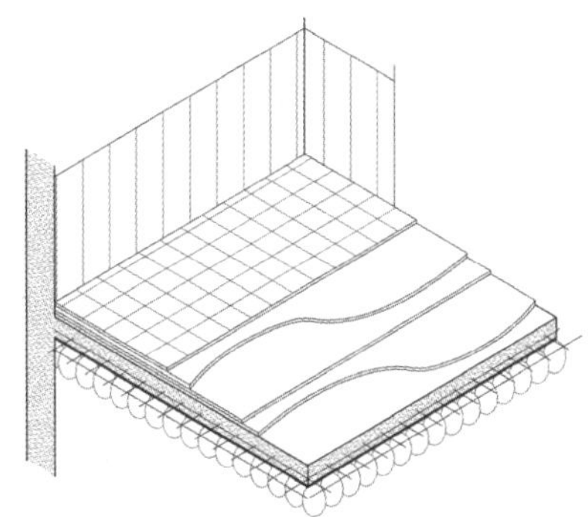

(4) 지반 위 타일 바닥

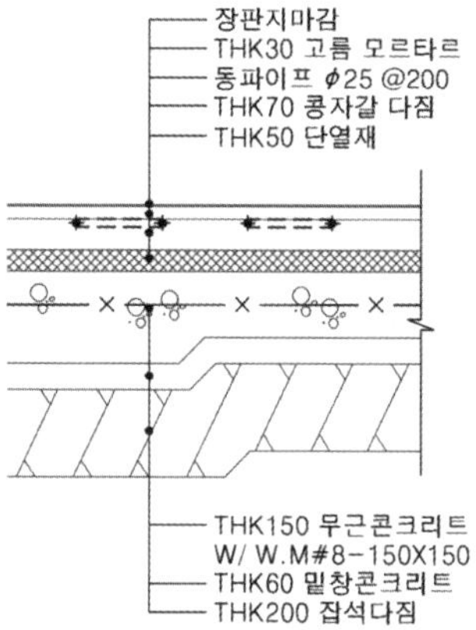

온수난방

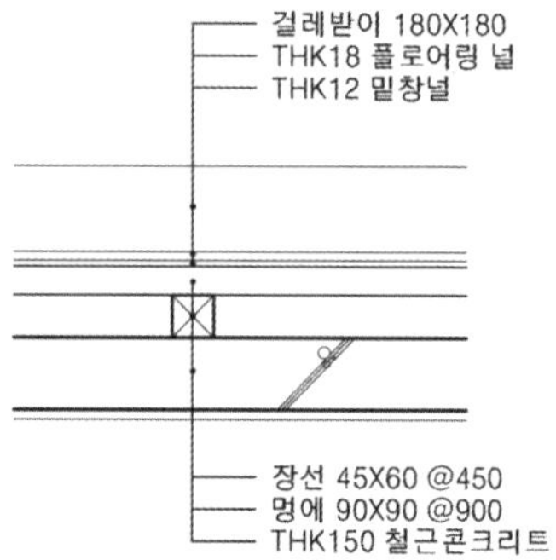

납작마루

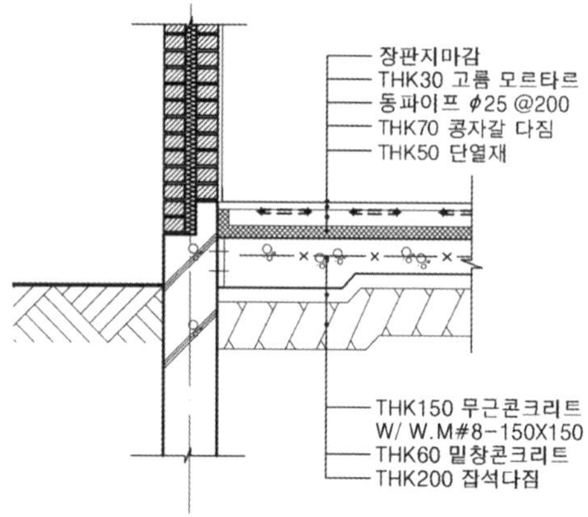

온수난방 바닥상세도

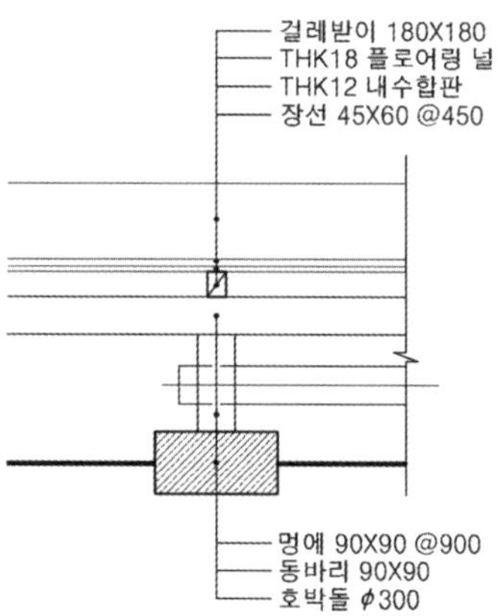

동바리 마루

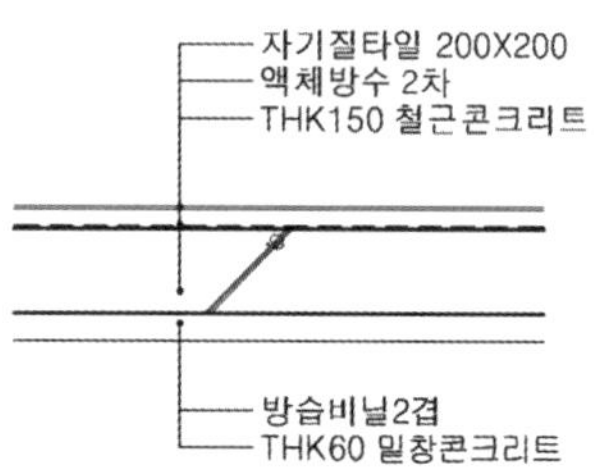

타일 바닥

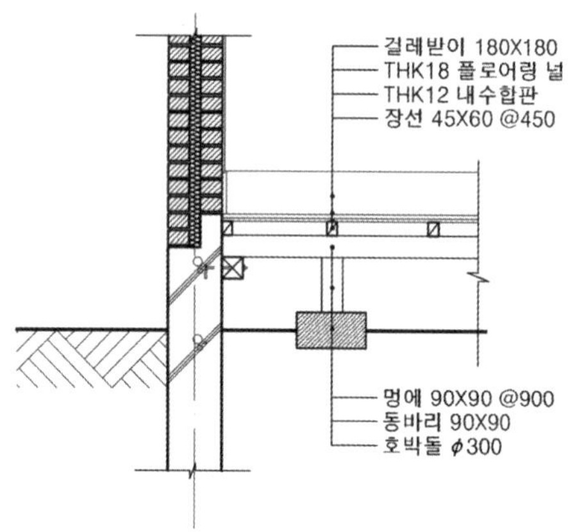

동바리 바닥상세도

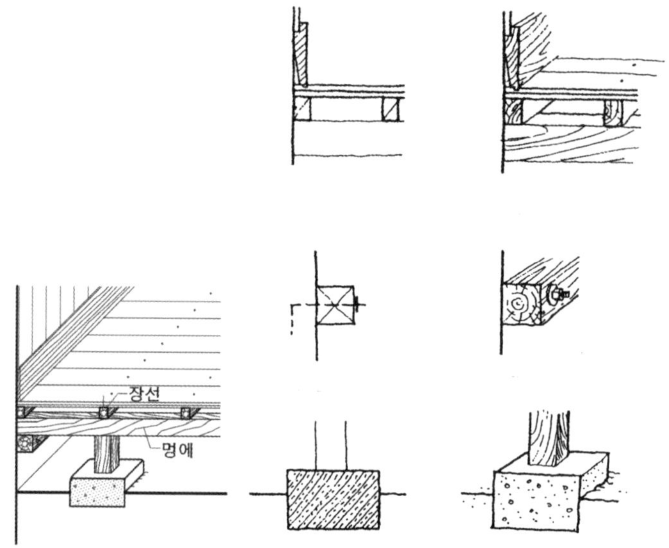

• 장선은 단변방향, 멍에는 장변방향으로 배치

7-3. 벽체

벽체는 나무구조, 조적구조, 콘크리트구조로 구분할 수 있다. 벽체는 일반적으로 내부와 외부의 마감방법이나 마감재료가 다른 경우가 많으므로 마감에 대한 이해가 필요하다.

1. 벽체의 구조

(1) 나무구조 벽체

나무구조 벽체는 토대와 기둥 및 처마도리가 주요 구조체를 이루며, 벽체를 구성하는 형식은 심벽식과 평벽식으로 구분할 수 있다.

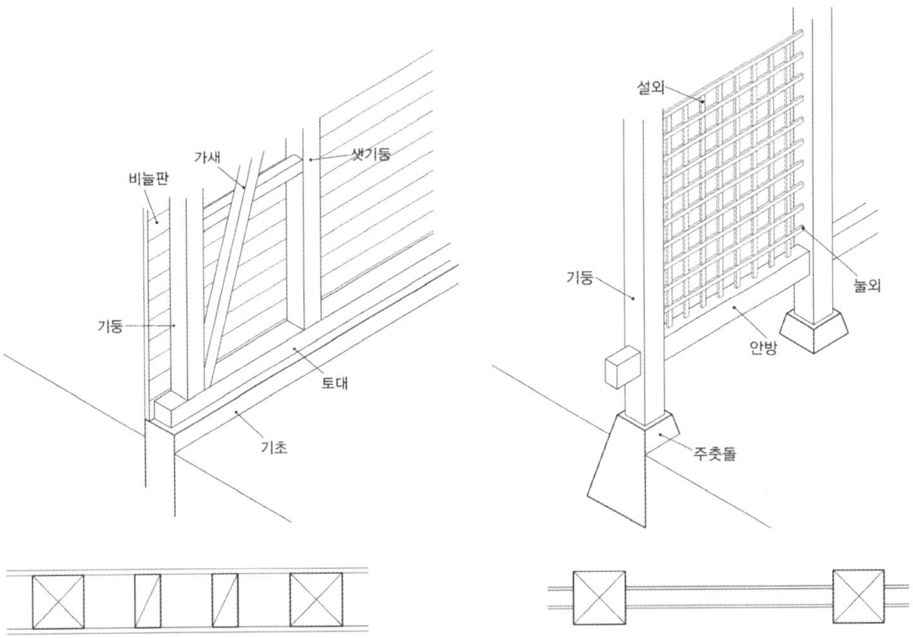

(a) 평벽식 (b) 심벽식

[나무구조 벽체의 구조]

(2) 조적구조 벽체

조적구조 벽체는 벽돌구조와 블록구조 및 돌구조로 구분되며, 오늘날 주택에는 주로 벽돌이 사용된다. 조적구조 벽체를 작도하기 위해서 사용되는 재료의 크기와 벽체두께 등 쌓기법을 이해해야 한다.

특히 벽돌구조의 작도시 다음과 같은 벽돌치수와 공간쌓기의 종류를 고려하여 치수를 설정한다. 표준형(장려형)의 크기는 190×90×57mm이며, 기존형(일반형)의 크기는 210×100×60mm이다.

① 0.5B 쌓기 : 벽돌을 A방향으로 쌓아 벽체를 만들 경우 벽두께는 90mm, 100mm 이것을 벽돌 마구리 쌓기라 한다.

② 1.0B 쌓기 : 벽돌을 B방향으로 쌓아 벽체를 만들 경우 벽두께는 190mm, 210mm 이것을 벽돌 길이 쌓기라 한다.

③ 1.0B 공간쌓기 : 건물의 외벽은 공간쌓기나 단열처리를 반드시 하여야 한다. 벽체 두께는 0.5B(90)+70(단열재 50)+0.5B(90)=250mm로 한다.

④ 1.5B 공간쌓기 : 건물의 외벽은 공간쌓기나 단열처리를 반드시 하여야 한다. 벽체 두께는 1.0B(190)+70(단열재 50)+0.5B(90)=350mm로 한다.

단열재 두께는 중부지방 50mm 이상, 남부지방 40mm 이상, 제주도 30mm 이상으로 한다.

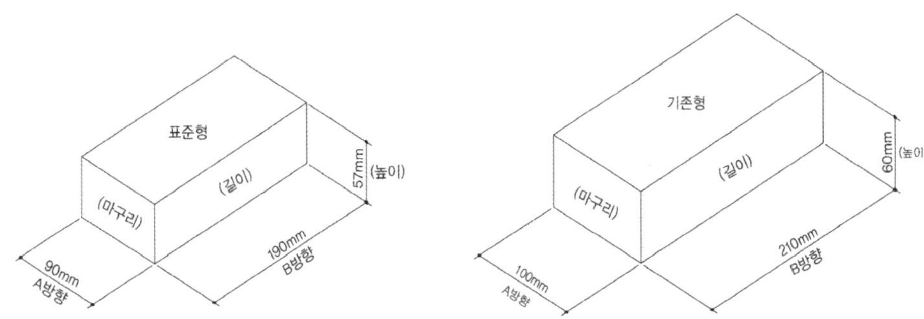

[벽돌치수]

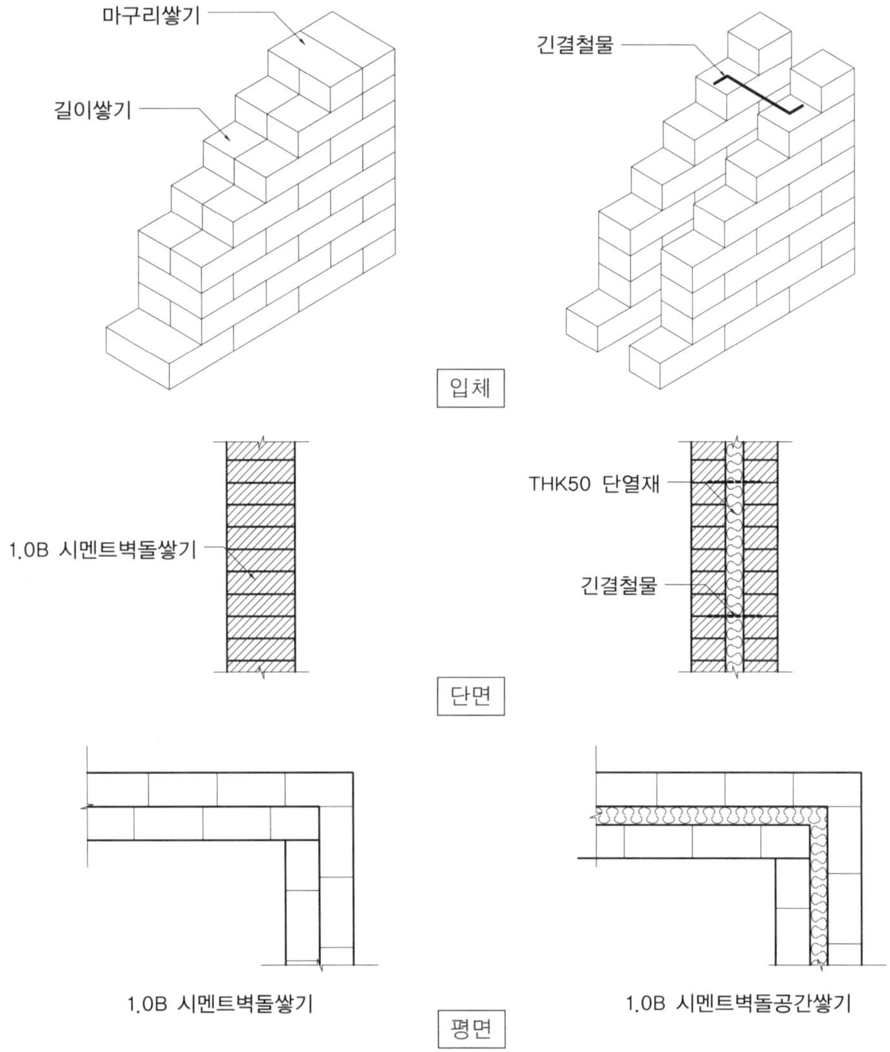

[조적 구조 벽체]

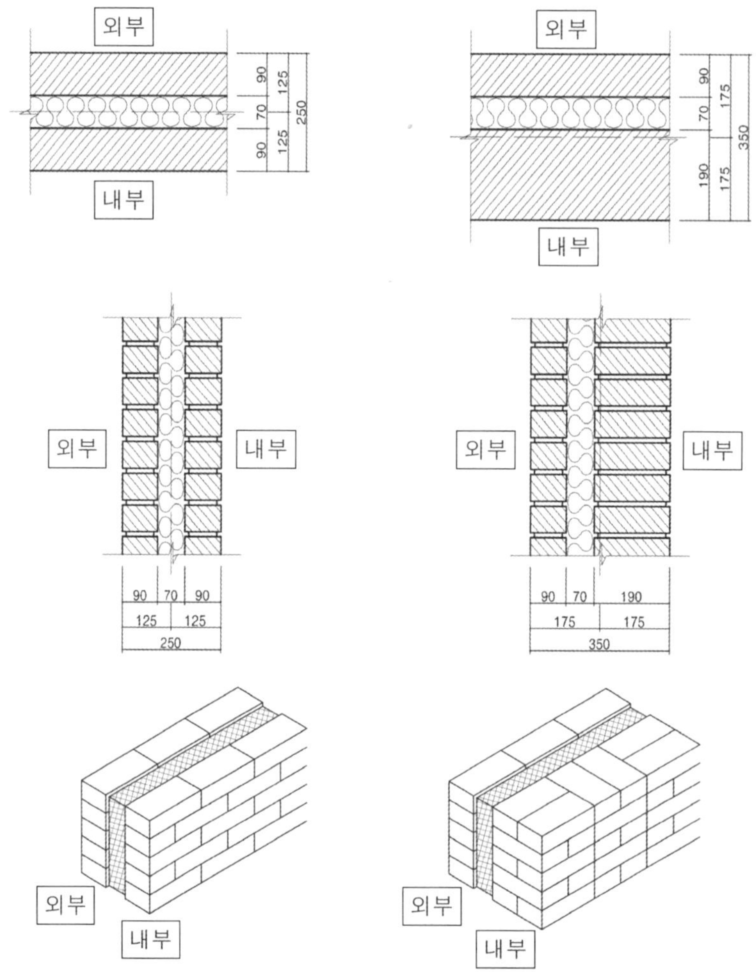

[조적 구조 공간쌓기 (1.0B, 1.5B)]

(3) 콘크리트구조 벽체

콘크리트구조 벽체는 구조적으로 안전성이 높은 벽체로 외부 마감방법을 다양하게 적용할 수 있다.

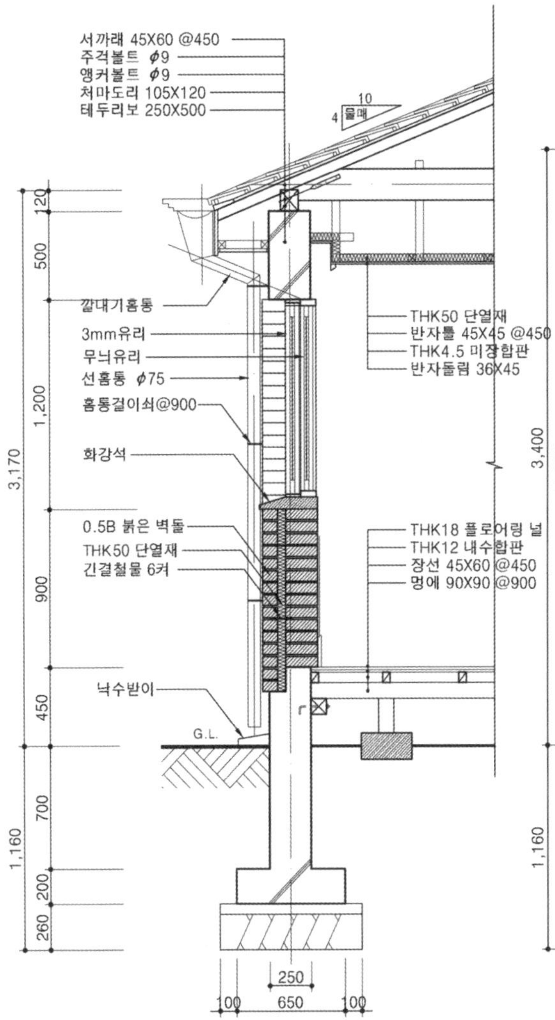

외벽 단면상세도-1

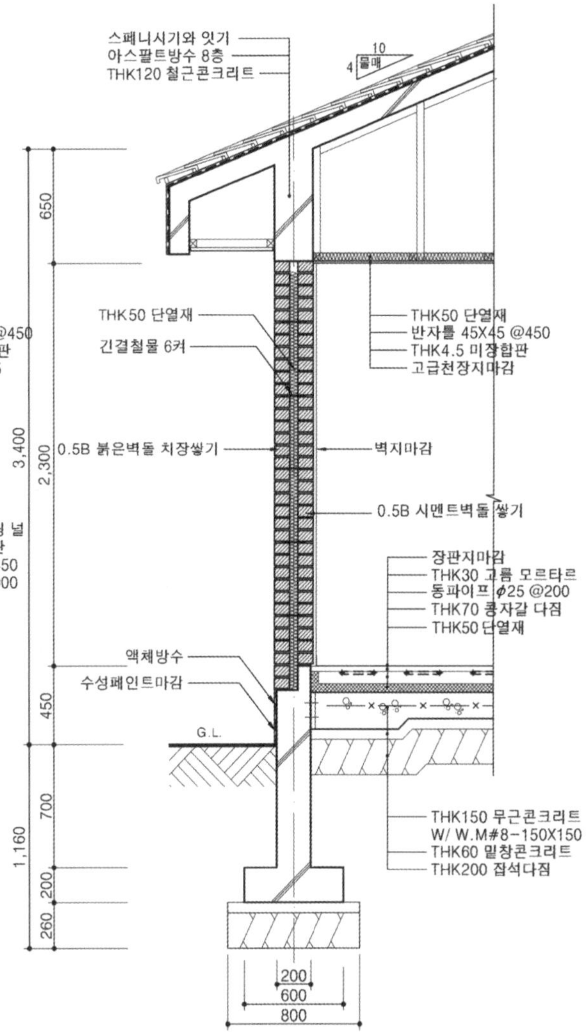

외벽 단면상세도-2

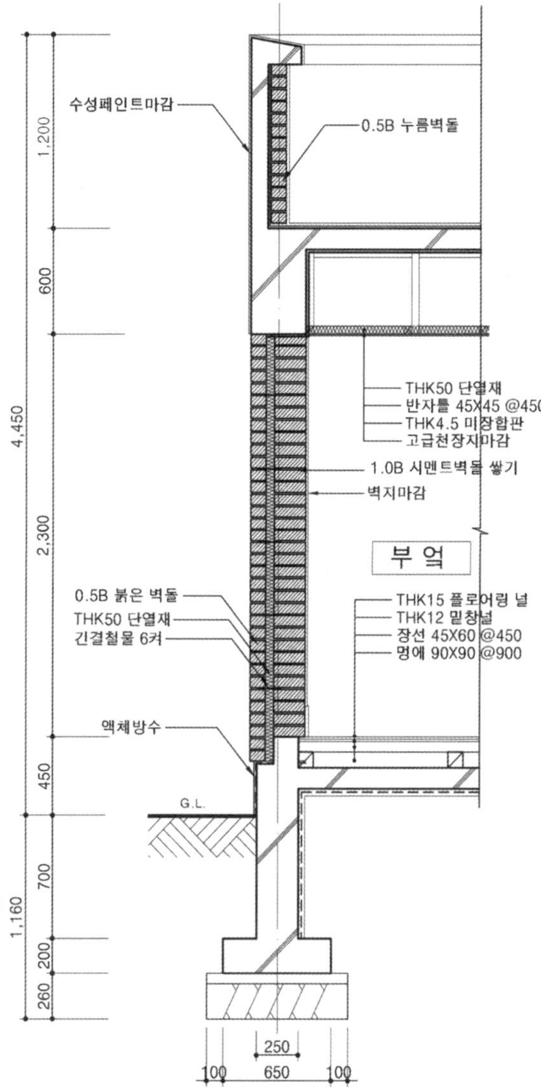

외벽 단면상세도-3

축척 : 1/30

7-4. 창호

창은 채광과 환기가 주로 이루어지고, 문은 사람이나 물품의 이동 역할을 한다. 창호는 재료에 따라 크게 목재와 금속재로 구분되며, 형태에 따라 여러 종류로 나눌 수 있다.

1. 창호의 종류

(1) 문

문틀은 선틀, 위틀, 밑틀(문지방)로 구성되며, 문선은 외관을 위해 주위 벽체와 마무리 역할을 하는 치장재이다.

(2) 창

창은 실의 용도에 따라 형태나 크기를 다르게 하며, 창틀은 선틀, 위틀, 밑틀로 구성된다. 외부에 면하는 창의 밑틀에는 물흘림 물매나 물끊기 홈을 두어야 한다.

· 창호철물

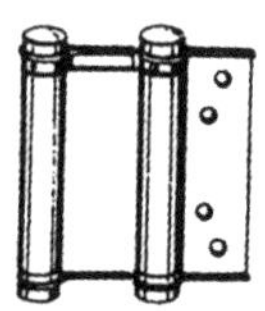

자유정첩(Spring Hinge)

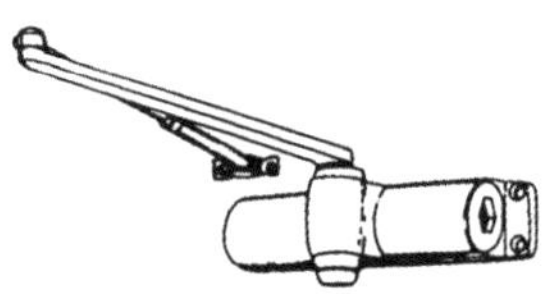

도어클로저(Door Closer)
도어체크(Door Check)

크레센트(Cresent)

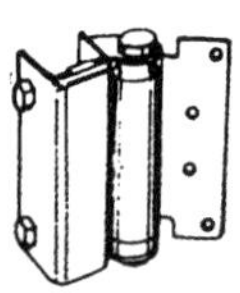

레버토리힌지(Lavatory Hinge)

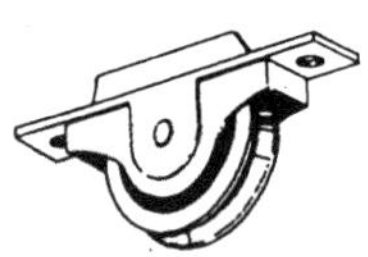

호차(바퀴)

꽂이쇠

· 문과 창의 형태

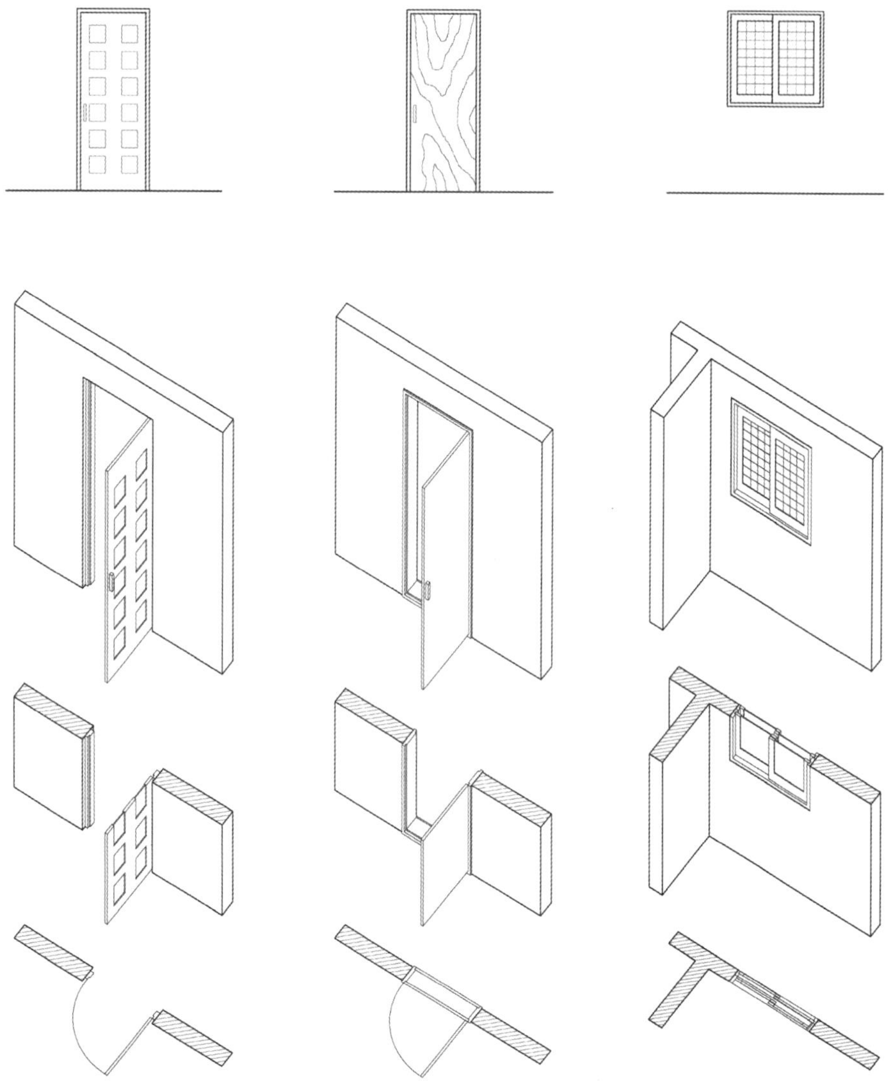

2. 창호의 형태

(1) 문

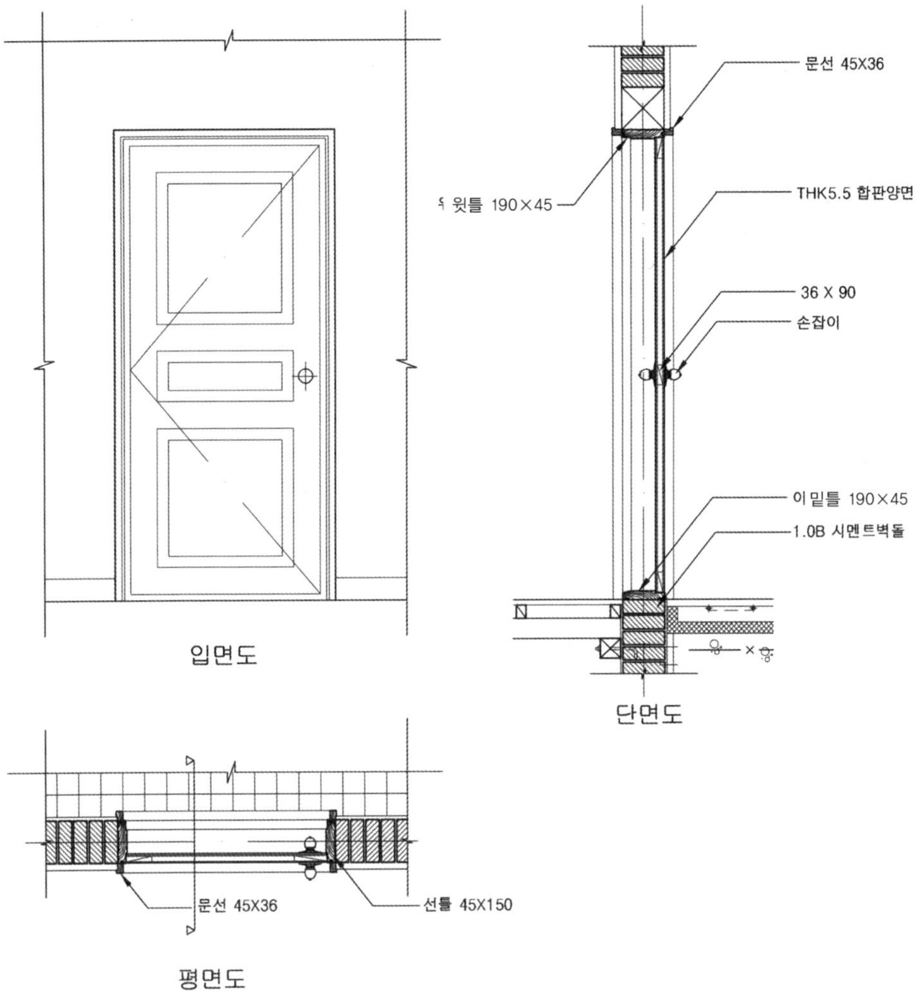

[여닫이문 상세도] 축척 : 1/20

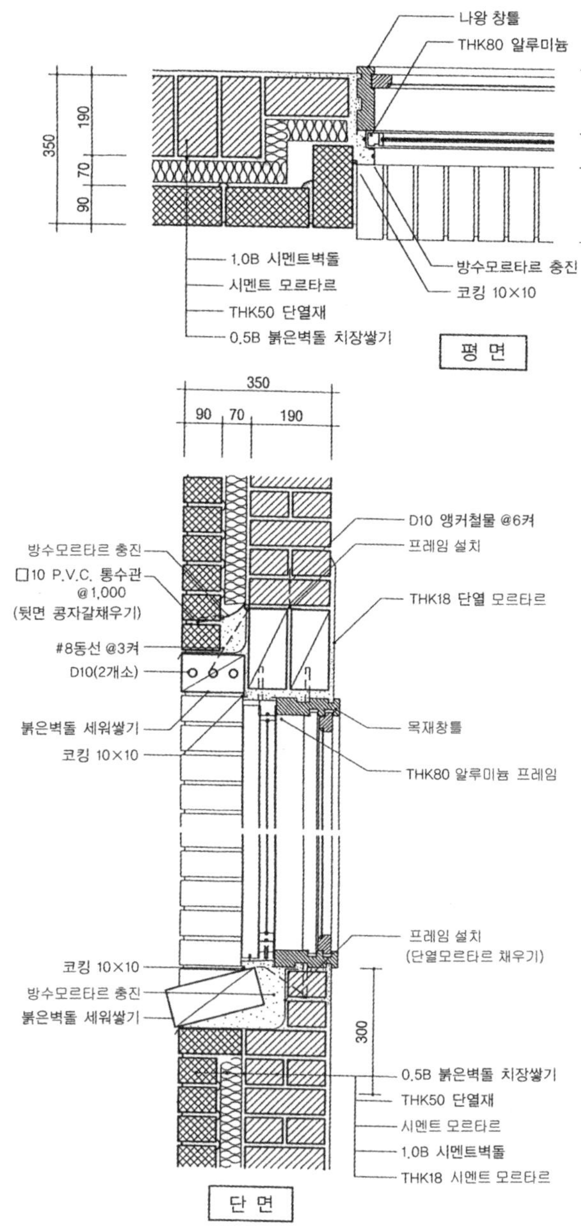

축척 : 1/10

(2) 창

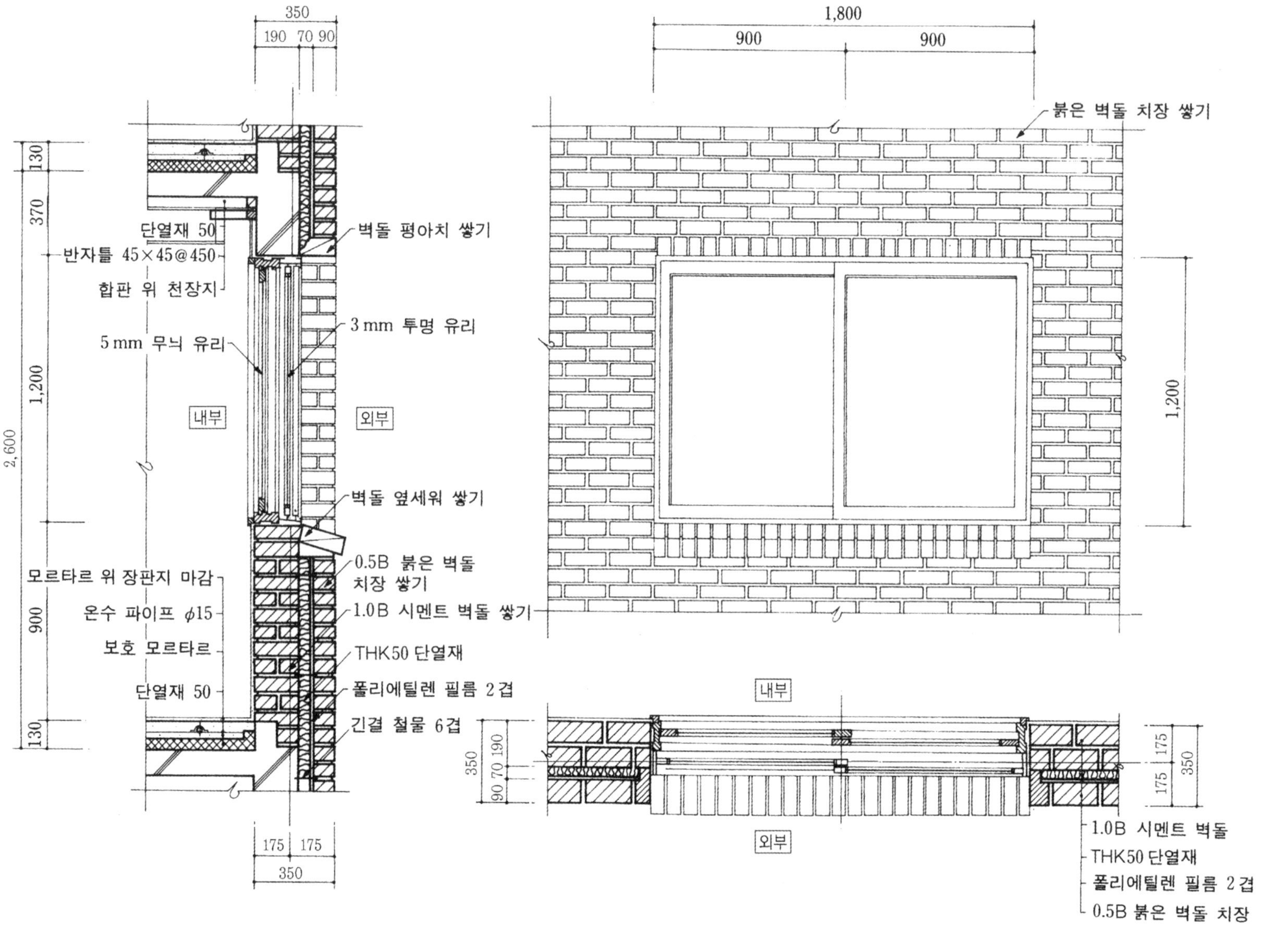
350
190 70 90
130
370
1,200
2,600
900
130
단열재 50
반자틀 45×45@450
합판 위 천장지
5 mm 무늬 유리
3 mm 투명 유리
벽돌 평아치 쌓기
내부
외부
벽돌 옆세워 쌓기
0.5B 붉은 벽돌
치장 쌓기
모르타르 위 장판지 마감
온수 파이프 ϕ15
보호 모르타르
단열재 50
1.0B 시멘트 벽돌 쌓기
THK50 단열재
폴리에틸렌 필름 2겹
긴결 철물 6겹
175 175
350
1,800
900 900
붉은 벽돌 치장 쌓기
1,200
내부
외부
350 70 190
90 70 190
175 175
350
1.0B 시멘트 벽돌
THK50 단열재
폴리에틸렌 필름 2겹
0.5B 붉은 벽돌 치장

① 창호의 입체표현

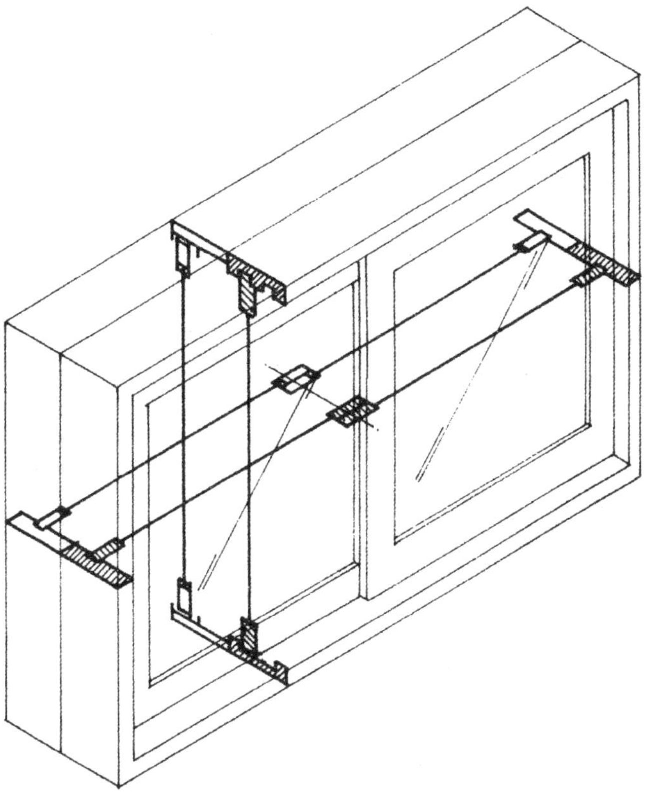

② 창호의 단면, 평면, 입면형태

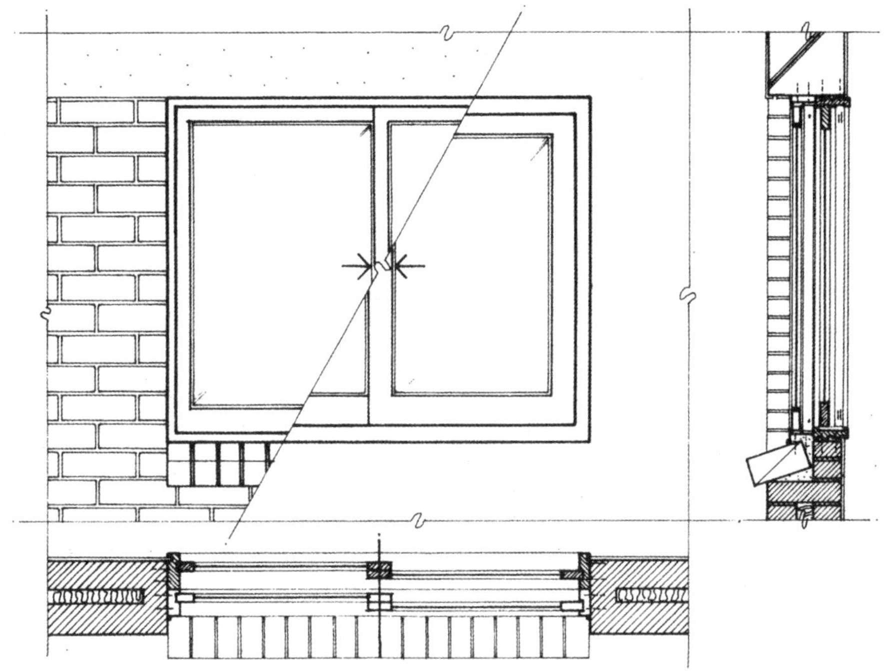

3. 창호의 기호

(1) 창호기호 해설

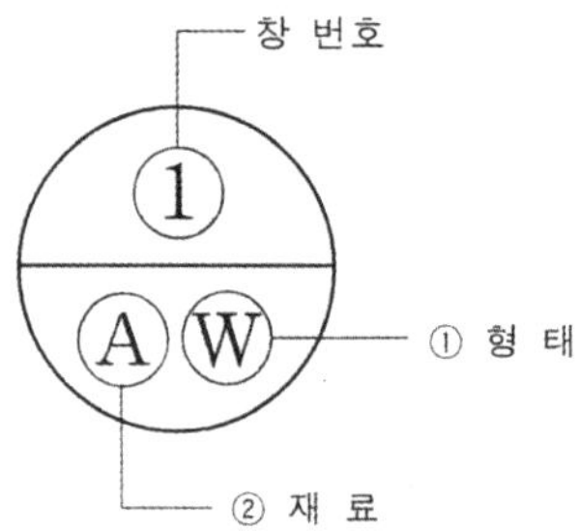

알루미늄 창 1번

① 형 태 – W : 창문 (D : 문)
② 재 료 – A : 알루미늄 (W : 목재 S : 철재 P : 플라스틱 SS : 스테인리스

(2) 창호기호

1 / AW	1 / WW	1 / PW	1 / WD	1 / SD	1 / AD	1 / SSD
알루미늄 창	목재 창	플라스틱 창	목재문	철재문	알루미늄 문	스테인리스 문

(3) 평면상의 창호형태

2짝 미세기창 (2중창)	3짝 미세기창 (2중창)	4짝 미세기창 (2중창)
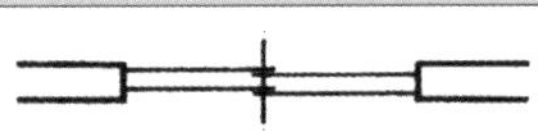	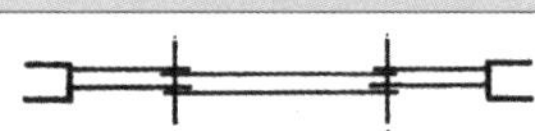	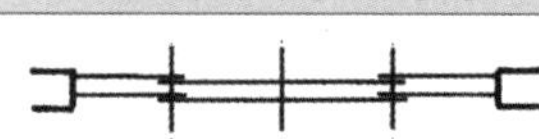
일반목재문(실내에 사용)	갑종방화문(현관에 사용)	자재문(건물 외부에 사용)
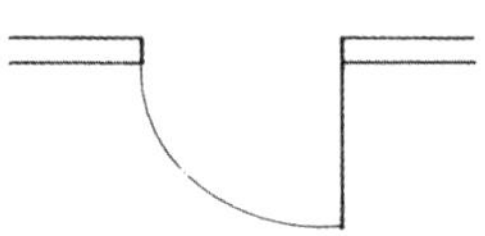	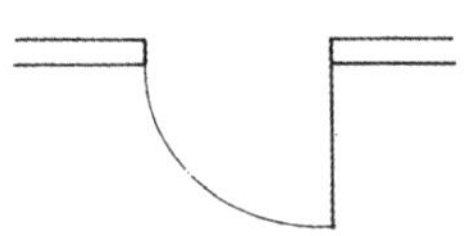	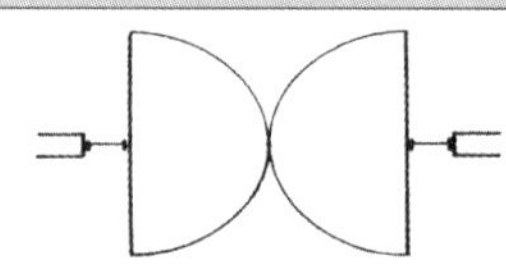

(4) 창호도 작성

기 호	1/WW	1/WW
형 태	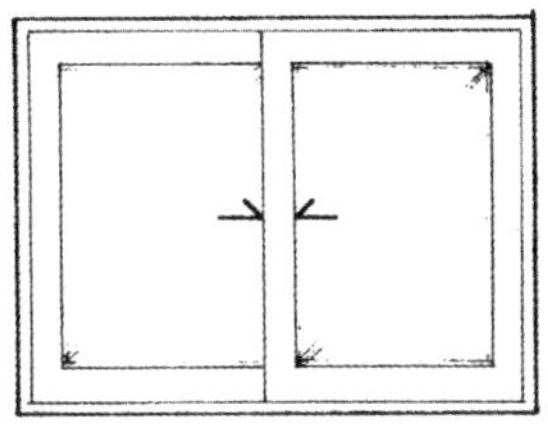	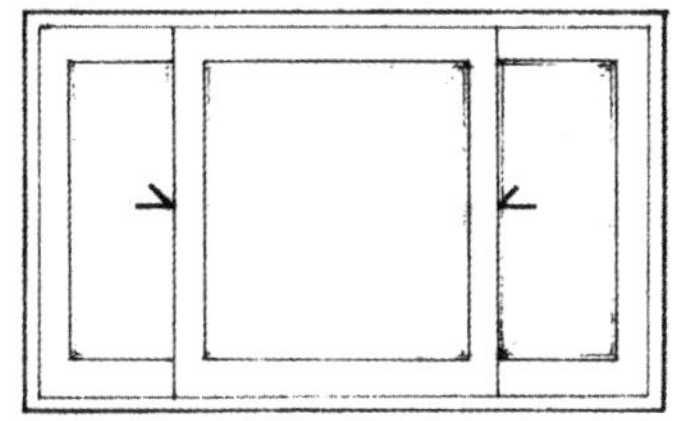
위 치	침실 1개소	침실 1개소
재 료	나왕 120×45	나왕 120×45
마 감	바니시 3회 마감	바니시 3회 마감
유 리	3mm 무늬유리	3mm 무늬유리
철 물	꽂이쇠 1조 외 부속철물 일체	꽂이쇠 2조 외 부속철물 일체

기 호	1/WW	1/AD
형 태	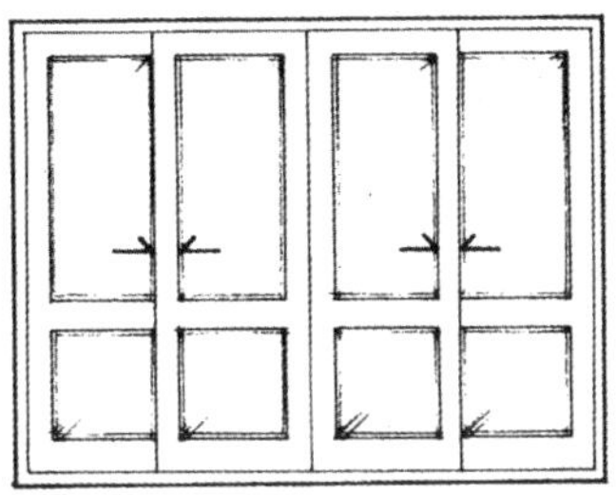	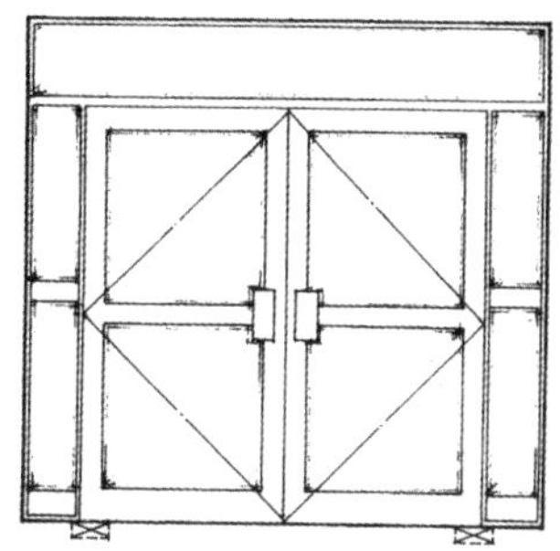
위 치	거실 1개소	현관 1개소
재 료	나왕 120×45	알루미늄 바 80×30
마 감	바니시 3회 마감	컬러 알루미늄 코팅
유 리	3mm 무늬유리	5mm 투명유리
철 물	꽂이쇠 2조 외 부속철물 일체	플로어 힌지 2조 외 부속철물 일체

7-5. 계단

계단은 위층과 아래층을 연결하는 통로이며, 안전하고 기능적인 구조로 되어야 한다. 계단은 형태에 따라 곧은 계단, 꺾은 계단, 돌음 계단 등으로 나누며, 재료에 따라 목조, 석조, 벽돌조, 철근콘크리트조, 철골조 계단 등으로 구분한다.

1. 계단의 형태

계단은 일반적으로 계단 바닥과 난간으로 구성된다. 계단 바닥은 디딤판(tread)과 챌판(riser), 계단참, 옆판으로 이루어지며, 난간은 난간 동자, 난간 두겁, 손스침, 엄지 기둥 등으로 구성된다.

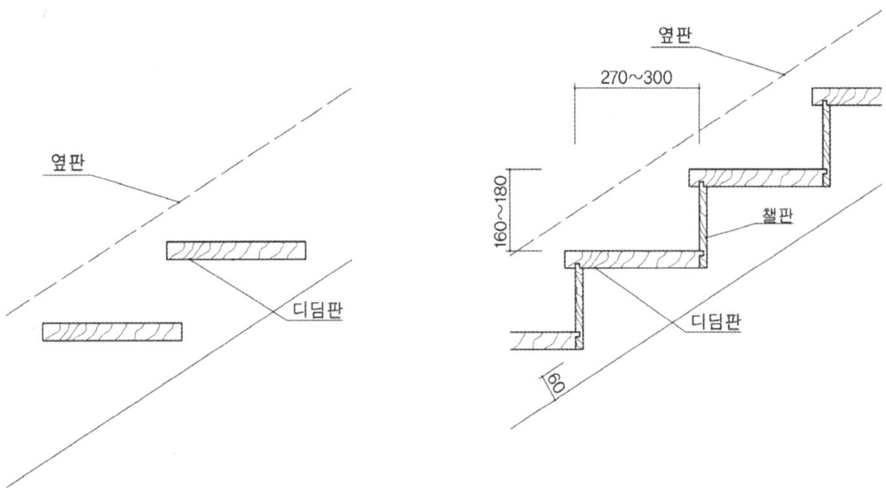

틀 계단 / 따낸 옆판 계단

[목조계단의 구조]

2. 계단의 구조

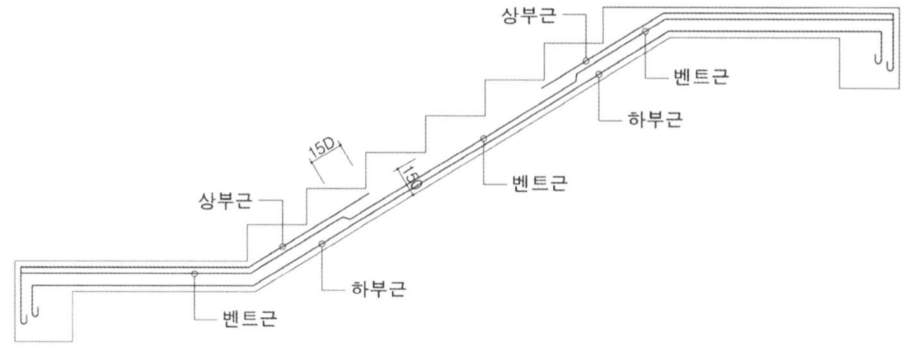

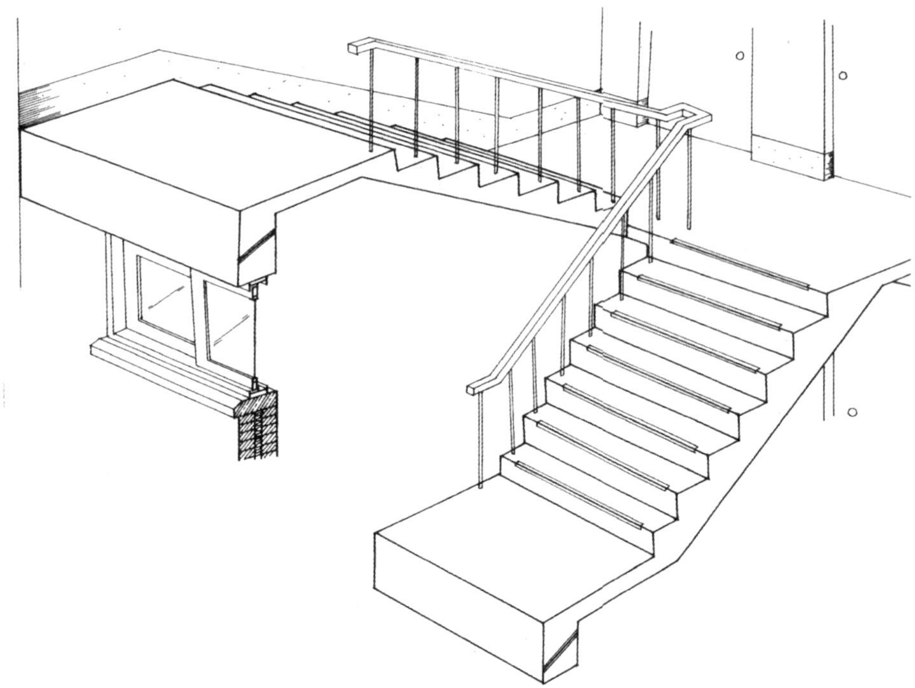

① 계단작도법(계단의 단수가 서로 같은 경우)

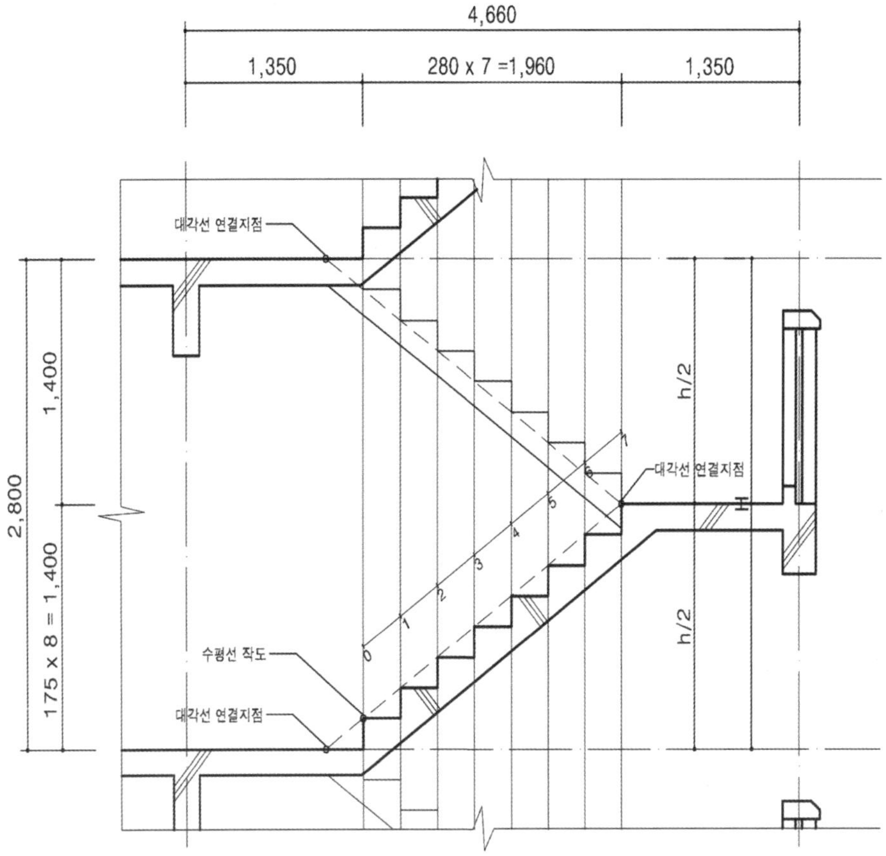

② 계단작도법(계단의 단수가 서로 다른 경우)

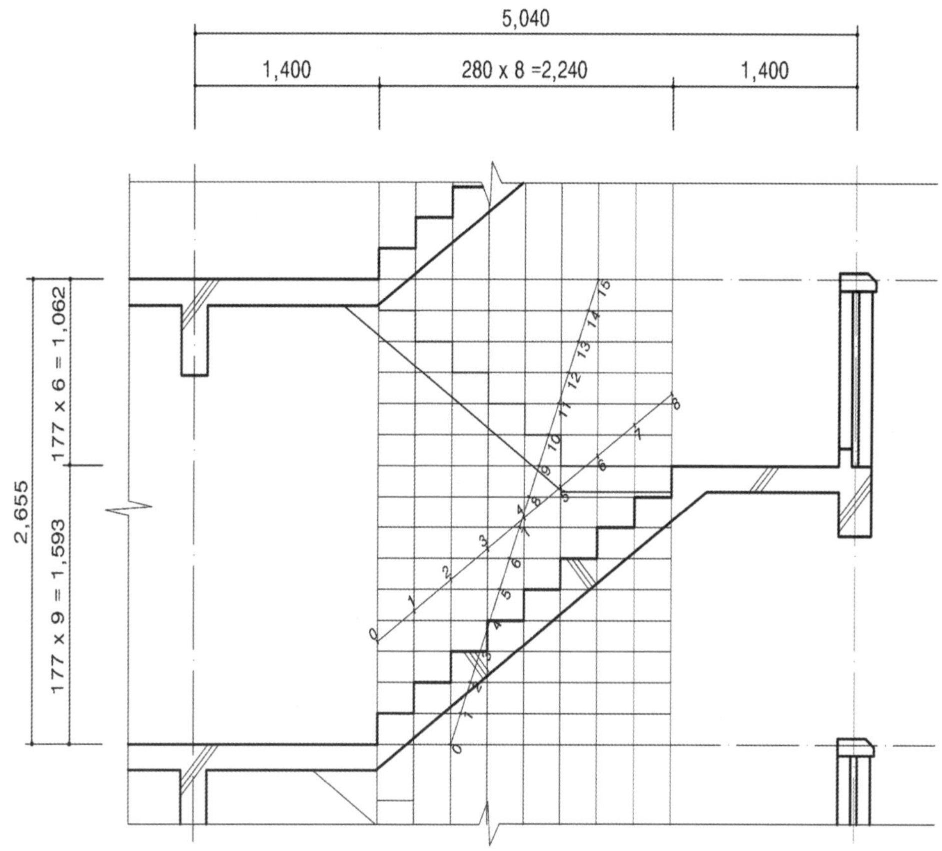

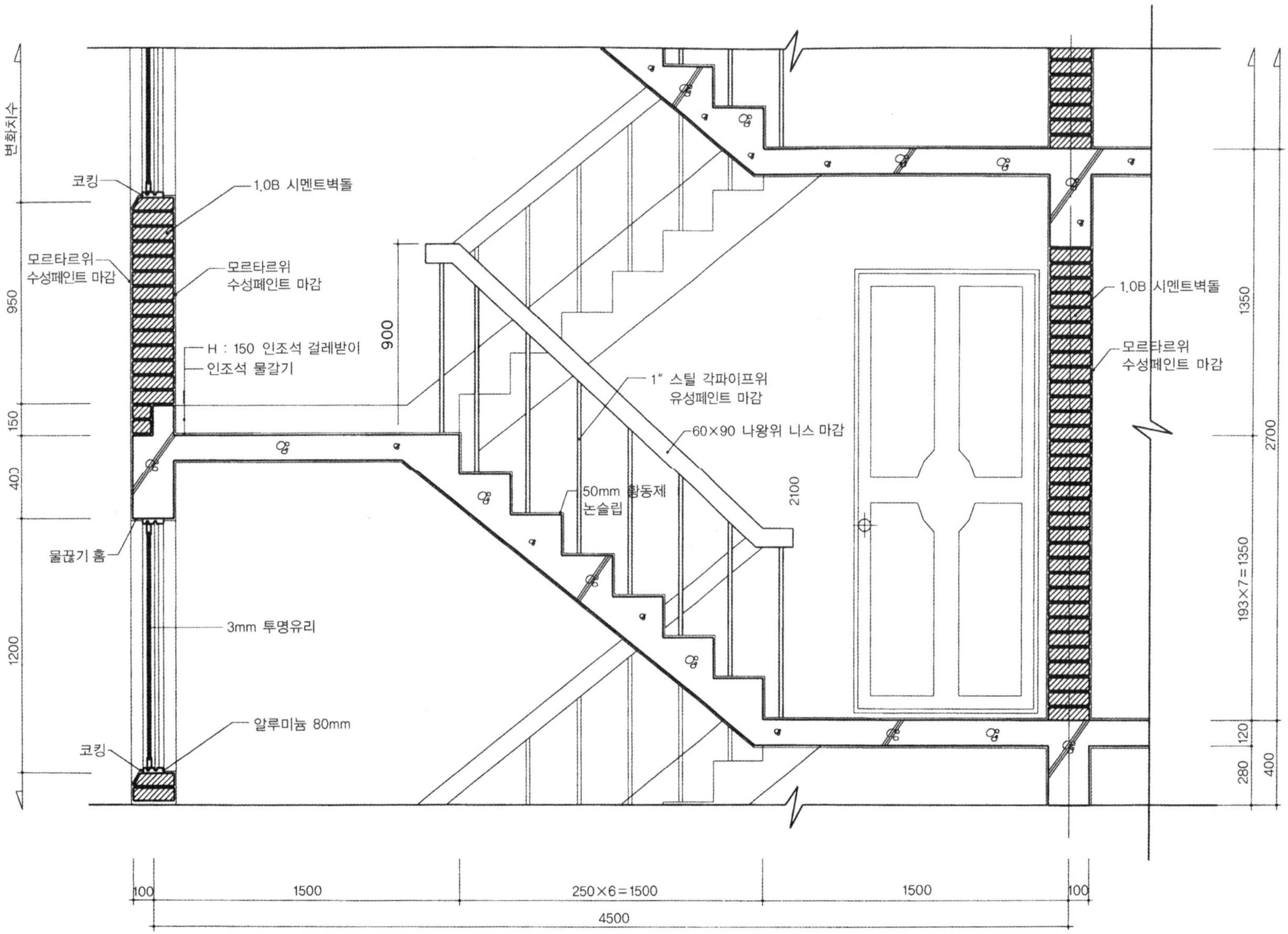

철근콘크리트 계단 상세 축척 : 1/20

7-6. 천장 및 반자

반자는 지붕 밑이나 위층 바닥 밑부분을 차단하여 구성하는 실내공간의 상부 구조 부분이다. 반자는 의장적 측면에서도 중요하며, 각종 배선이나 배관 등 설비를 감추고 빛, 열, 기류를 차단한다.

반자는 방의 사용목적에 적합한 높이, 모양, 구조로 하고, 목재나 경량 철물로 반자틀을 구성하는 달반자와 반자틀 없이 직접 층바닥 밑에 구성하는 제물반자 등이 있다.

천장은 실내공간의 보온과 미관을 위해 반자 아래를 널이나 종이로 가린 것으로 반자의 겉면이다. 천장의 마감재료는 천장지, 흡음판, 합판, 회반죽 등을 사용한다.

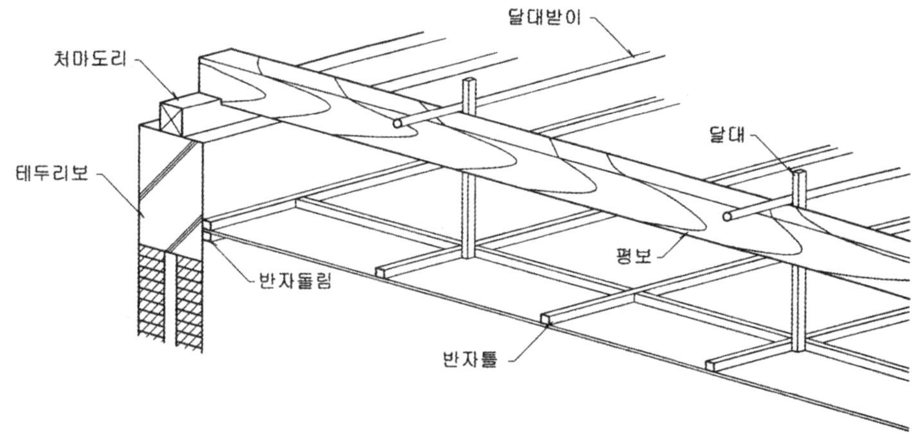

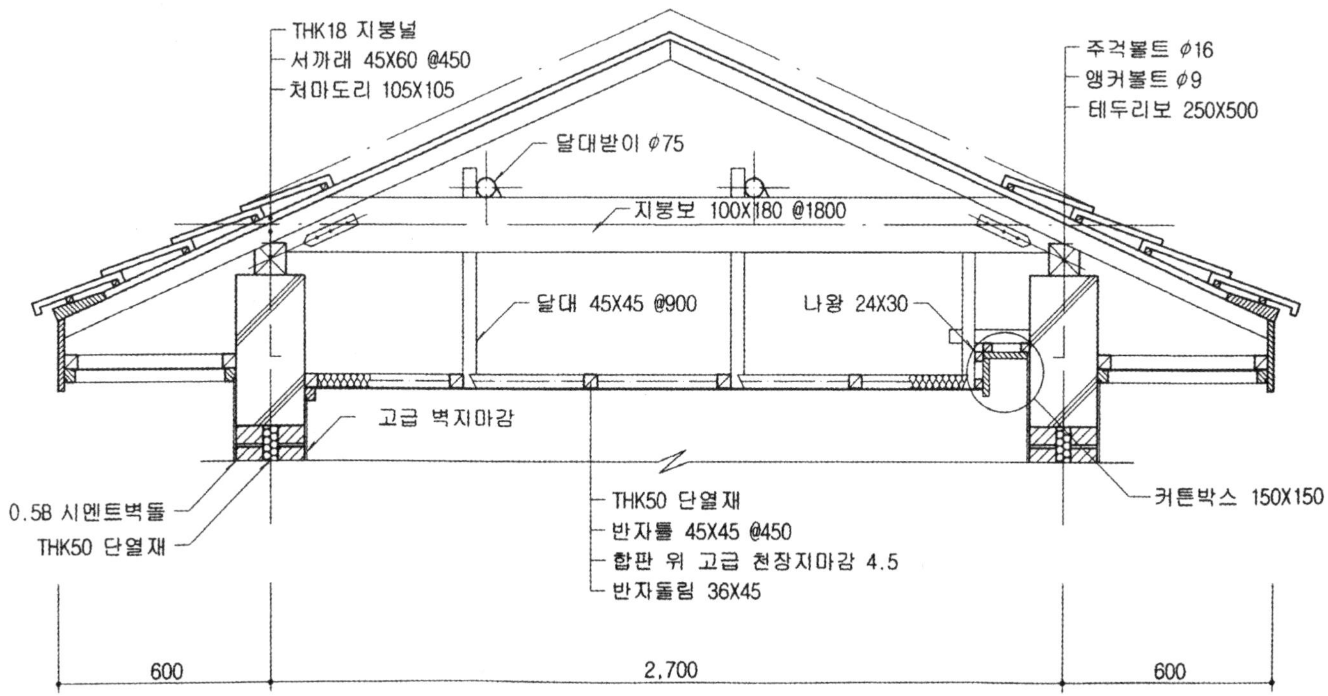

(1) 목재 반자틀

① 입체표현

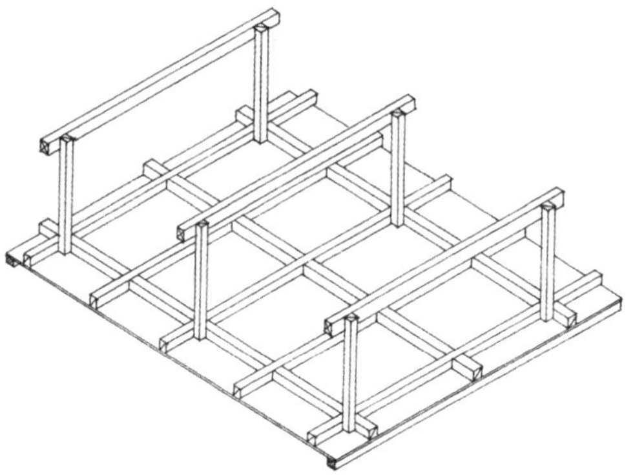

② 반자틀 상세

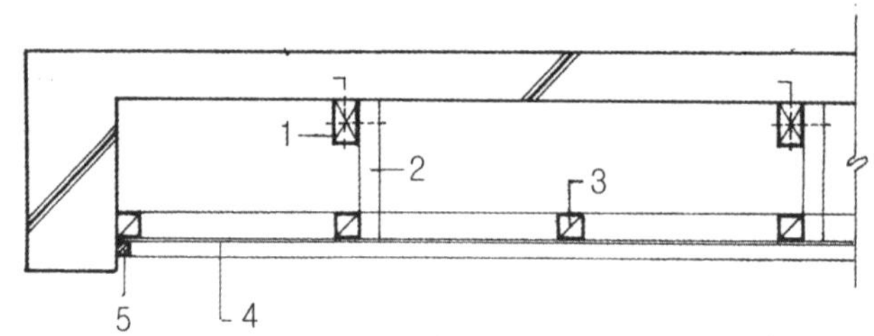

1. 달대받이 45×60 @900×900 2. 달대 45×45 @900×900 3. 반자틀 45×45 @450×450 4. THK5.5 무늬합판 5. 반자돌림 36×36

(2) 경량철골 반자틀

① 입체표현

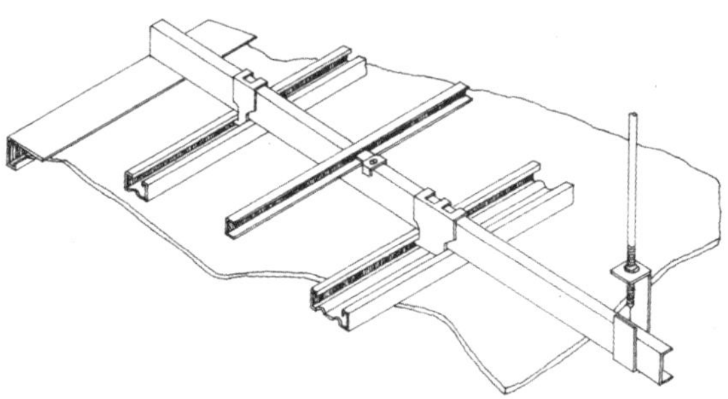

② 반자틀 상세

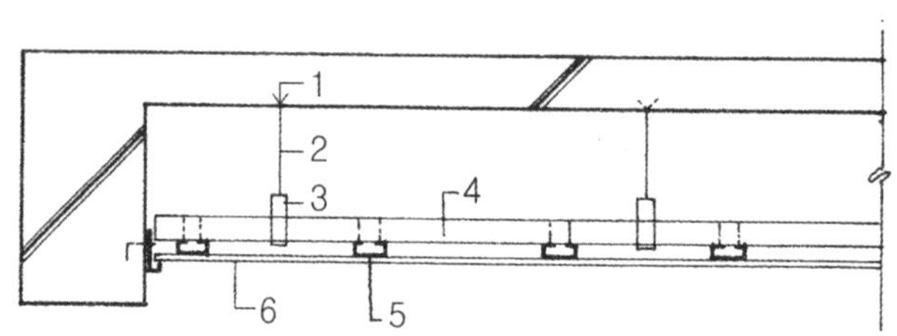

1. 인서트 ϕ9 @900×900 2. 행거볼트 ϕ9 @900×900 3. THK1.6 행거
4. 캐링채널 38×12×1.2 @900 5. MW-BAR 50×19×1.2 6. THK9 석고보드 마감

7-7. 지붕틀

1. 왕대공 지붕틀

양식지붕틀 중에서 가장 많이 사용되며, 평보와 ㅅ자보로 지붕틀의 기본형태를 삼고 왕대공과 빗대공, 달대공 등으로 구성된다.

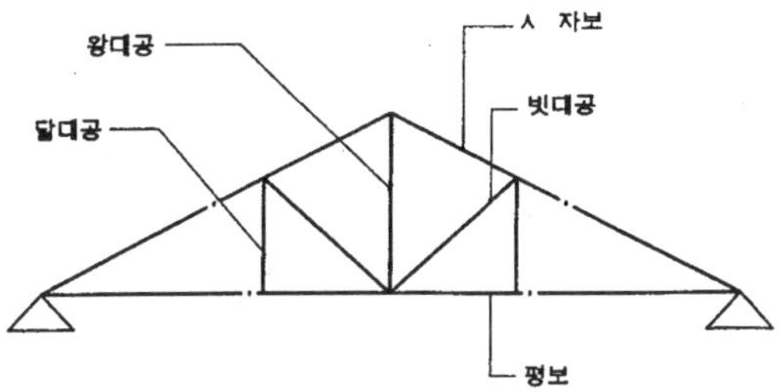

왕대공 지붕틀 구성부재

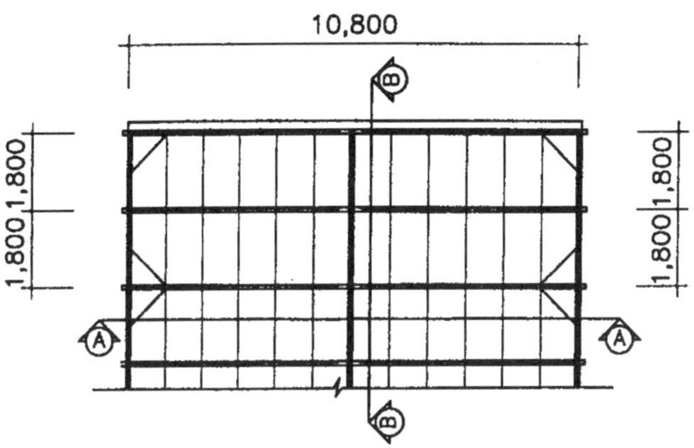

지붕틀 평면도

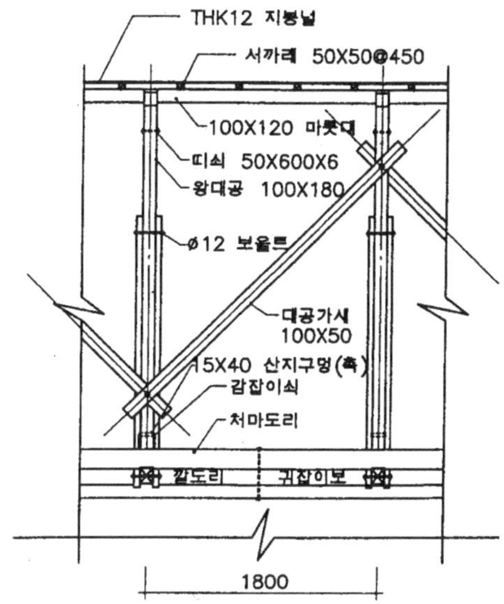

B-B 단면도

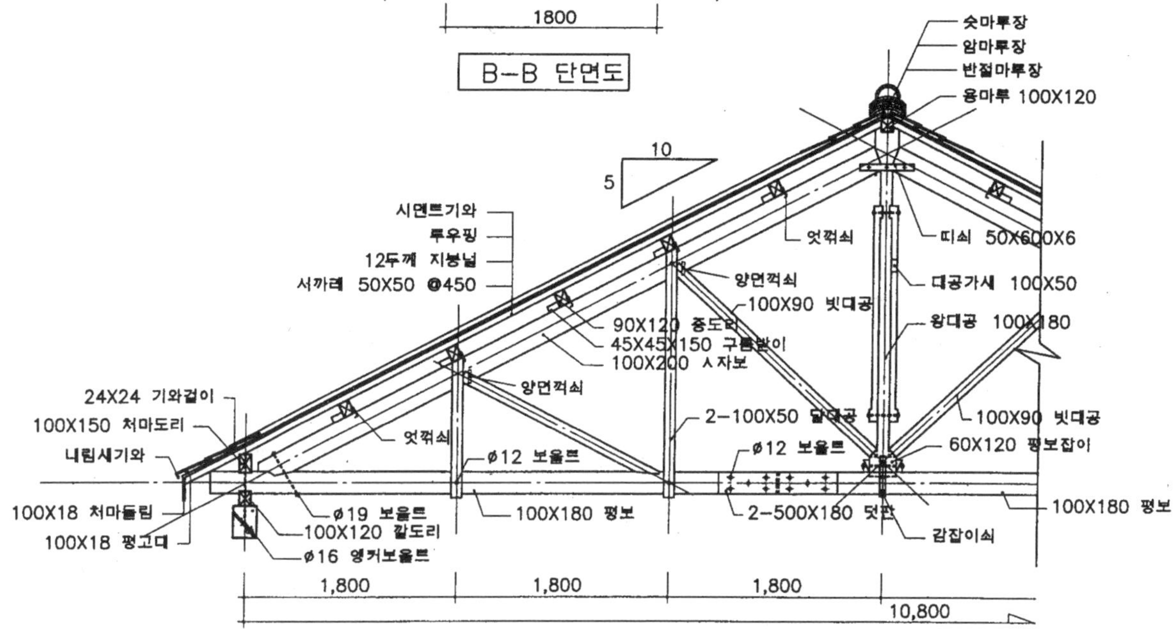

A-A 단면도

축척 : 1/20

2. 절충식 지붕틀

건물을 가로지르는 보 위에 대공을 세우고 그 위에 도리를 놓아 지붕의 하중을 받도록 한 구조이다.
이 구조는 짜임이 비교적 간단하여 전통적으로 많이 사용되어 온 구조이지만 부재의 단면치수가 커지는 단점이 있다.

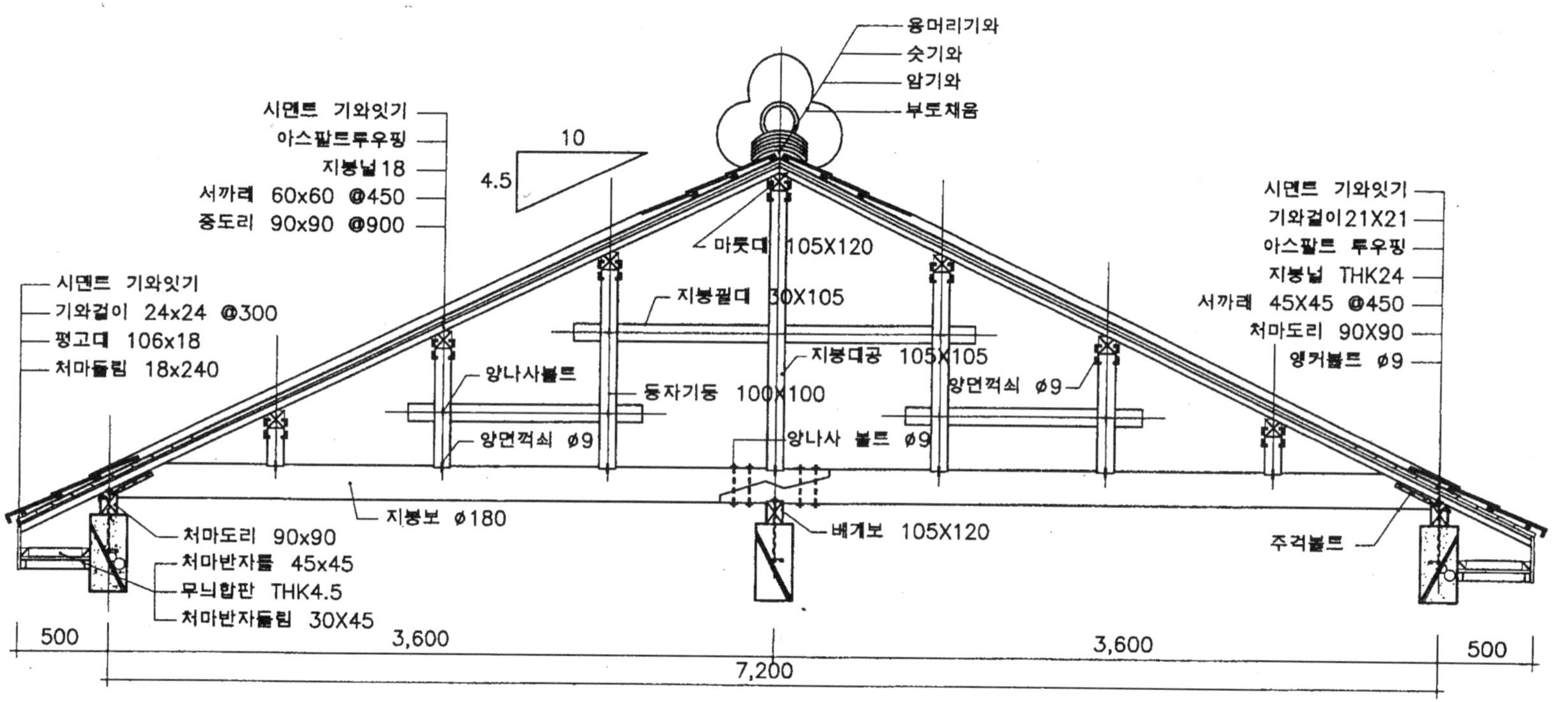

지붕틀 단면도 축척 : 1/20

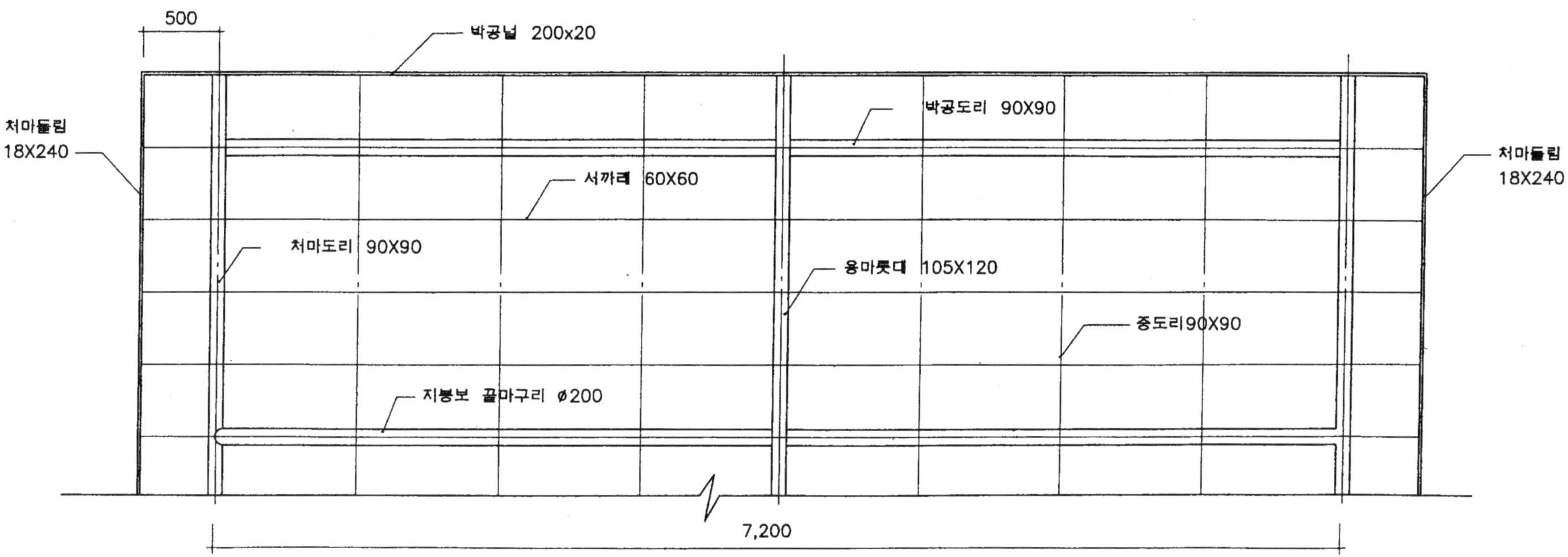
500
박공널 200x20
박공도리 90X90
처마돌림
18X240
처마돌림
18X240
서까래 60X60
처마도리 90X90
용마룻대 105X120
중도리90X90
지붕보 끝마구리 ø200
7,200

지붕틀 평면도

3. 경량철골 지붕틀

철골 부재를 사용한 지붕틀로 구조적인 안정감을 주어 지붕의 하중을 지탱하는데 효과적이다.

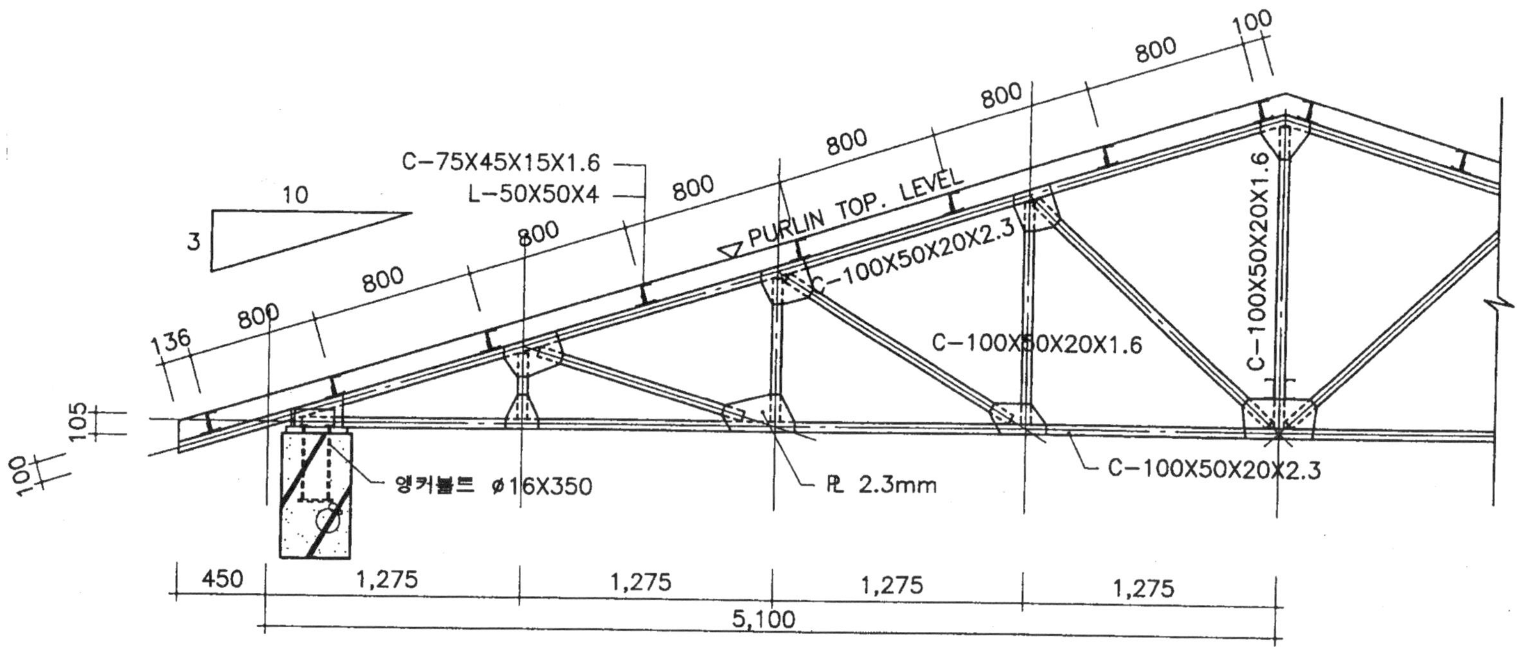

트러스단면도 축척 : 1/30

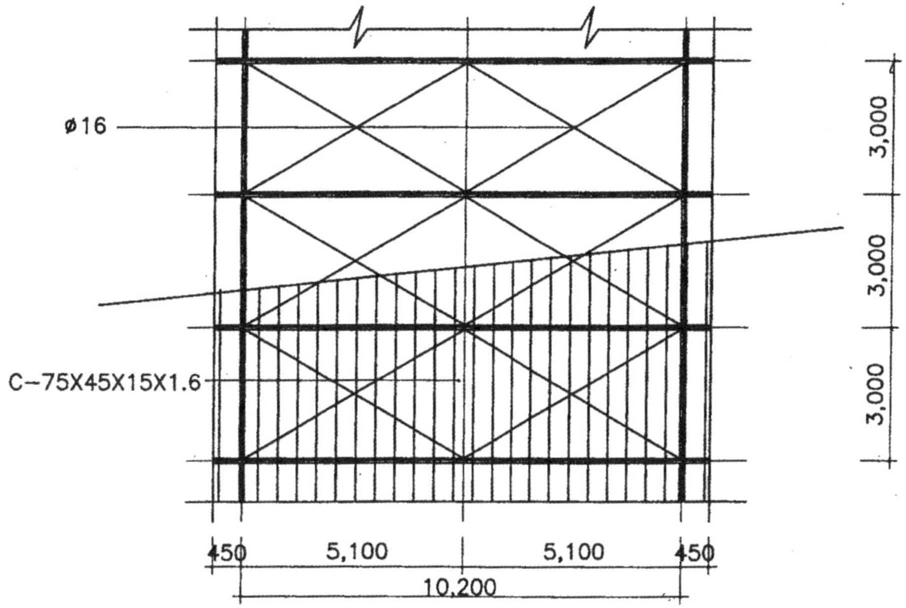

트러스 평면도

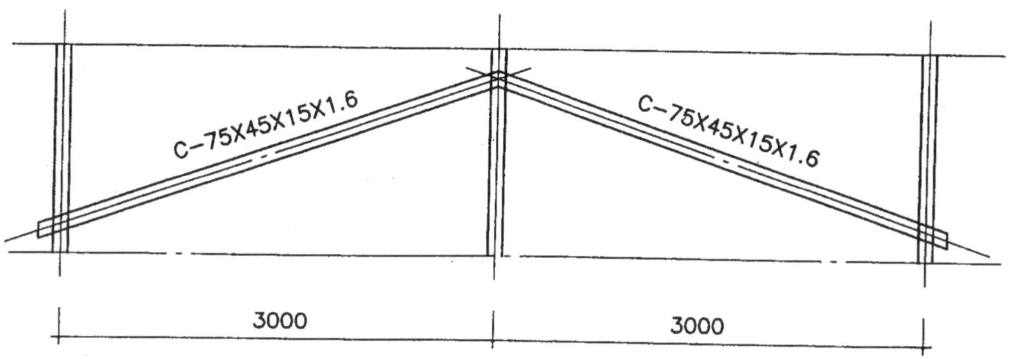

주트러스 빗대공

7-8. 지붕

지붕은 건물의 최상부 구조물로서 비, 바람 등을 막아 실내에 적절한 환경을 만드는 역할과 더불어 의장적으로도 중요한 역할을 한다.

나무구조 지붕틀에서 사용되는 부재의 종류와 크기, 그리고 각 부재의 접합방법이 중요하며, 철근콘크리트 슬래브인 경우에는 철근의 배근방법이나 방수방법이 중요하다고 할 수 있다.

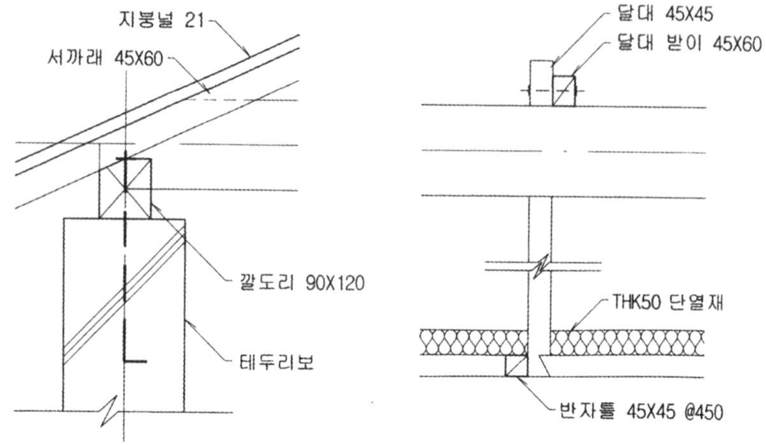

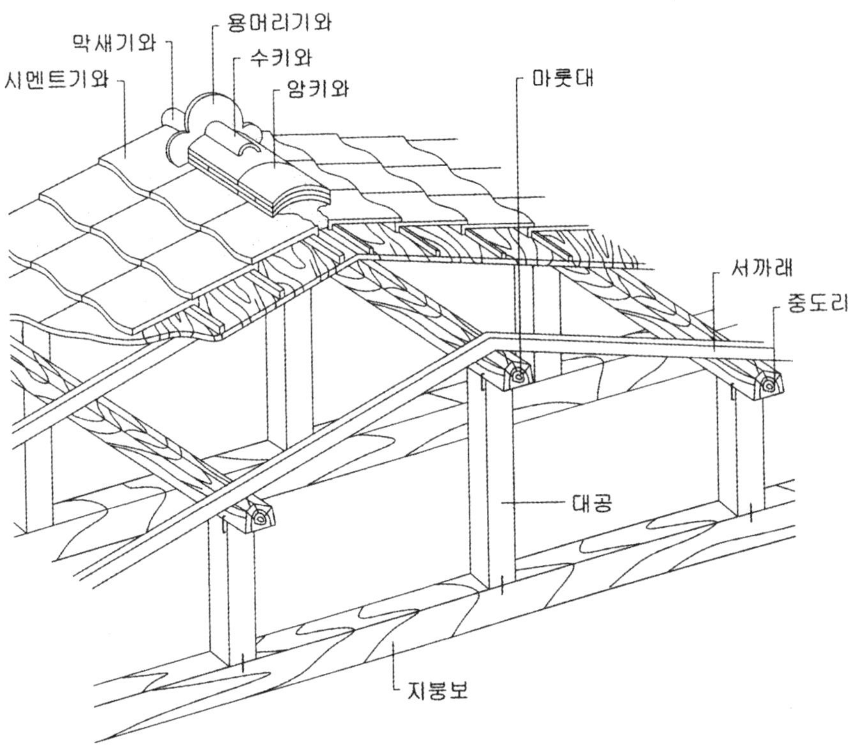

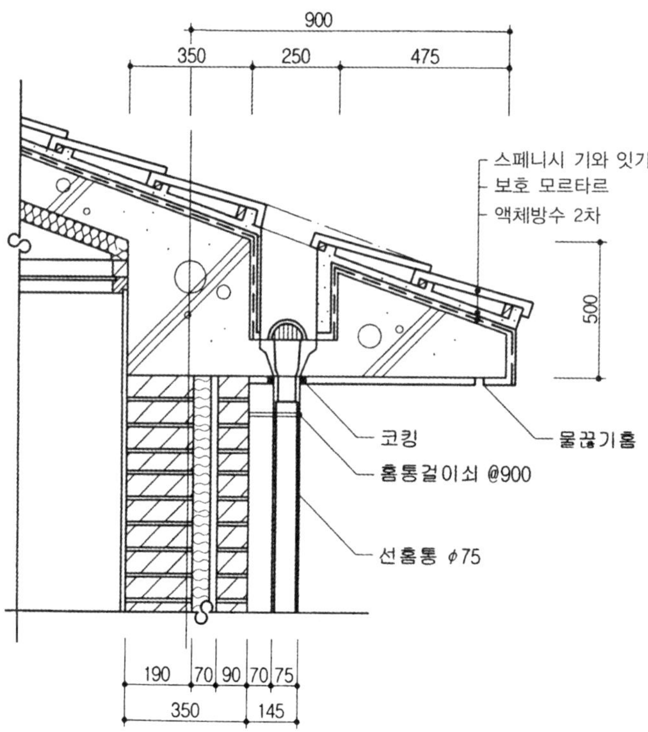

1. 지붕의 종류

(1) 박공지붕

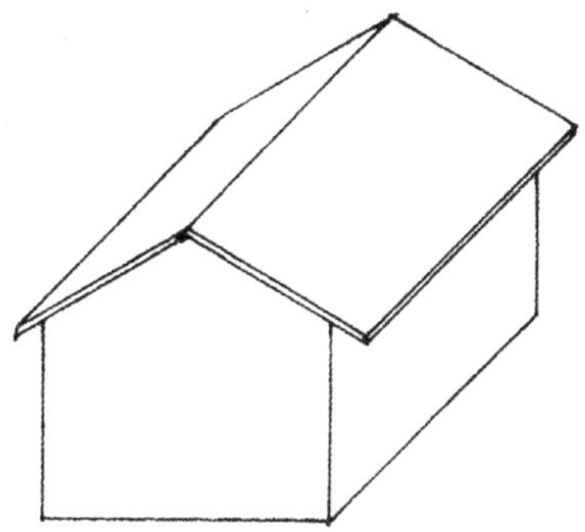

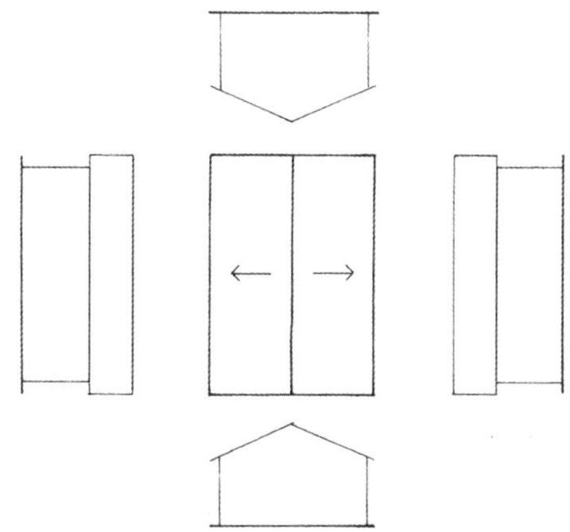

1. 마룻대 : 용마루선, 지붕마루선이라고도 하며 지붕에서 가장 높은 부분 2. 지붕의 물매가 양쪽으로 내려간다. 3. 물매의 범위는 3/10~4.5/10가 보통이다.

(2) 모임지붕

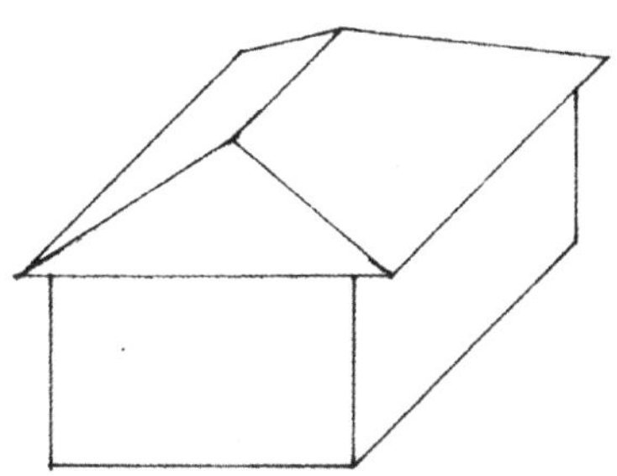

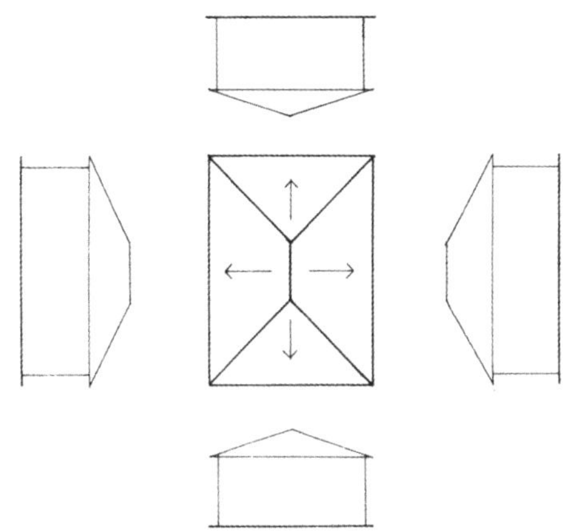

1. 박공지붕은 지붕의 물매가 4면 이상으로 내려간다. 2. 지붕면의 연결 각도는 45°이다.

2. 지붕 단면상세

(1) 단면형태

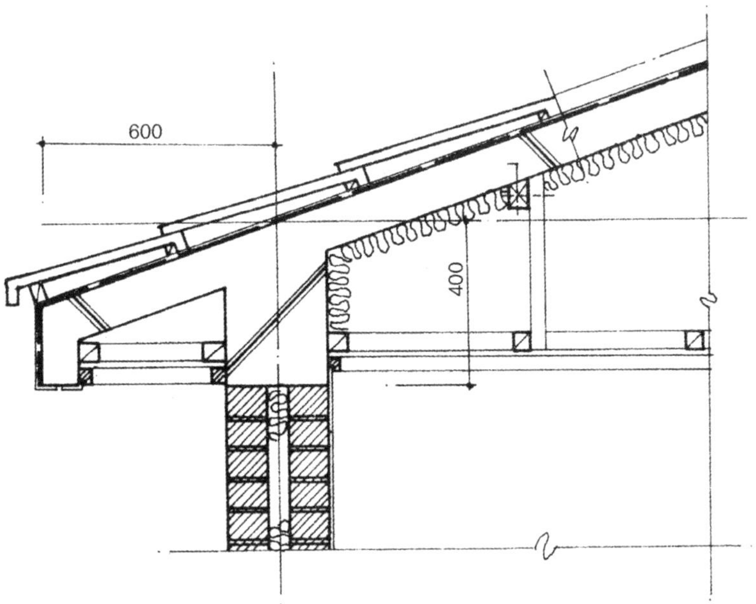

(2) 단면+입면형태

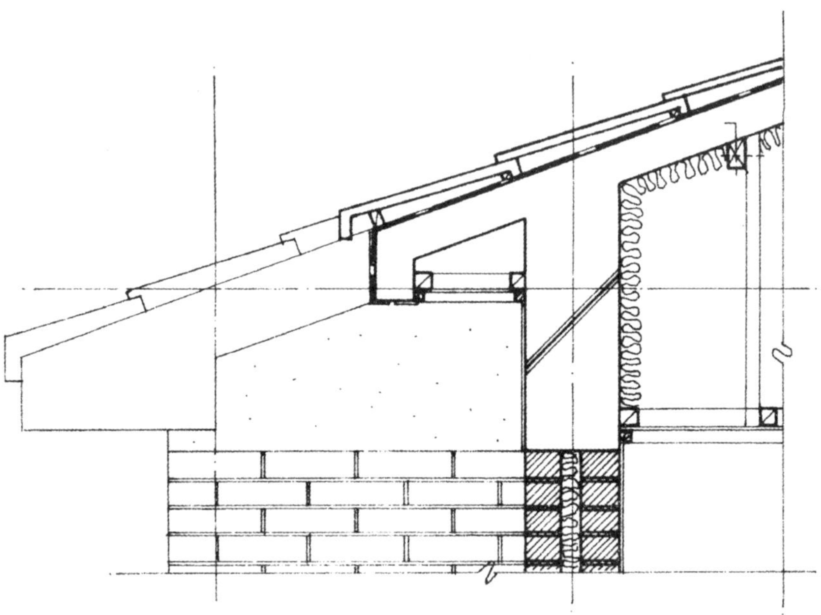

(1) 단면형태

1. 벽체 중심선과 층고선이 만나는 지붕의 물매를 설정한다. 2. 지붕이 마룻대와 교차되게 절단되면 지붕의 모양은 경사모양이 된다.
3. 일반적인 처마길이는 600mm로 한다.

(2) 단면+입면형태

1. 가장 끝에 있는 외벽 중심선과 층고가 만나는 지점에서 물매를 올린다. 2. 테두리보의 크기는 층고에서 약 400~500 정도를 설정한다.

3. 기와작도 방법

(1) 기와 단면

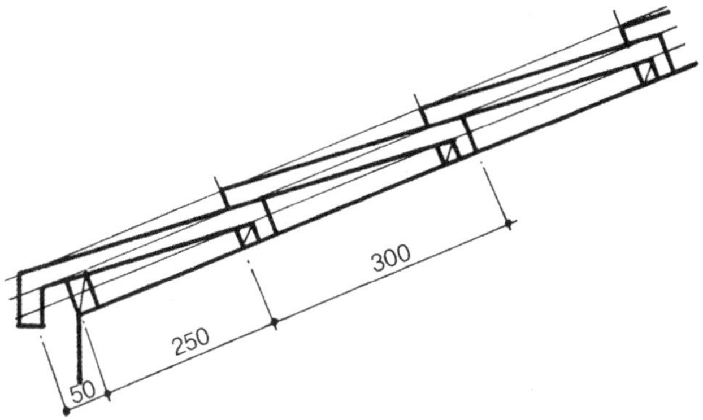

1. 기와와 지붕면이 이루는 각도는 반드시 90°가 되어야 한다.
2. 기와의 크기는 300×300mm로 하며 지붕끝선에 있는 첫 번째 기와의 길이는 250mm로 선정한 후 나머지 50mm는 지붕끝선에서 바깥쪽으로 내민다.

(2) 기와 입면

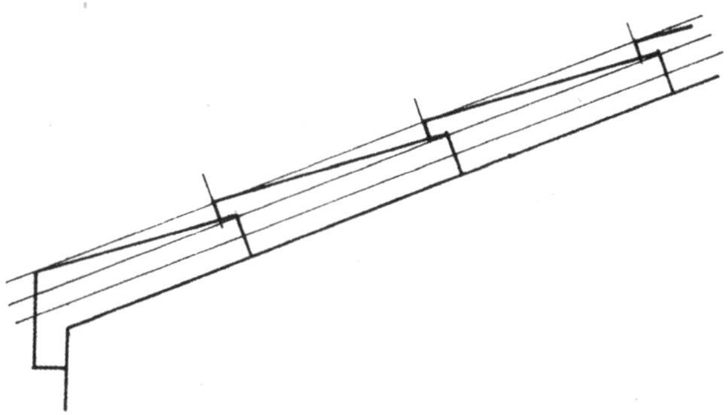

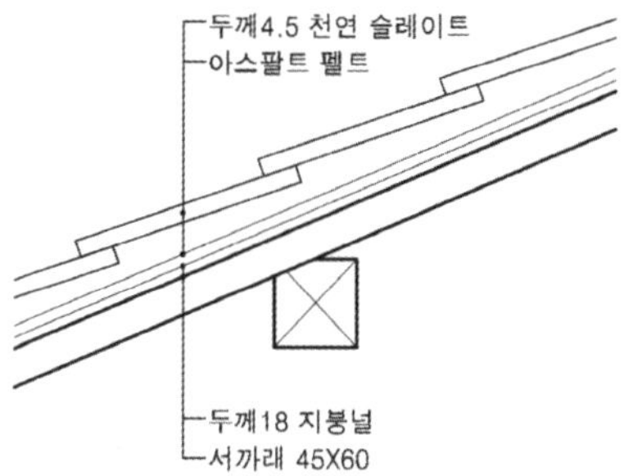

천연 슬레이트

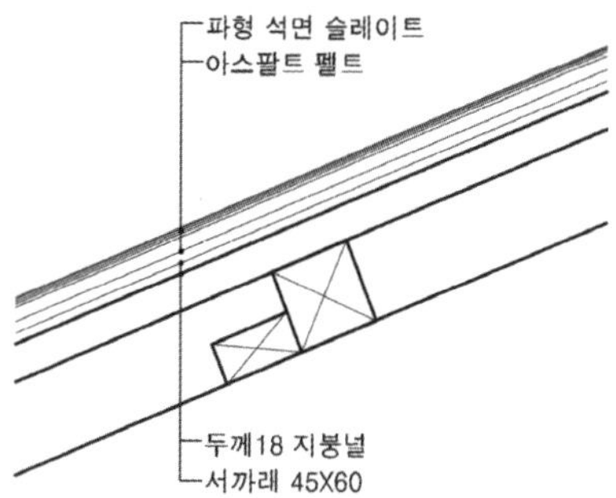

파형 석면 슬레이트

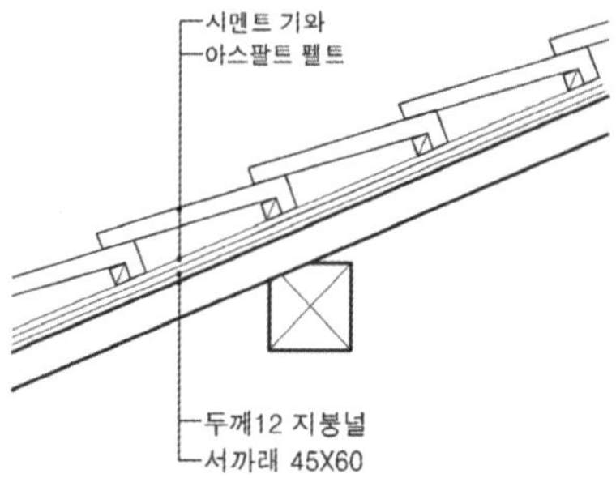

시멘트 기와

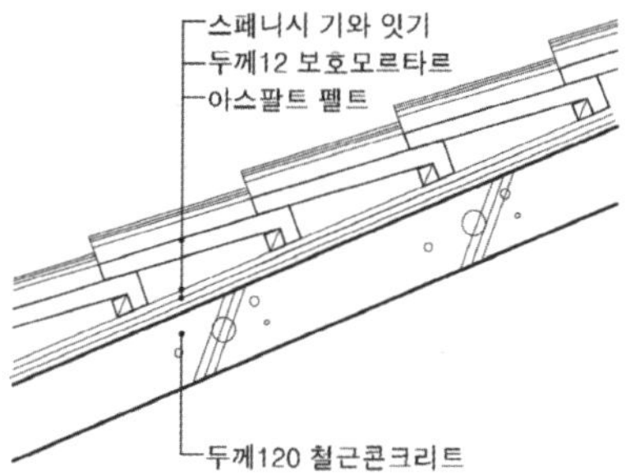

스페니시 기와

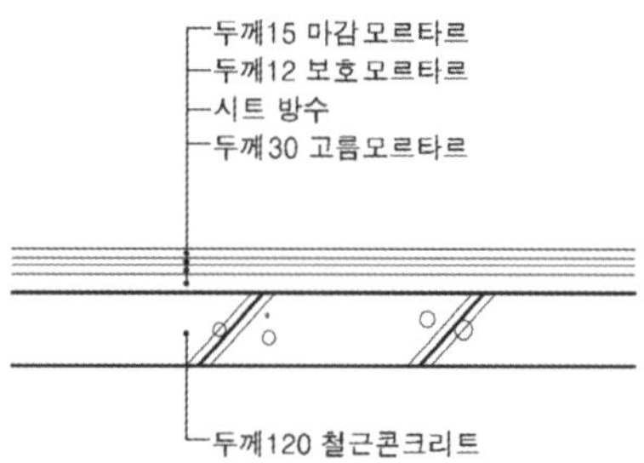

시트 방수

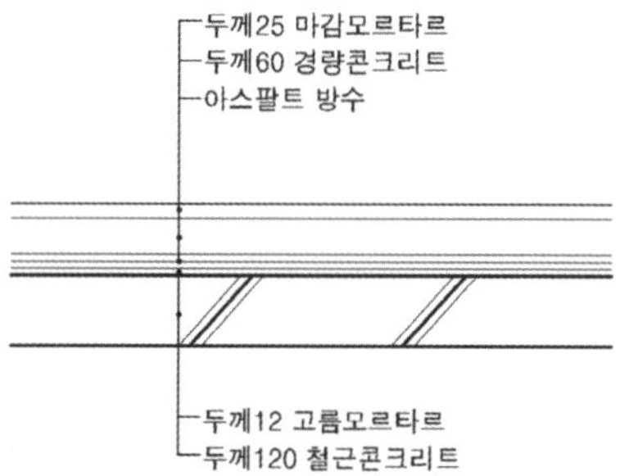

아스팔트 방수

7-9. 테라스 및 발코니

1. 테라스

(1) 입체표현

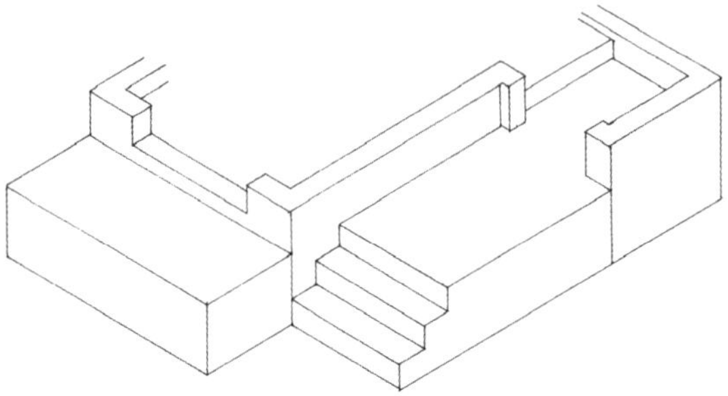

(2) 단면형태(계단이 있는 경우)

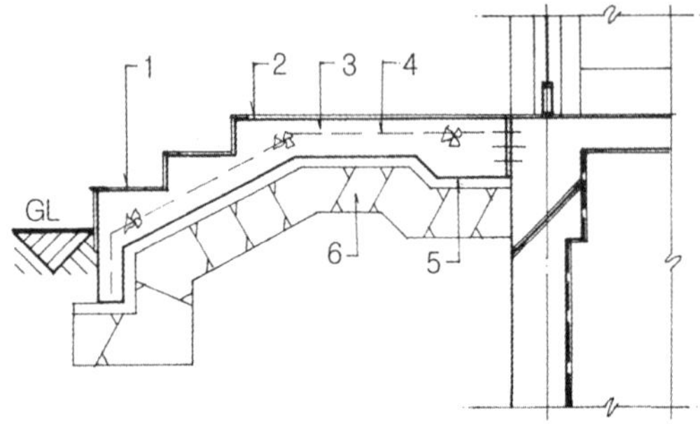

1. 화강석 물갈기 마감 2. THK30 고름 모르타르 3. THK150 무근콘크리트 4. #8 와이어 메시 5. THK60 밑창콘크리트 6. THK150 잡석다짐

2. 발코니

(1) 입체표현

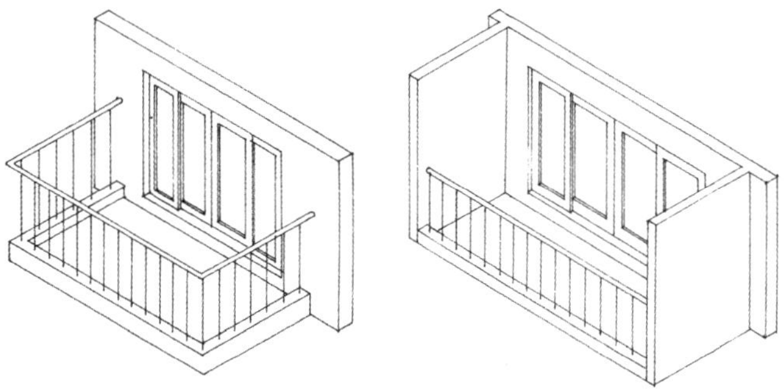

(2) 단면형태(투시형 난간)

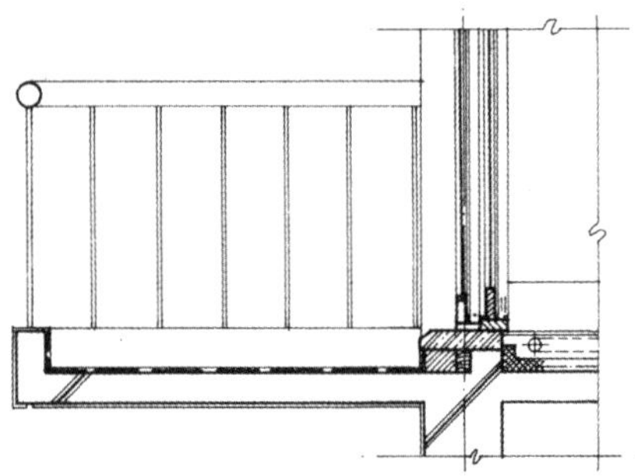

1. 난간의 높이는 바닥에서 1,100 정도 설정한다. 2. 외부쪽에 노출되어 있기 때문에 시멘트 방수층을 시공한다.
3. 크링커 타일 등으로 마감한다.

7-10. 지하실

(1) 입체표현

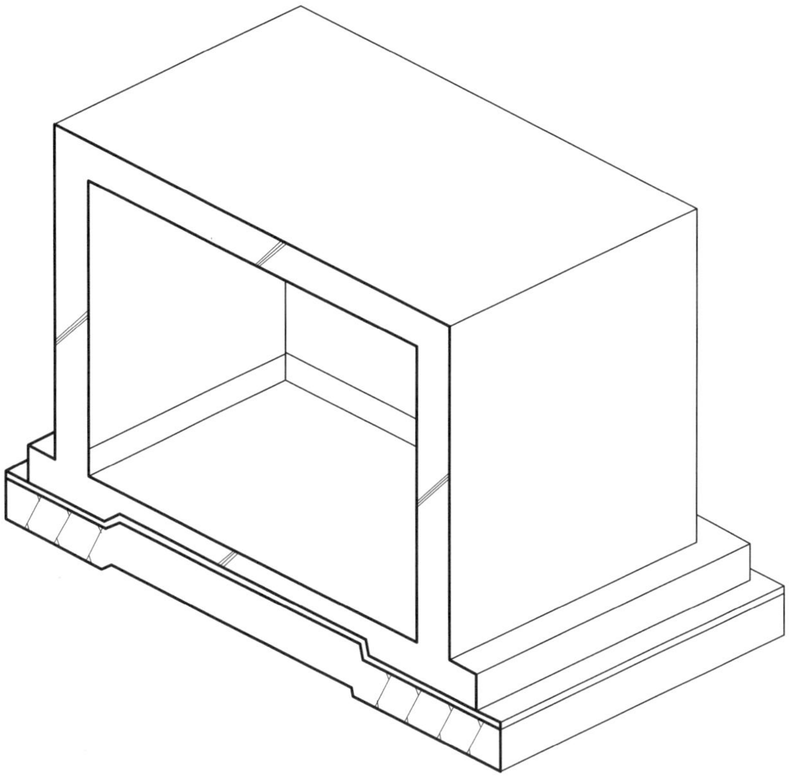

(2) 단면형태

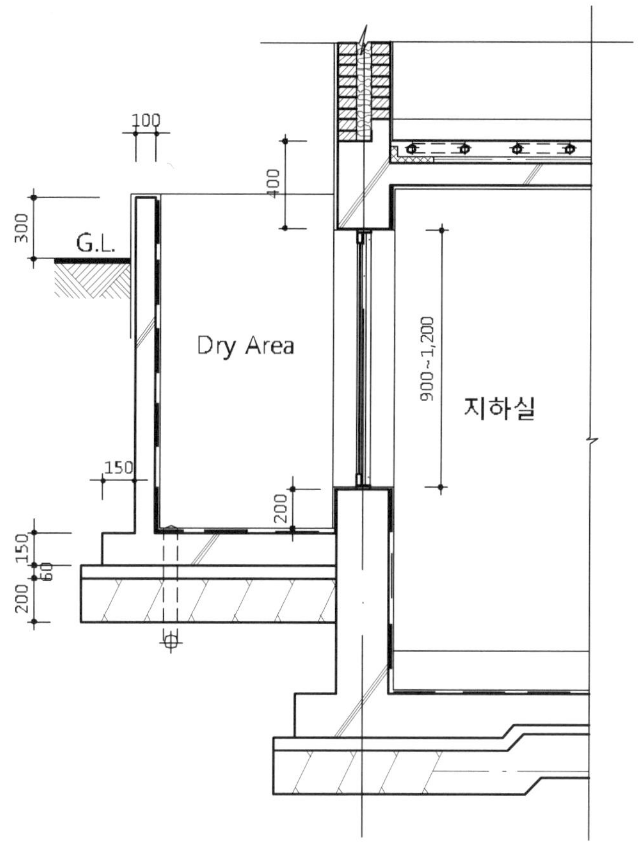

1) D.A.(Dry Area) : 지하실 벽체에 창문을 설치하기 위해 외부공간을 확보해 주는 공간으로 건조 및 통풍 역할을 한다.

8. 상세도면의 작도

8-1. 기초상세도

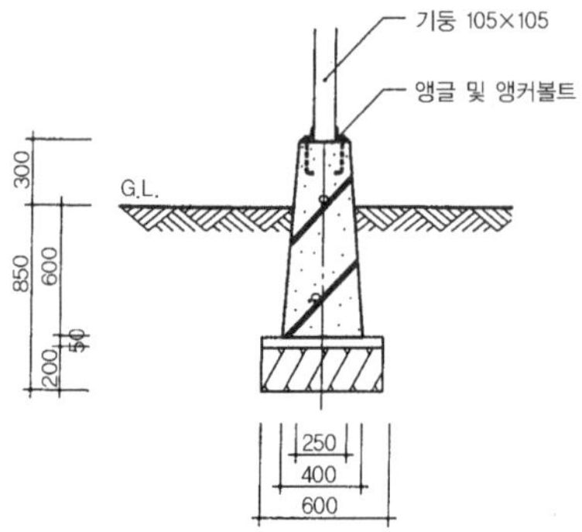

목조 독립 기둥 기초

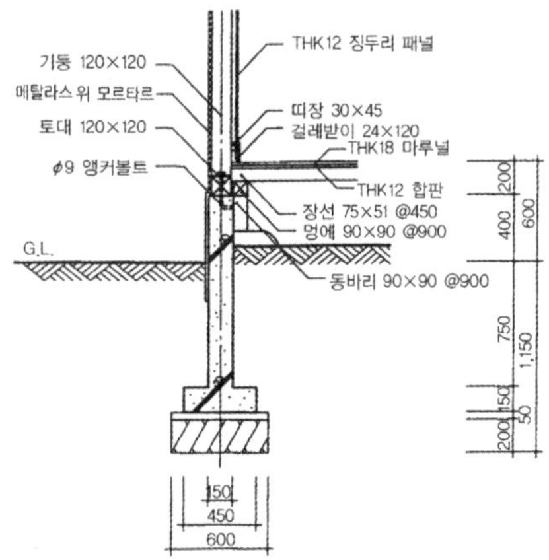

목조 콘크리트 줄기초

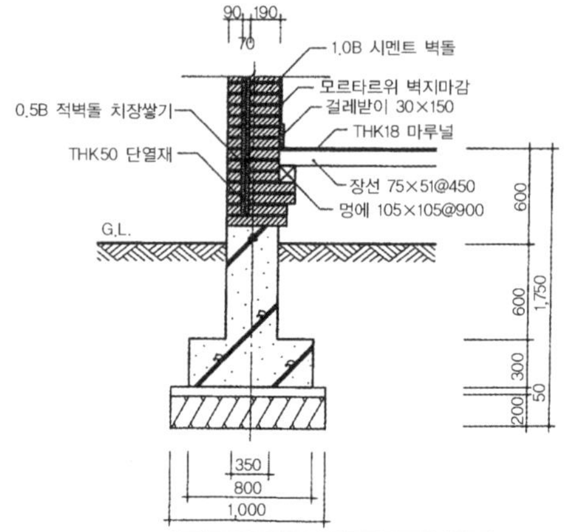

조적조 외벽 줄기초

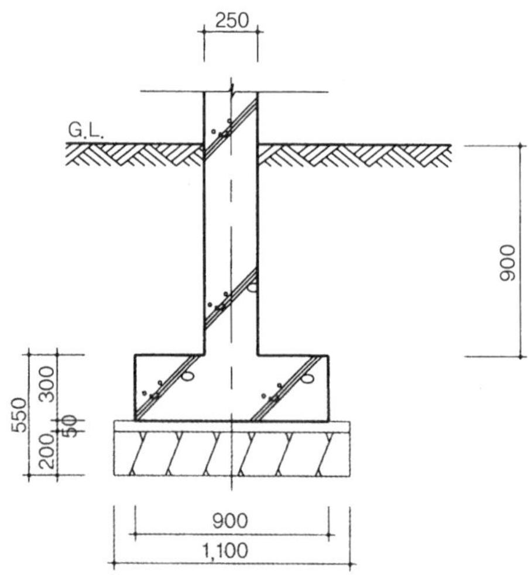

철근 콘크리트 기초(1)

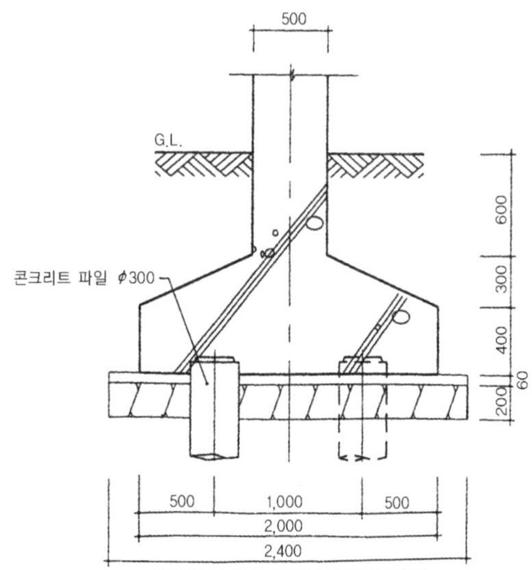

철근 콘크리트 기초(2)

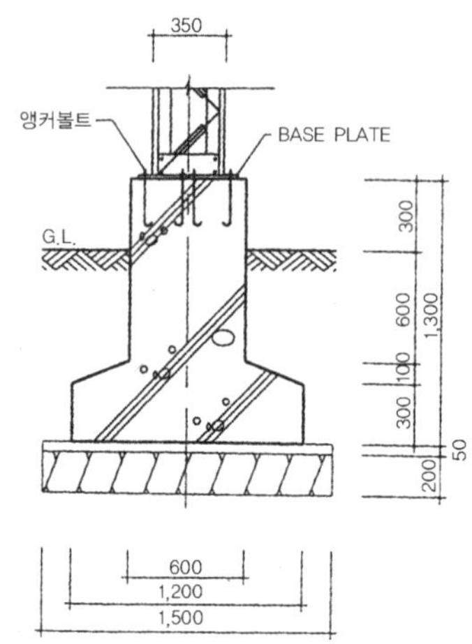

철골조 기초

축척 : 1/30

8-2. 바닥상세도

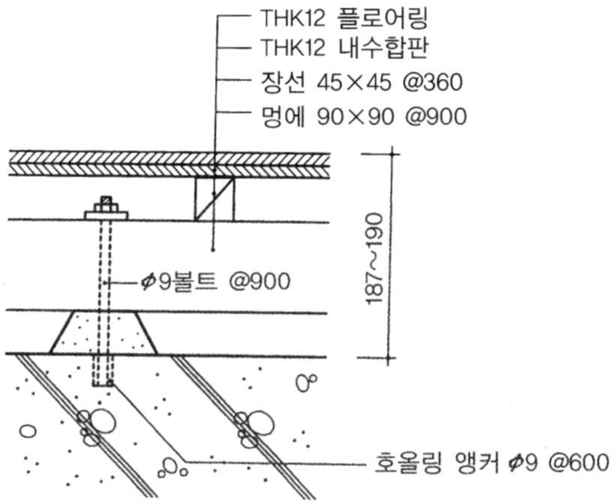

플로어링 바닥 축척 : 1/3

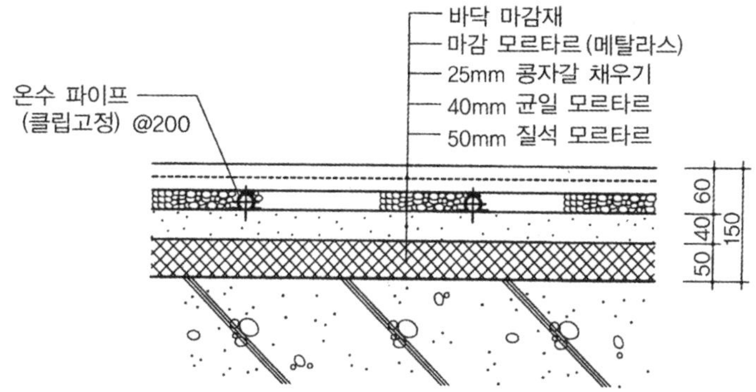

파이프 온돌 바닥 축척 : 1/5

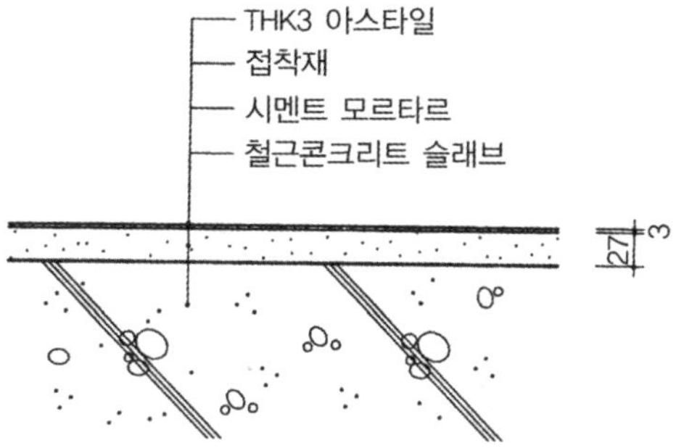

아스타일 바닥 축척 : 1/5

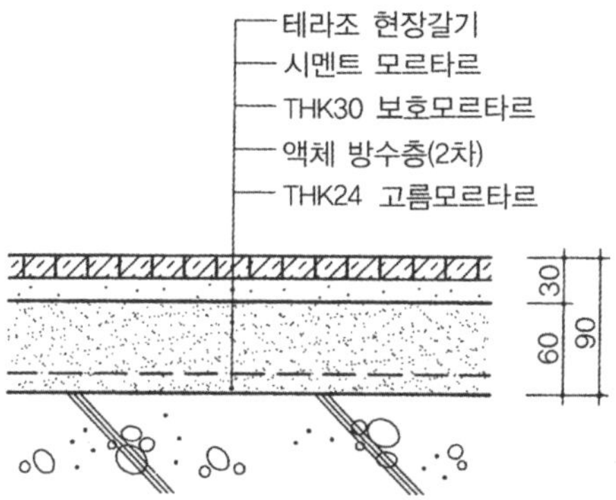

테라조 바닥 축척 : 1/5

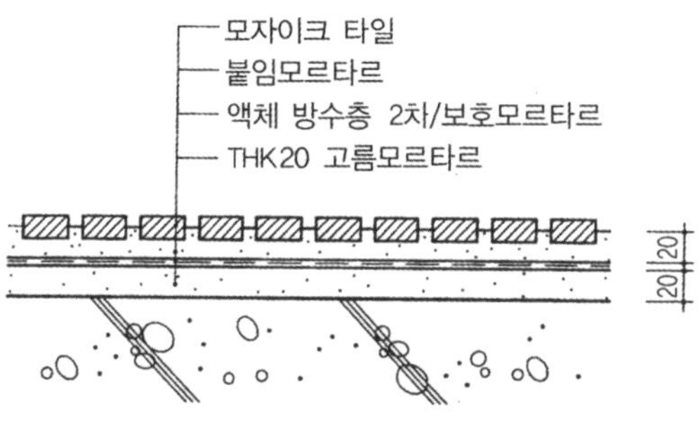

모자이크 타일 바닥 축척 : 1/5

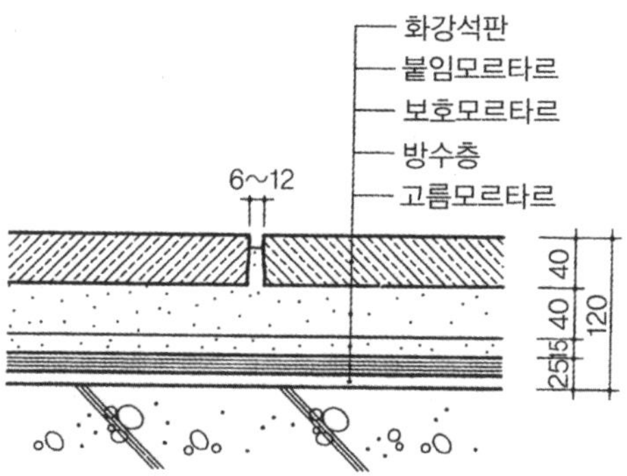

화강석판 바닥 축척 : 1/5

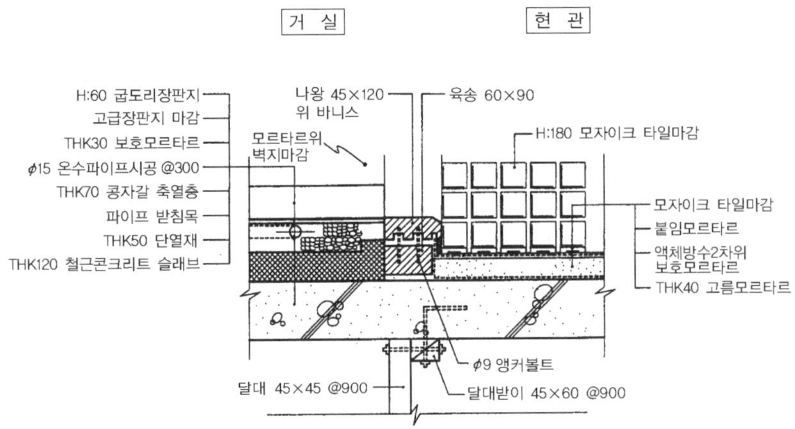

거실-현관 부분 상세도 축척 : 1/5

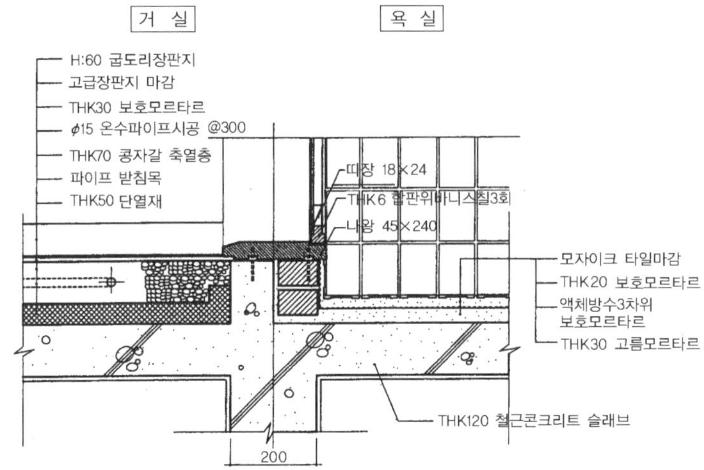

거실-욕실 부분 상세도 축척 : 1/5

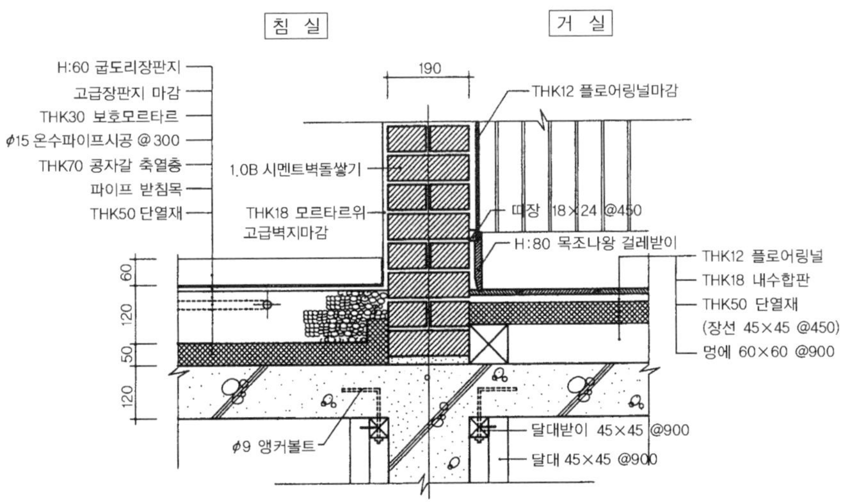

침실-거실 부분 상세도 축척 : 1/5

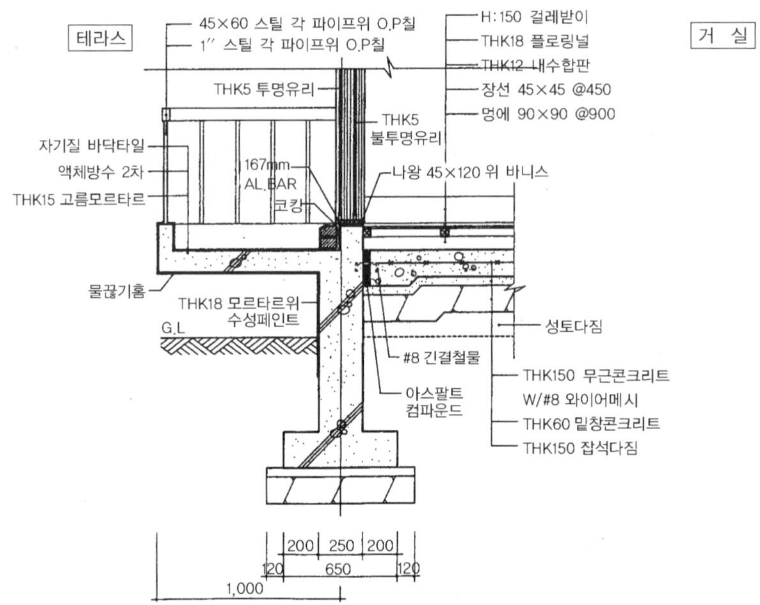

테라스-거실 부분 상세도 축척 : 1/30

8-3. 벽체상세도

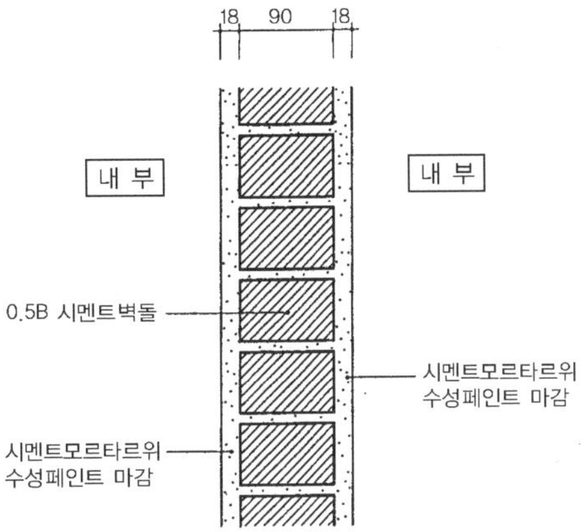

조적조 벽체 (0.5B)

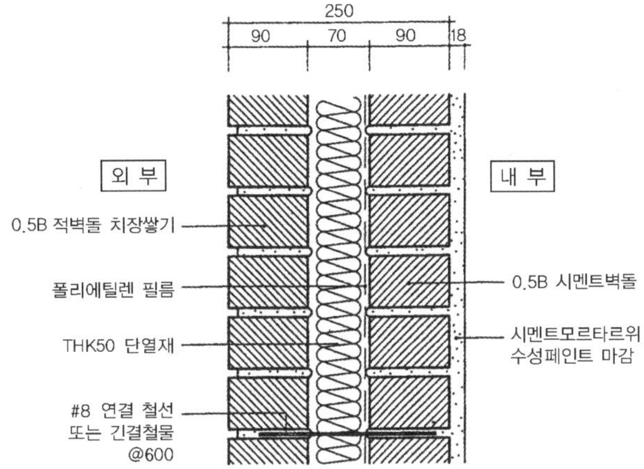

조적조 벽체 (0.5B+단열재+0.5B)

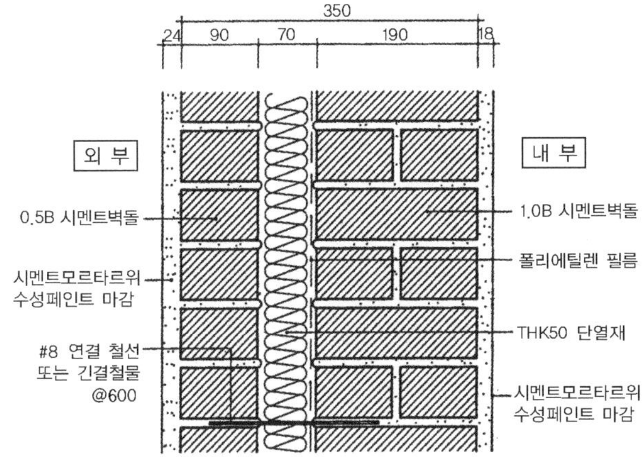

조적조 벽체 (1.0B+단열재+0.5B)

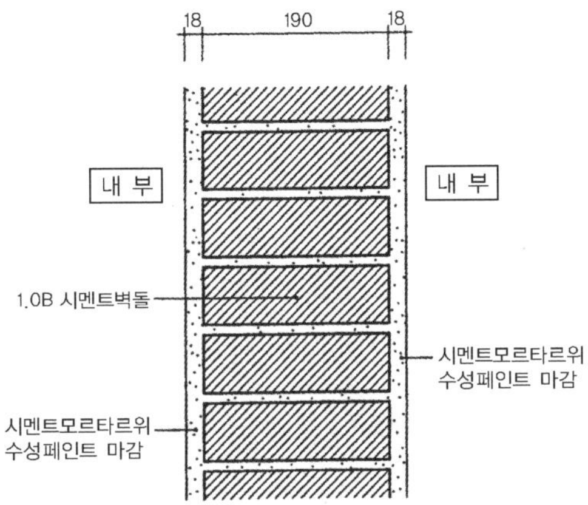

조적조 벽체 (1.0B)

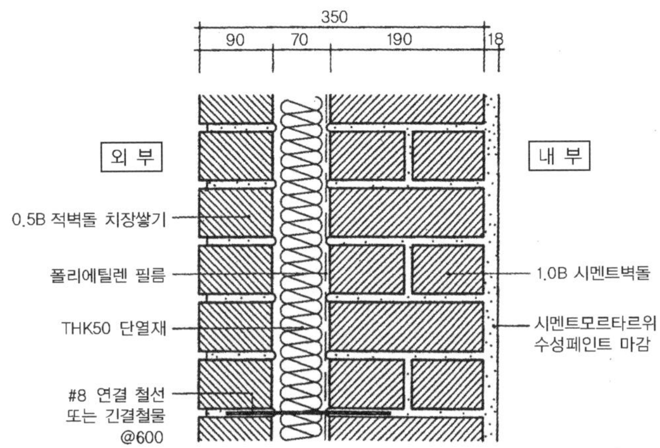

조적조 벽체 (0.5B+단열재+1.0B)

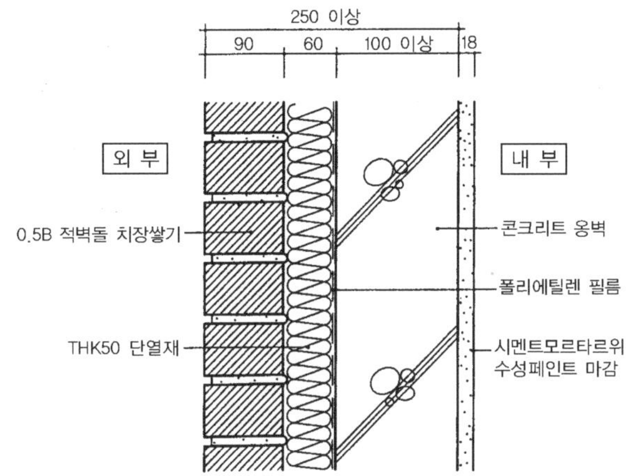

콘크리트+조적조 벽체 (단열재+0.5B)

축척 : 1/5

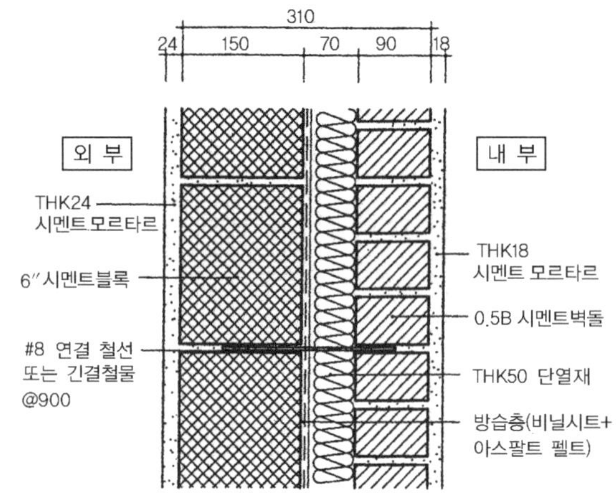

시멘트 블록+시멘트 벽돌 벽체

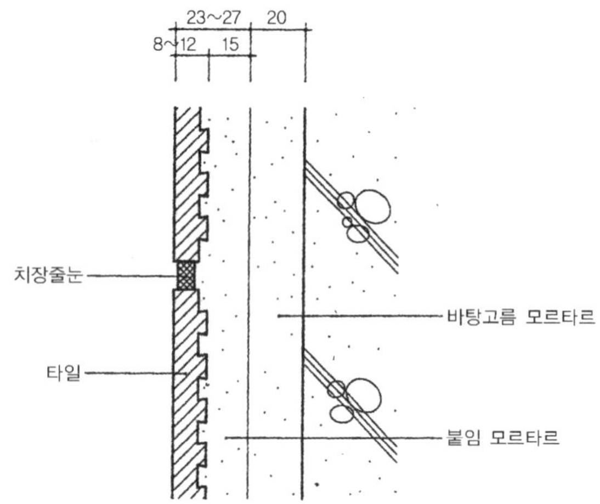

타일 마감 벽체(떠붙이기 공법)

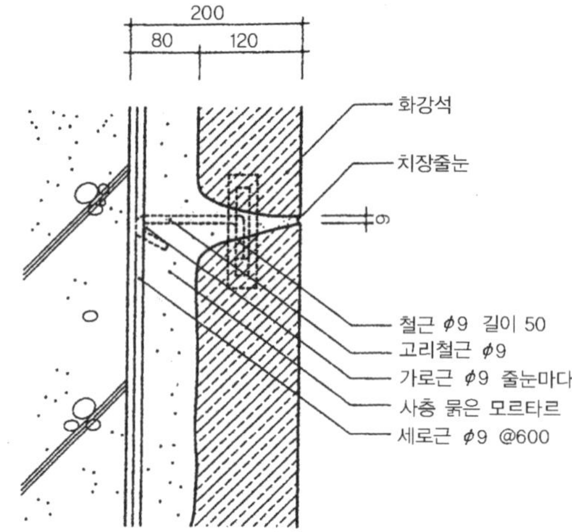

돌붙이기 벽체(습식공법)

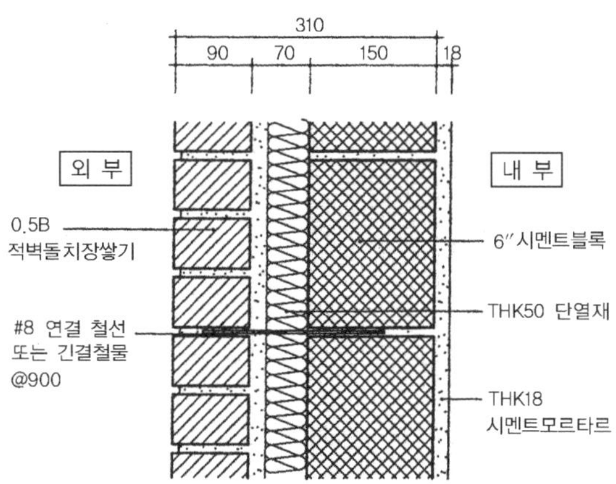

시멘트 벽돌+시멘트 블록 벽체

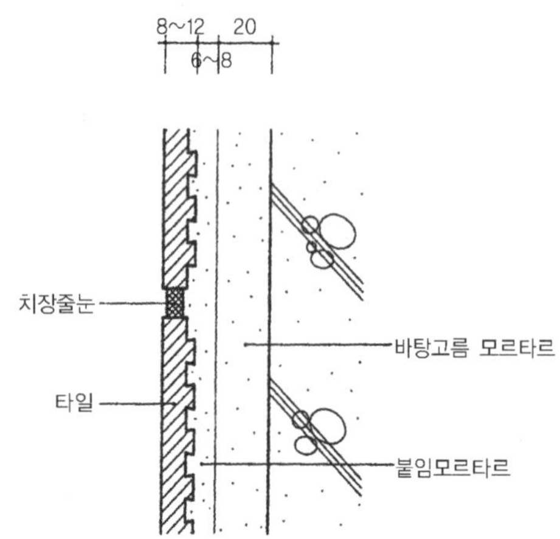

타일 마감 벽체(압착 공법)

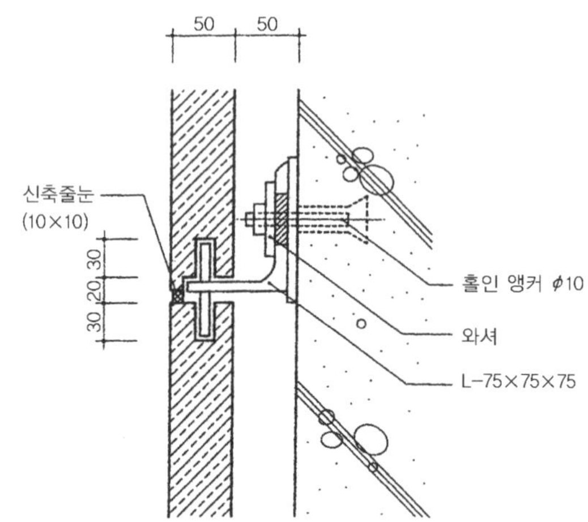

돌붙이기 벽체(건식공법)

축척 : 1/5

8-4. 창호상세도

1. 창틀상세

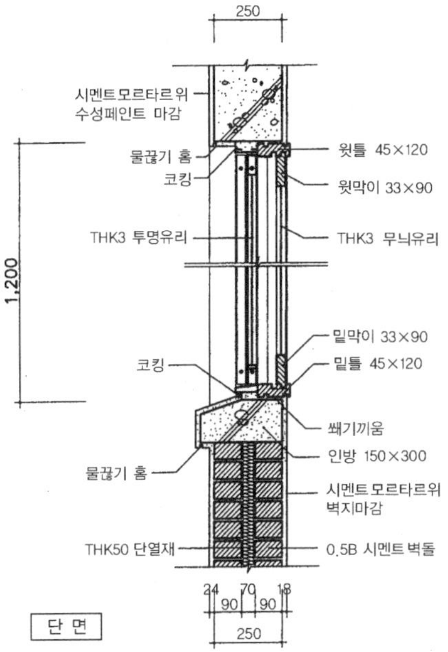

단 면

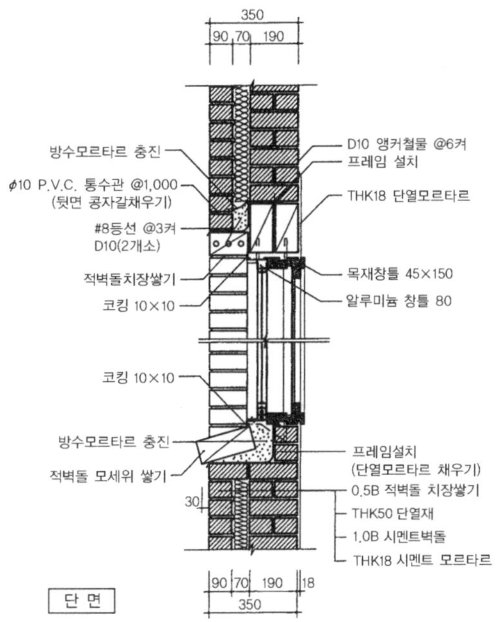

단 면

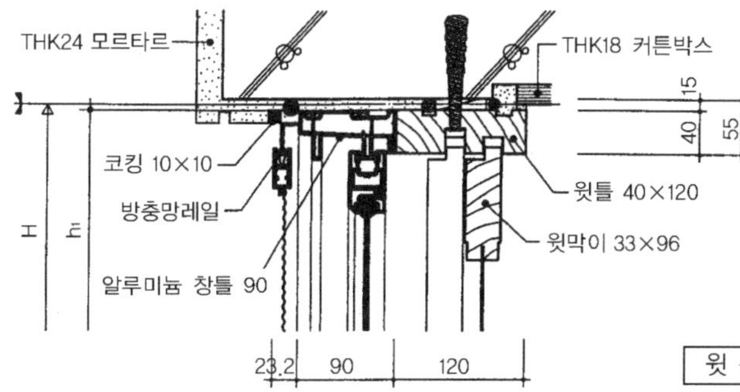

윗 틀

축척 : 1/5

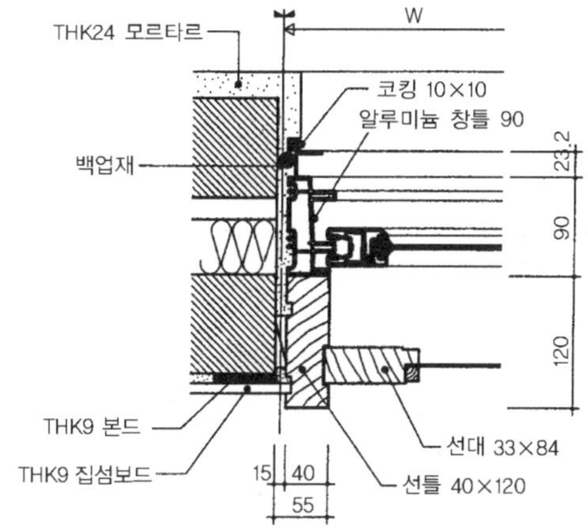

선 틀

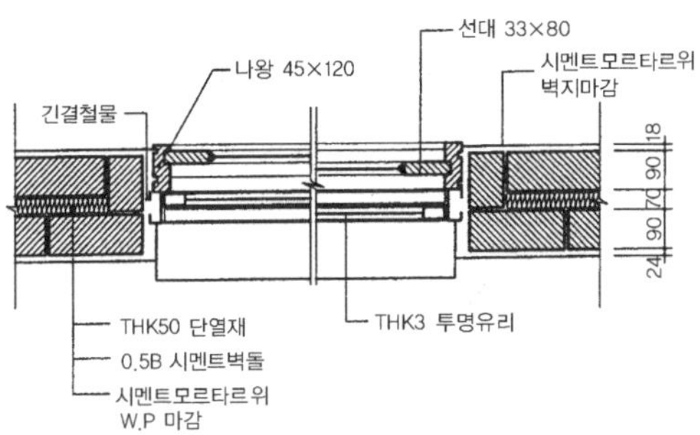

평 면 축척 : 1/10

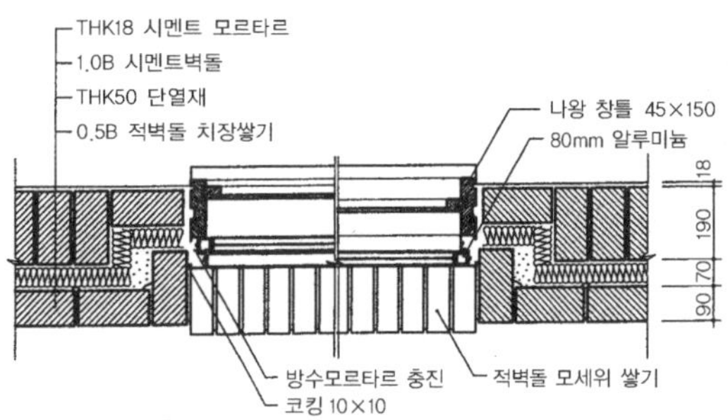

평 면

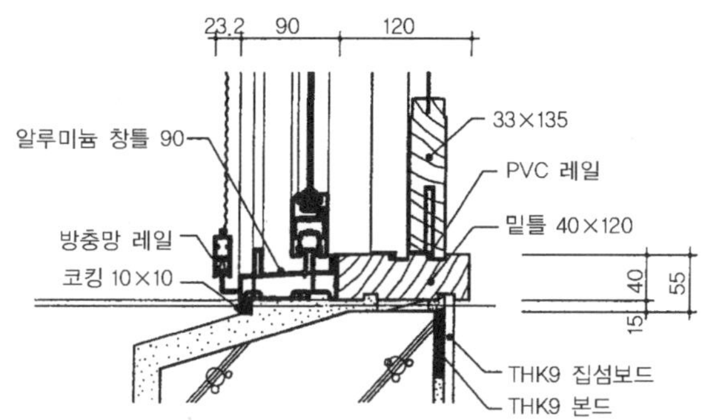

밑 틀

2. 문틀상세

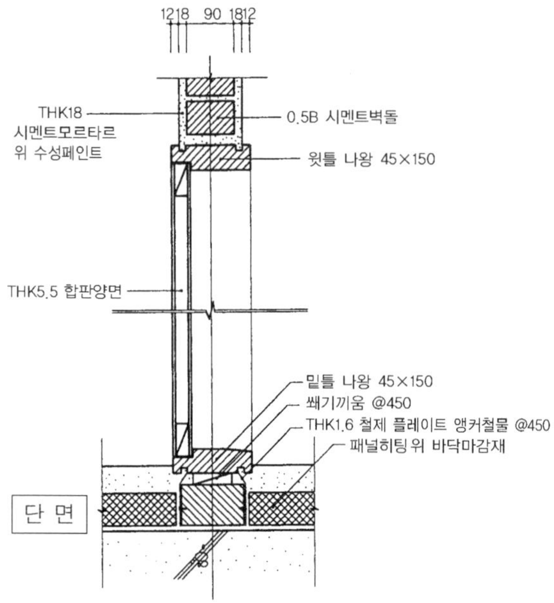

단 면

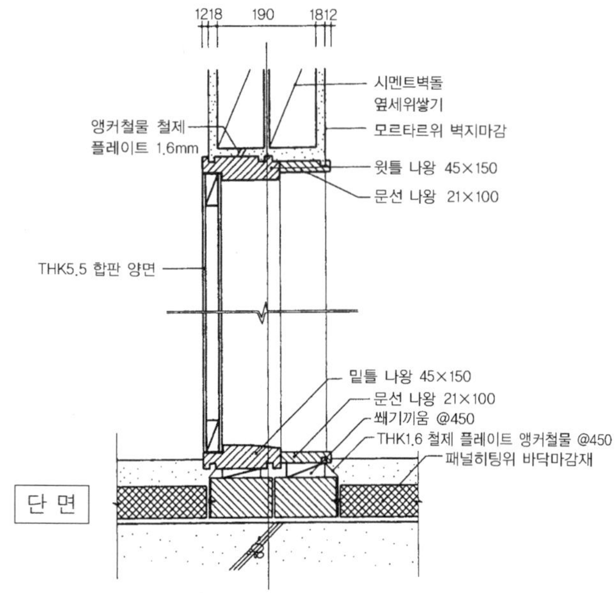

단 면

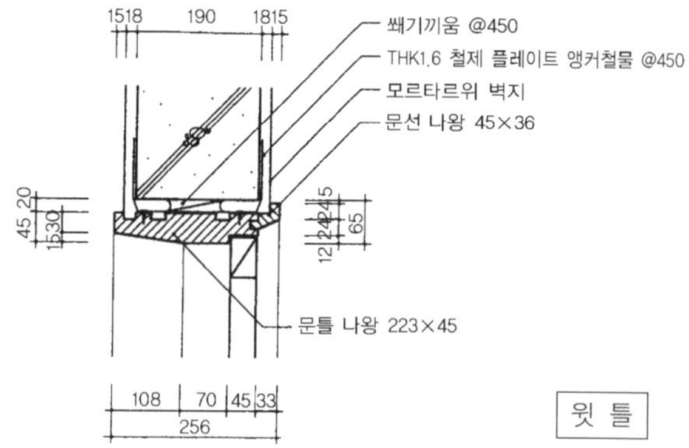

윗 틀

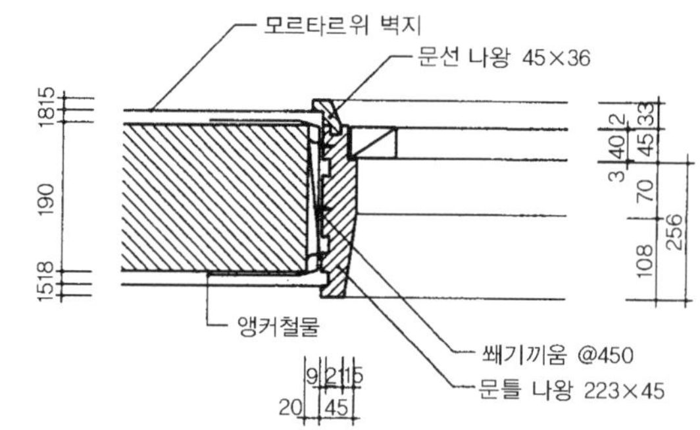

선 틀

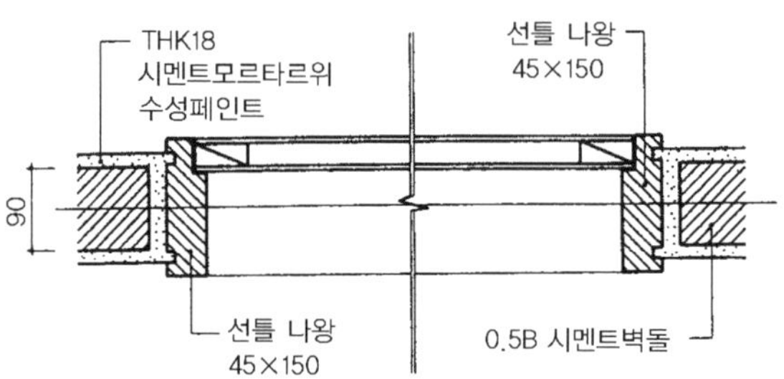

평 면

0.5B 쌓기 벽체

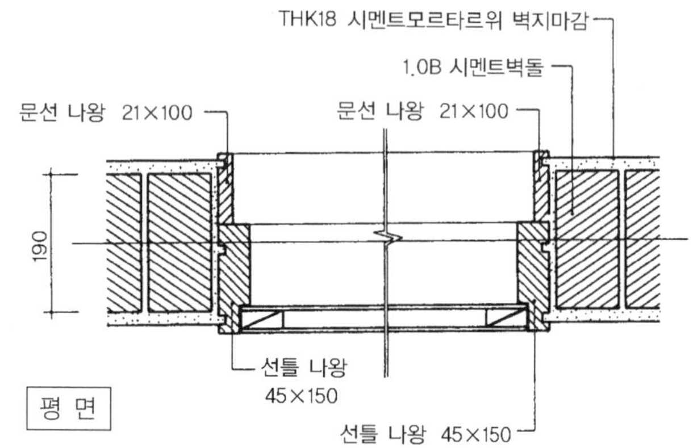

평 면

1.0B 쌓기 벽체

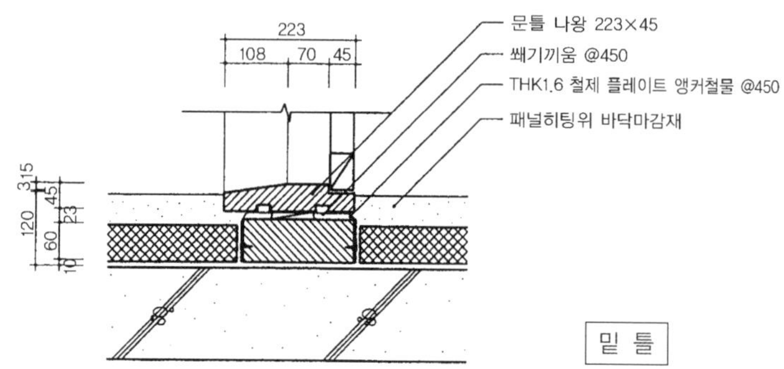

밑 틀

축척 : 1/5

8-5. 계단상세도

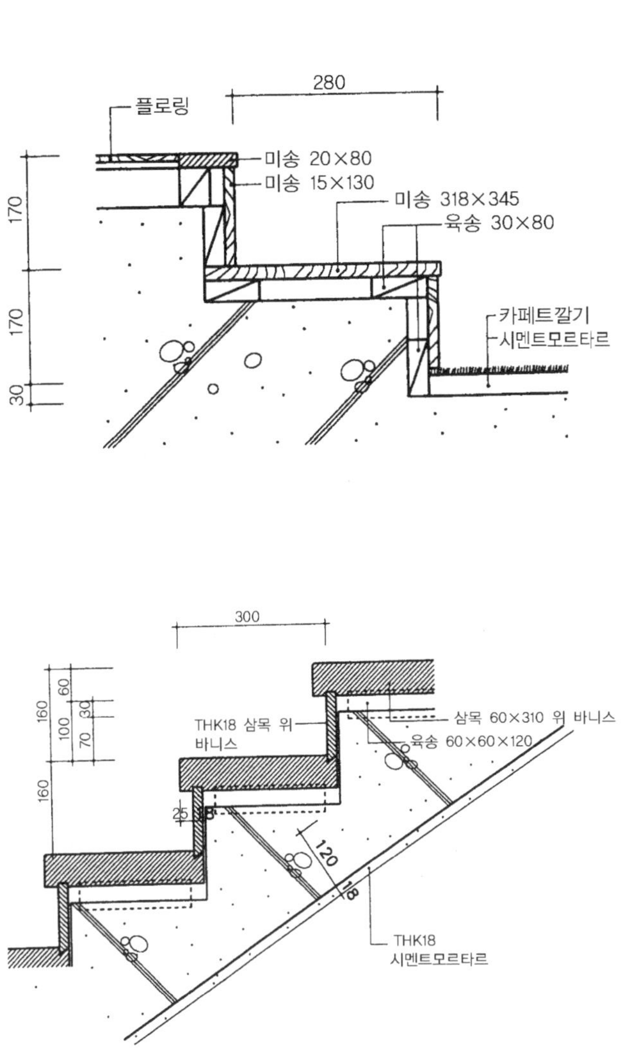

목재 마감 계단 상세

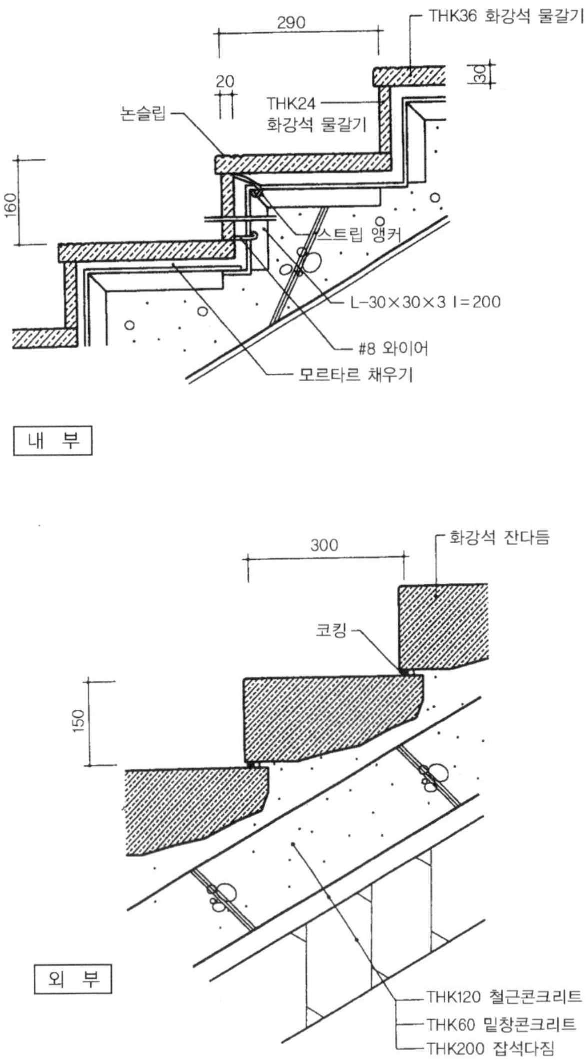

석재 마감 계단 상세

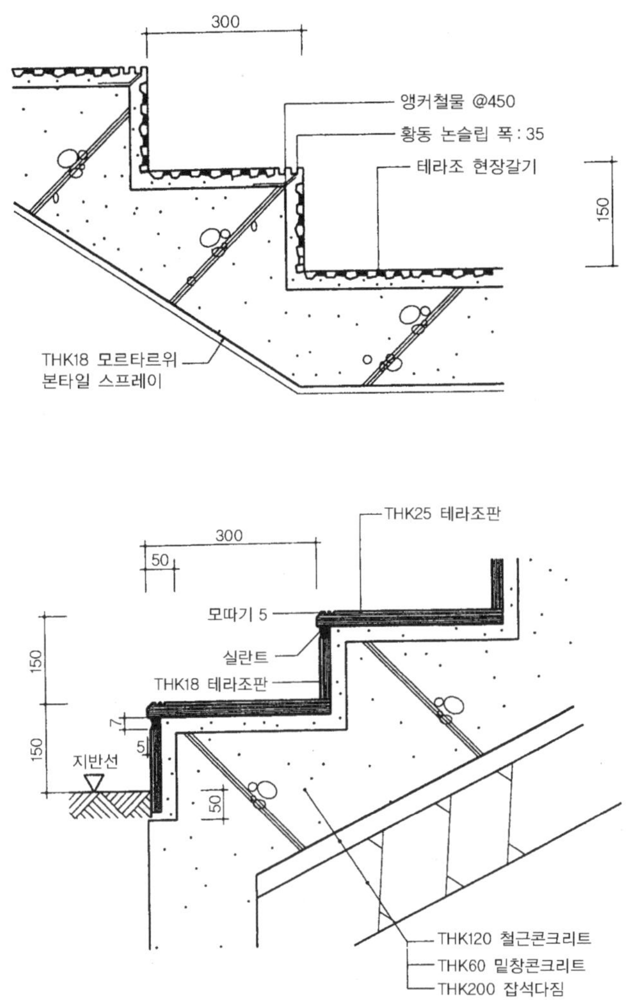

테라조 마감 계단 상세

축척 : 1/5

8-6. 천장상세도

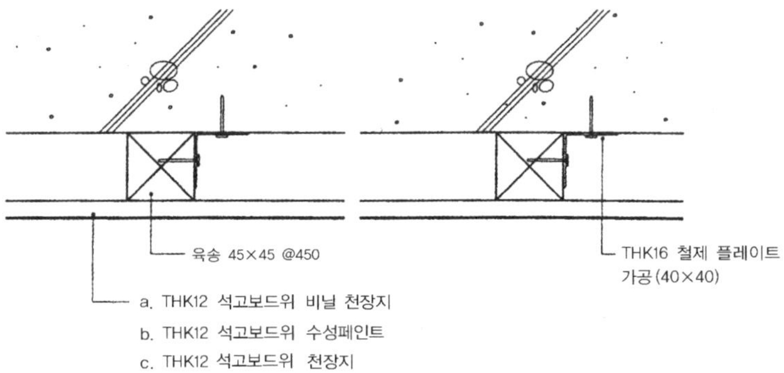

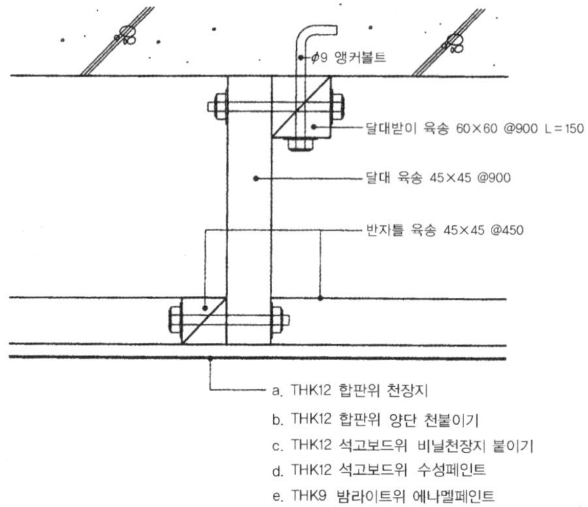

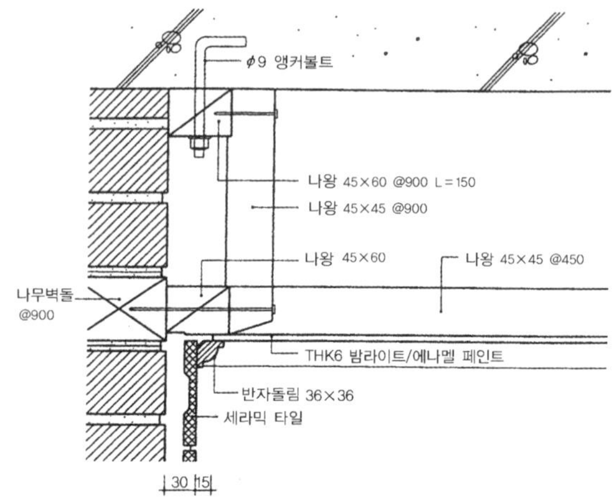

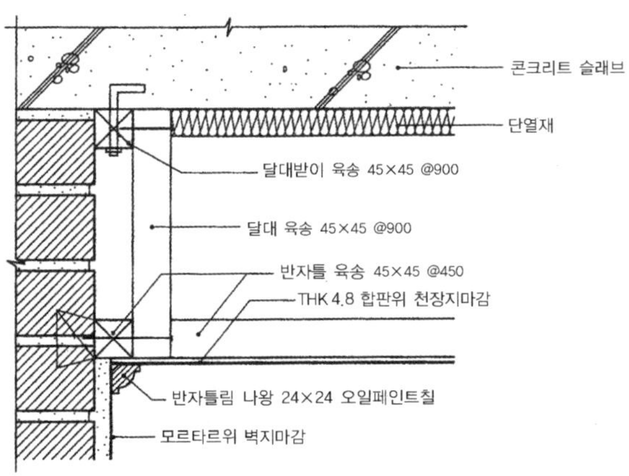

천장 및 반자틀 축척 : 1/5

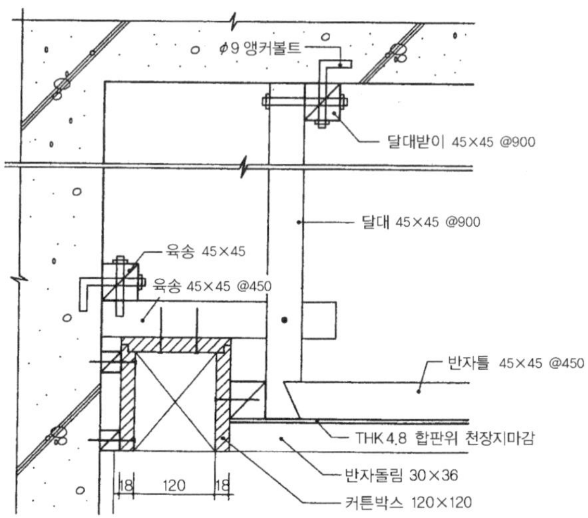

목제 커튼 박스 축척 : 1/3

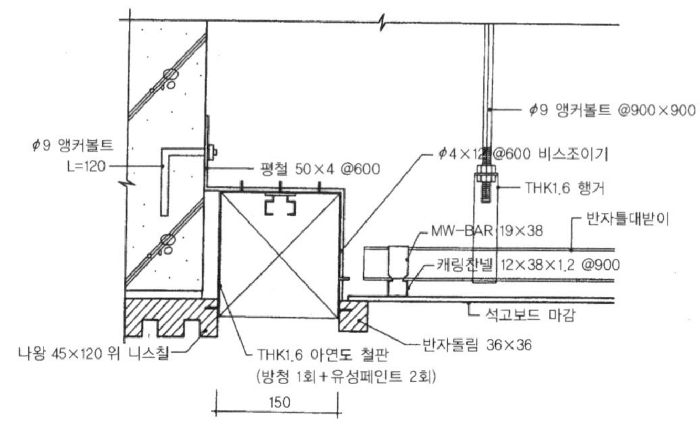

경량철골 커튼 박스 축척 : 1/3

8-7. 지붕틀상세도

1. 왕대공 지붕틀

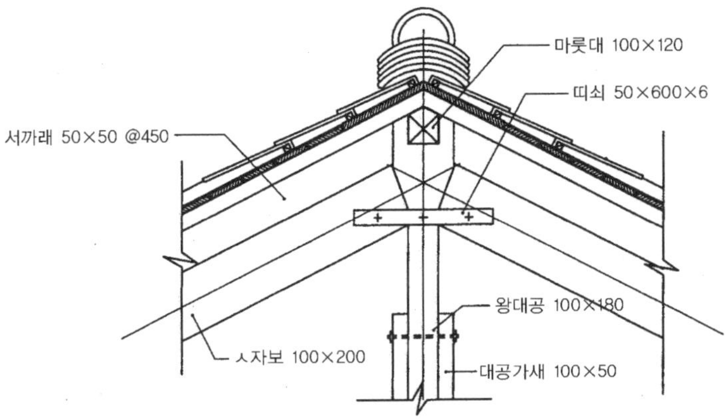

왕대공과 ㅅ자보 맞춤

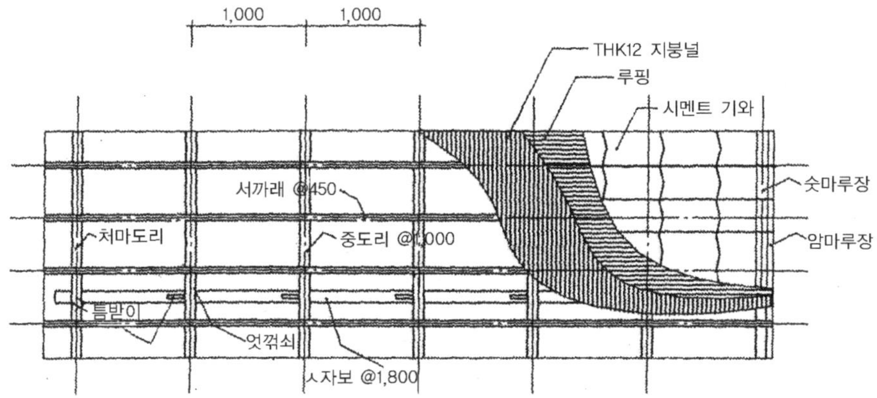

ㅅ자보 평면도

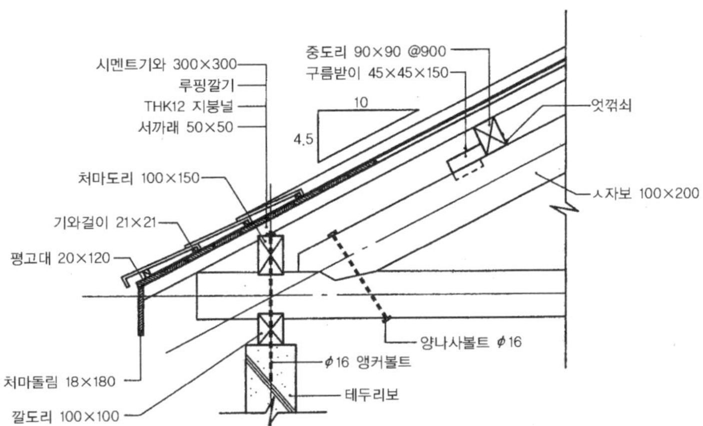

ㅅ자보와 평보맞춤 축척 : 1/10

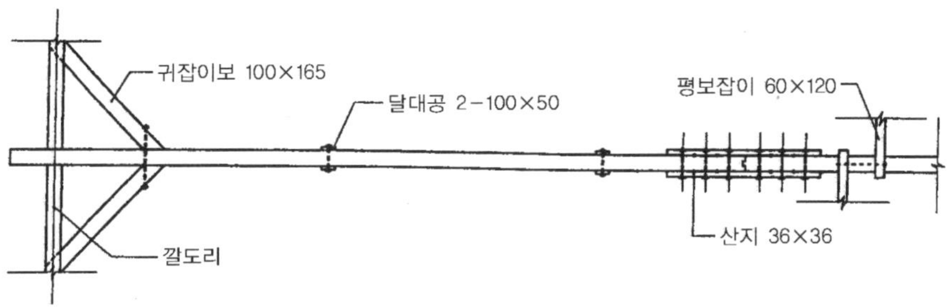

평보 평면도 축척 : 1/20

2. 절충식 지붕틀

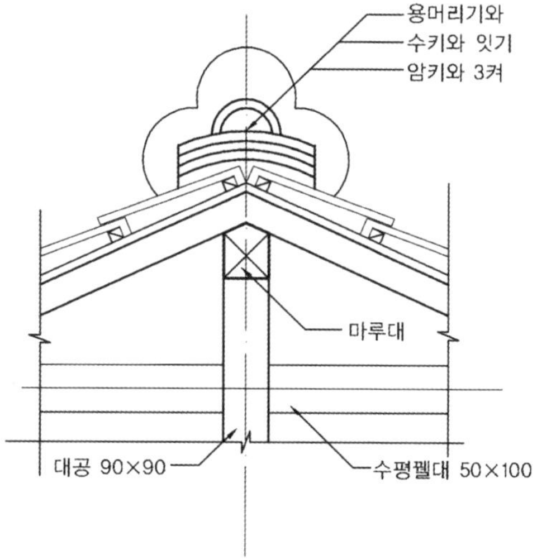

용머리부분 상세도 축척 : 1/10

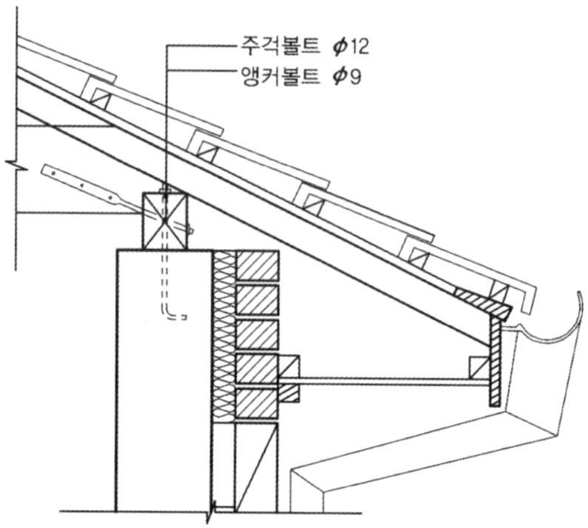

처마부분 상세도

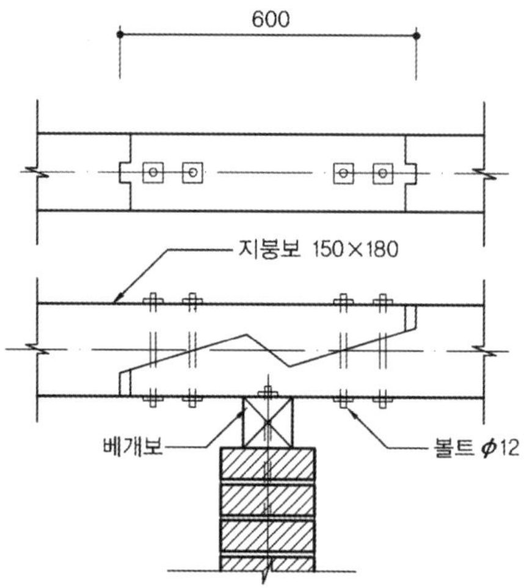

엇걸이 산지 이음

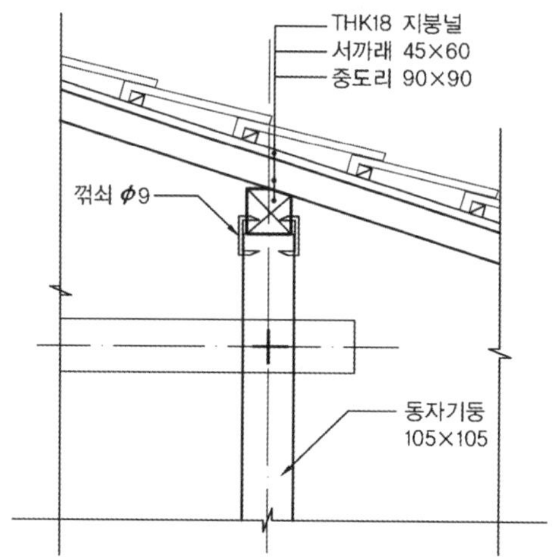

중도리부분 상세도

8-8. 지붕상세도

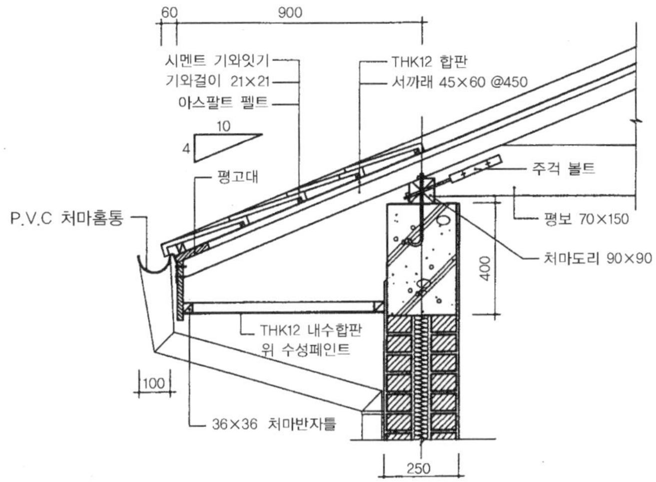

목조 지붕+시멘트 기와

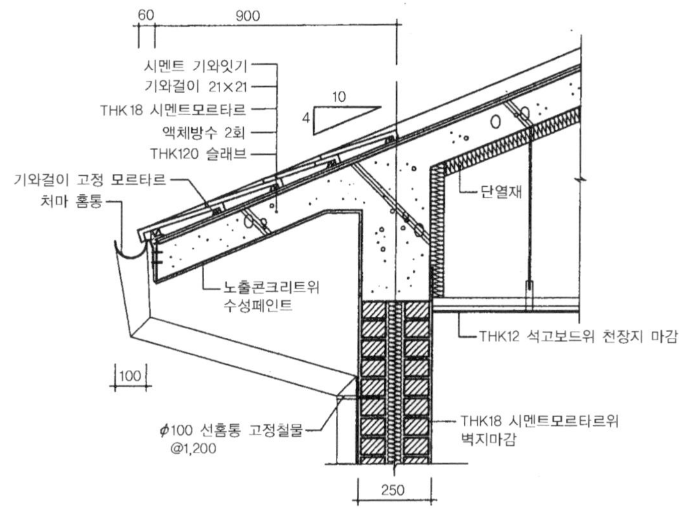

콘크리트 경사지붕+시멘트 기와

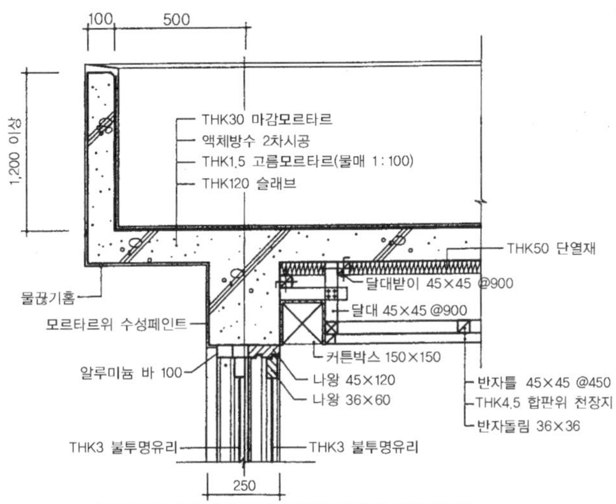

콘크리트 슬래브 평지붕(내단열)

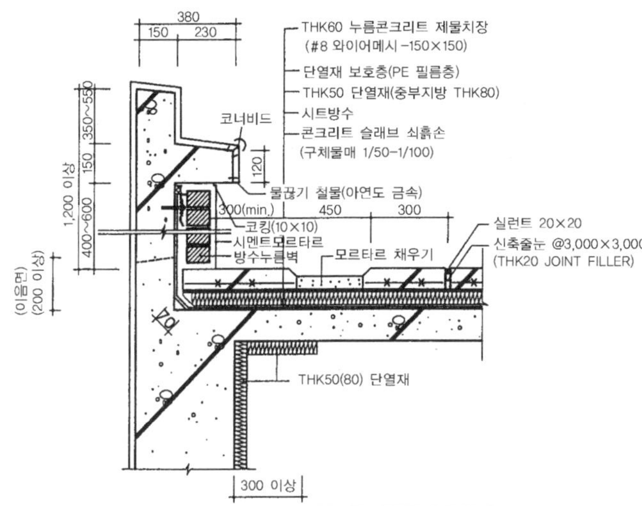

콘크리트 슬래브 평지붕(외단열)

축척 : 1/10

8-9. 기타 부분 상세도

1. 커튼박스 상세

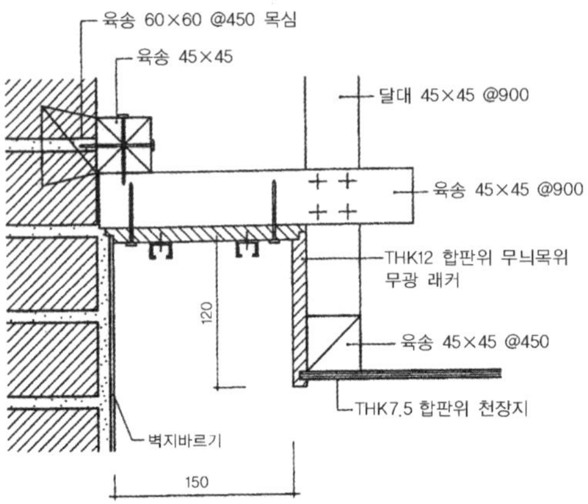

목재 커튼박스

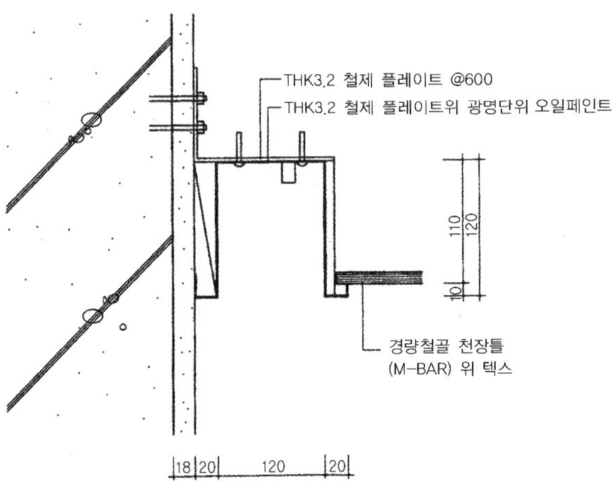

철제 커튼박스

2. 천장몰딩 상세

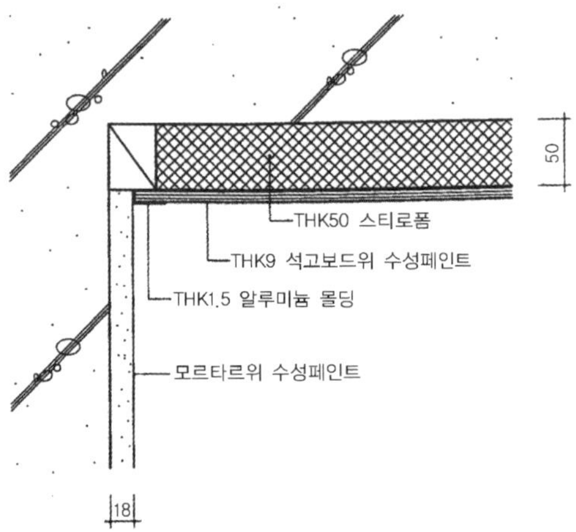

천장 몰딩 상세

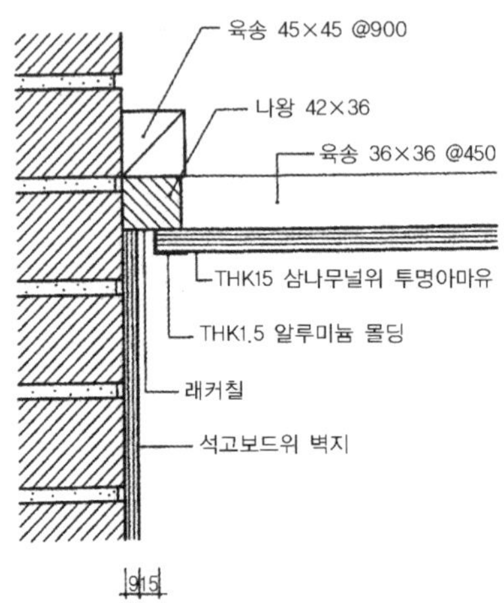

천장 몰딩 상세

3. 걸레받이 상세

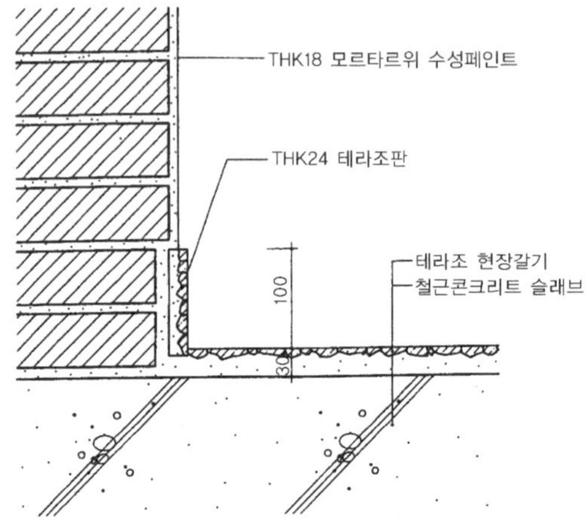

걸레받이 부분

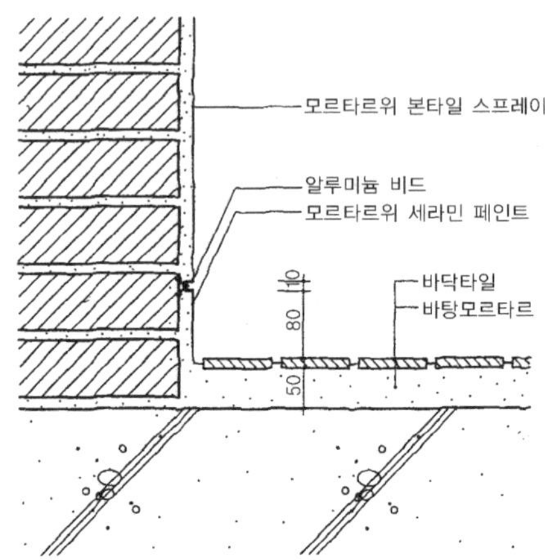

걸레받이 부분 축척 : 1/5

4. 재료분리대 상세

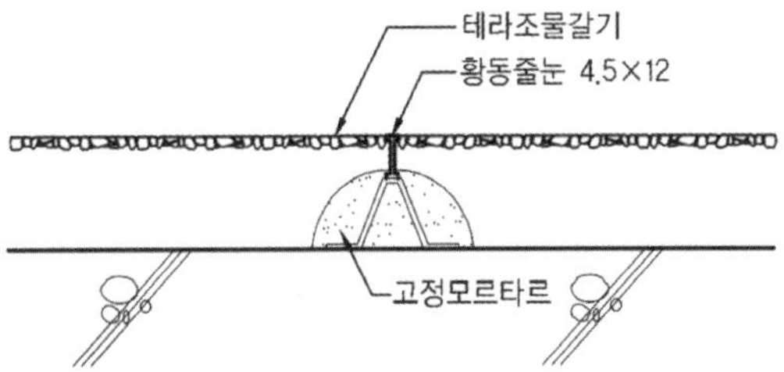

황동 줄눈

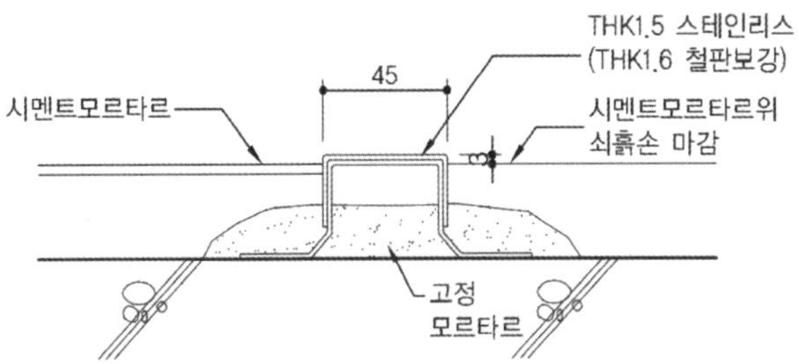

스테인리스

5. 코너비드(corner bead)

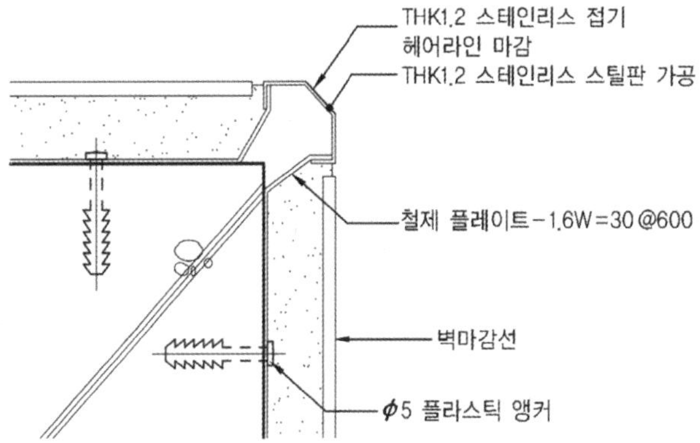

스테인리스 코너비드

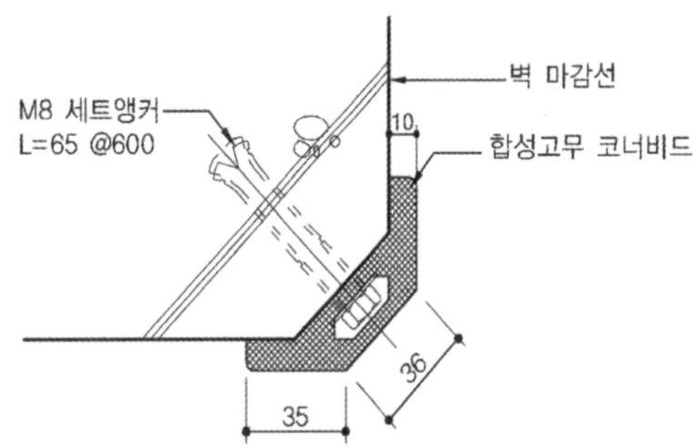

합성고무 코너비드

6. 신축줄눈(expansion joint)

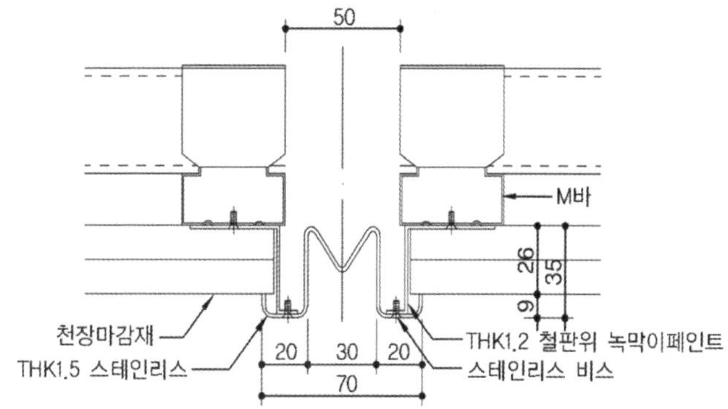

천장 부분

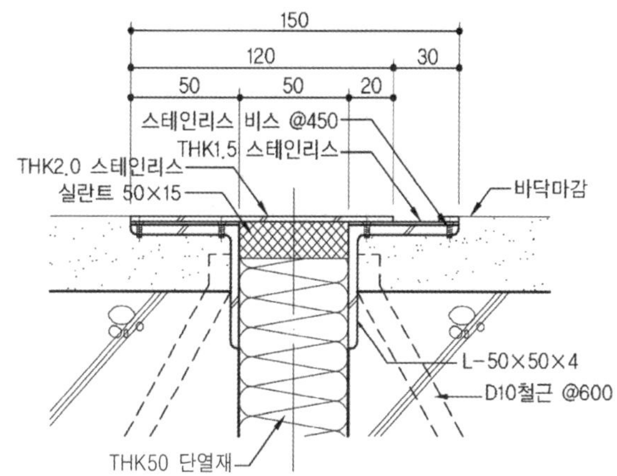

바닥 및 벽 부분

축척 : 1/5

9. 구조도면의 이해

건축물의 구조도면을 이해하기 위해 기초, 기둥, 보, 슬래브, 계단, 라멘도의 도면 작도를 위한 개념과 작도 능력을 향상시킬 수 있도록 표현하면 다음과 같다.

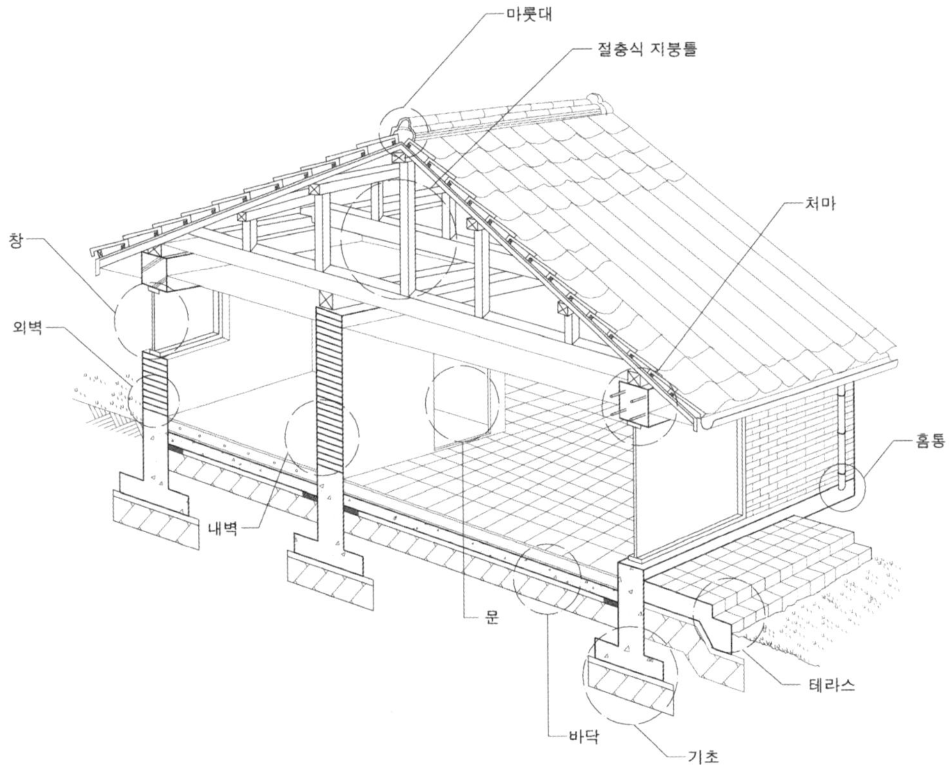

[목구조]

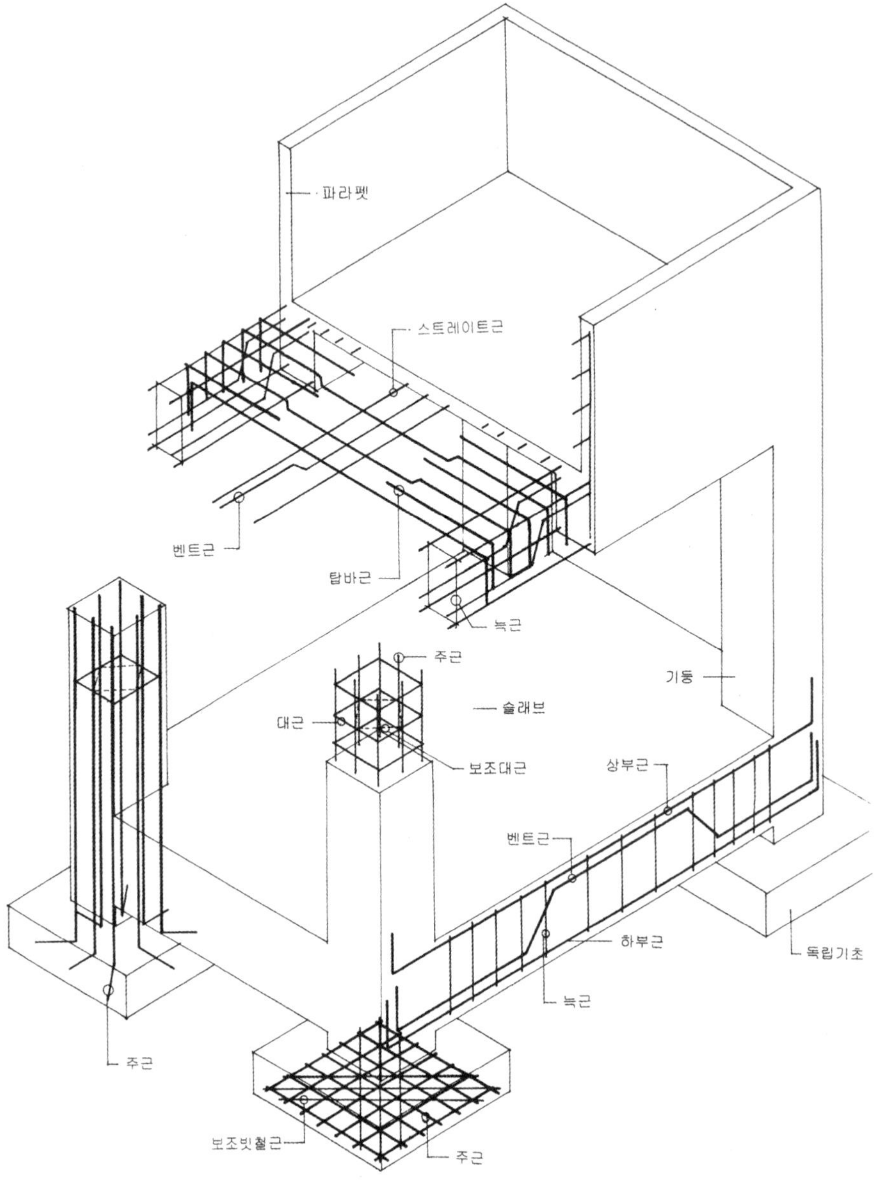

[철근콘크리트구조]

9-1. 기초 및 기둥

1. 독립기초 배근도

한 개의 기초판 위에 한 개의 기둥이 서 있는 형태를 의미한다.

(1) 종류

① **장방향 기초** : 기초판의 가로×세로의 크기가 서로 다른 경우
② **정방향 기초** : 기초판의 가로×세로의 크기가 서로 같은 경우

(2) 철근배근의 이해

【실습】

① 배근 단면도와 평면도를 작도하시오.
② 기둥의 배근상태를 작도한다.
③ 배근설계

기 둥	
주 근	8-D19
대 근	D10@250
보조대근	D10@500

기 초	
주근(장변방향)	6-D19
부근(단변방향)	8-D19
보조 빗철근	6-D16

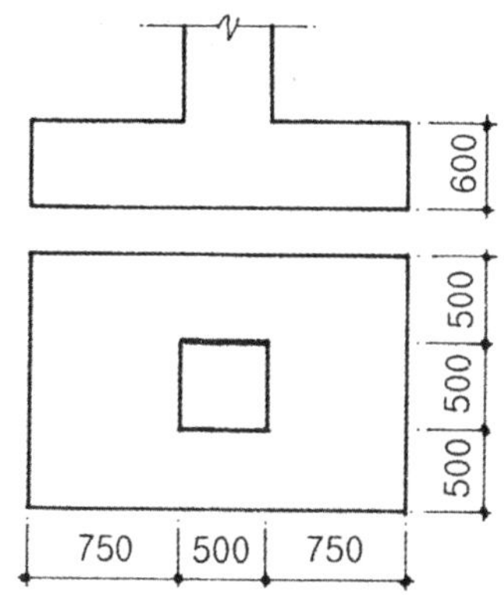

① 기초판의 평면형태

구 분	평면형태	작도 방법
형 태	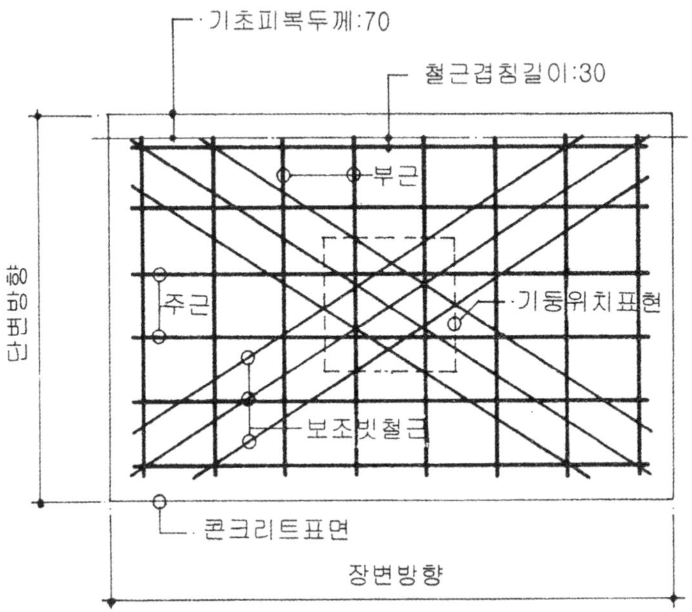	1. 주근의 배근방향이 장변(긴쪽)방향임을 유의한다. 참고로 슬래브의 주근은 단변(짧은쪽)방향이다. 2. 부근의 배근방향이 단변(짧은쪽)방향임을 유의한다. 3. 보조 빗철근은 좌, 우 모서리를 연결하여 양쪽에 3개씩 철근을 배근한다. 4. 철근과 철근의 겹침길이 : 30mm 5. 기초판의 피복두께 : 70mm 6. 기초판 중앙에 기둥의 크기(500×500)의 위치표현을 파선으로 작도한다. 7. 주근 및 주근의 간격을 나눌 때는 스케일을 사용한다.
크 기	2,000×1,500	
주 근	6-D19	
대 근	8-D19	
보조 빗철근	6-D16	

② 기둥의 평면형태

구 분	평면형태	작도 방법
형 태	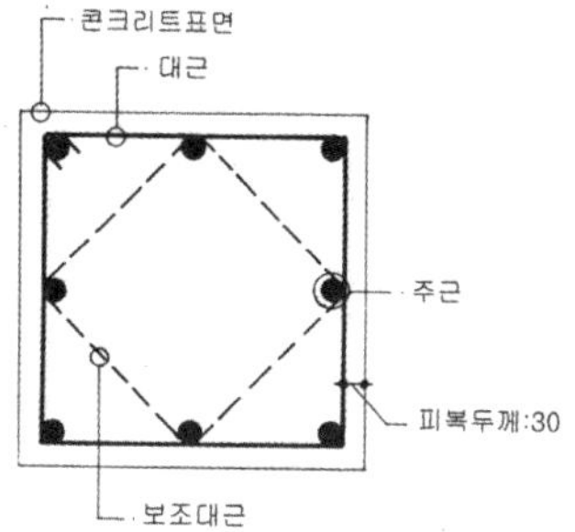	1. 기둥의 피복두께 : 30mm 2. 보조대근의 표현은 파선으로 작도한다. 3. 대근은 주근의 바깥쪽으로 작도한다. 4. 철근 : 단면선으로 작도한다. 5. 기둥의 콘크리트표면 : 입면선으로 작도한다.
크 기	500×500	
주 근	8-D19	
대 근	D10@250	
보조대근	D10@500	

③ 기둥의 단면형태

구 분	단면형태	작도 방법
형 태	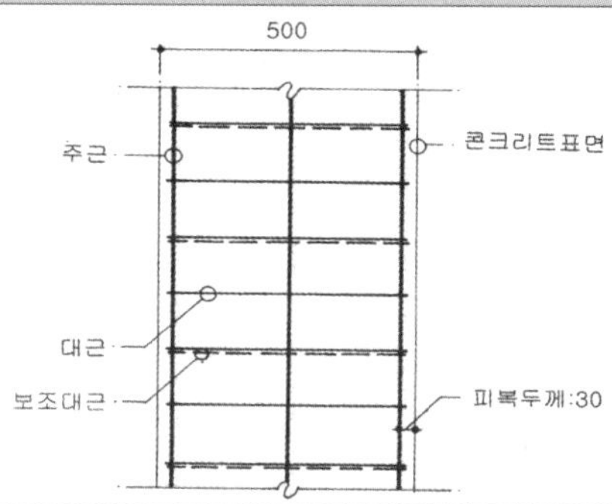	1. 주근개수 : 평면상에서는 8개의 주근이 배근되지만 단면상에서는 앞쪽에 위치한 3개의 주근만이 보이는 것에 유의한다. 2. 보조대근은 파선으로 작도하며 대근의 바로 아래쪽으로 작도한다. 3. 철근 : 단면선으로 작도한다. 4. 기둥표면 : 입면선으로 작도한다.
크 기	500×500	
주 근	8-D19	
대 근	D10@250	
보조대근	D10@500	

④ 기둥과 기초판의 단면형태

구 분	단면형태	작도 방법
형 태	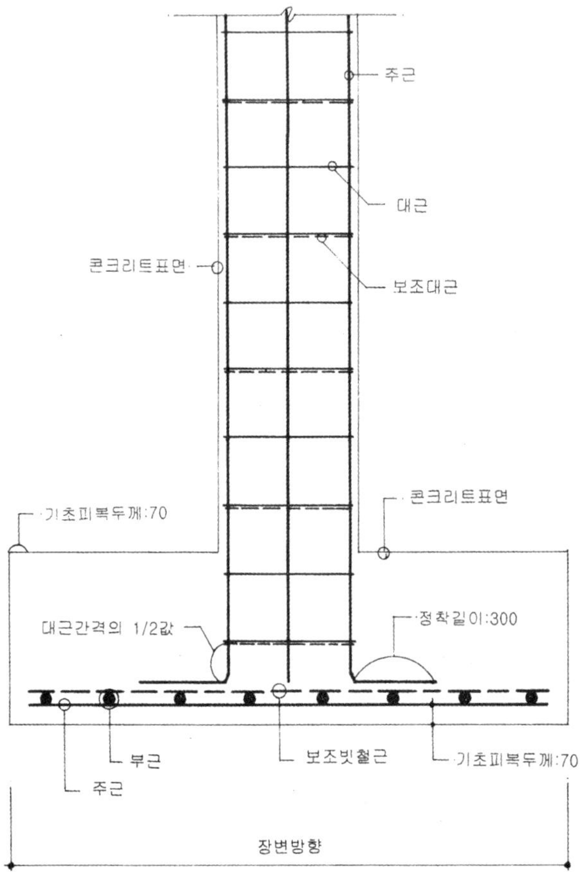	1. 기초판의 단면작도는 주근(장변방향)쪽의 배근상태를 작도한다. 2. 기둥의 주근은 보조 빗철근 상단에서 300mm 이상 정착시킨다. 3. 대근과 보조대근은 기둥의 주근이 정착되는 곳에서 대근간격의 1/2값을 상단으로 설정한 후 그 위치에서부터 상부쪽으로 배근한다. 4. 보조 빗철근은 파선으로 작도한다. 5. 기초판의 부근(단변방향) 개수를 정확하게 작도한다.(8개) 6. 기초판의 피복두께 70mm을 하부와 좌·우측 모두 설정한다.

2. 말뚝기초 배근도

기초판 하부에 콘크리트 파일을 설치하는 것을 의미한다.

(1) 철근배근의 이해

【실습】

① 배근 단면도와 평면도를 작도하시오.
② 기둥의 배근상태를 작도한다.
③ 배근설계

기 둥	
주 근	8-D19
대 근	D10@250
보조대근	D10@750

기 초	
주근(장변방향)	D19@200
보조 빗철근	6-D16
콘크리트 파일	5-ϕ300

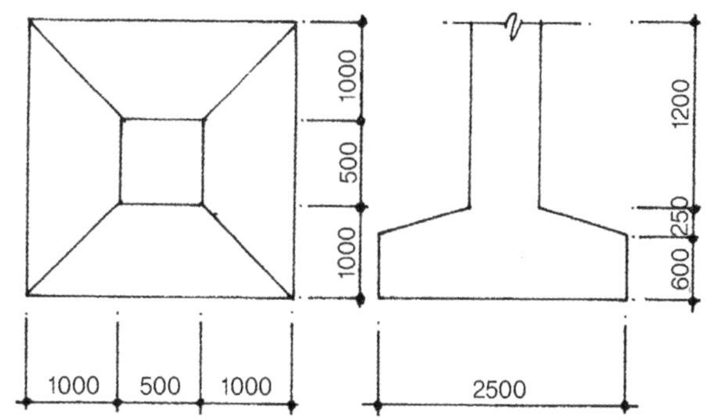

① 기초판의 평면형태

구 분	평면형태	작도 방법
형 태	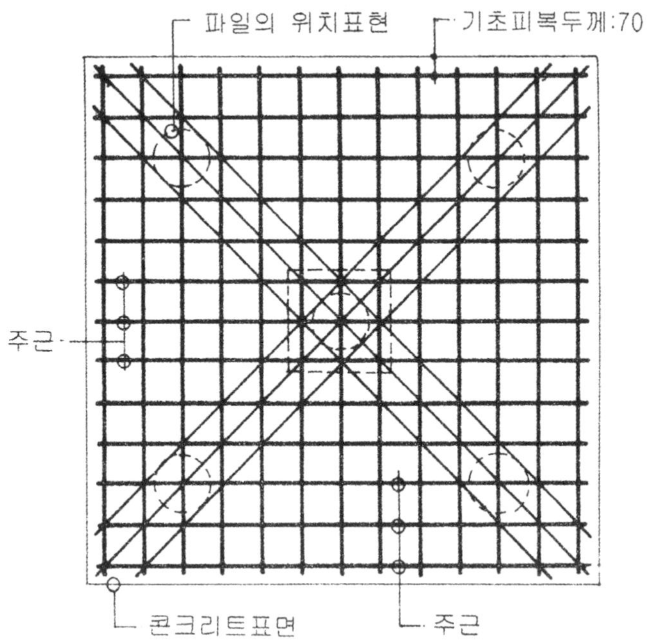	1. 정방향 기초에서는 기초판의 가로×세로의 크기가 같기 때문에 세로근과 가로근 모두 주근이다. 2. 주근의 조건이 간격으로 주워졌기 때문에 기초판의 정 중앙선에서부터 상, 하, 좌, 우측으로 철근을 배근한다. (단, 피복두께 바깥쪽으로 철근이 배근되어서는 안 된다.) 3. 지름 300mm 파일의 위치표현을 파선으로 5곳에 표현하는 데 파일위치 모양은 주사위를 생각하면 된다. 4. 기타 부분은 독립기초 배근도를 참조한다.
크 기	2,000×1,500	
주 근	D19 @200	
보조 빗철근	6-D16	
콘크리트 파일	5-ϕ300	

② 기둥의 평면형태

구 분	평면형태	작도 방법
형 태	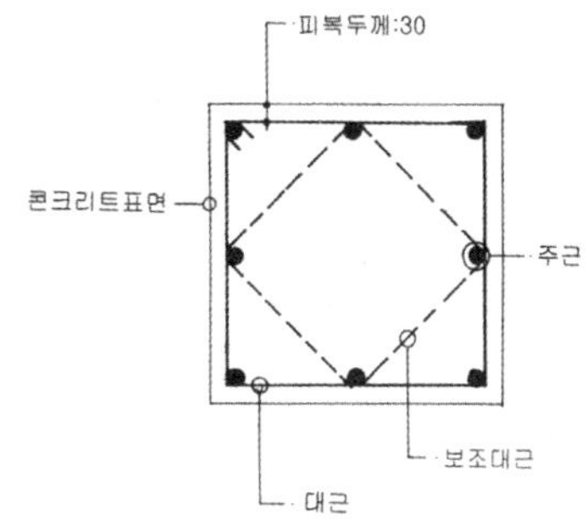	1. 기둥의 피복두께 : 30mm 2. 보조대근의 표현은 파선으로 작도한다. 3. 대근은 주근의 바깥쪽으로 작도한다. 4. 철근 : 단면선으로 작도한다. 5. 기둥의 콘크리트 표면 : 입면선으로 작도한다.
크 기	500×500	
주 근	8-D19	
대 근	D10 @250	
보조대근	D10 @750	

③ 기둥의 단면형태

구 분	평면형태	작도 방법
형 태	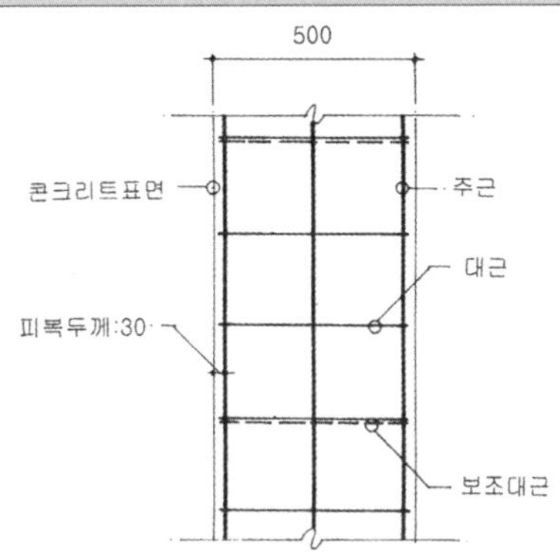	1. 주근개수 : 평면상에서는 8개의 주근이 배근되지만 단면상에서는 앞쪽에 위치한 3개의 주근만이 보이는 것에 유의한다. 2. 보조대근은 파선으로 작도하며 대근의 바로 아래쪽으로 작도한다.
크 기	500×500	
주 근	8-D19	
대 근	D10 @250	
보조대근	D10 @750	

④ 기둥과 기초판의 단면형태

구 분	단면 형태	작도 방법
형 태	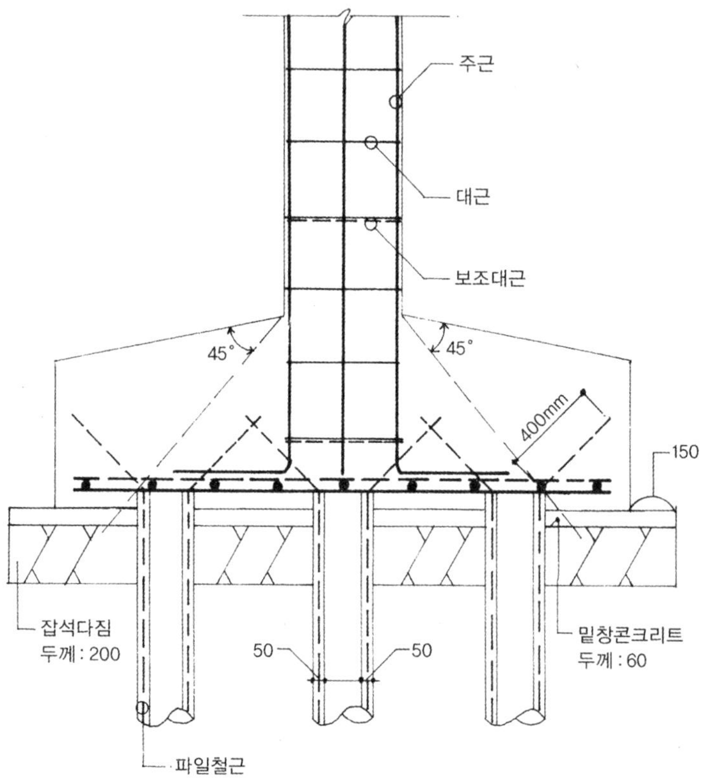	1. 콘크리트파일 간격이 주어지지 않았으므로 그림과 같이 45°의 선을 작도하여 양쪽에 배치하고 정중앙에 나머지 한 개의 파일을 배근한다. 2. 파일의 상단을 기초판의 주근까지 연장시켜 파일 내의 철근을 기초판에 45° 각도로 400mm 이상 정착시킨다. 3. 기초판의 주각 상단이 경사 모양임을 유의한다. 4. 파일의 하부를 절단하고 밑창콘크리트와 잡석다짐을 표현한다. (밑창+잡석=지정) 5. 기타 부분은 독립기초 배근도 참조한다.

3. 줄기초 배근도

조적조 철근콘크리트 줄기초로 벽체 하부에 기초판이 연속해서 있는 형태를 의미한다.

구 분	단면 형태	작도 방법
형 태	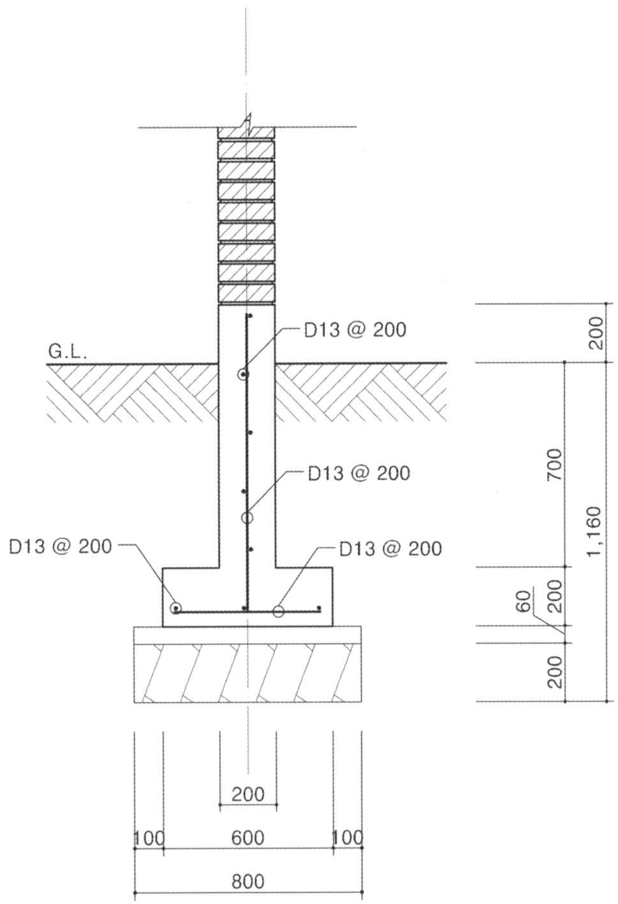	1. 상부 조적조의 벽체 두께를 확인하여 주각의 폭을 결정한다. 2. G.L.에서 철근콘크리트 기초판 하단까지의 거리가 동결선(우리나라 중부지방 : G.L.에서 900mm) 이하가 되도록 유의한다. 3. 기초판 하부에 밑창콘크리트와 잡석다짐을 표현한다.

9-2. 보

① G_1 보의 단면형태

구 분	G_1 보 : 단부(보의 1/4거리)	G_1 보 : 중앙부(보의 1/2거리)
형 태 (정면)	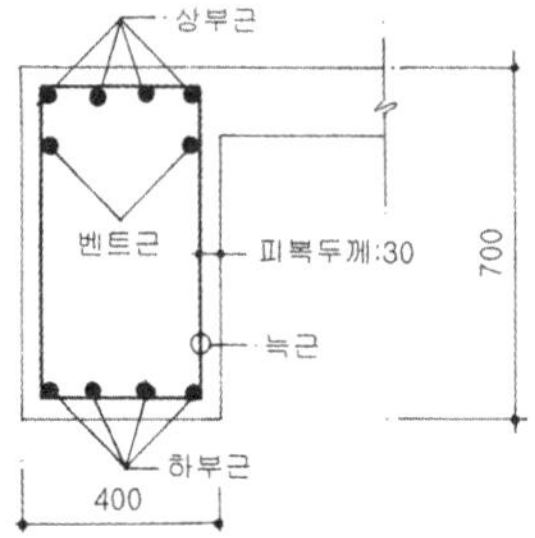	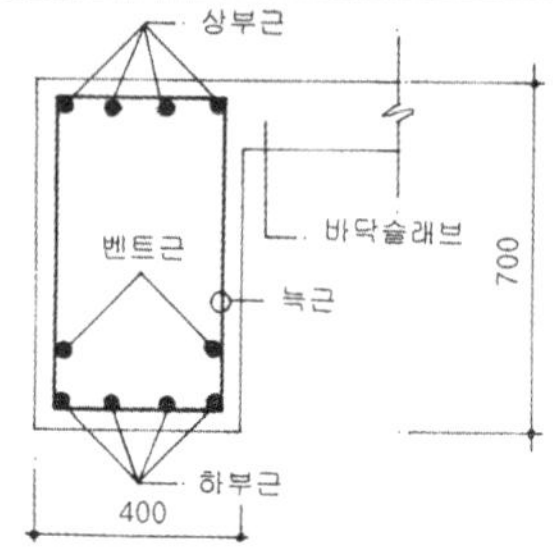
크 기	400×700	400×700
상부근	4-D19	4-D19
하부근	4-D19	4-D19
벤트근	2-D19	2-D19
늑 근	D10 @150	D10 @300
형 태 (측면)	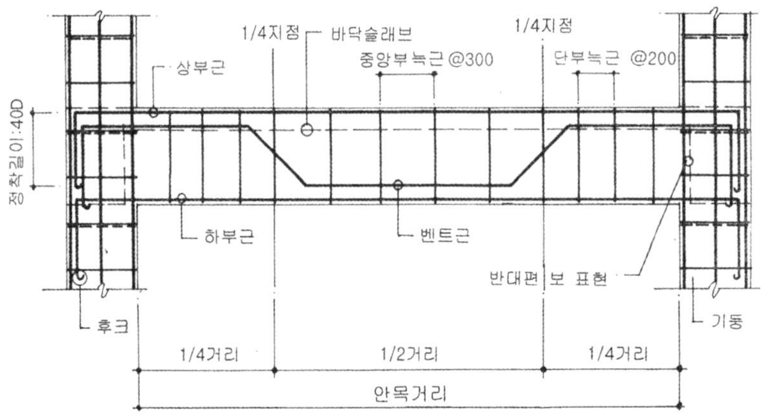	
작도 방법	1. 철근의 정착은 기둥 중심의 바깥쪽에 두며 끝부분에 후크를 만든다(인장 : 40D, 압축 : 25D). 2. 철근의 정착 부분은 기둥의 주근, 대근, 보조대근과 겹치기 때문에 혼란이 올 수 있으므로 작도시 주의한다. 3. 최하층에 설치되는 지중보에서는 하중(토압)이 반대로 작용하기 때문에 기준층의 벤트근 모양은 반대의 형태로 된다.	

② G_2 보의 단면형태

구 분	G_2 보 : 단부(보의 1/4거리)	G_2 보 : 중앙부(보의 1/2거리)
형 태 (정면)	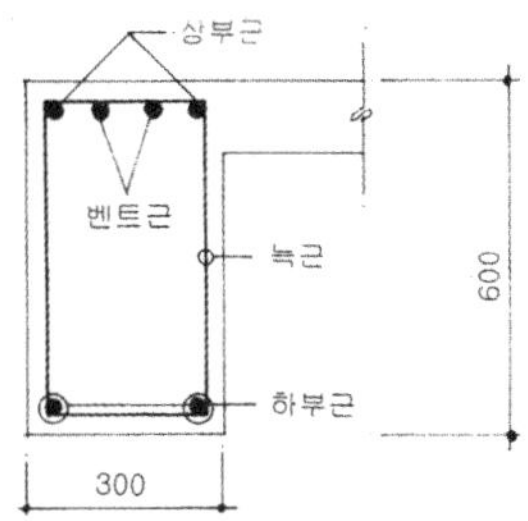	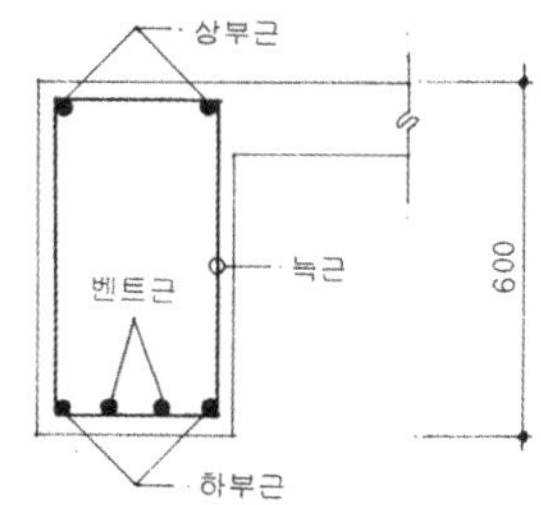
크 기	300×600	300×600
상부근	4-D19	2-D19
하부근	2-D19	4-D19
벤트근	-	-
늑 근	D10 @250	D10 @250
형 태 (측면 및 주근 투시)	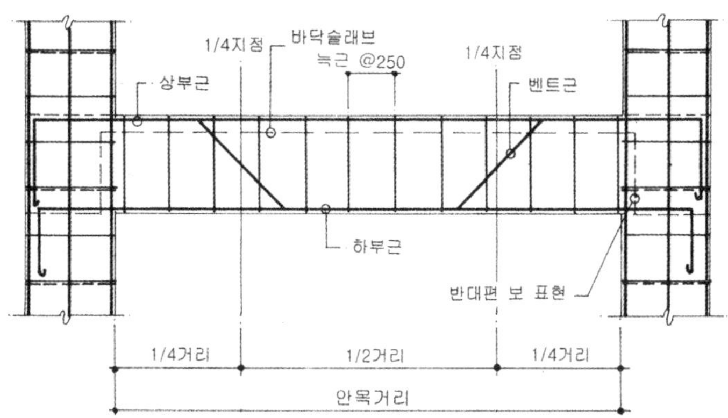	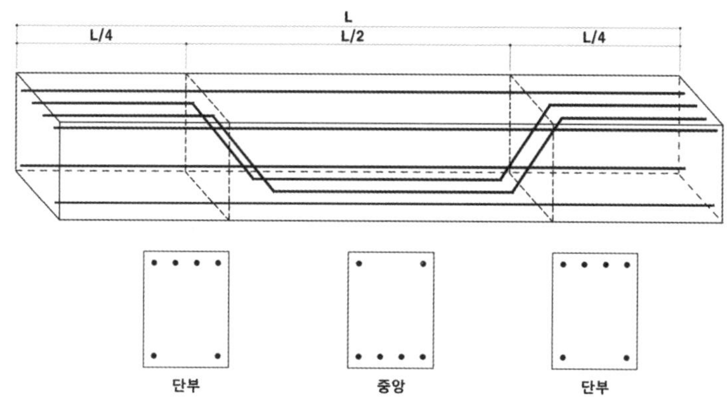
작도 방법	1. 단부에서 상부근이 4개, 하부근이 2개인 반면 중앙부에서는 상부근이 2개 하부근이 4개인 것을 볼 수 있다. 이를 볼 때 2개의 철근이 단부에서는 상부쪽으로 중앙부에서는 하부쪽으로 이동하고 있음을 알 수 있는데 바로 이 2개의 철근이 벤트근이다. 2. 벤트근의 위치가 단부에서는 상부근과 중앙부에는 하부근과 같은 선상으로 배근되기 때문에 측면쪽에서 보면 1/4지점에서 벤트근이 절곡(꺾이는)되는 모양만이 보인다. 3. 늑근은 단부, 중앙부 모두 @250간격으로 배근되며 보의 중앙선에서부터 늑근간격의 1/2값을 양쪽으로 설정 후 작도한다.	

9-3. 슬래브

1. 슬래브 배근도(4면지지)

슬래브의 4면이 보, 옹벽 또는 테두리보 등에 지지(고정)되어 있는 상태를 의미한다.

(1) 종류

구 분	① 보에 의해 지지(고정)	② 옹벽에 의해 지지(고정)	③ 테두리보에 의해 지지(고정)
평 면	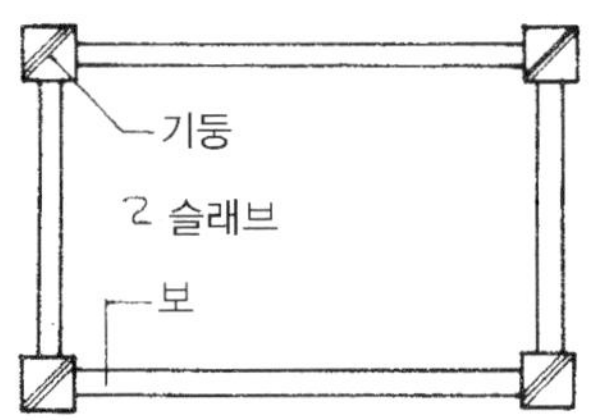	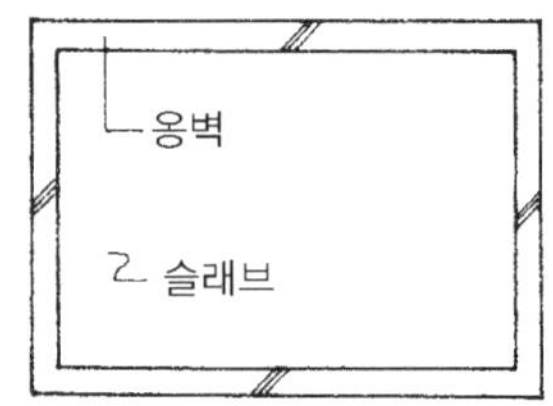	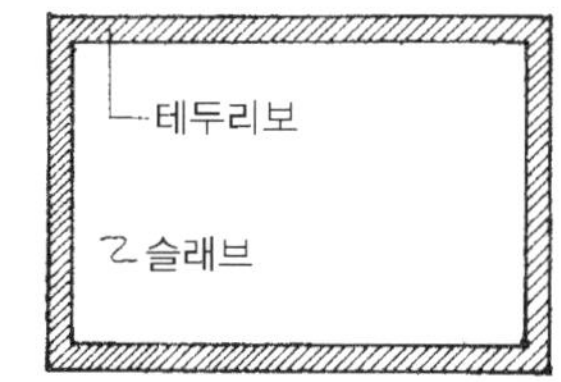
단 면	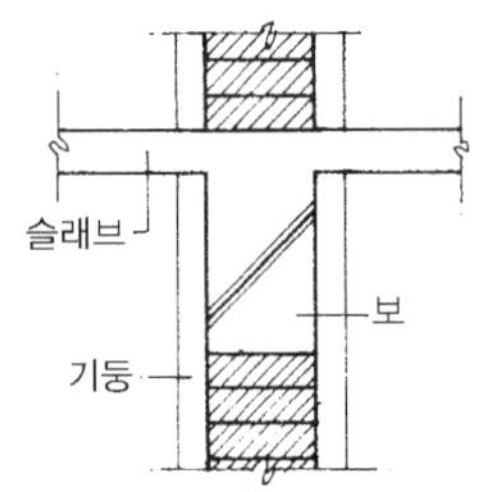	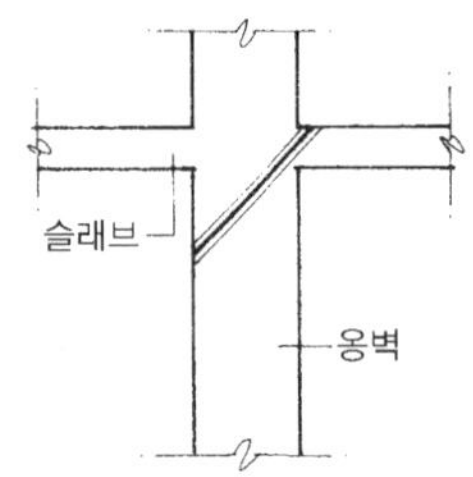	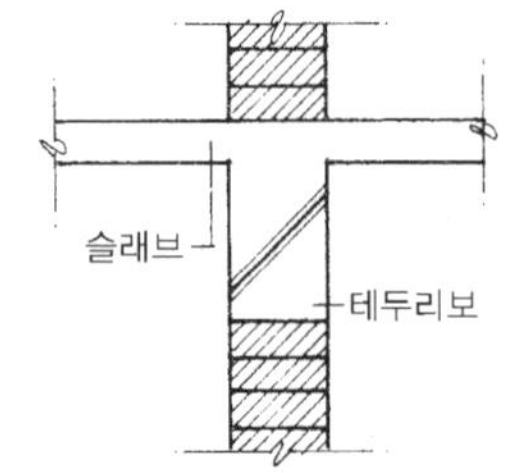
입 체	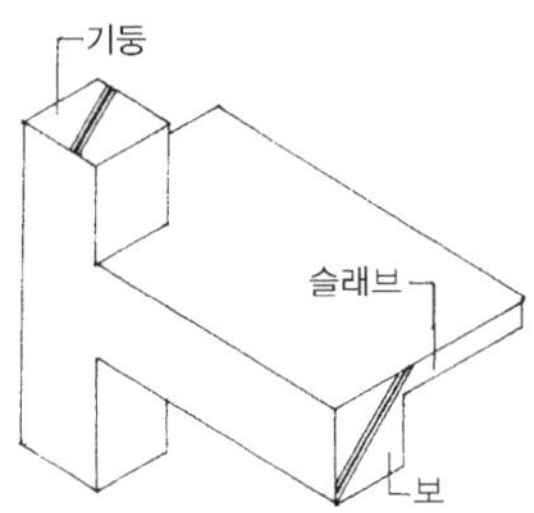	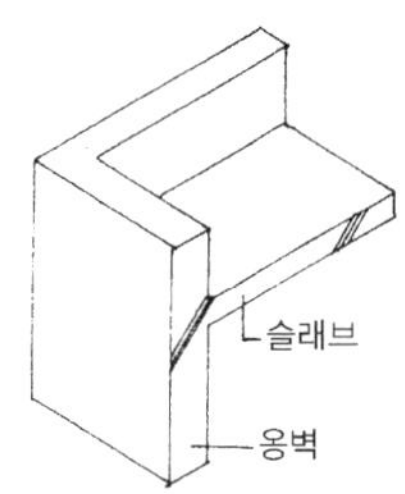	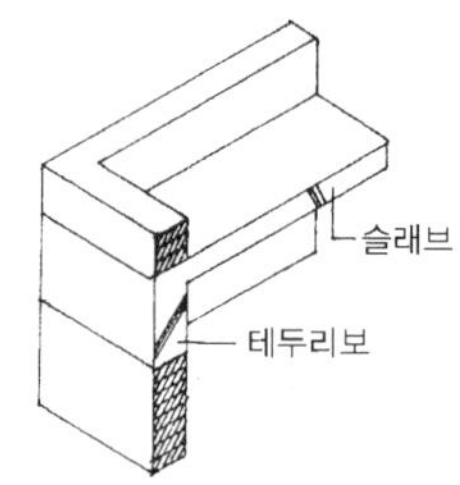

(2) 철근의 위치 및 배근

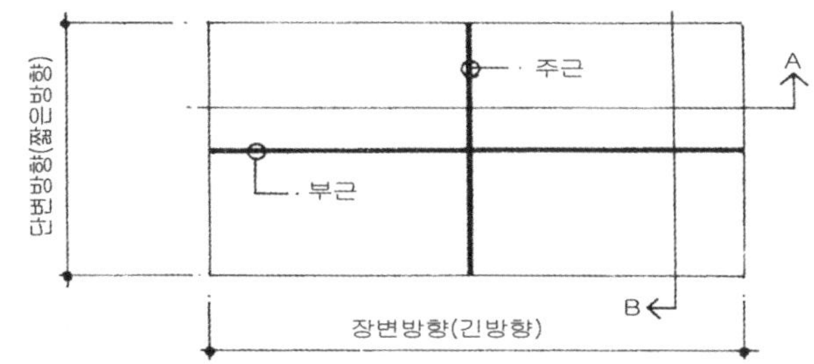

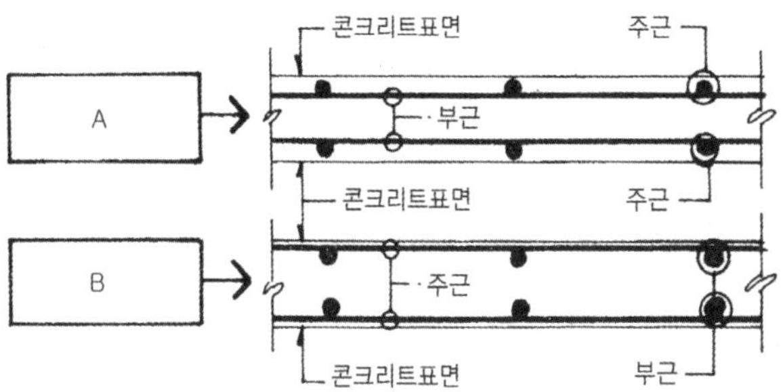

① 주근은 슬래브의 단변방향(짧은방향)쪽으로 배근한다.

② 부근은 슬래브의 장변방향(긴 방향)쪽으로 배근한다.

③ 주근은 슬래브의 콘크리트 표면쪽으로 위치한다.

· 슬래브 탑바근의 내길이

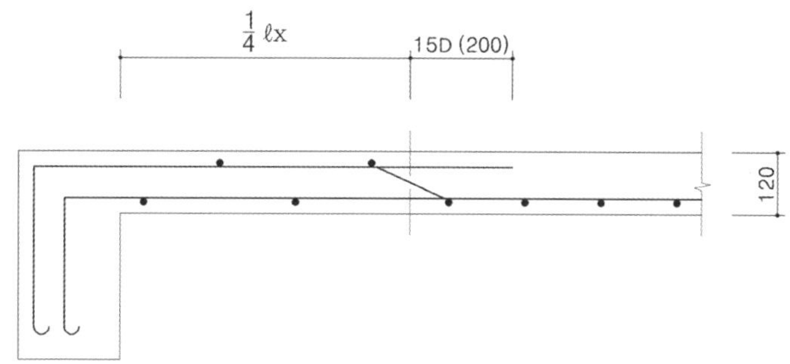

· 슬래브 벤트근의 절곡가공

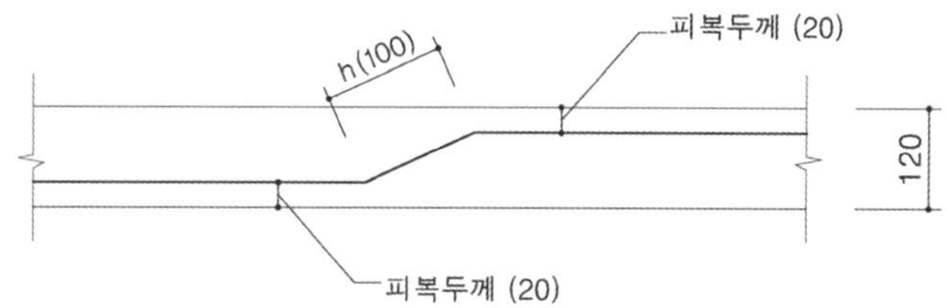

(3) 철근배근의 이해

【실습】

다음 S_1 슬래브 배근도를 작도하시오.

	단변방향	장변방향
단 부	D10 D13 교대 @150	D10 D13 교대 @200
중앙부	D10 @150	D10 @200

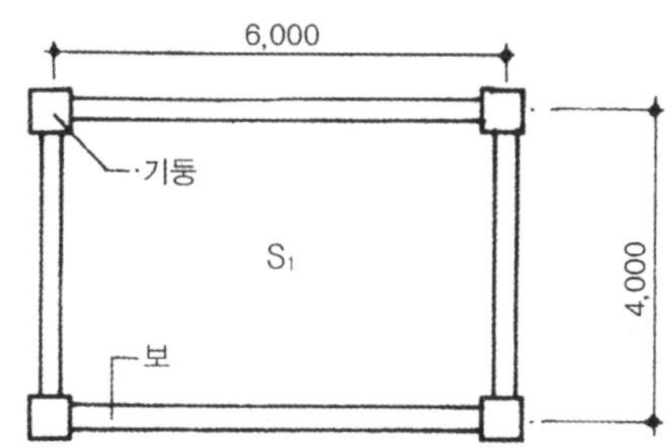

① 세부조건 내용

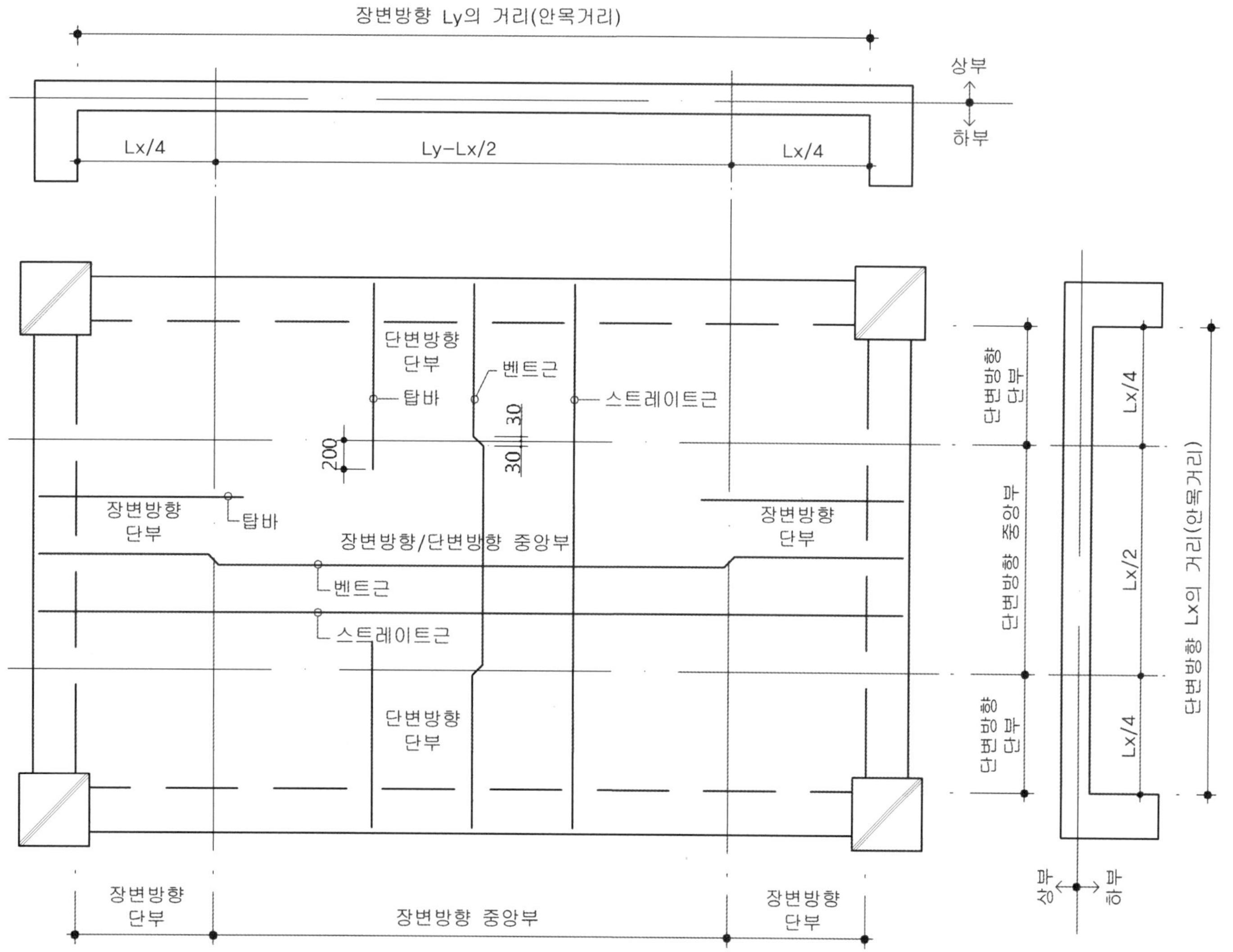

〈4변지지(고정) 슬래브 배근도〉

② 슬래브의 응력분포도(기준층)

형 태	작도 방법
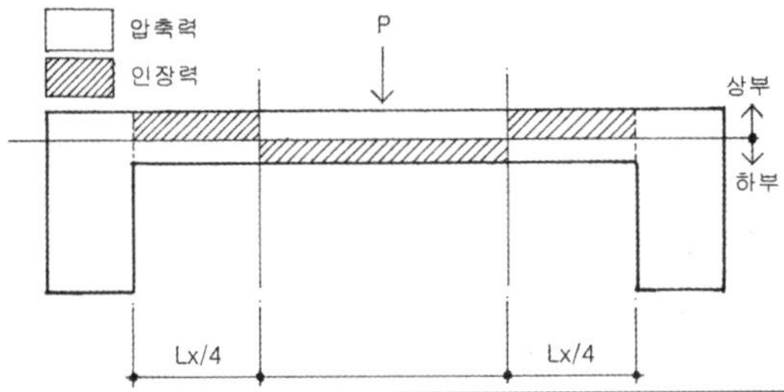	1. 철근의 배근 위치 • 인장력을 받는 부분 : 철근으로 보강 • 압축력을 받는 부분 : 콘크리트로 보강 2. 슬래브의 중앙선에서 위쪽을 상부, 아래쪽을 하부라고 명칭한다. 3. 슬래브의 단변방향(Lx)과 장변방향(Ly) 중 단변방향(짧은방향)의 1/4지점을 기준으로 한다.

③ 철근의 배근 위치

형 태	작도 방법
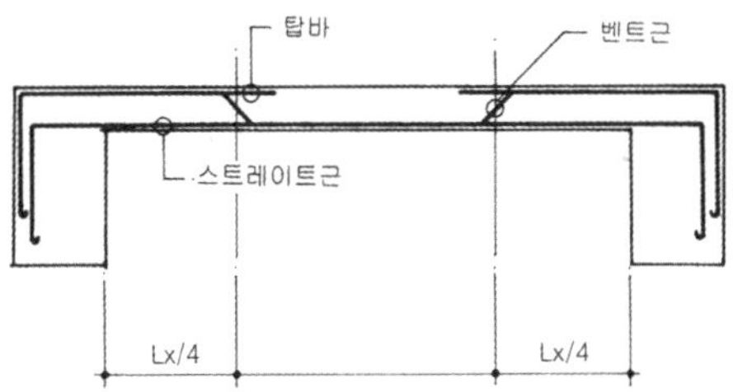	1. 탑바근 : 보에 정착되어 배근되다가 Lx/4지점에서 200 정도 내민 다음 절단한다. 2. 스트레이트근 : 한쪽보에 정착되어 반대편 보까지 배근되어 정착한다. 3. 벤트근 : 인장력을 받는 부분쪽에만 배근되기 때문에 그 모양이 구부러져 있다.

④ 배근도를 작도할 때 생각하는 철근의 위치

형 태	작도 방법
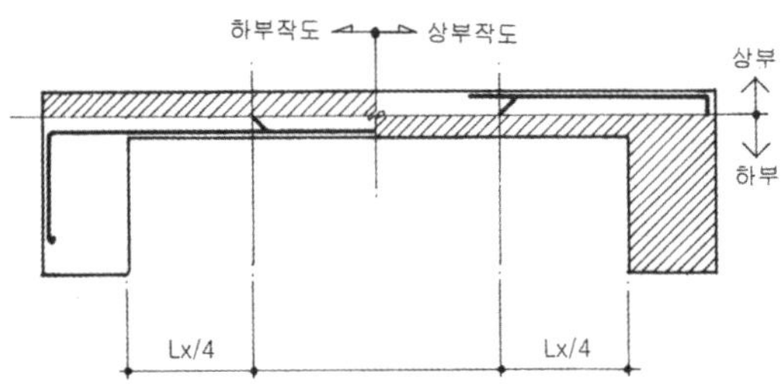	1. 배근도 작도시 바닥판의 중앙을 나누어 상, 하부 철근을 구분하여 작도하게 되는데 "상부"쪽의 배근을 작도할 때는 하부쪽의 배근이 없다라고 생각하고, 반대로 "하부"쪽의 배근을 작도할 때는 상부쪽의 배근이 없다라고 생각하고 작도한다.

⑤ 하부철근 및 상부철근의 배근방법

하부 철근

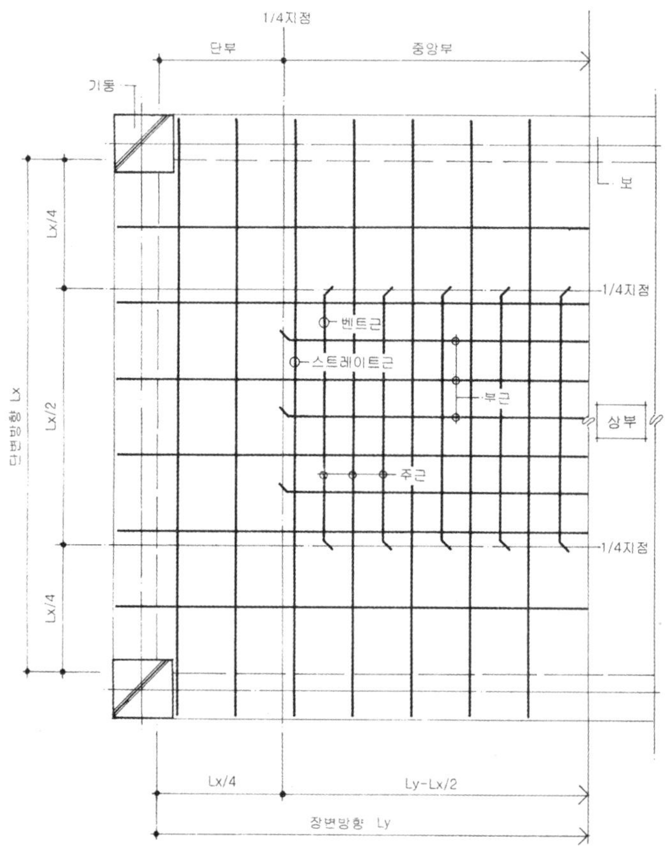

1. 철근의 간격을 설정할 때에는 중앙선에 철근을 배근한 후에 1/4지점을 넘지 않을 때까지 조건에 있는 간격으로 설정하고 그 다음부터는 조건 간격의 2배 간격으로 설정한다. (단, 보의 상단에는 철근을 배근하여서는 안 된다.)
2. 철근작도시에는 1/4지점에서 중앙부쪽이나 단부쪽이나 바로 앞에 있는 점에는 모두 다 스트레이트근을 작도하며 나머지 중앙부쪽은 벤트근, 스트레이트근, 벤트근순으로 교대로 작도하며 단부쪽에 있는 나머지 점에는 모두 스트레이트근을 작도한다.

상부 철근

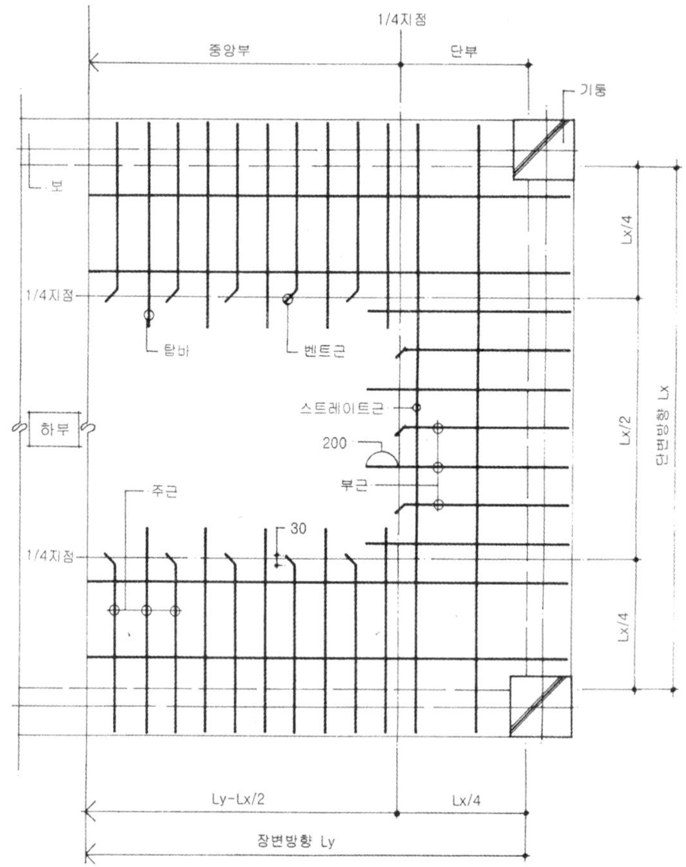

1. 철근의 간격을 설정할 때에는 중앙선에 철근을 배근한 후에 1/4지점을 넘을 때까지 조건에 있는 간격으로 설정하고 그 다음부터는 조건 간격의 2배 간격으로 설정한다. (단, 보의 상단에는 철근을 배근하여서는 안 된다.)
2. 철근작도시에는 1/4지점에서 중앙부쪽으로 바로 앞에 있는 점에는 탑바를 작도하고 그 다음부터는 벤트근, 탑바근, 벤트근순으로 교대로 작도하며 1/4지점에서 단부쪽으로 위치한 모든 점에는 스트레이트근을 작도한다.

⑥ 슬래브의 단면형태

<table>
<tr><th>형 태</th><th>작도 방법</th></tr>
<tr><td>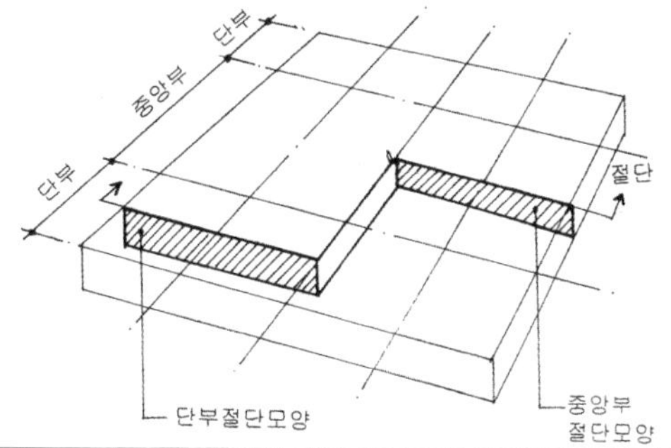
</td><td>1. 슬래브의 단부에 배근되는 철근 모양과 중앙부에 배근되는 철근 모양이 다르기 때문에 단면을 작도할 때는 단부 모양과 중앙부 모양 2곳을 작도하여야 하며 상부철근, 하부철근 모두 작도하여야 한다.
2. 반드시 평면에 배근되는 철근 모양을 이해한 후에 작도하여야 한다.</td></tr>
</table>

⑦ 중앙부 및 단부 단면형태

<table>
<tr><th></th><th>장변방향 절단형태</th><th>단변방향 절단형태</th></tr>
<tr><td>중앙부</td><td>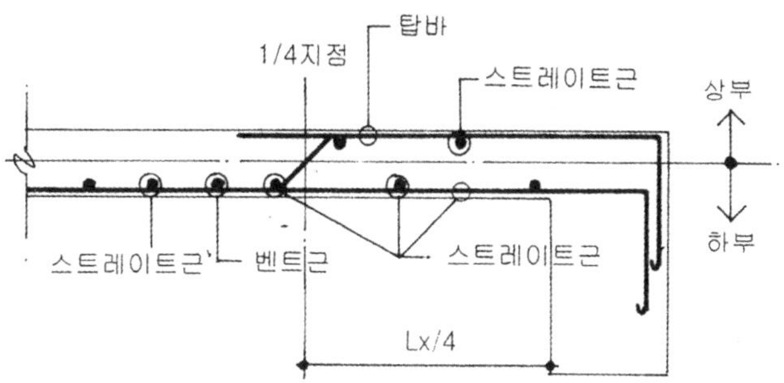
</td><td>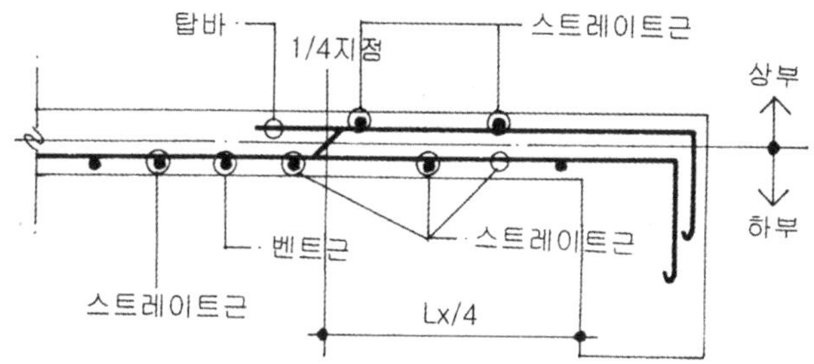
</td></tr>
<tr><td>단부</td><td>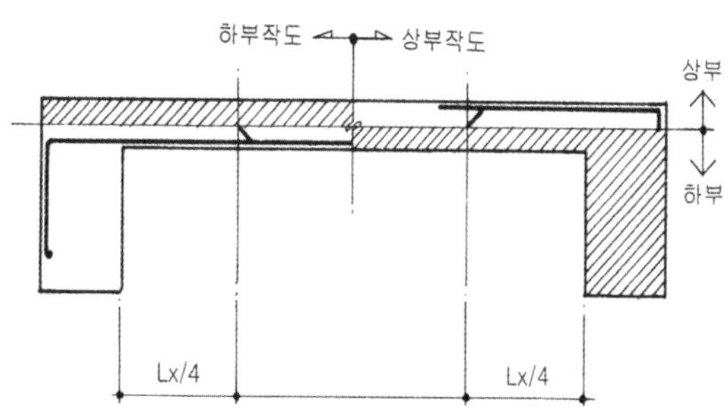
</td><td>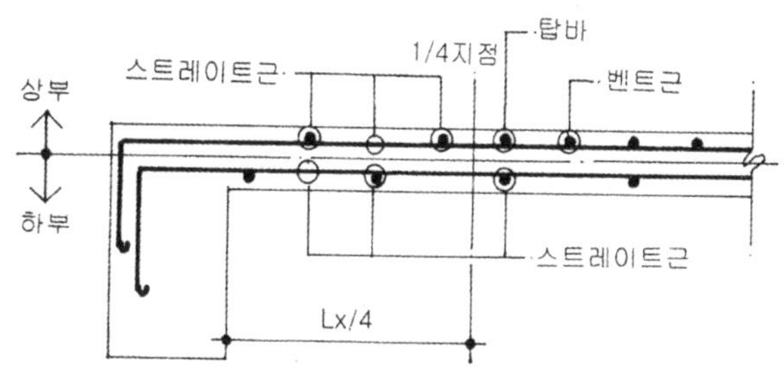
</td></tr>
</table>

2. 슬래브 배근도(3변, 2변, 1변 지지)

3변 지지	2변 지지	1변 지지
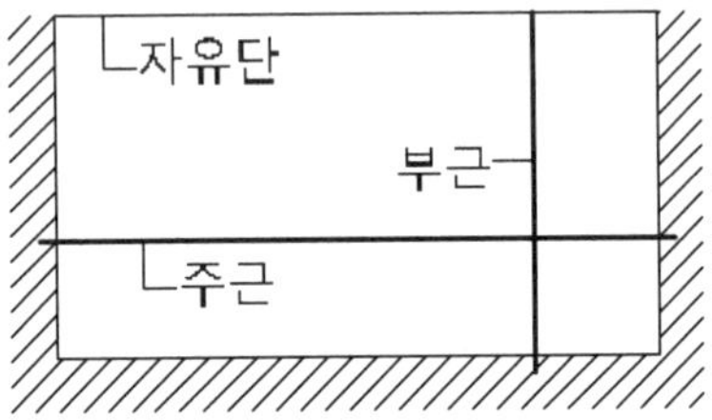 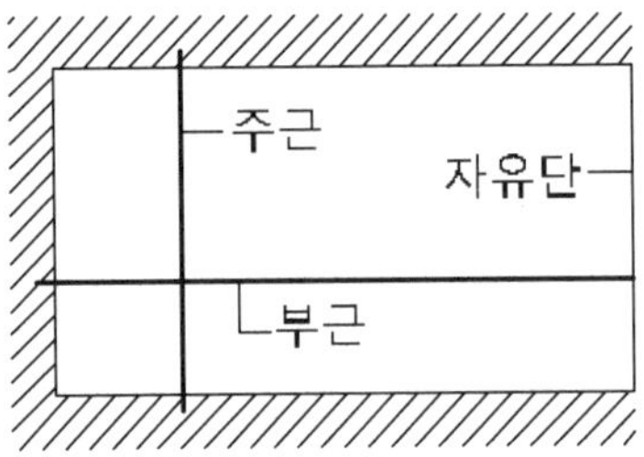	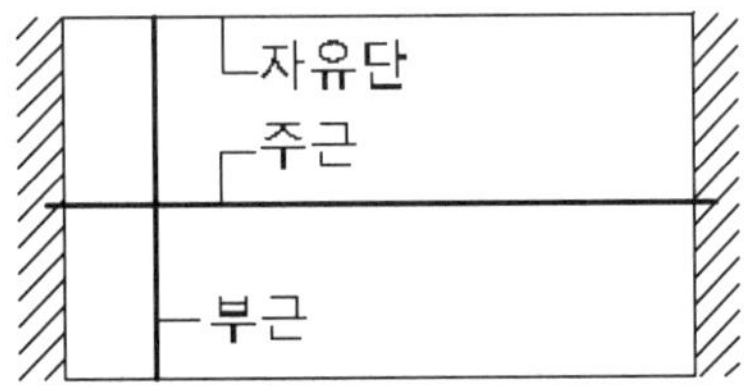 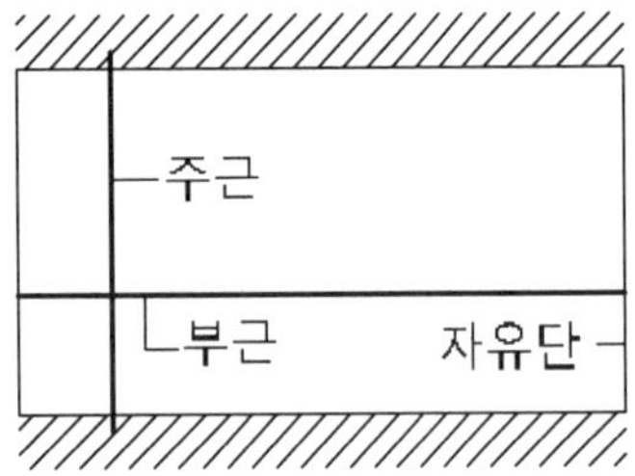	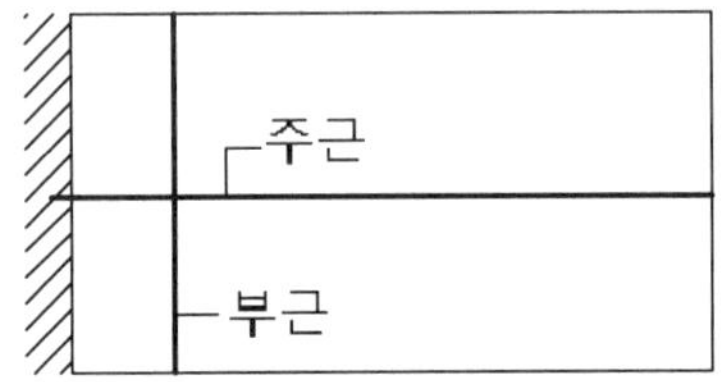 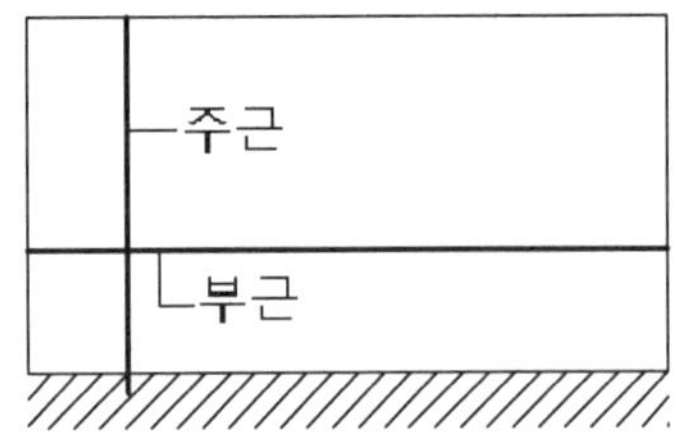

9-4. 계단

계단은 슬래브 배근방법에 준하여 작도한다.

【실습】

주 근	부 근
D10 D13교대 @150	D10 @200

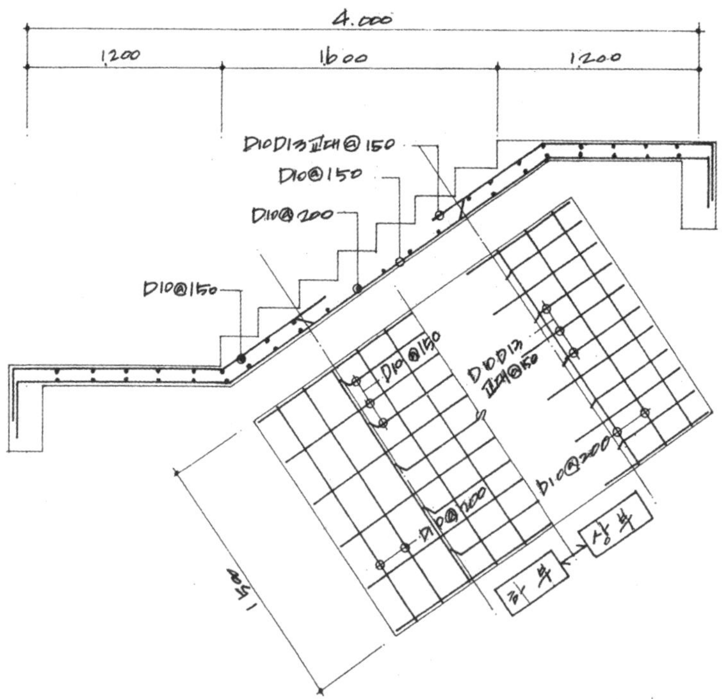

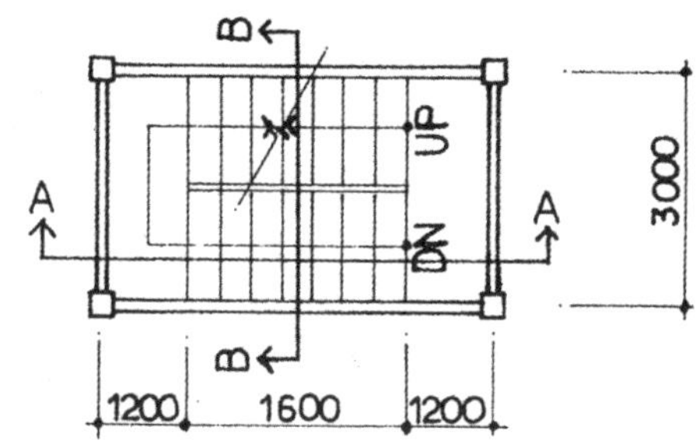

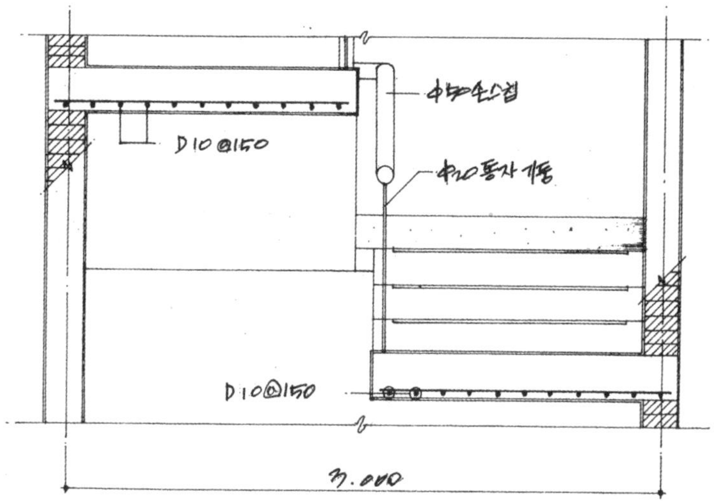

9-5. 라멘도

기초, 기둥, 보, 슬래브, 파라펫 등의 열을 절단시켜 철근의 배근상태를 작도한다.

【실습】

① 주어진 보 평면도를 보고 A열 라멘도를 작도하시오.

② 1층 건축물로 층고는 3,400으로 한다.

③ 배근설계

	C_1 기둥	C_2 기둥
크 기	500×500	400×400
주 근	8-D19	8-D19
대 근	D10@250	D10@250
보조대근	D10@750	D10@750

		G_1 보	C_2 보
크 기		350×600	300×400
상부근		6-D19	4-D19
하부근		2-D19	2-D19
절곡근		2-D19	-
늑근	단부	D10@300	D10@250
	중앙부	D10@150	

	F_1 기초	F_2 기초
크 기	2,000×2,000	1,500×1,500
주 근	D19@200	D19@200
보조빗철근	6-D19	6-D10

	옥상 파라펫
두 께	100mm
주 근	D13@250
부 근	D10@300

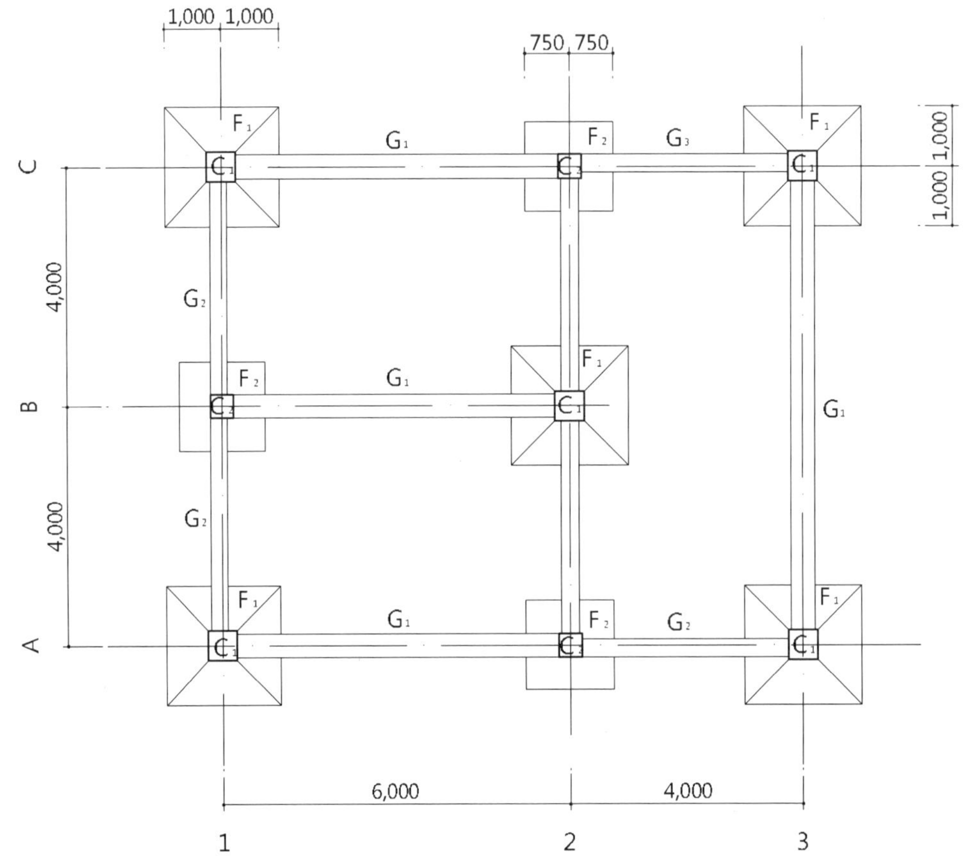

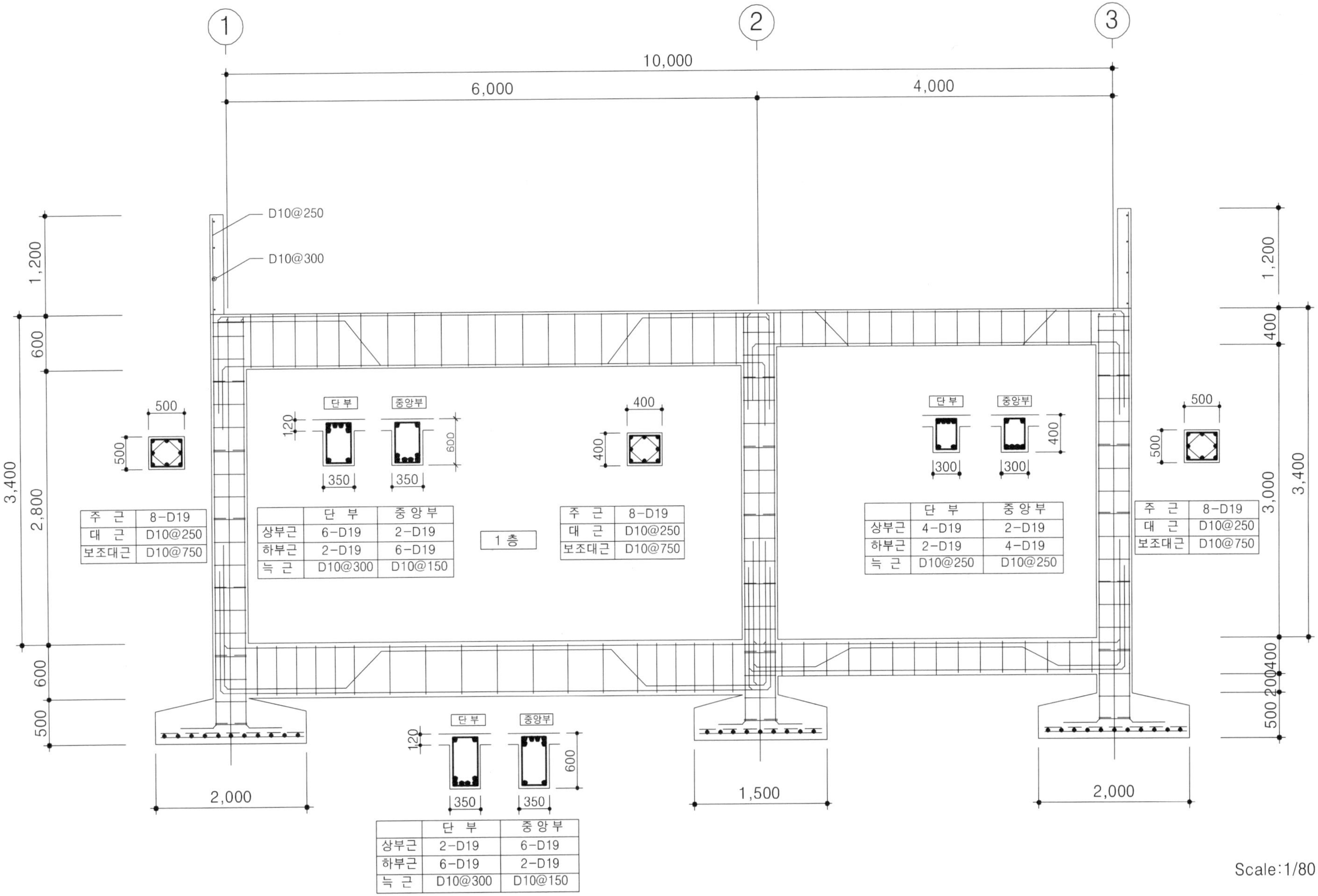
1
2
3
10,000
6,000
4,000
D10@250
D10@300
1,200
600
3,400
2,800
600
500
1,200
400
3,000
3,400
400
200
500
500
500
주 근 8-D19
대 근 D10@250
보조대근 D10@750
단부
중앙부
120
600
350
350
단 부 중앙부
상부근 6-D19 2-D19
하부근 2-D19 6-D19
늑 근 D10@300 D10@150
1 층
400
400
주 근 8-D19
대 근 D10@250
보조대근 D10@750
단부
중앙부
400
300
300
단 부 중앙부
상부근 4-D19 2-D19
하부근 2-D19 4-D19
늑 근 D10@250 D10@250
500
500
주 근 8-D19
대 근 D10@250
보조대근 D10@750
2,000
1,500
2,000
단부
중앙부
120
600
350
350
단 부 중앙부
상부근 2-D19 6-D19
하부근 6-D19 2-D19
늑 근 D10@300 D10@150

Scale:1/80

10. 구조도면의 작도

10-1. 기초 및 기둥 배치도

(1) 기초

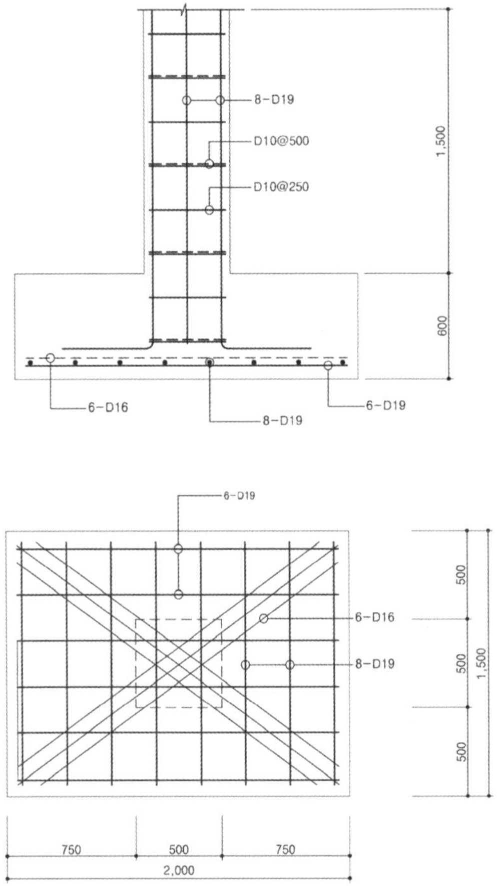

철근콘크리트 기초 배근도(1)

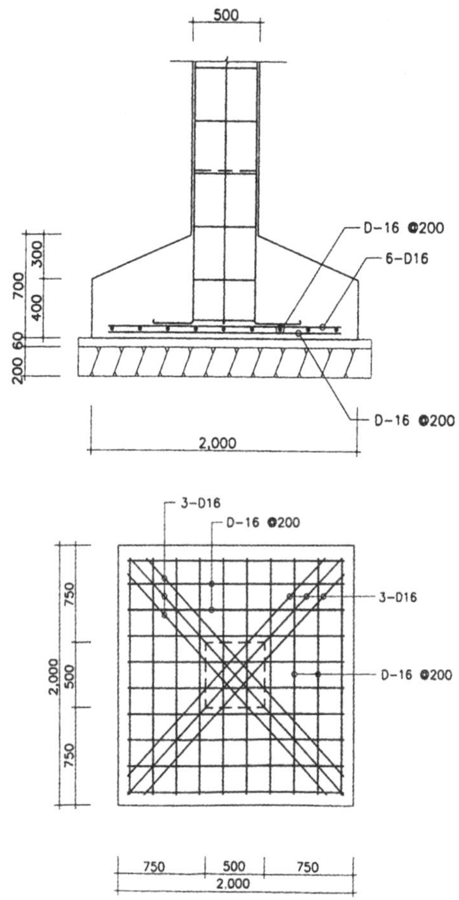

철근콘크리트 기초 배근도(2) 축척 : 1/20

(2) 기둥

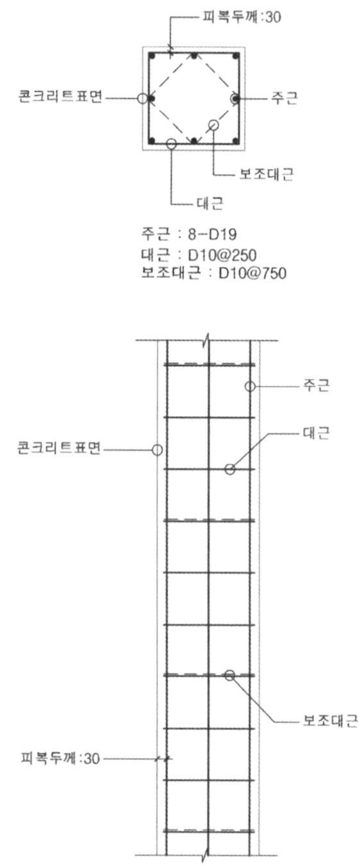

10-2. 보 배근도

• 정착길이(후크의 길이는 정착 길이에서 제외)
- 인장철근 : 40D 이상
- 압축철근 : 25D 이상

일반보 배근

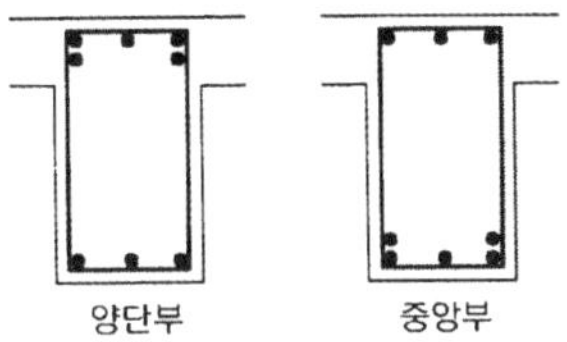

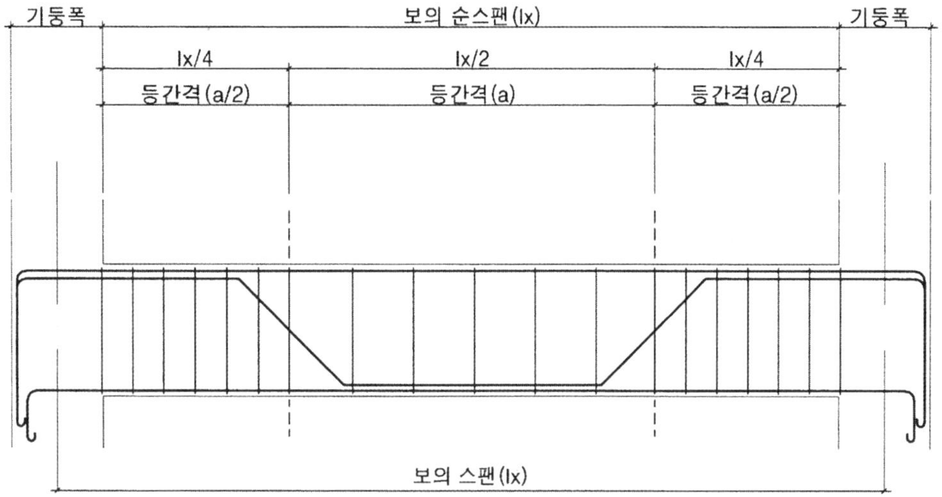

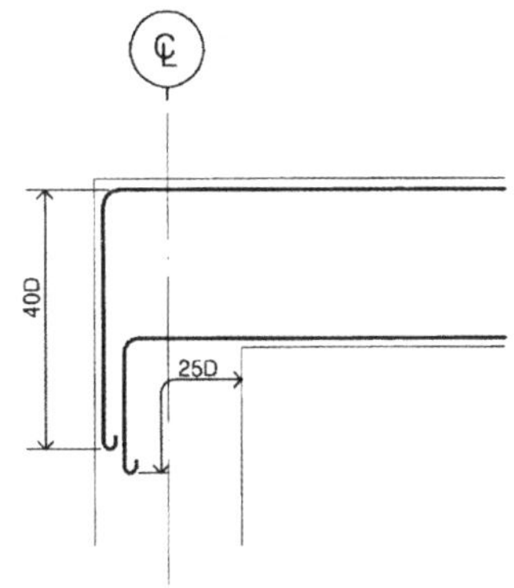

지중보 배근

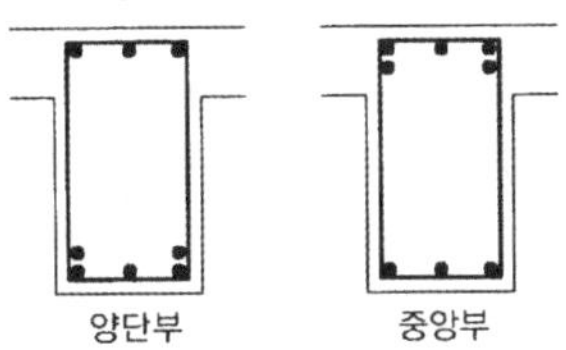

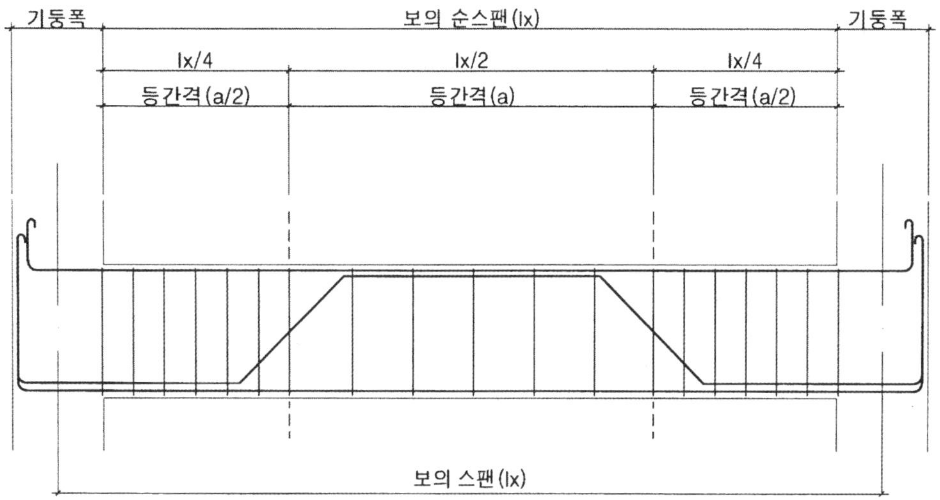

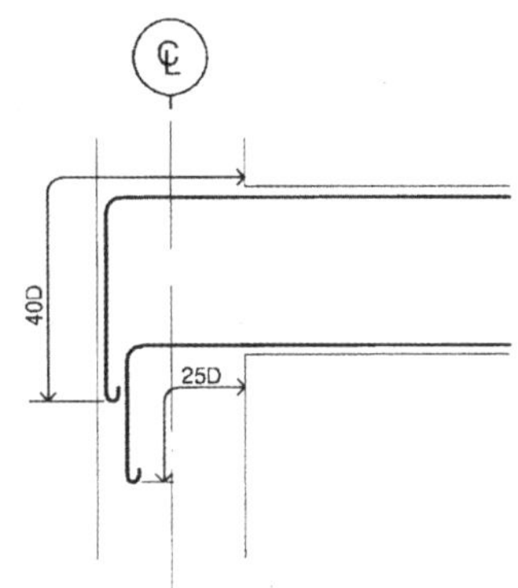

10-3. 슬래브 배근도

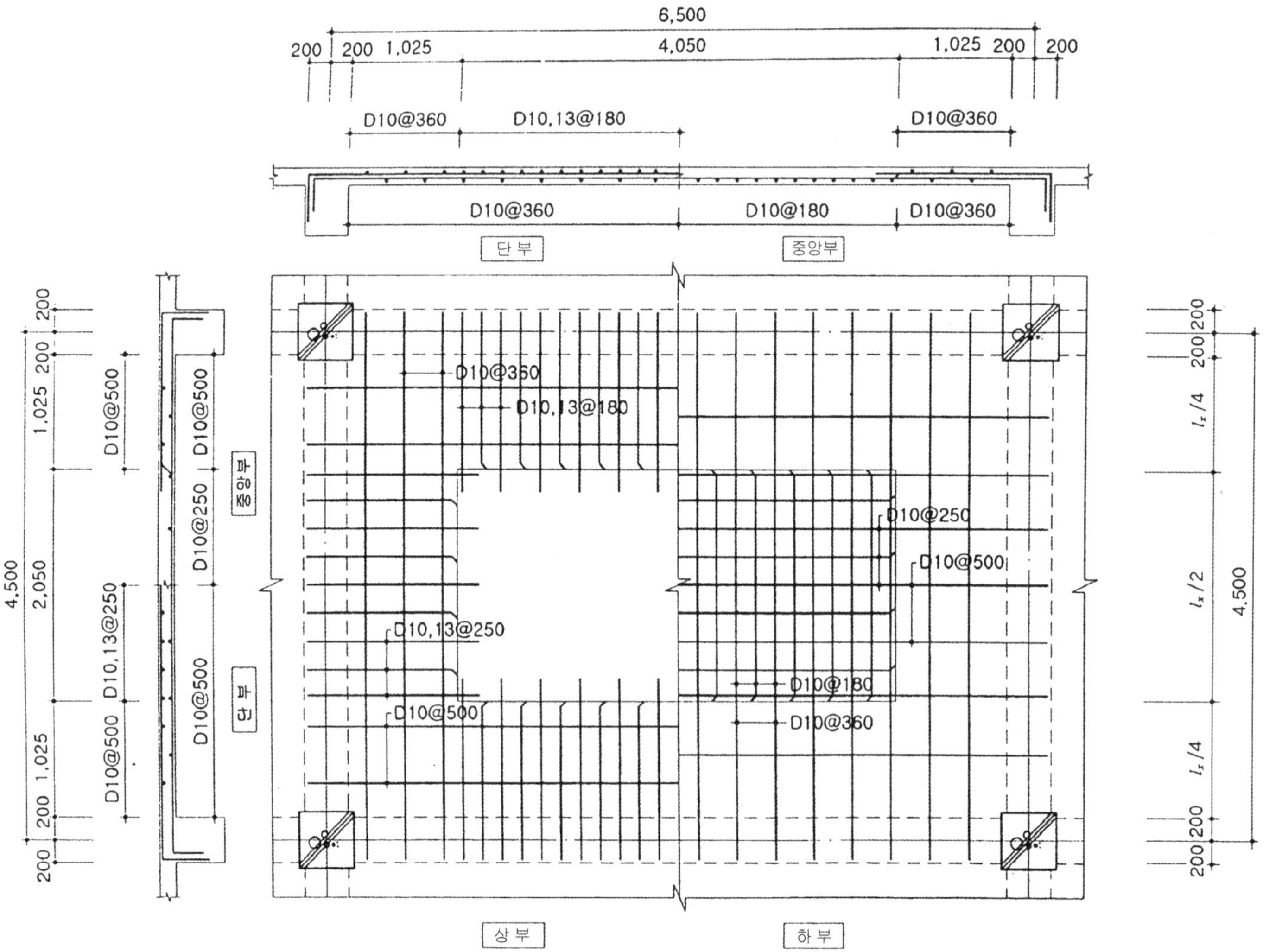

슬래브 배근도 축척 : 1/30

10-4. 계단 배근도

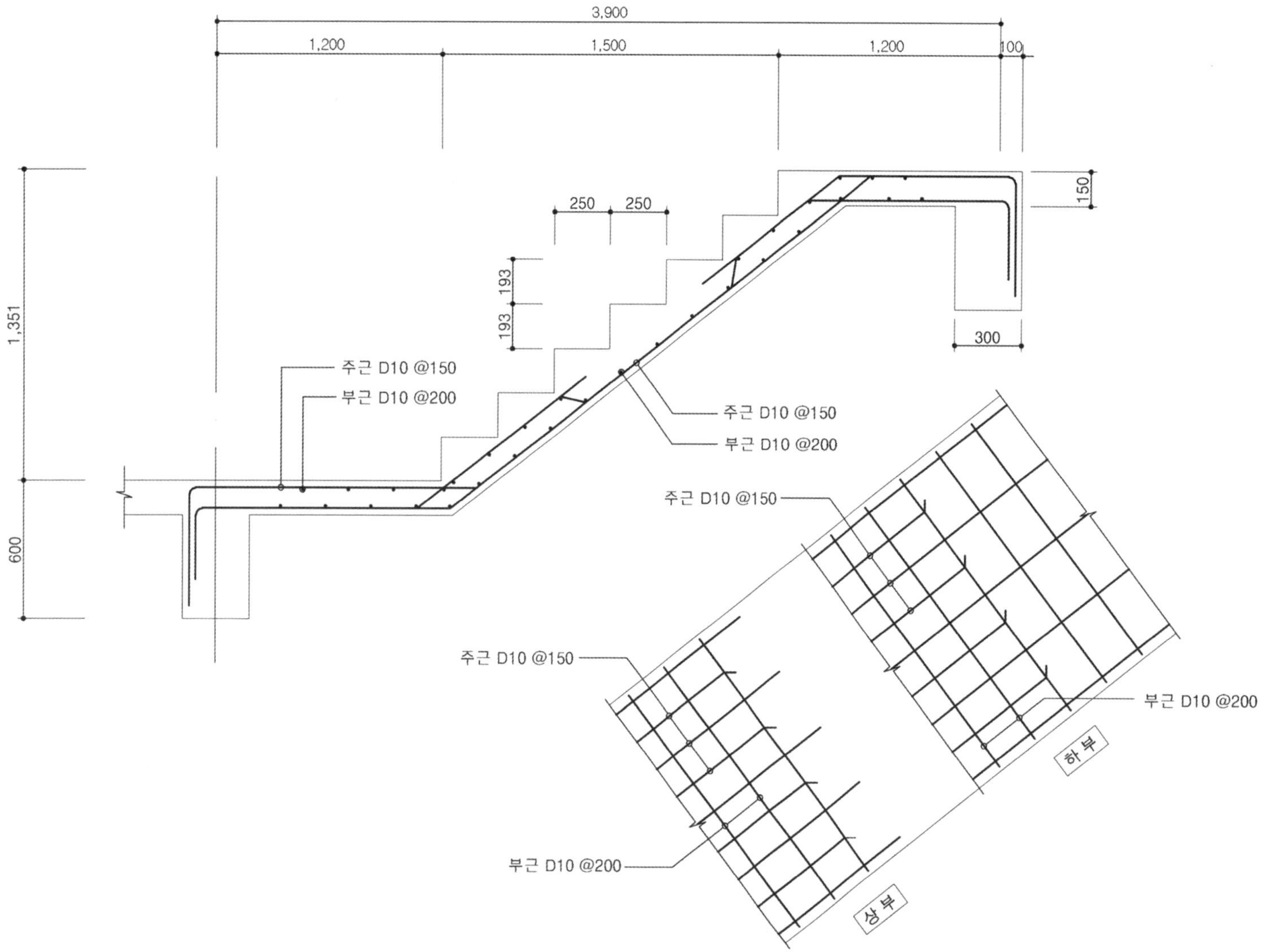

• 정착길이

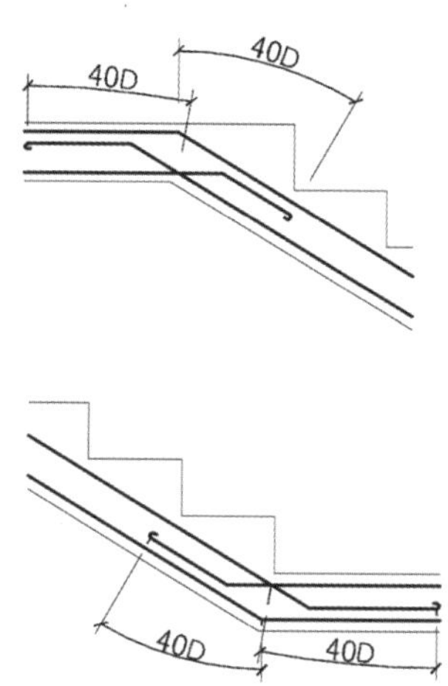

10-5. 라멘도

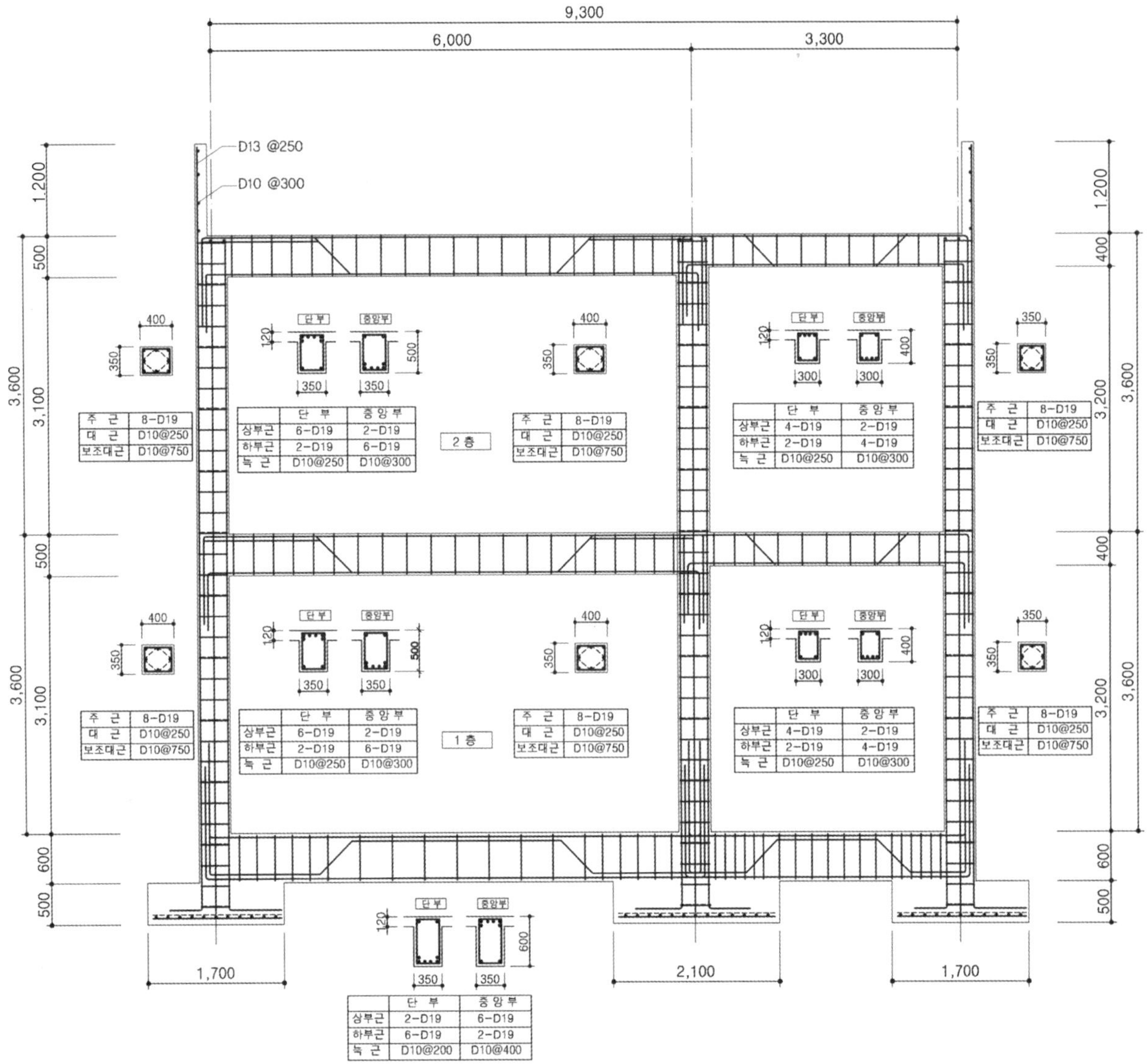

A-A' 라 멘 도 축척 : 1/20

11. 건축물 용도별 상세도

11-1. 단독주택

1. 현관

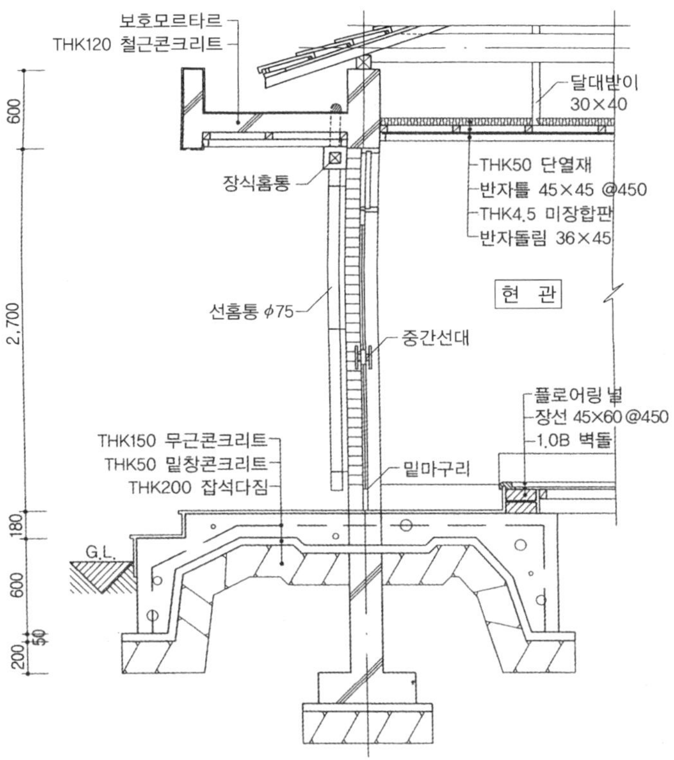

현관 단면상세도-1

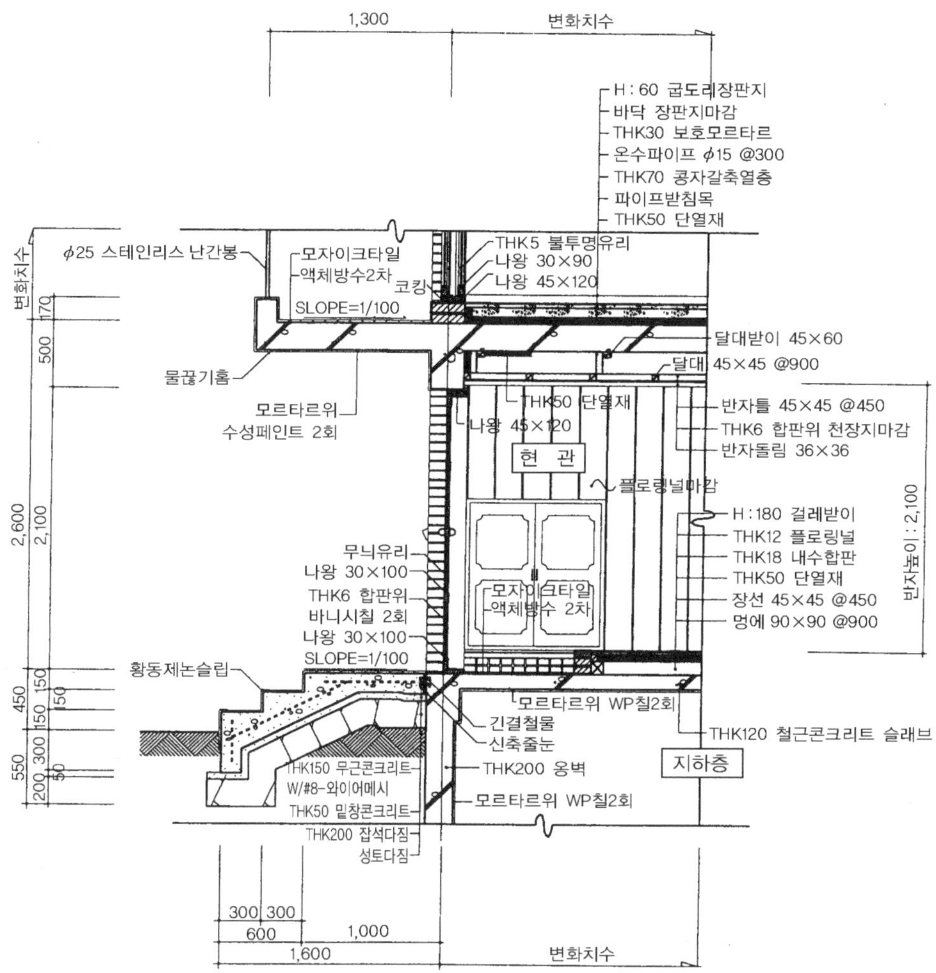

현관 단면상세도-2 축척 : 1/20

2. 거실

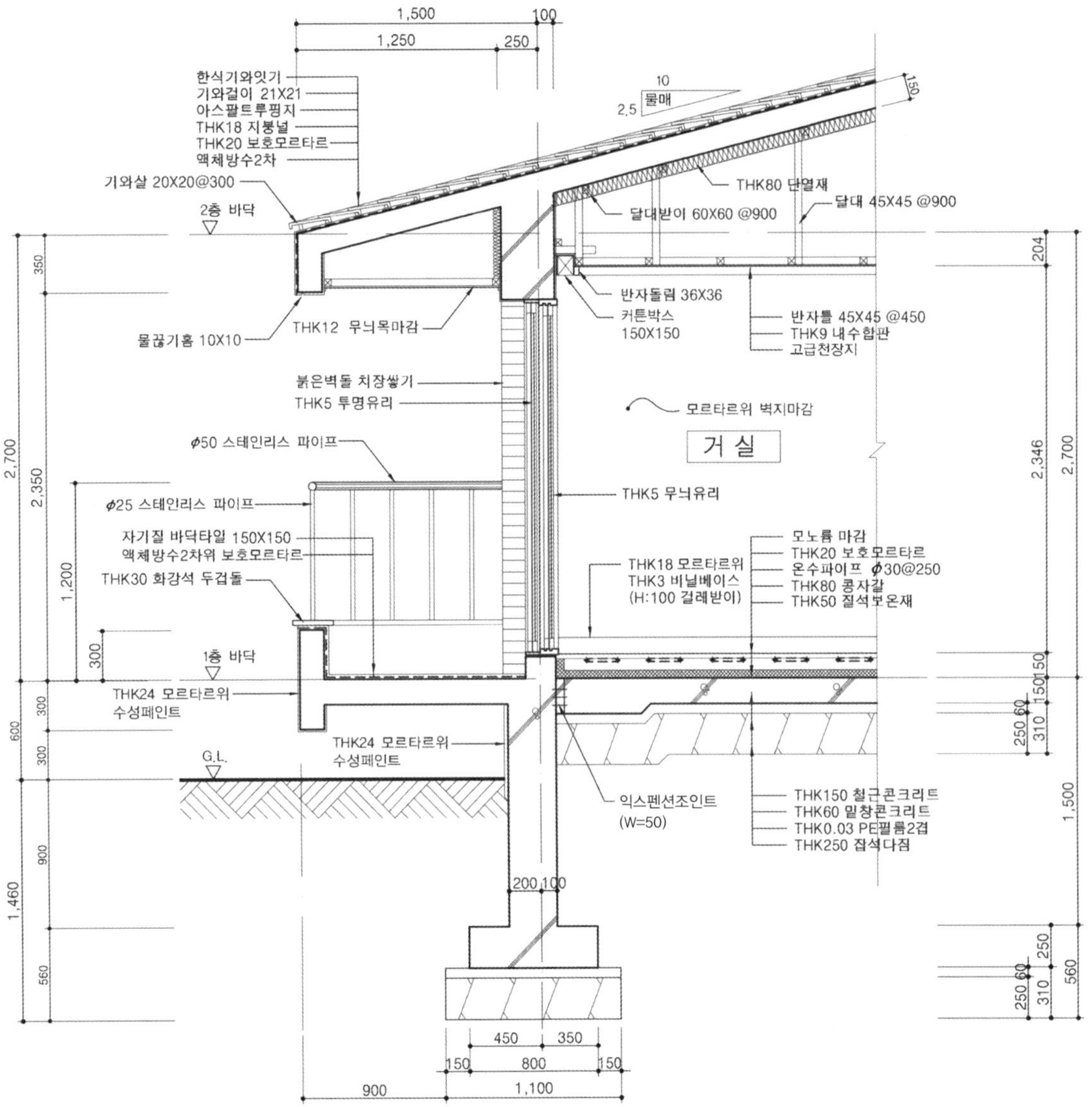

거실 단면상세도 축척 : 1/30

3. 침실

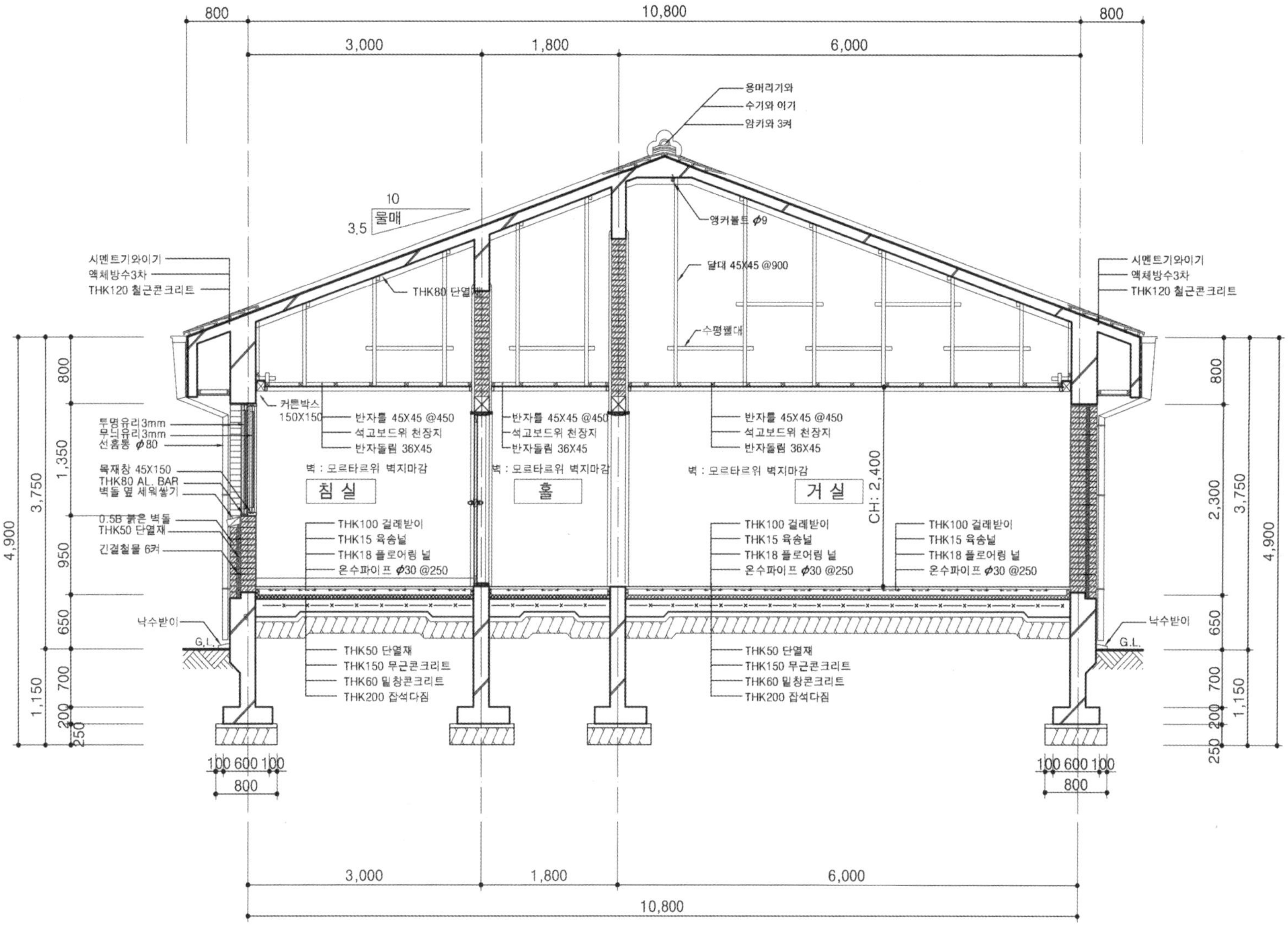

주단면도(거실–침실) 축척 : 1/30

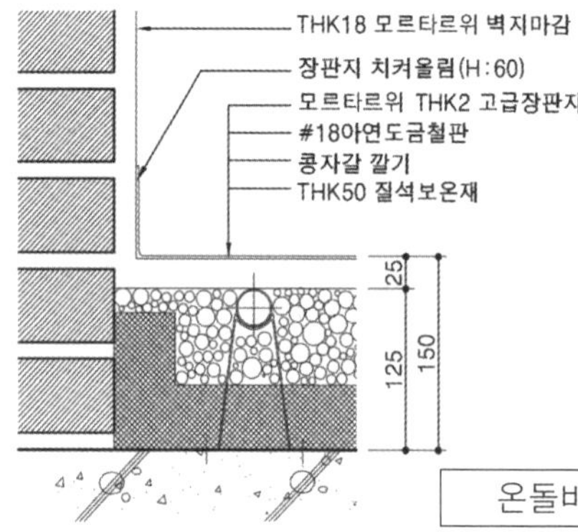

온돌바닥 상세도

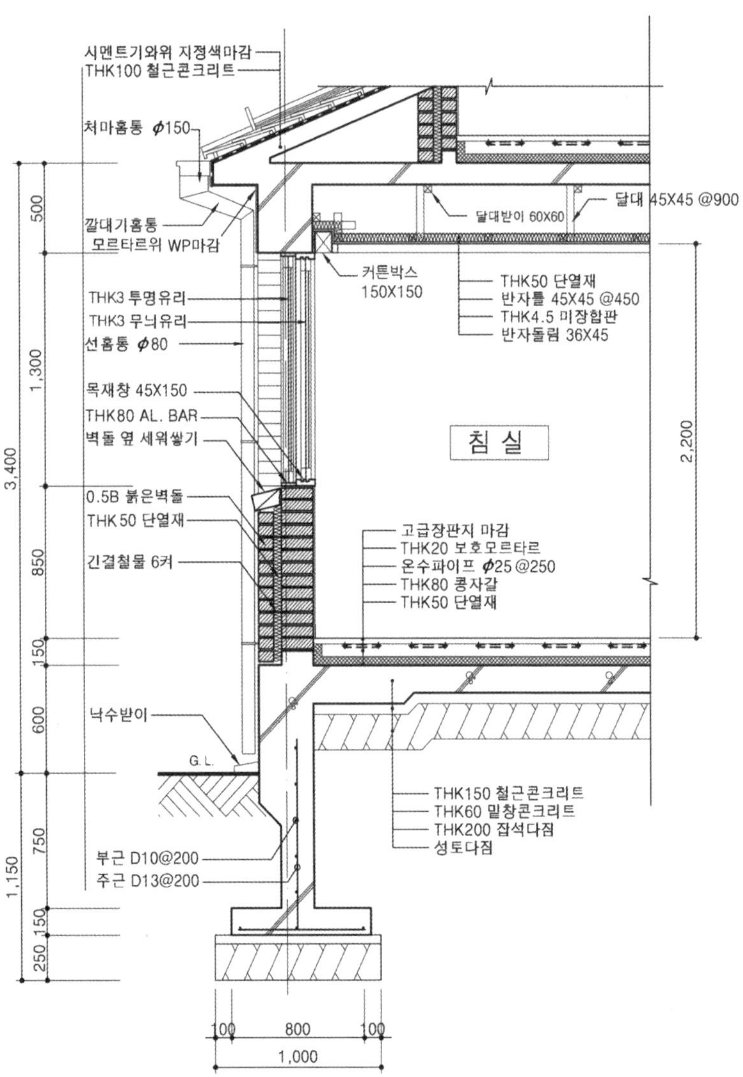

침실 단면상세도-1

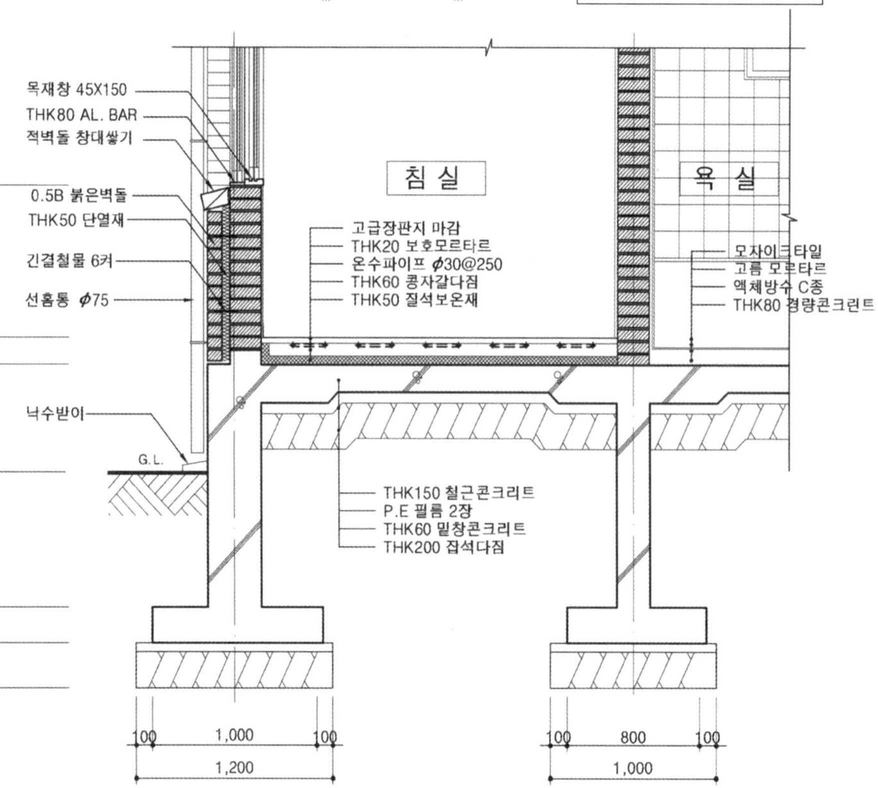

침실 단면상세도-2

축척 : 1/30

4. 욕실

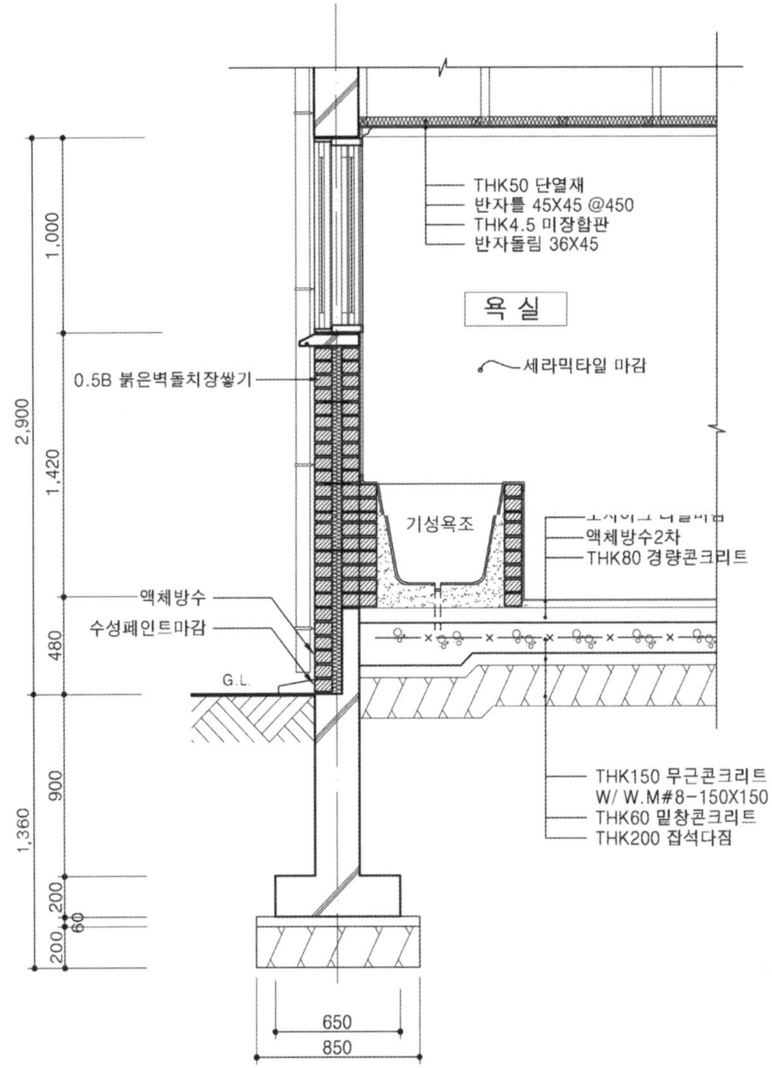

욕실 단면상세도 축척 : 1/30

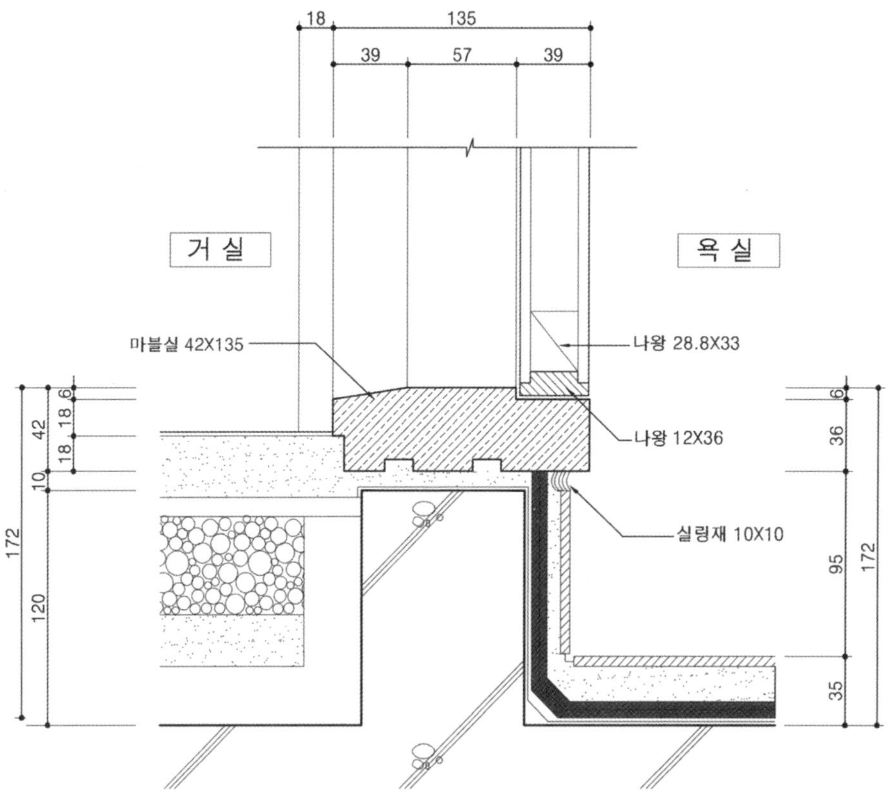

욕실 출입문 상세도 축척 : 1/5

5. 계단

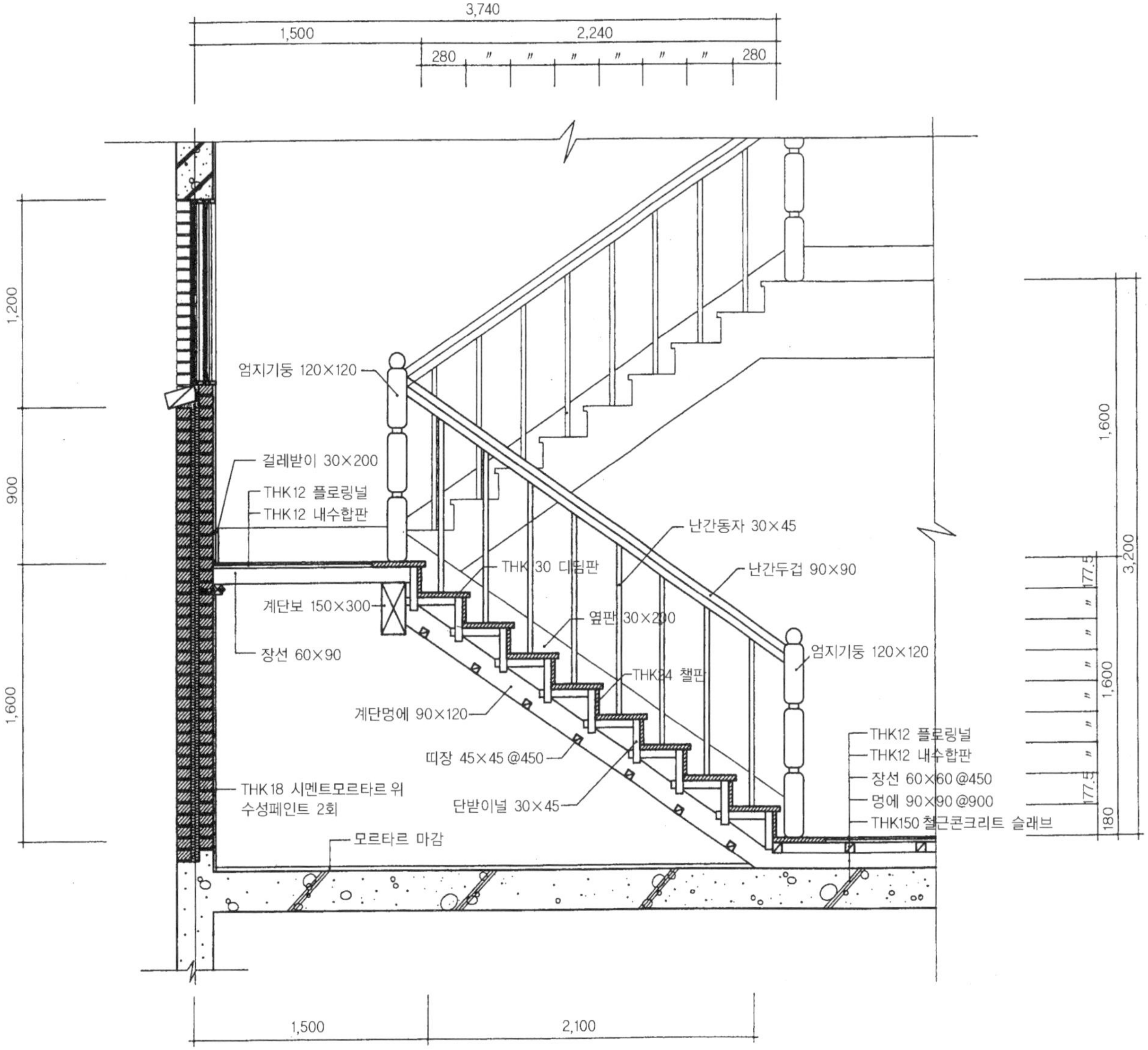

목조계단 단면상세도 축척 : 1/20

6. 지하실

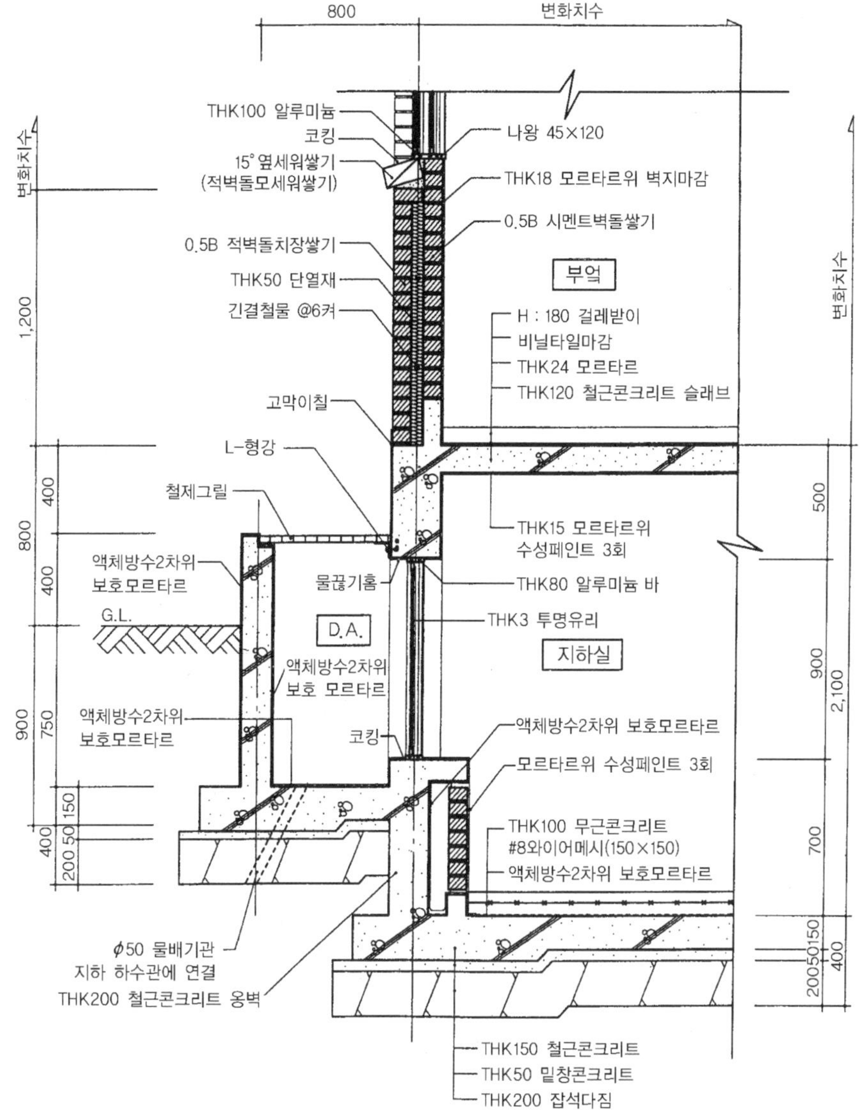

지하실 단면상세도 축척 : 1/30

7. 굴뚝

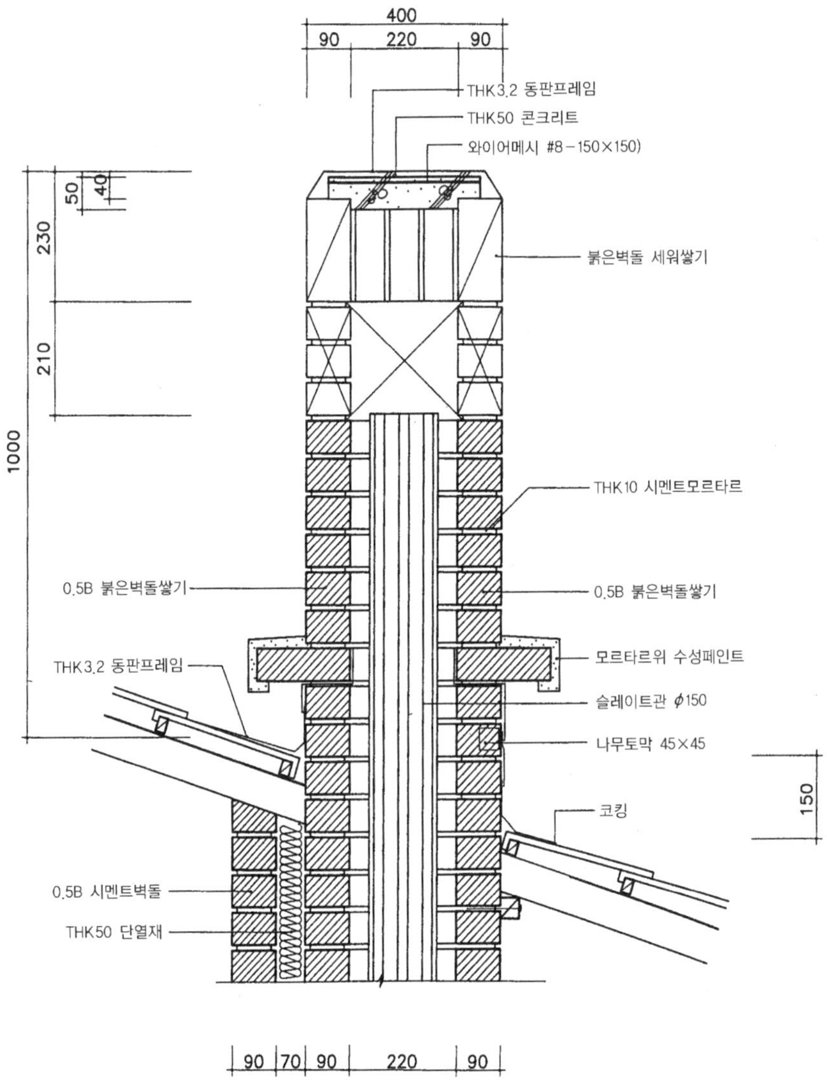

굴뚝 상부 단면상세도 축척 : 1/10

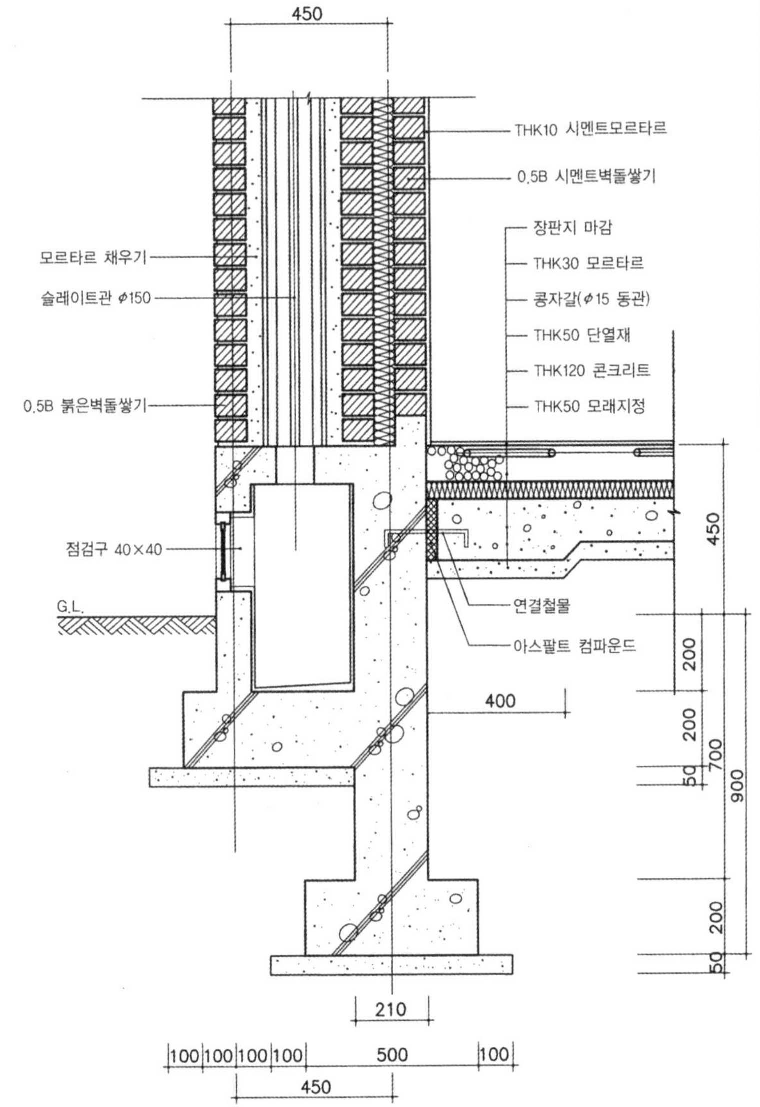

굴뚝 하부 단면상세도

11-2. 공동주택

1. 홀

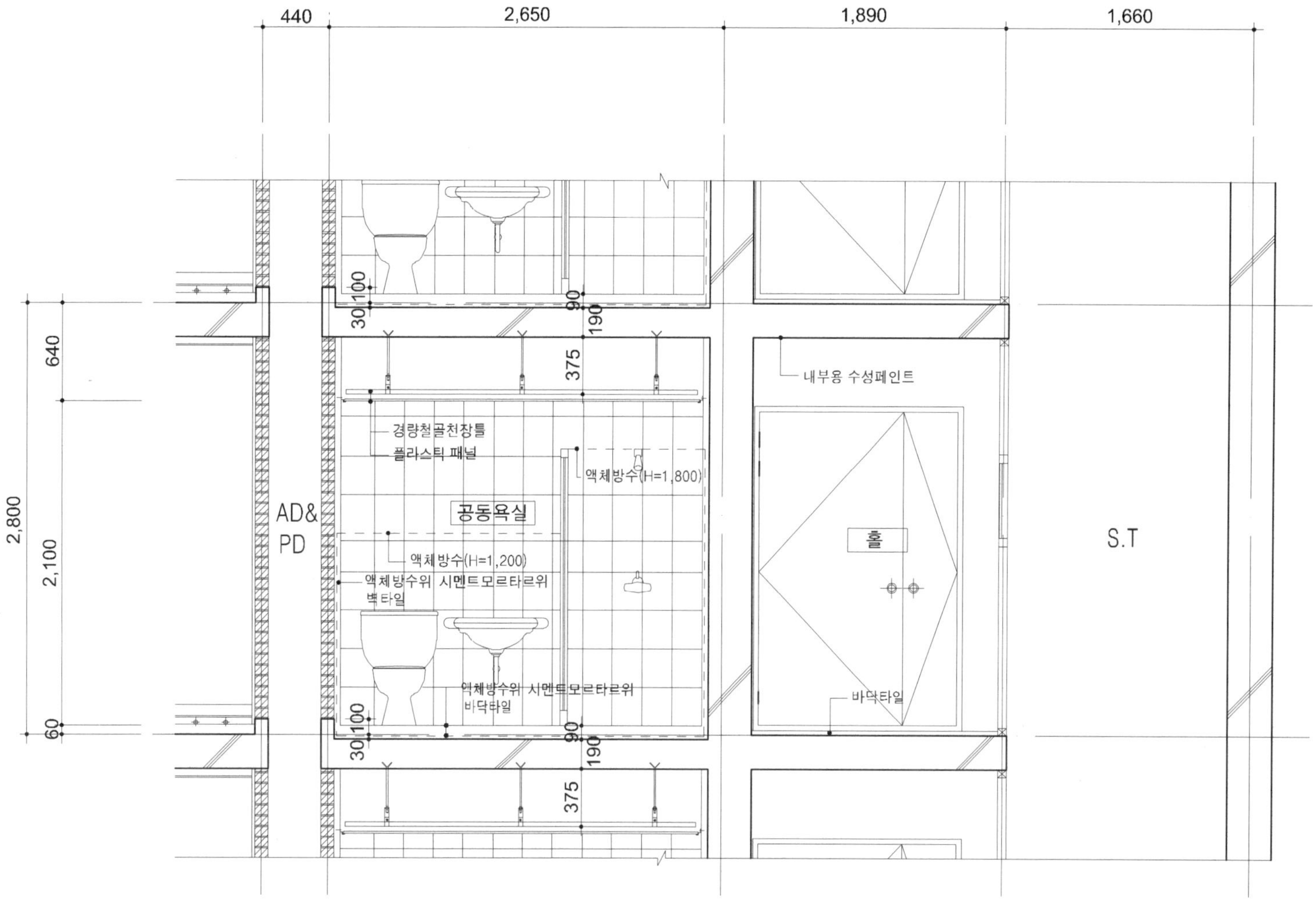

홀 부분 단면상세도 축척 : 1/30

2. 현관

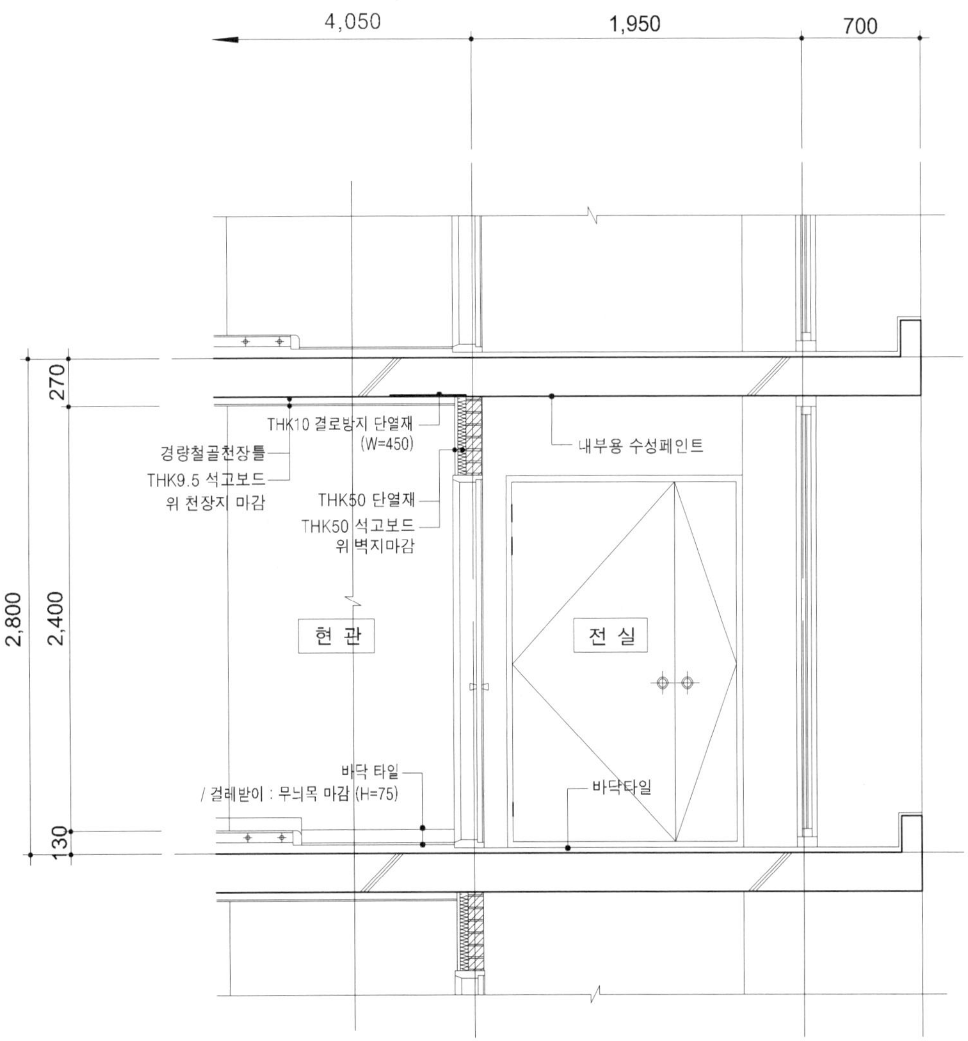

현관 단면상세도 축척 : 1/30

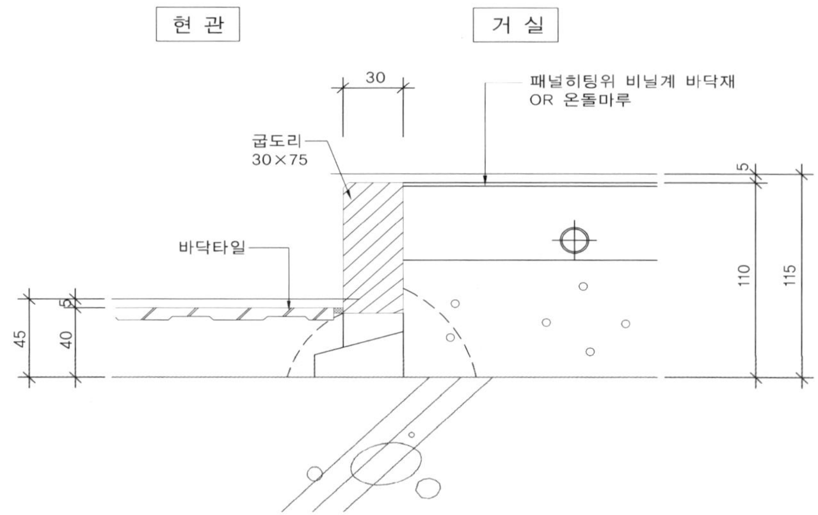

현관, 거실 굽도리 상세도-1

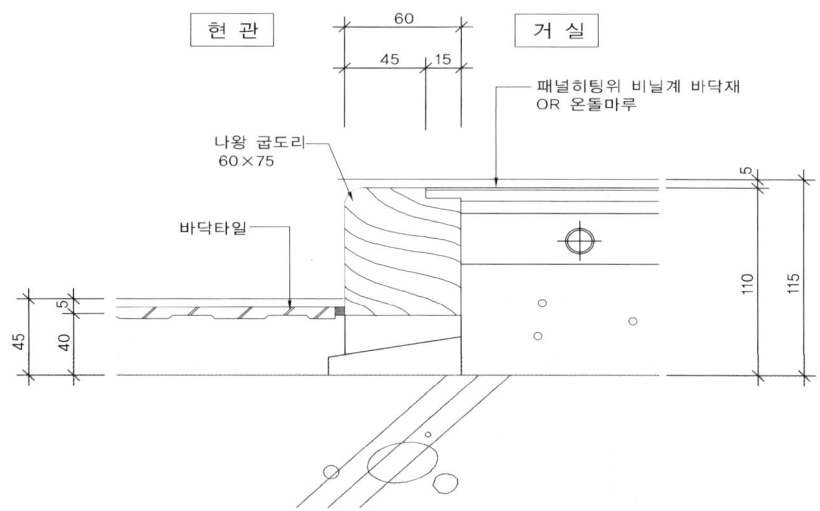

현관, 거실 굽도리 상세도-2 축척 : 1/5

3. 거실

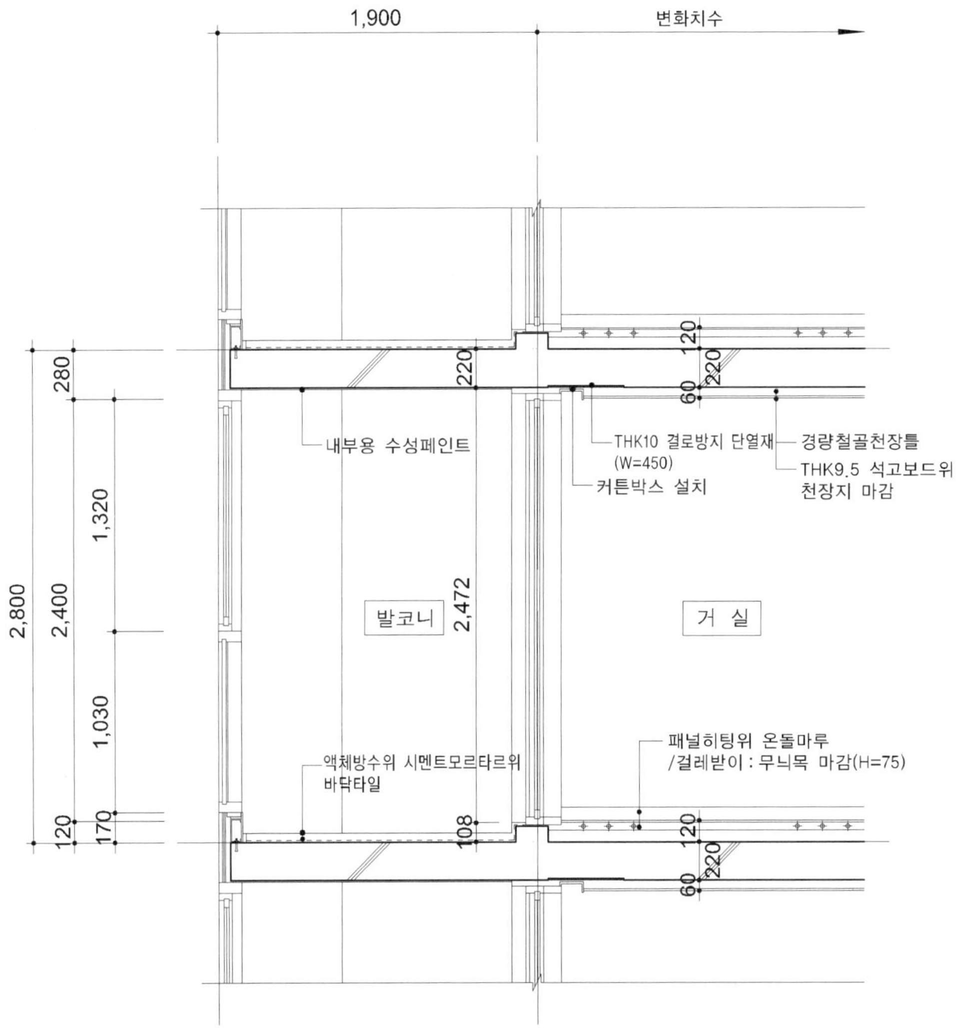

거실 단면상세도 축척 : 1/30

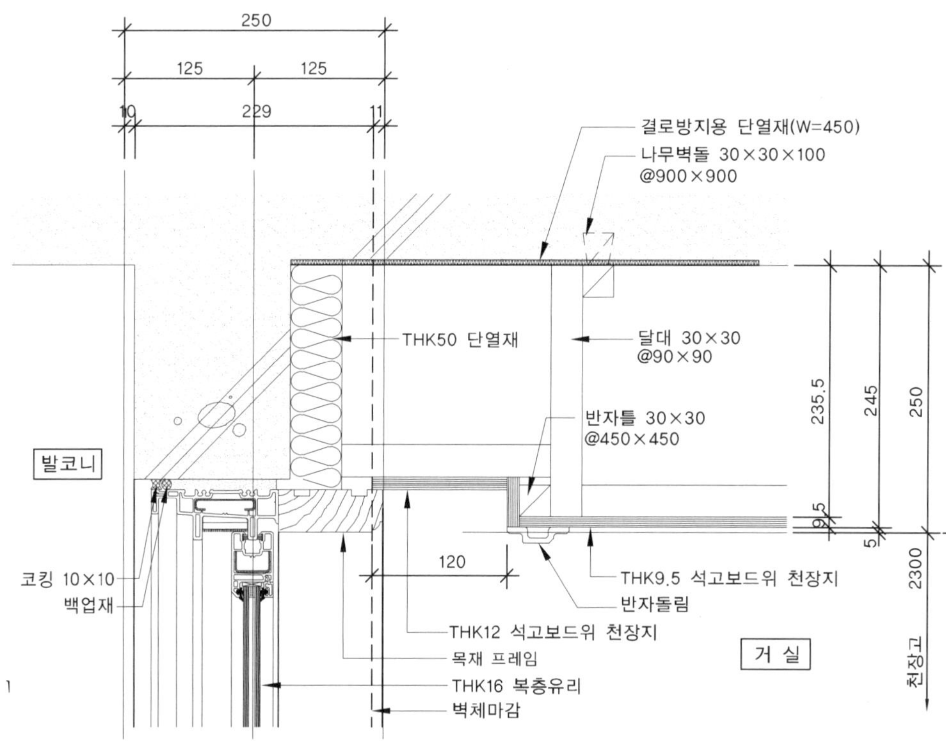

거실 및 발코니 단면상세도 축척 : 1/3

4. 침실

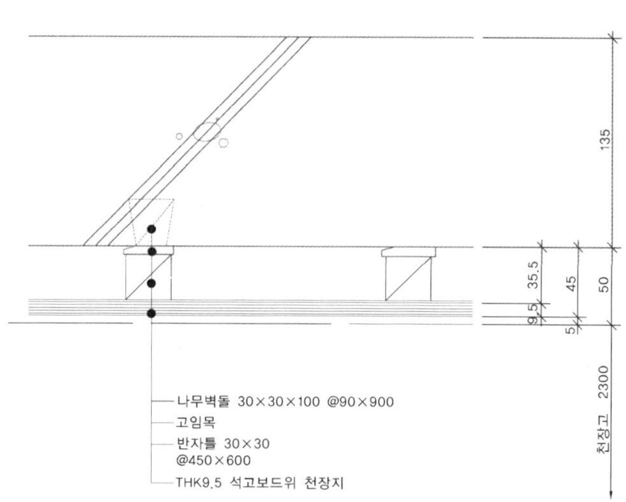

거실 및 침실 천장상세도-1

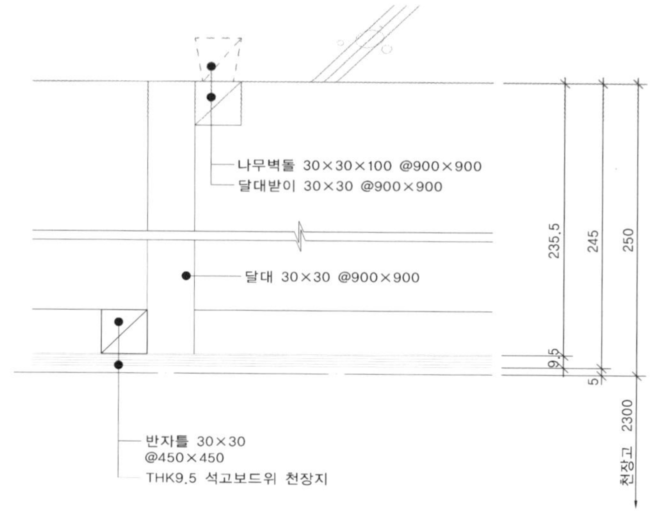

거실 및 침실 천장상세도-2

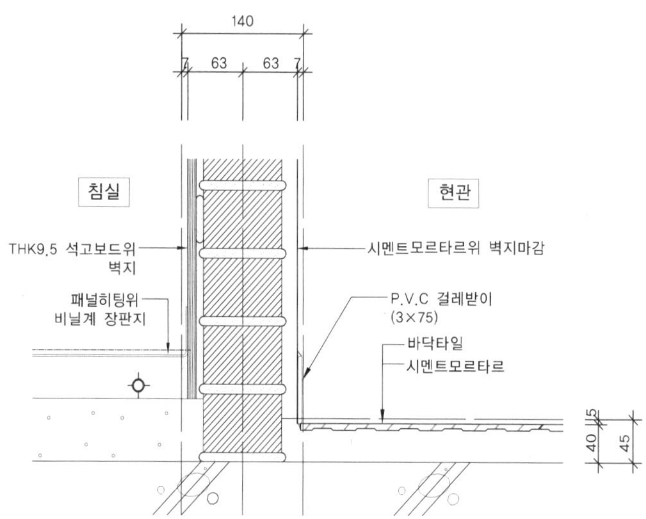

조적벽 접합부 상세도

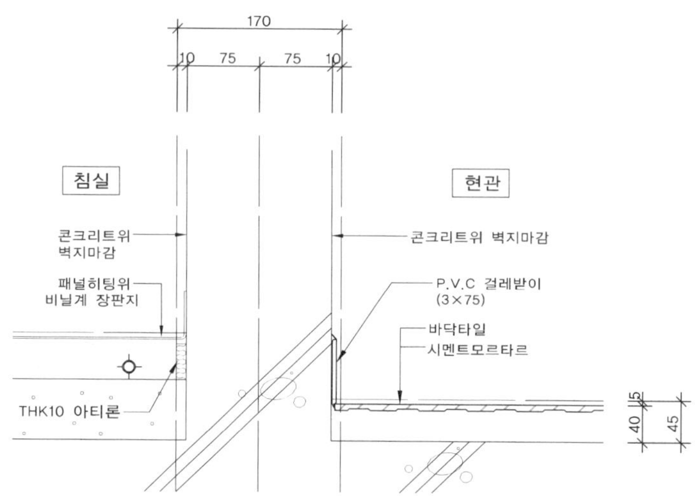

콘크리트벽 접합부 상세도 축척 : 1/3

5. 주방

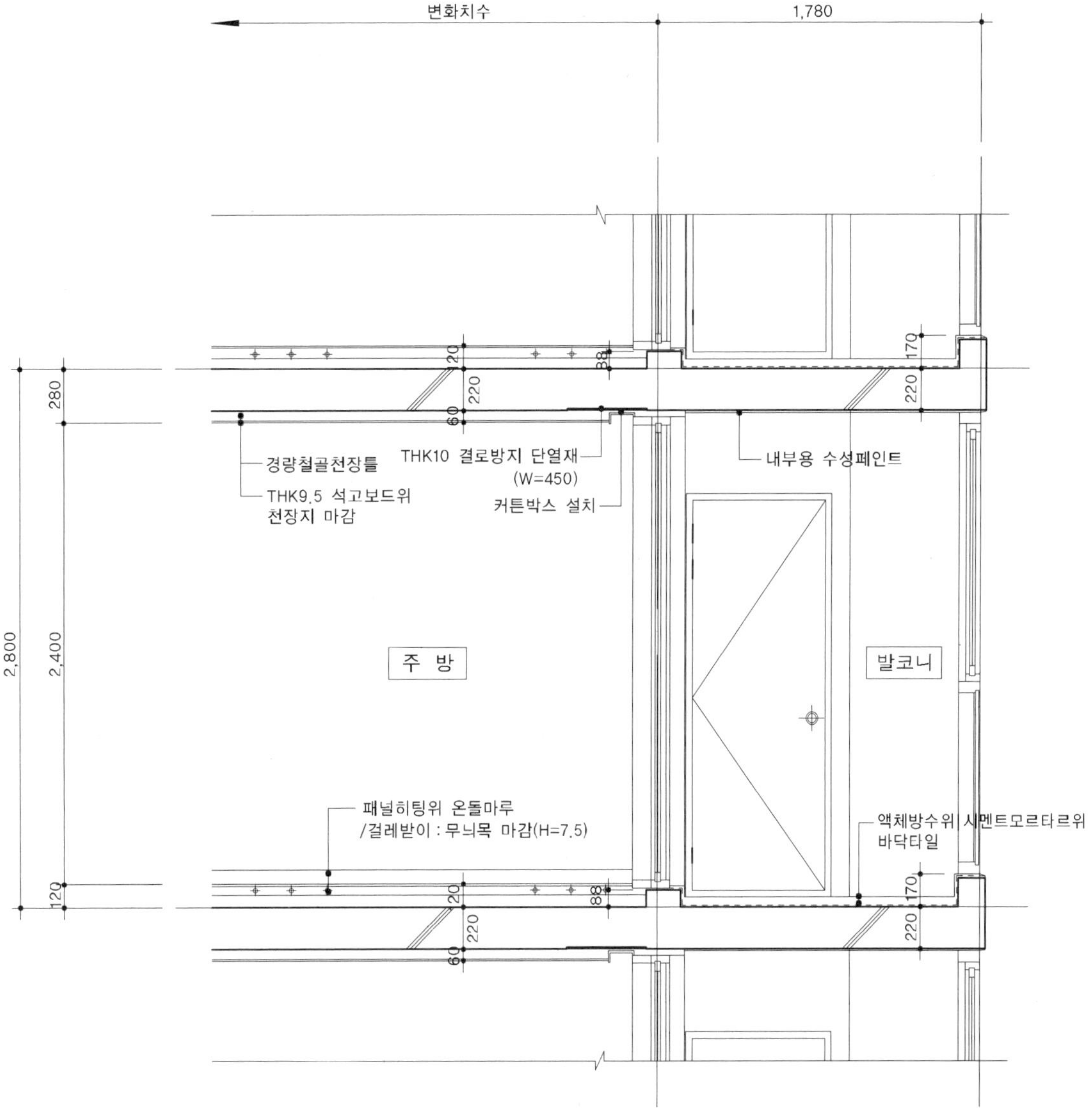

주방 단면상세도 축척 : 1/30

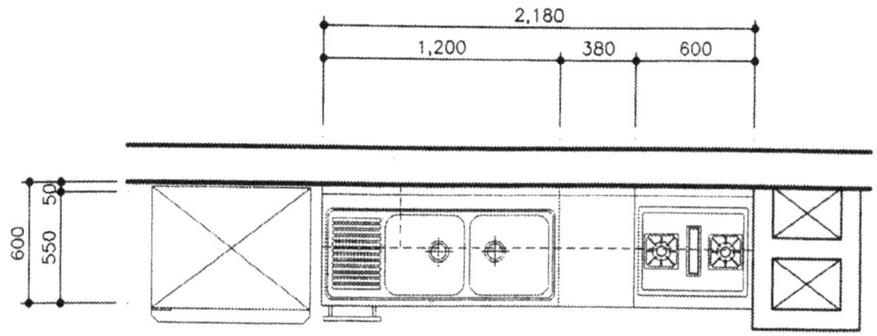

주방 평면도

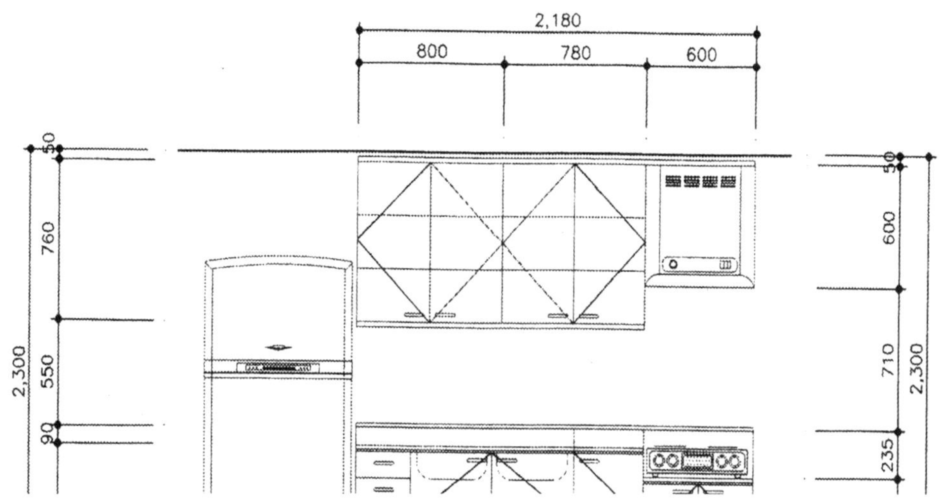

주방 입면도

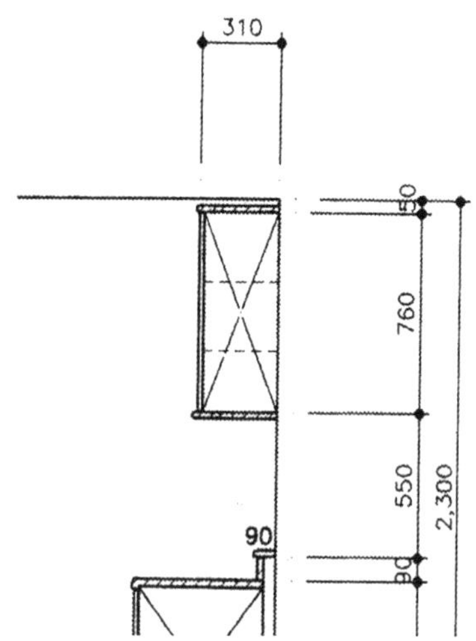

주방 단면도

축척 : 1/20

6. 욕실

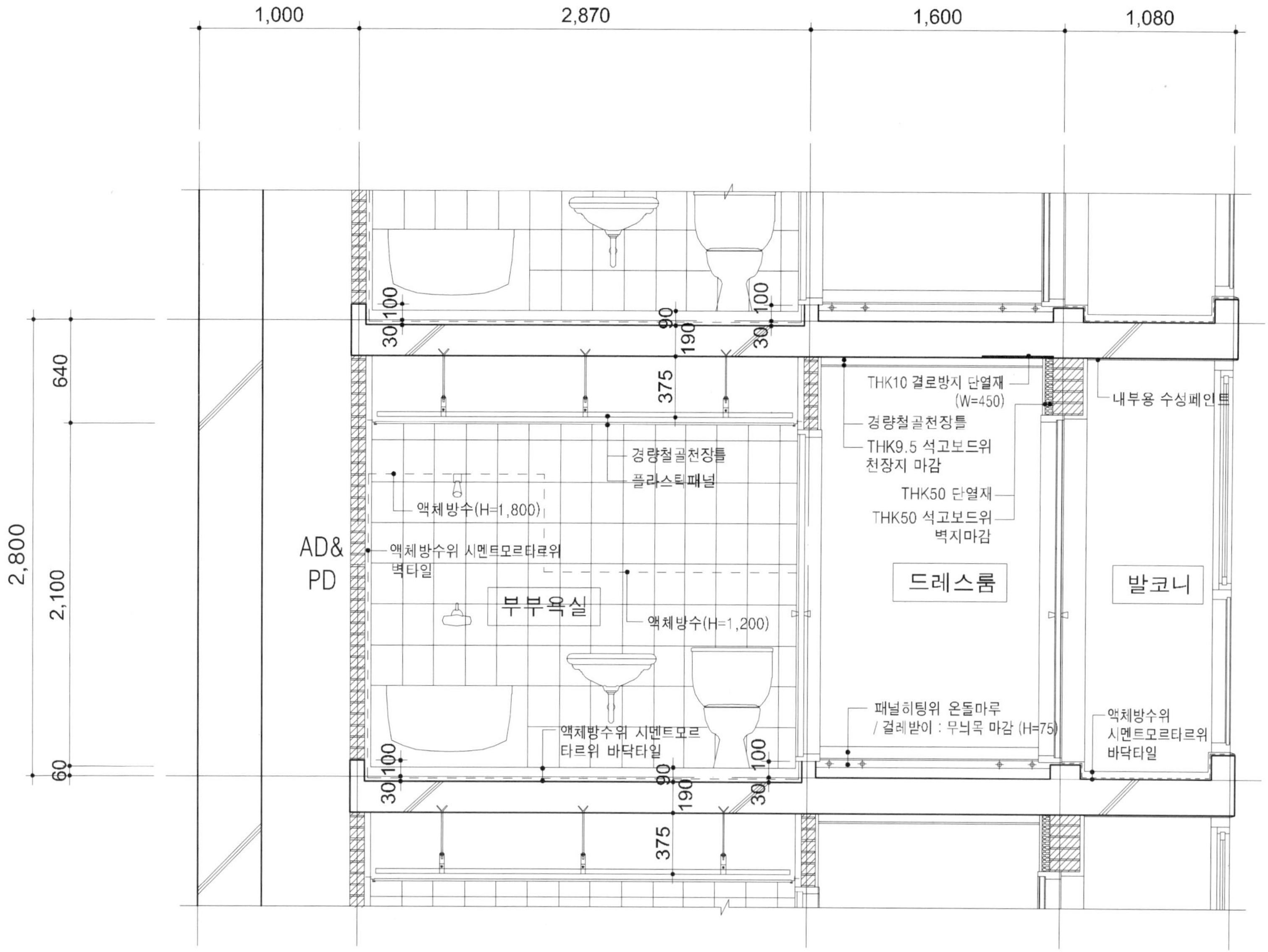

욕실 단면상세도 축척 : 1/30

7. 발코니

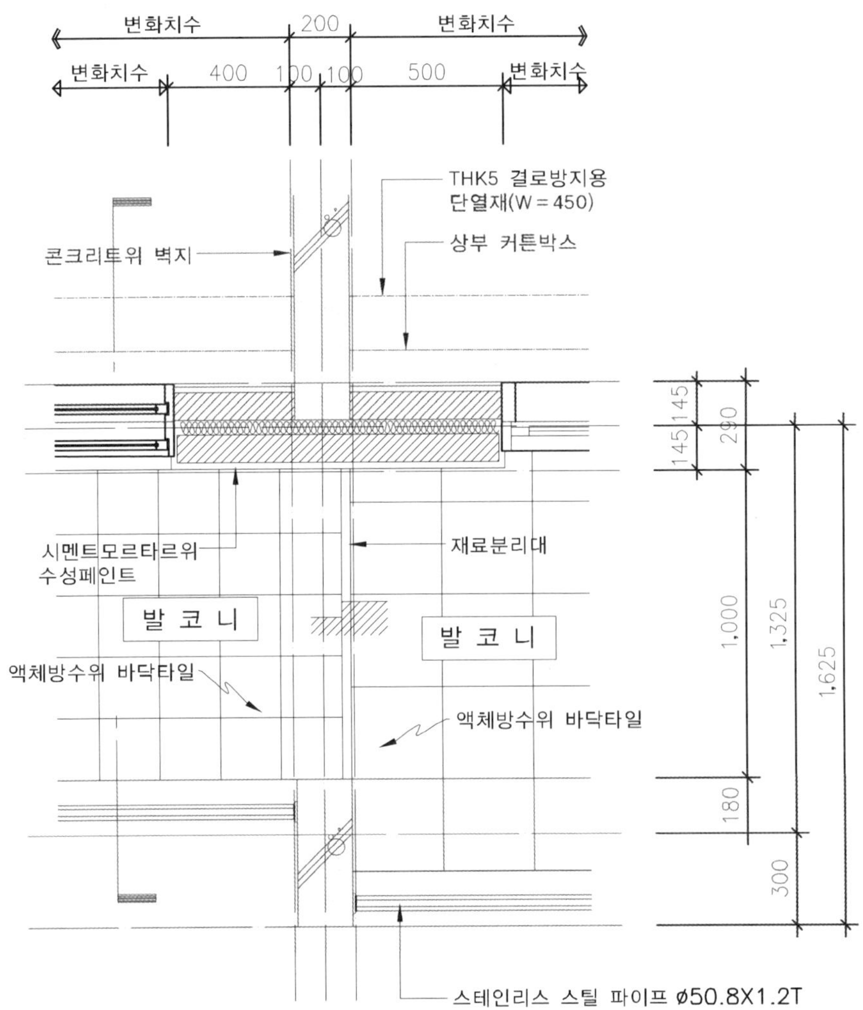

발코니 단면상세도-1

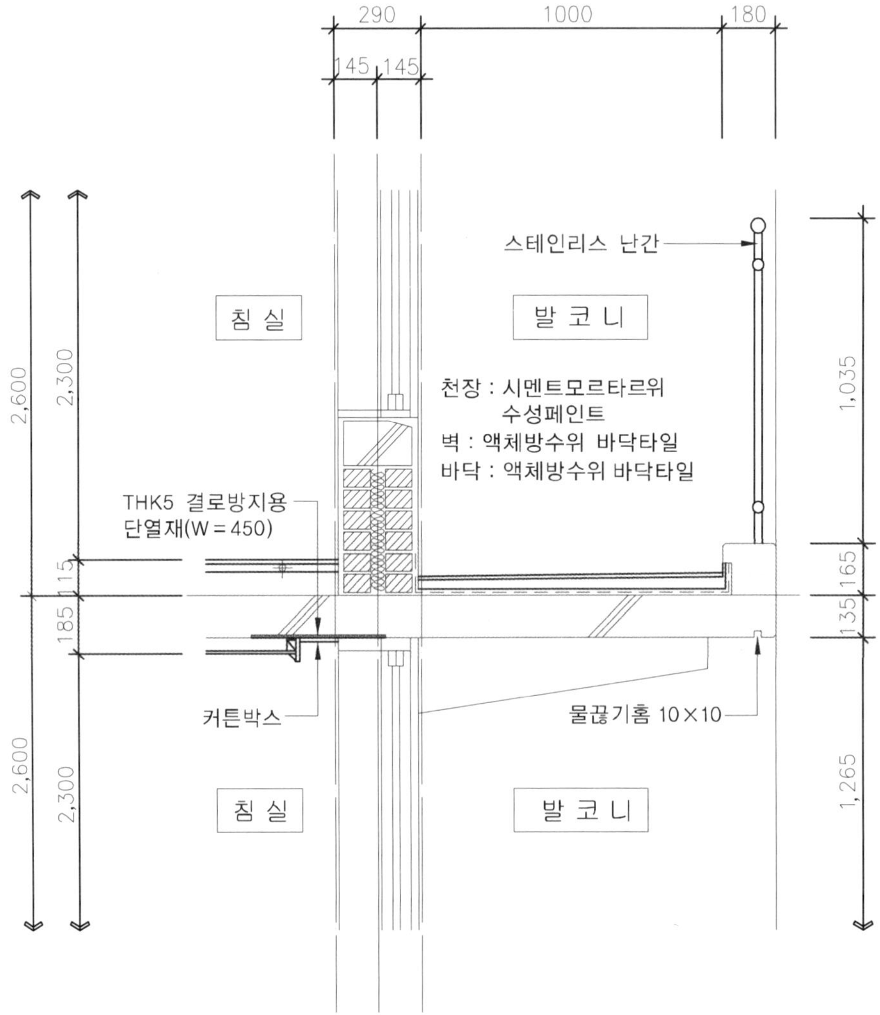

발코니 단면상세도-2 축척 : 1/20

8. 옥상

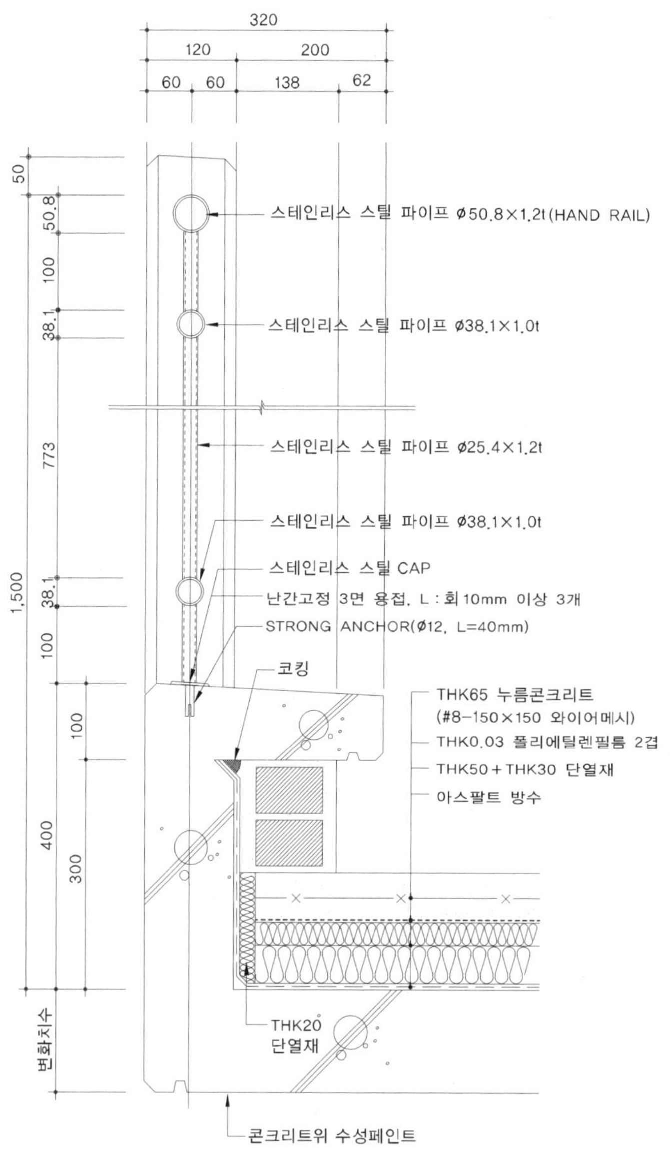

스테인리스 스틸 난간 상세

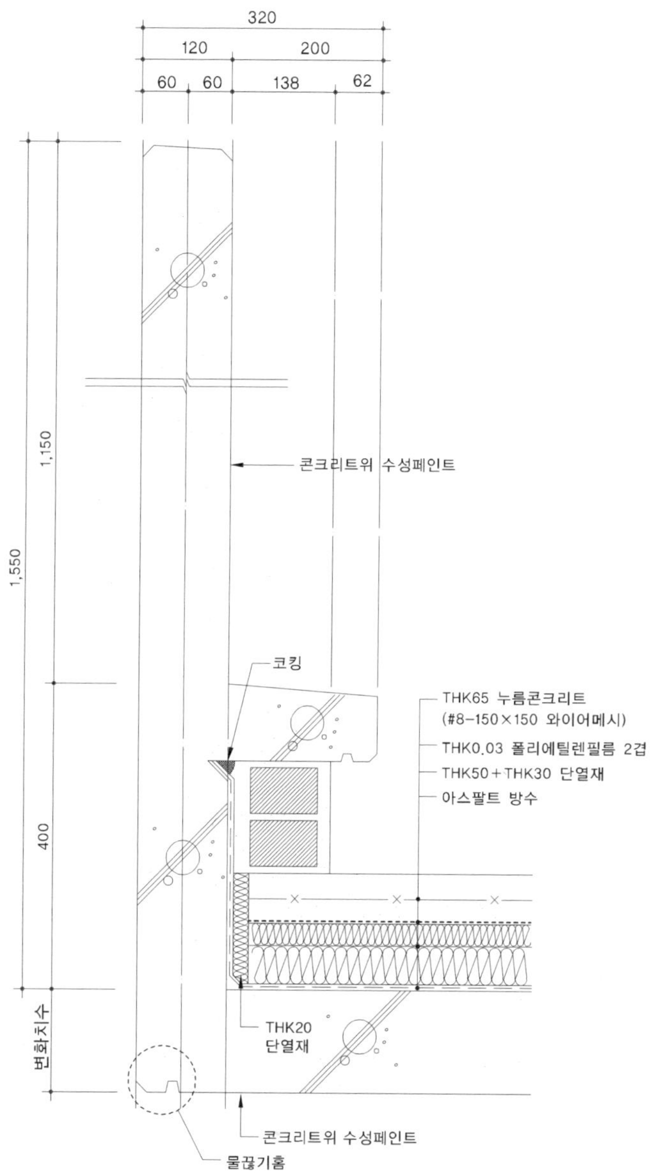

콘크리트 난간 상세

축척 : 1/5

9. 지하층

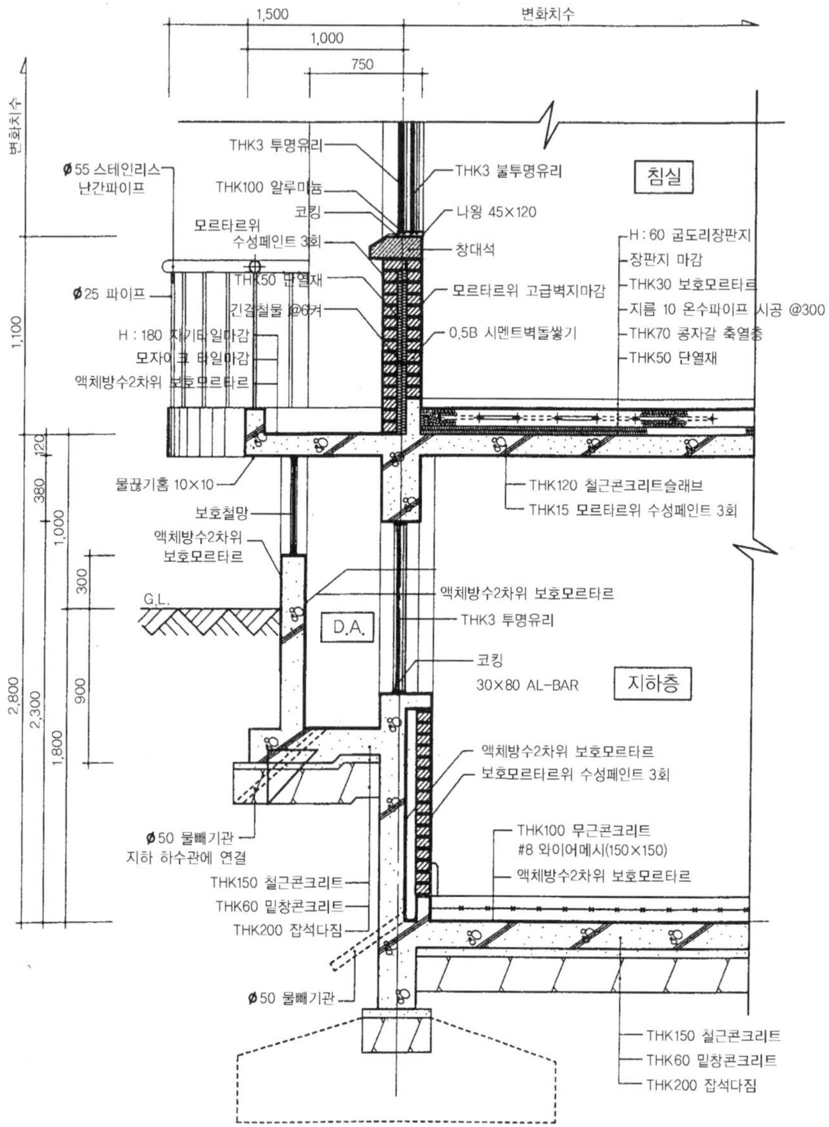

지하층 단면상세도 축척 : 1/30

11-3. 업무시설

1. 사무실

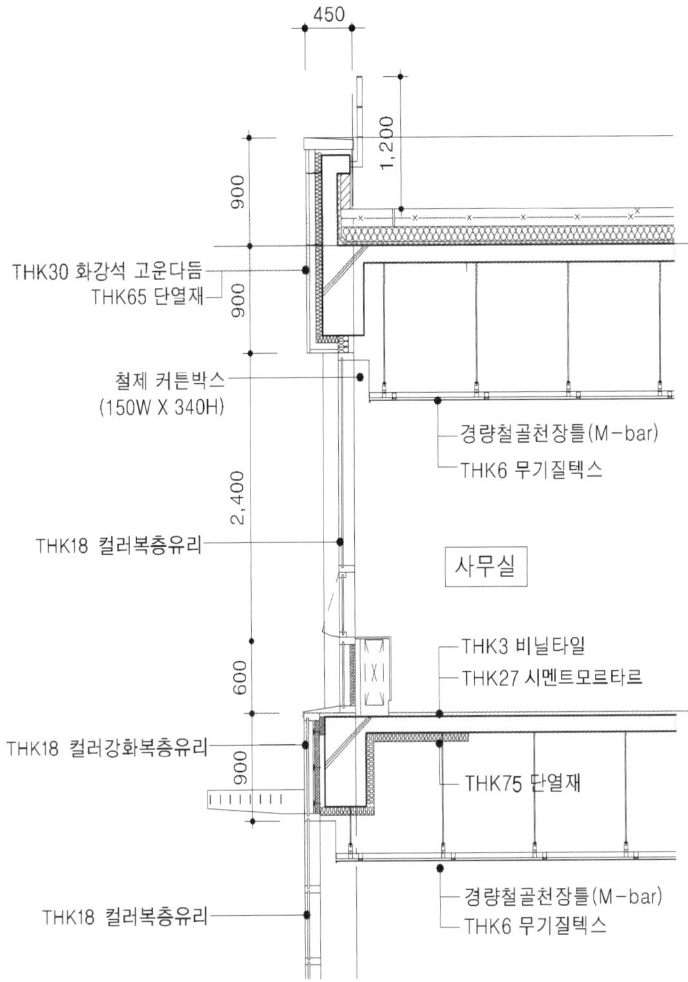

사무실 단면상세도-1 축척 : 1/30

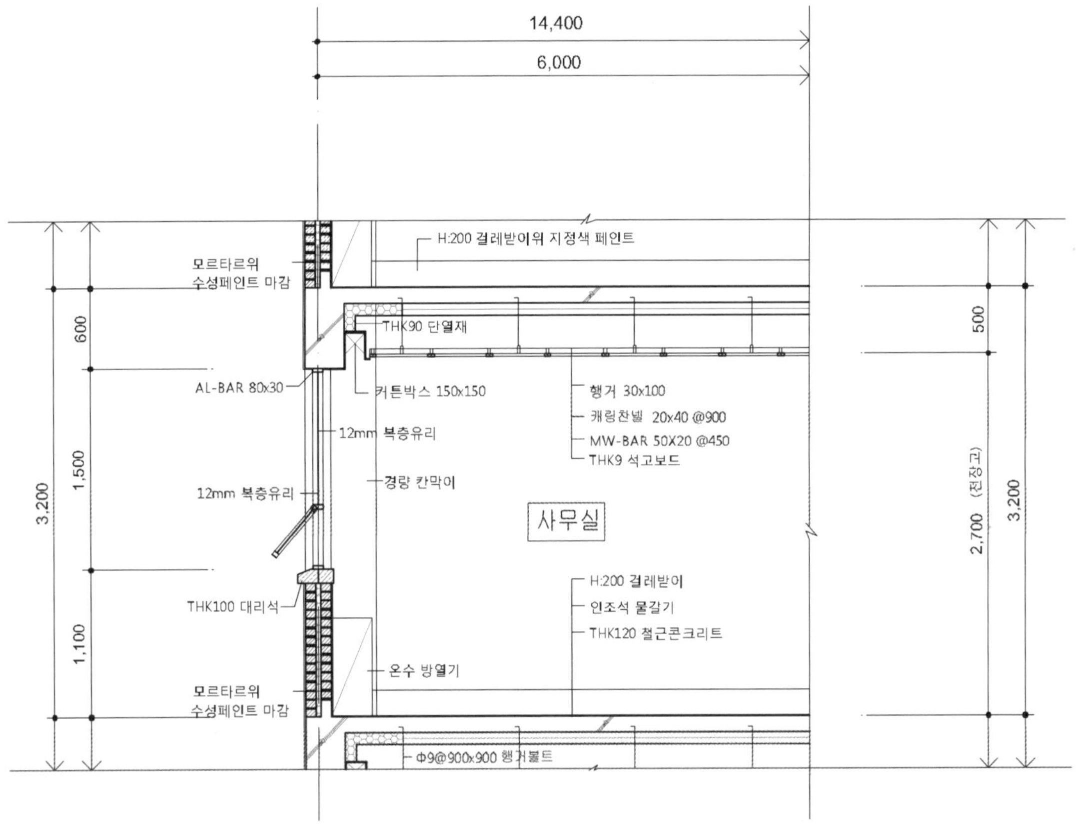

부분단면상세도 축척 : 1/30

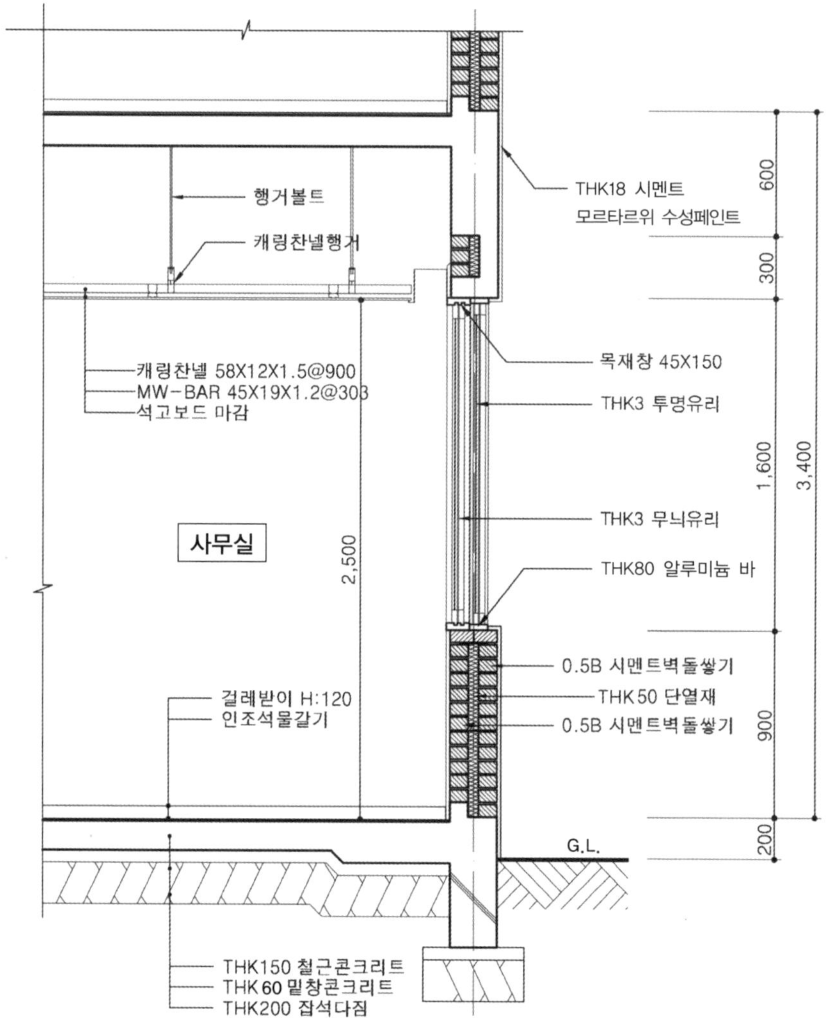

사무실 단면상세도-2 축척 : 1/30

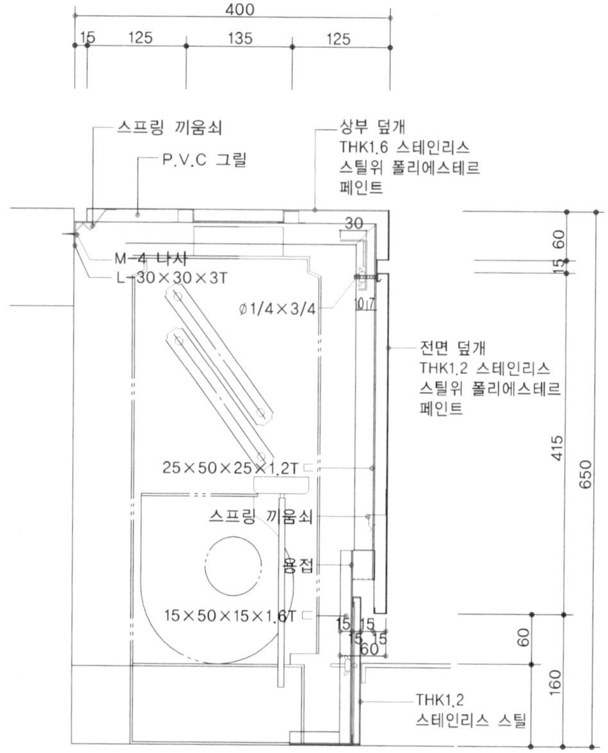

팬코일 단면상세도

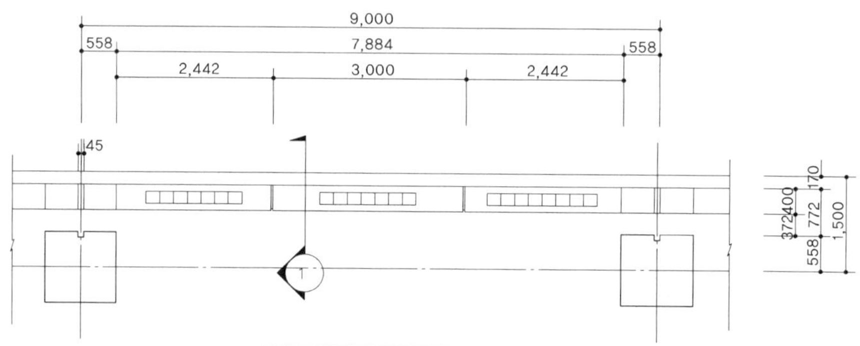

팬코일 평면상세도

2. 화장실

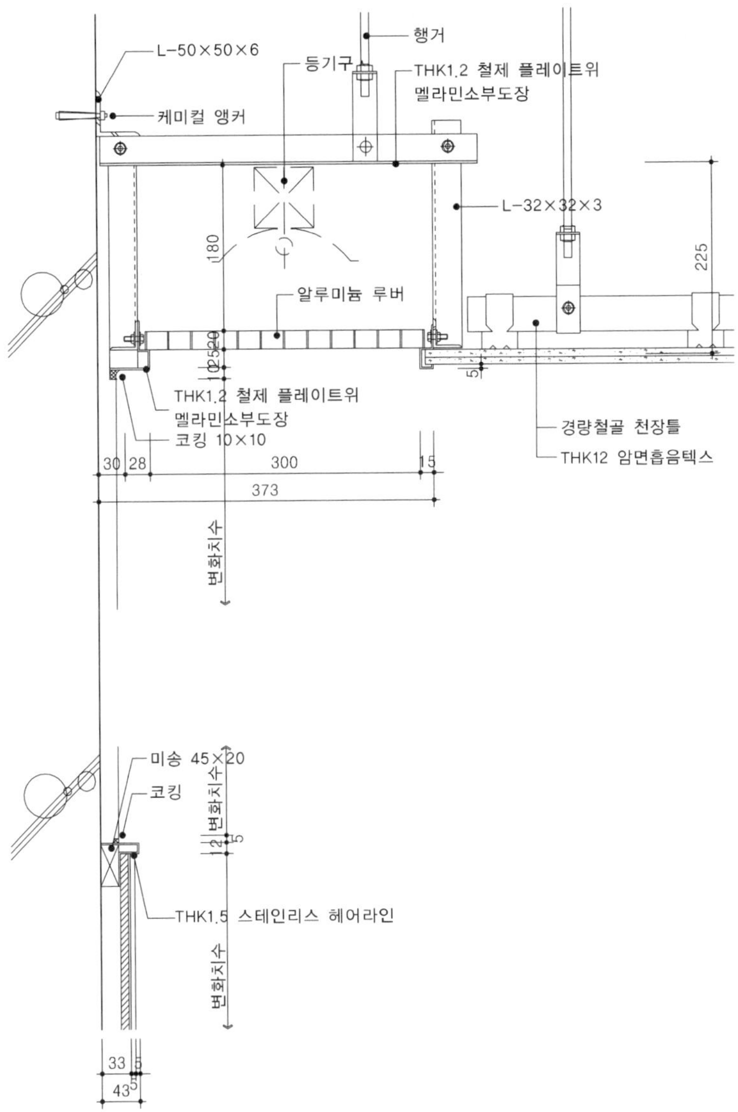

화장실(천장) 단면상세도

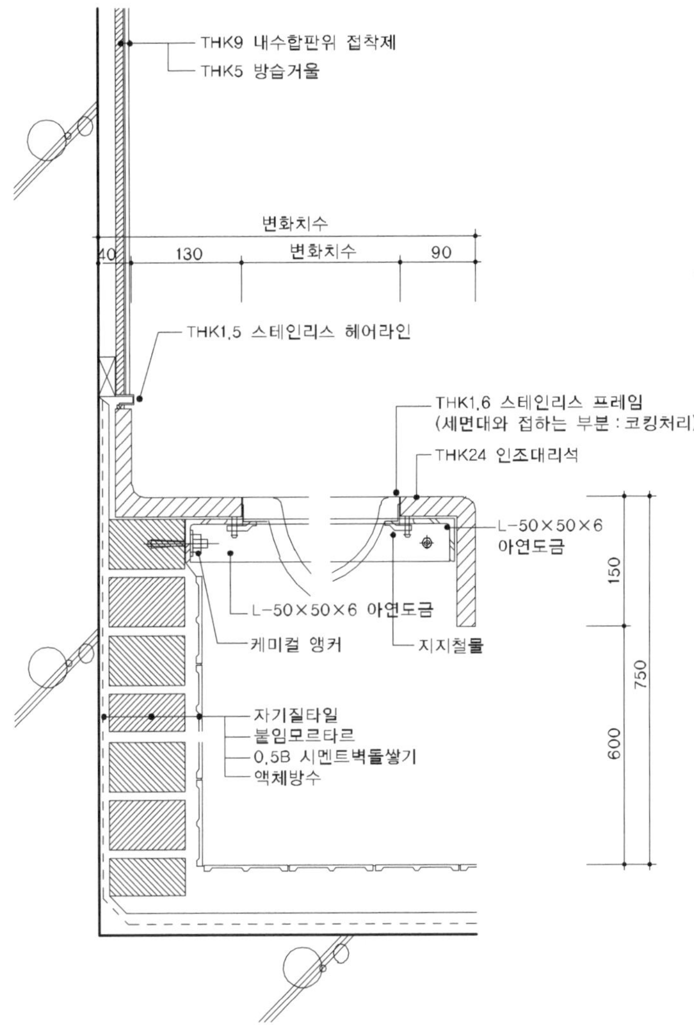

화장실(바닥) 단면상세도 축척 : 1/5

3. 계단

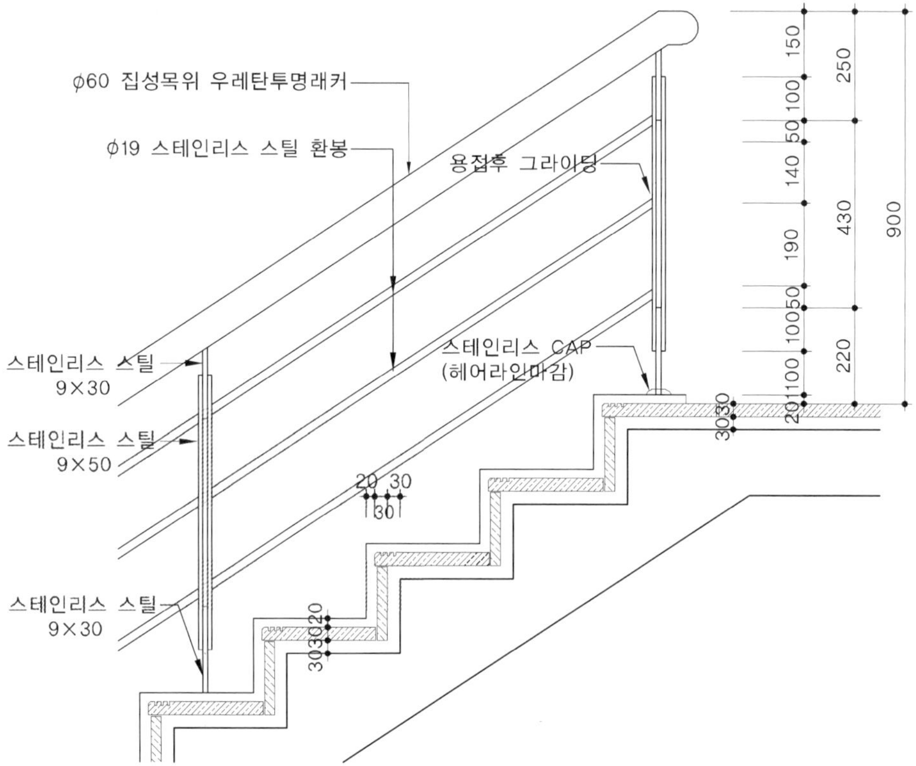

계단실 난간상세도-1

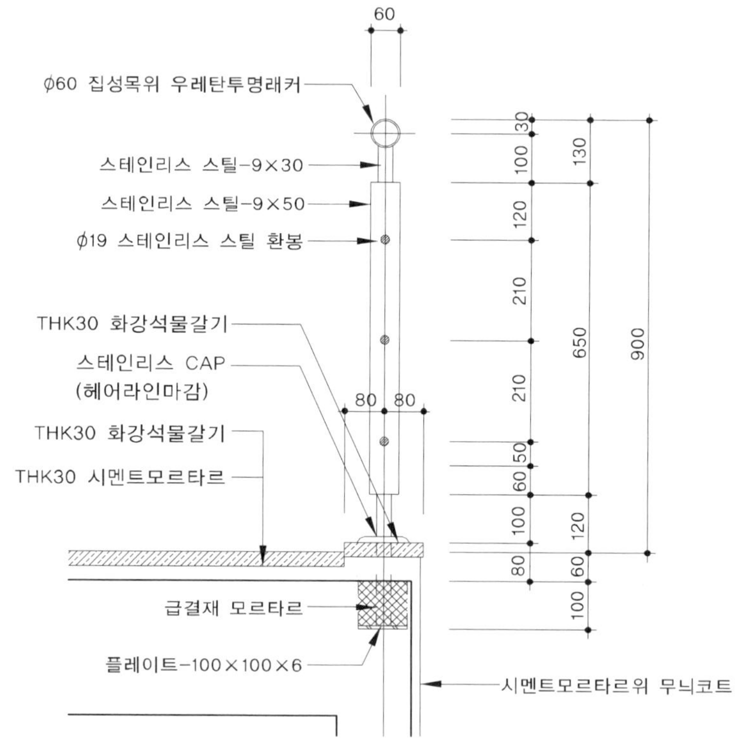

계단실 난간상세도-2 축척 : 1/5

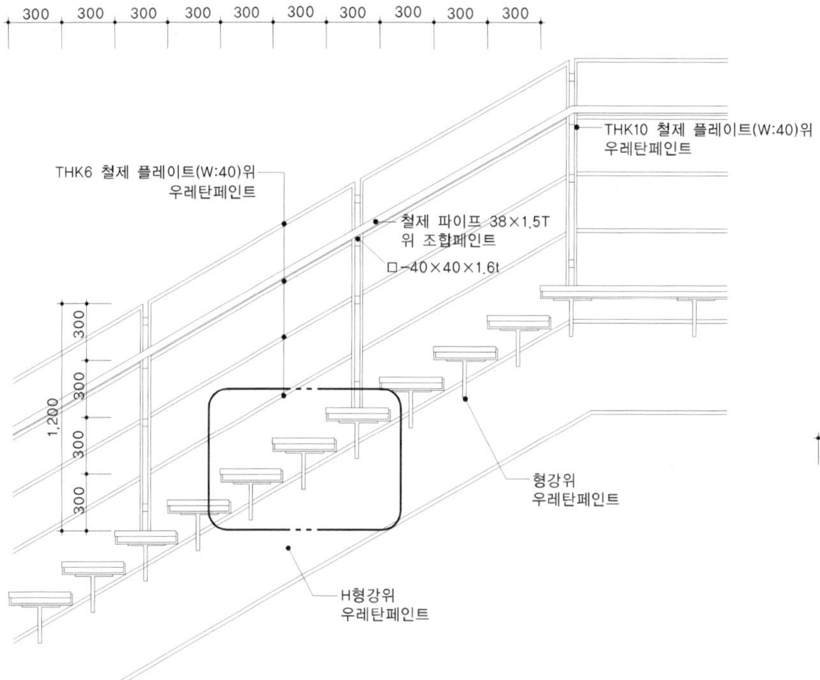
300 300 300 300 300 300 300 300 300 300
THK10 철제 플레이트(W:40)위
우레탄페인트
THK6 철제 플레이트(W:40)위
우레탄페인트
철제 파이프 38×1.5T
위 조합페인트
□-40×40×1.6t
1,200
300
300
300
300
형강위
우레탄페인트
H형강위
우레탄페인트

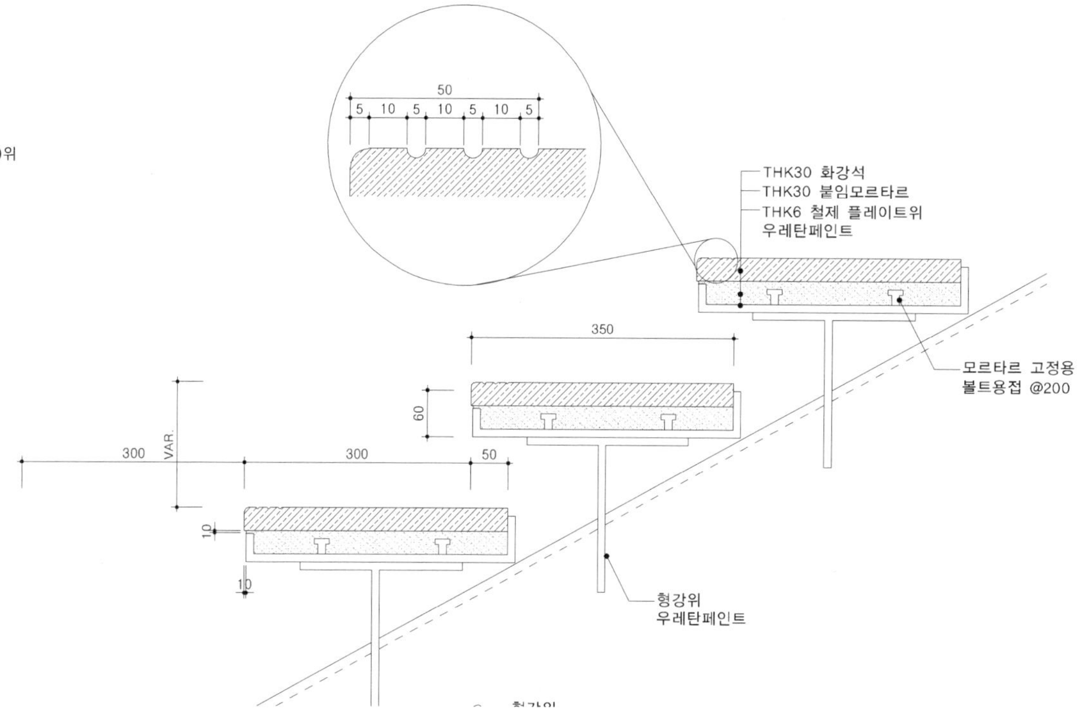
50
5 10 5 10 5 10 5
THK30 화강석
THK30 붙임모르타르
THK6 철제 플레이트위
우레탄페인트
350
모르타르 고정용
볼트용접 @200
60
VAR
300
300
50
10
10
형강위
우레탄페인트

4. 옥상

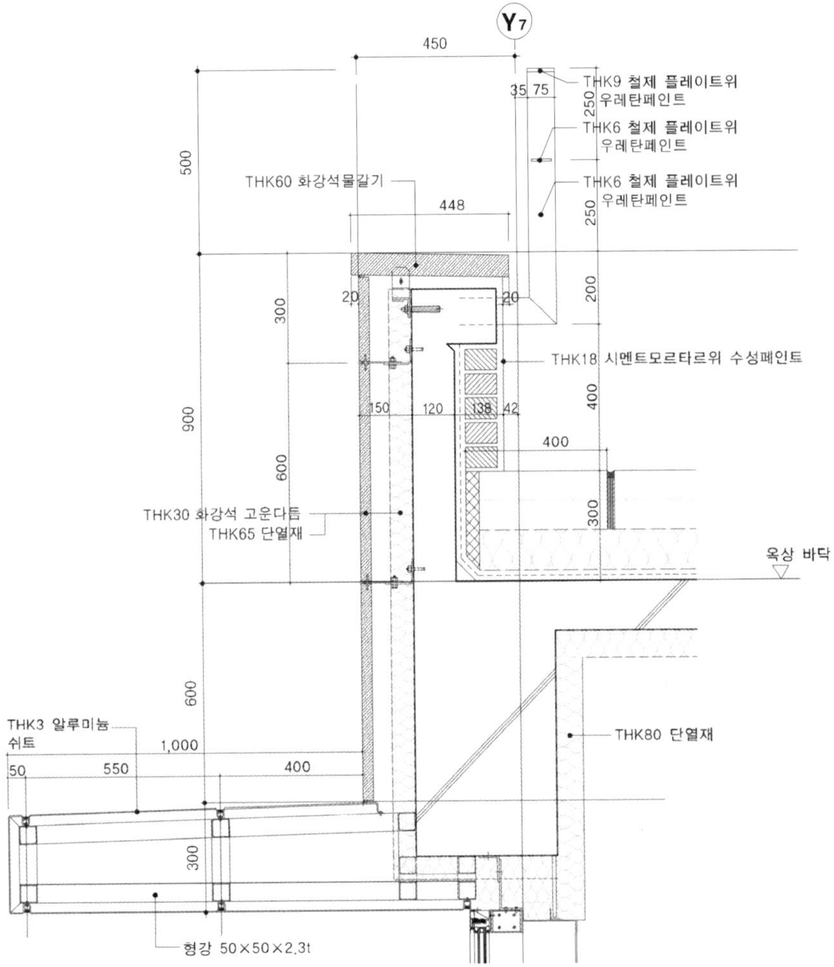

옥상 파라펫 단면상세도-1

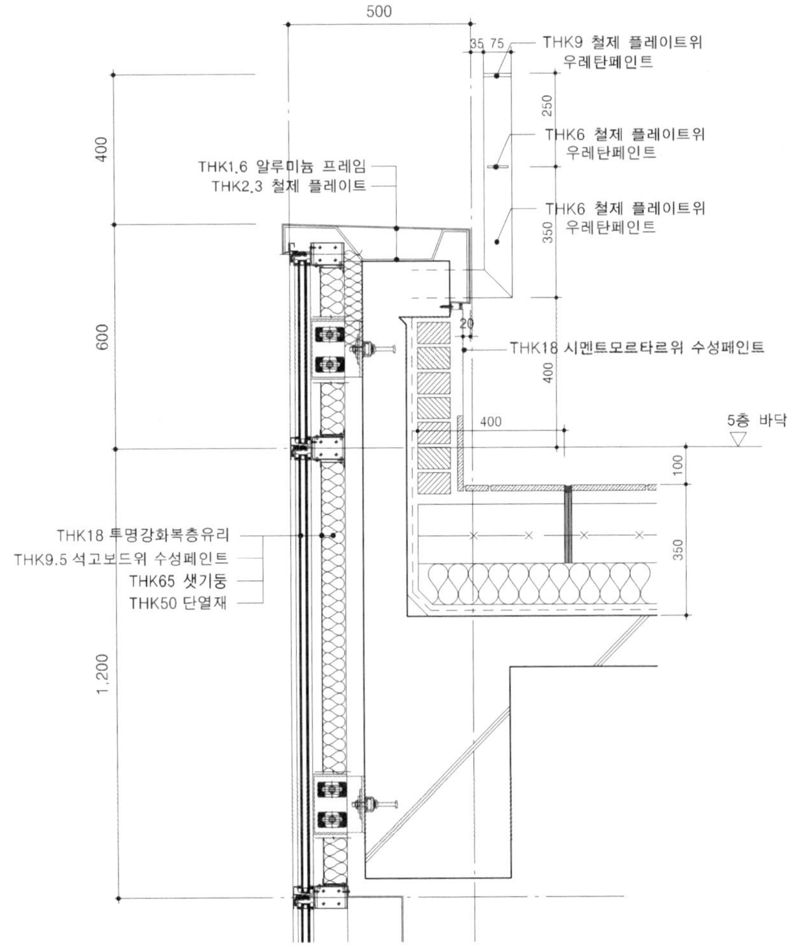

옥상 파라펫 단면상세도-2

축척 : 1/5

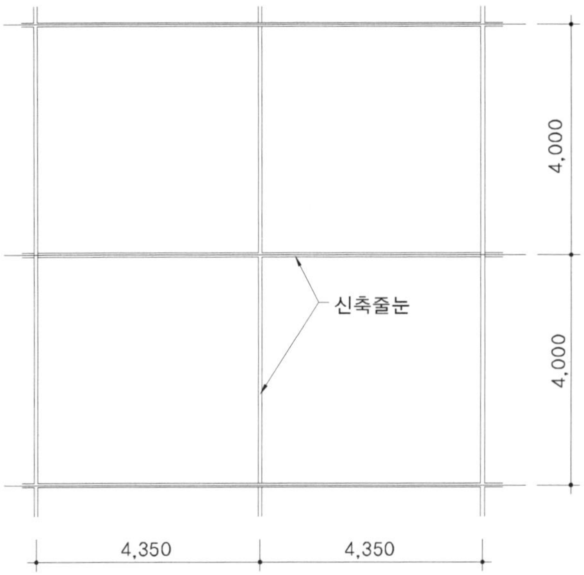

평 면

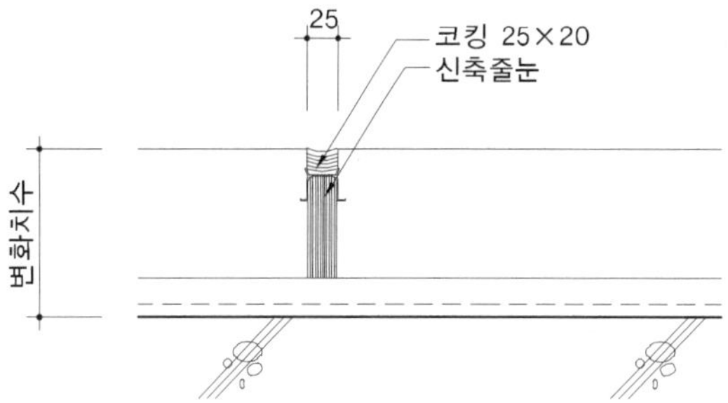

단 면 축척 : 1/5

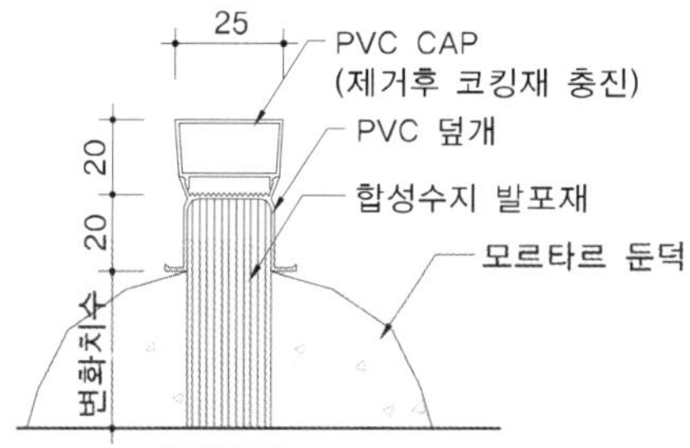

상 세 축척 : 1/2

신축줄눈 상세도

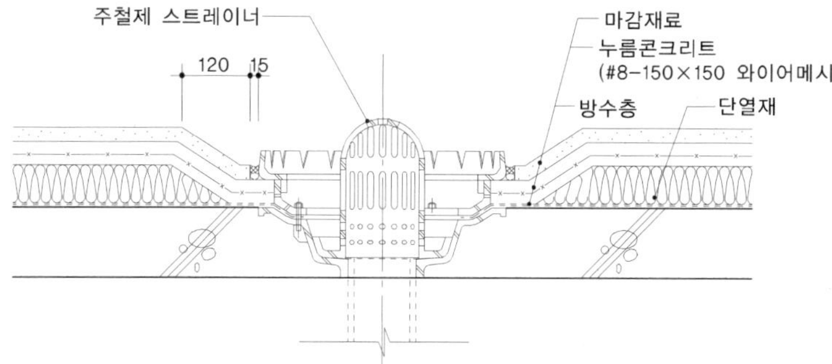

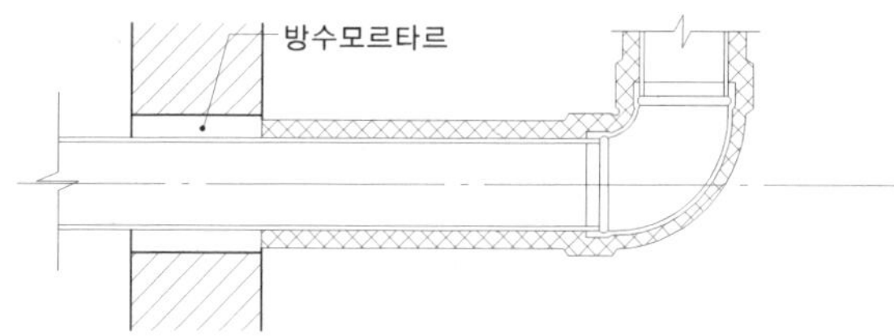

루프 드레인 상세도 축척 : 1/5

□ 부록

1 건축산업기사 기출문제

[적용기간 : 2000.1.1 ~ 2020.12.31]

1. 과년도 기출문제(단독주택)

(건물개요 및 조건)

1) 층수 및 구조 : 벽돌조 2층 주택
2) 층　　　고 : 2.6m
3) 벽　　　체 : 외벽－벽돌조 2중벽 (1.0B+70mm+0.5B)
　　　　　　　내벽－(칸막이벽) 1.0B 시멘트벽돌 벽체
4) 거실 및 침실난방 : 온수온돌 난방으로 한다.
5) 창　　　호 : 2중창호인 경우 내부는 목재, 외부는 알루미늄 창호로 한다.
6) 각 부분 마감 : 각실의 용도에 따라 기능에 맞게 선정하여 사용한다.
7) 문제에서 주어지지 않는 사항은 수검자가 판단하여 결정하되 건축구조 및 각종 규정에 적합하고 일반 건물의 시공수준으로 한다.
8) 각 부분 작도시 축척은 정확하지 않아도 되지만 각 부분 치수가 도면의 전체와 균형이 되도록 한다.
9) 각 부분의 구조 및 치수가 최대한 상세히 표현되어야 한다.
10) 트레이싱 방안지 1장에 1문제씩 작도한다.

1. A부분의 단면상세도를 작도하시오.

가. 작도범위는 기초에서부터 2층 바닥까지 표현되도록 한다.
나. 도면의 크기 : 축척 1/30 정도

2. B부분의 단면상세도를 작도하시오.

가. 작도범위는 기초에서부터 2층 바닥까지 표현되도록 한다.
나. 도면의 크기 : 축척 1/30 정도

3. 2층바닥 S1 부분을 4변 고정으로 가정하고 슬래브배근도를 작도하시오.

가. 철근콘크리트 배근규정을 준수한다.
나. 배근평면도와 단면도가 작도되어야 한다.
다. 도면의 크기 : 축척 1/30 정도
　(배근설계)
단변방향 － 단　부　D13 @180 중앙부　D10 D13 교대 @180
장변방향 － 단　부　D10 D13 교대 @250 중앙부　D10 @250

4. $\frac{1}{W}$의 창호도 (창호표)를 작도하시오.

가. 창호도에 표기해야 할 일체의 내용이 명시되어야 한다.
나. 도면의 크기 : 축척 1/50 정도

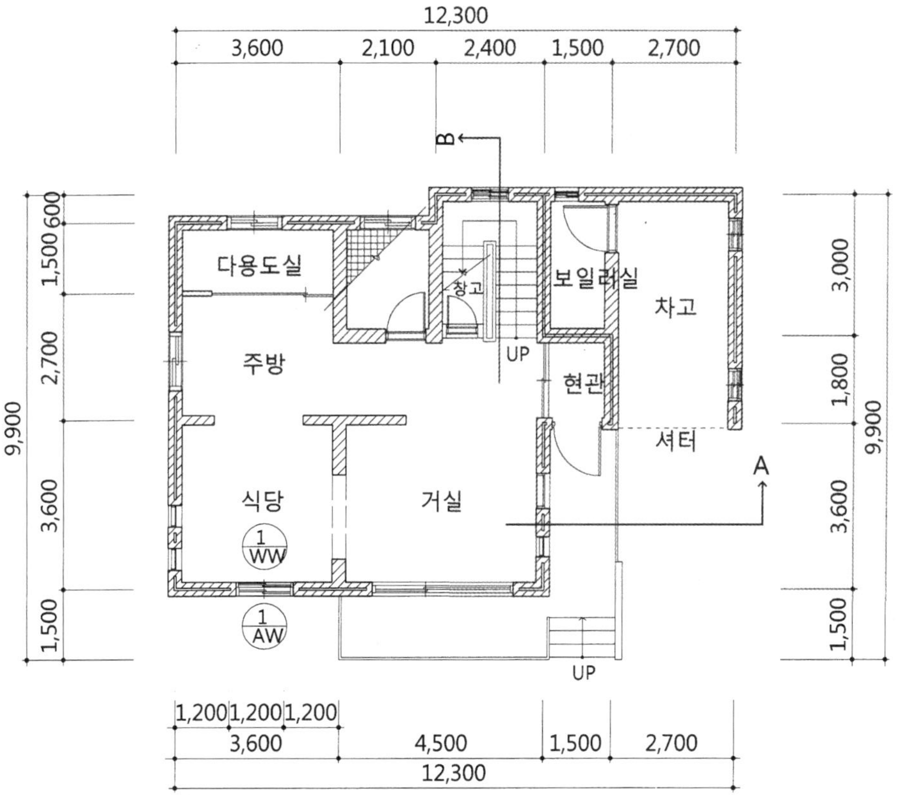

1층 평면도 축척 : 1/100

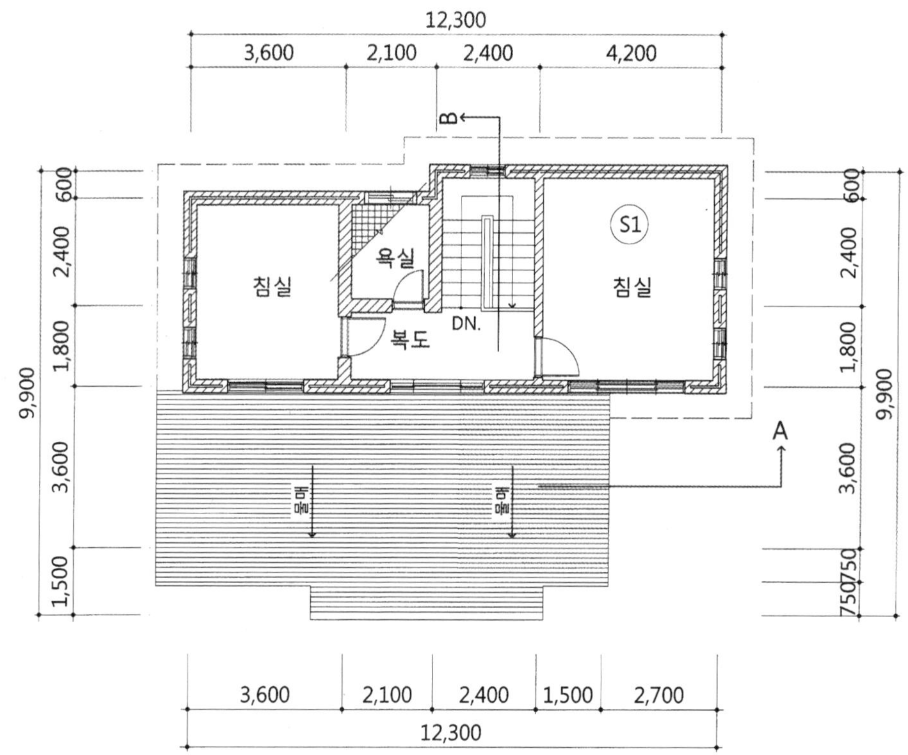

2층 평면도 축척 : 1/100

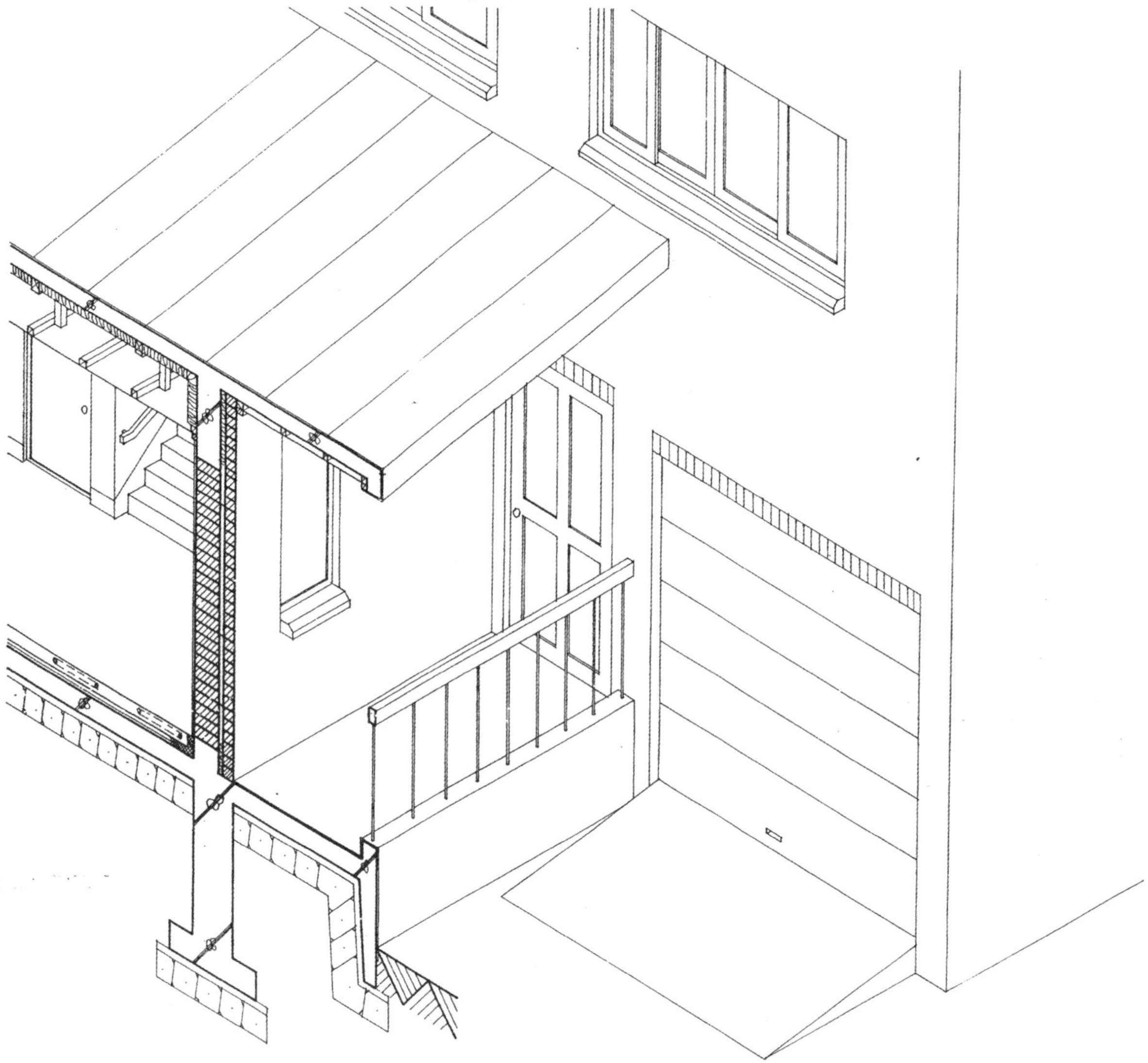

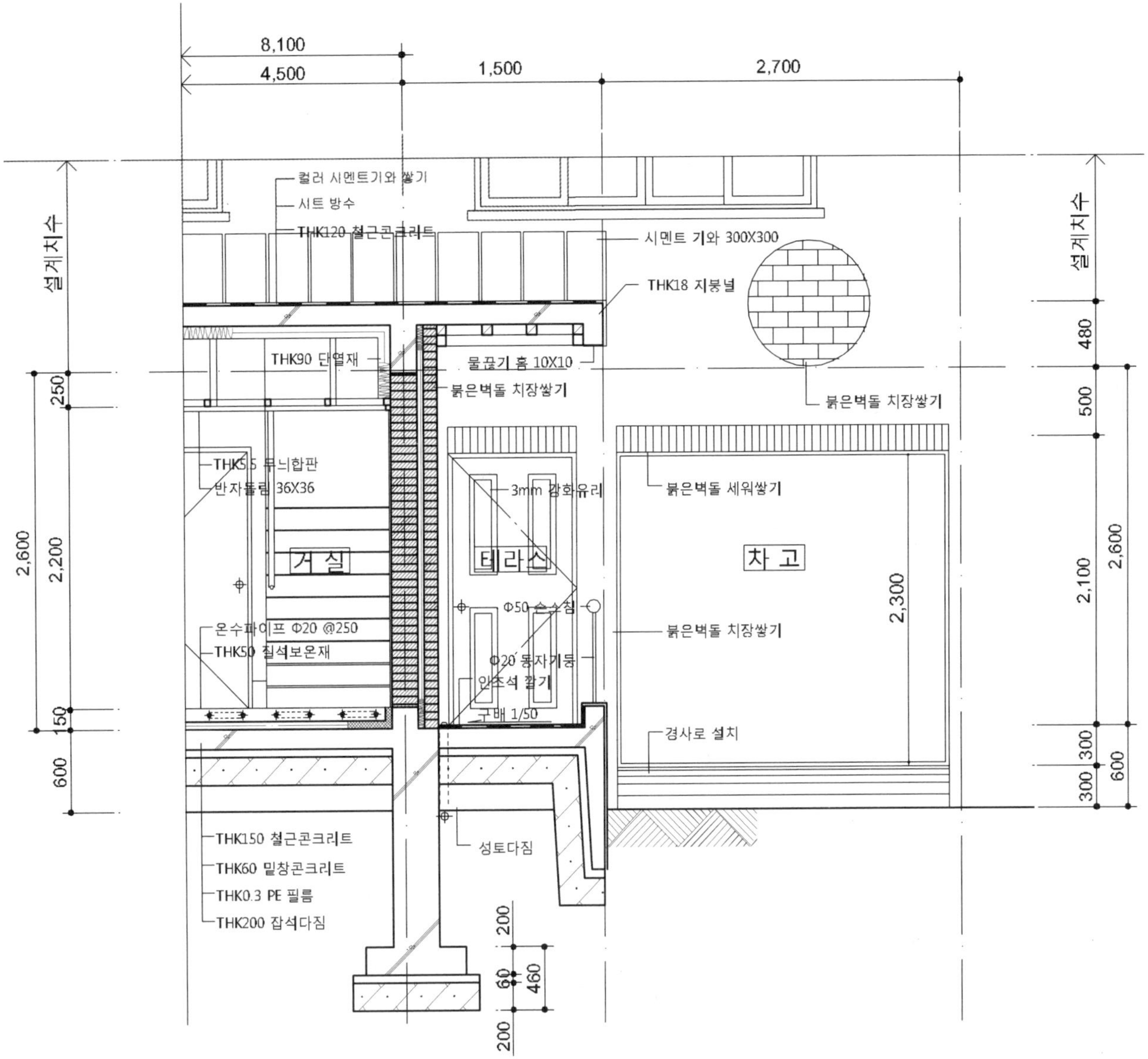

A부분 단면상세도 축척 : 1/30

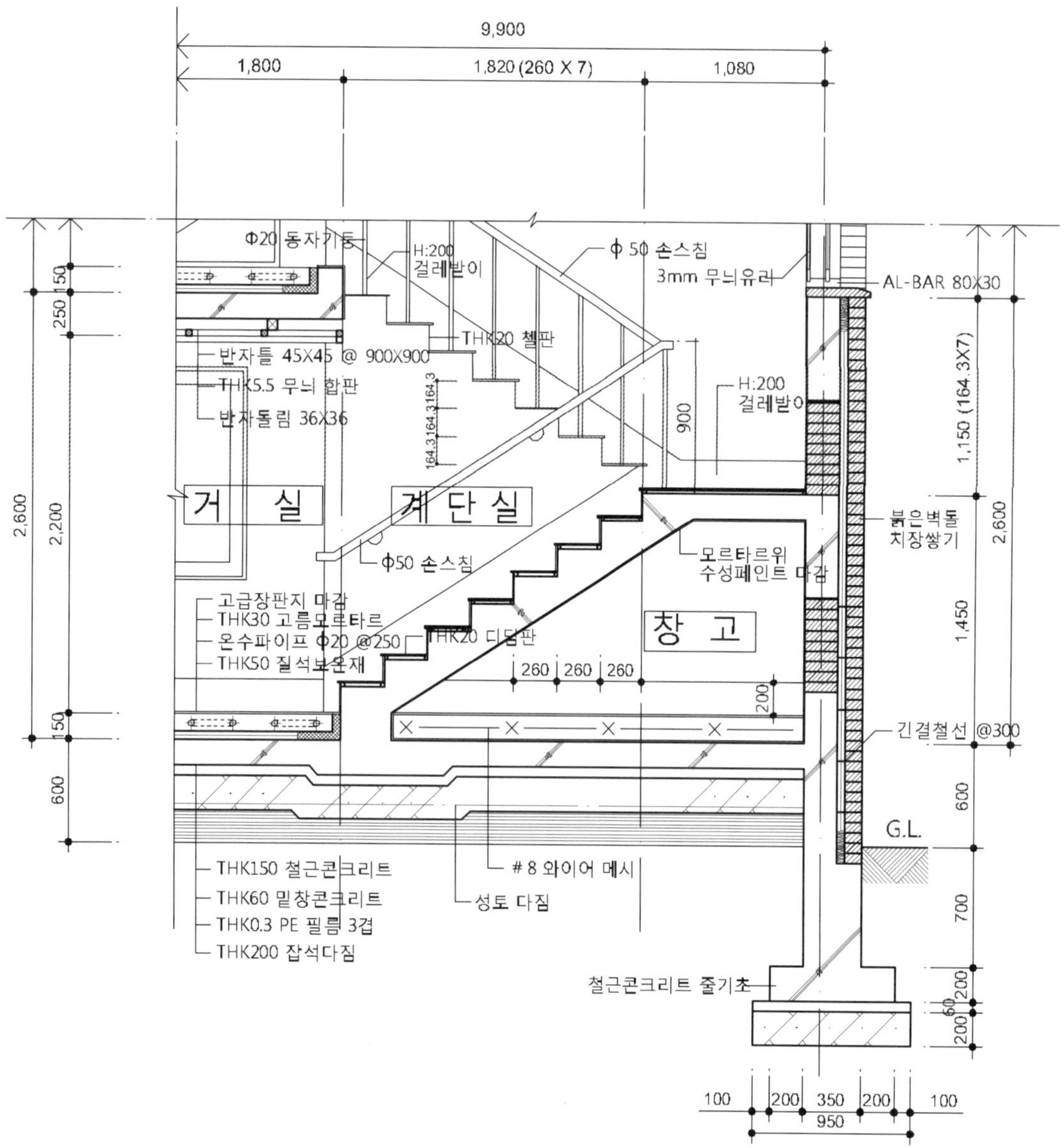

B부분 단면상세도 축척 : 1/30

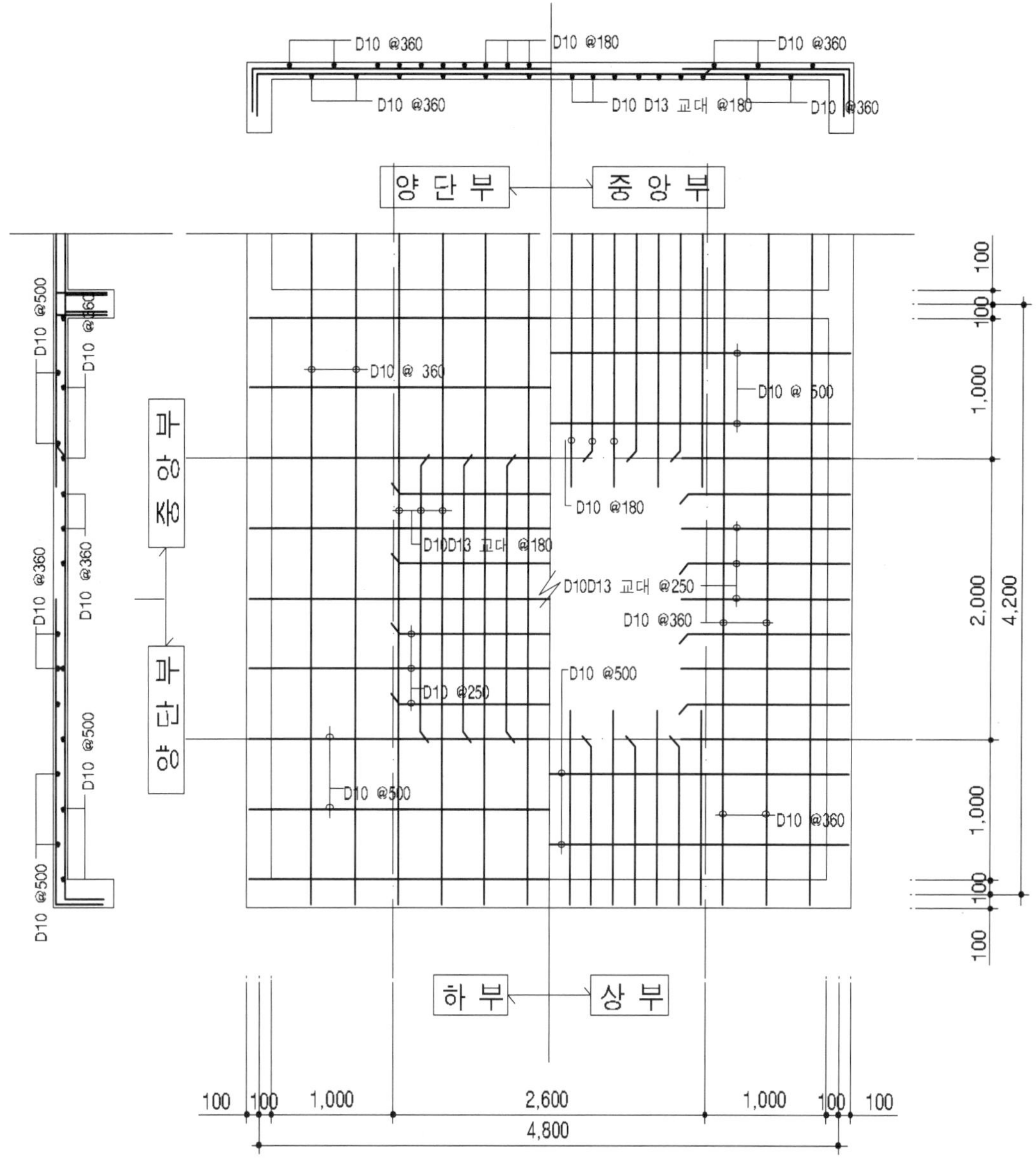

S1 슬래브 배근도 축척 : 1/30

기 호	1 / WW	1 / AW
형 태	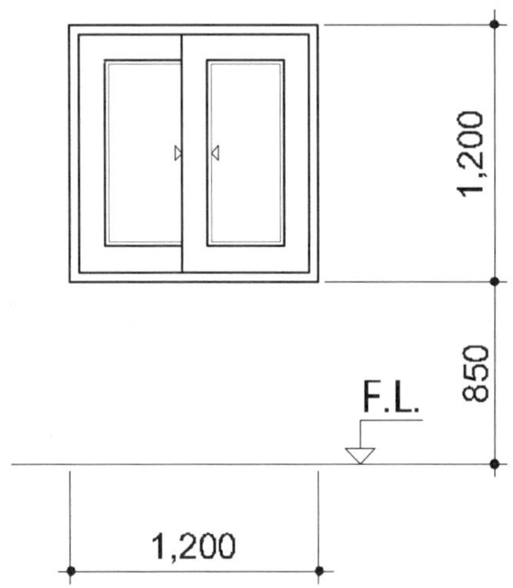	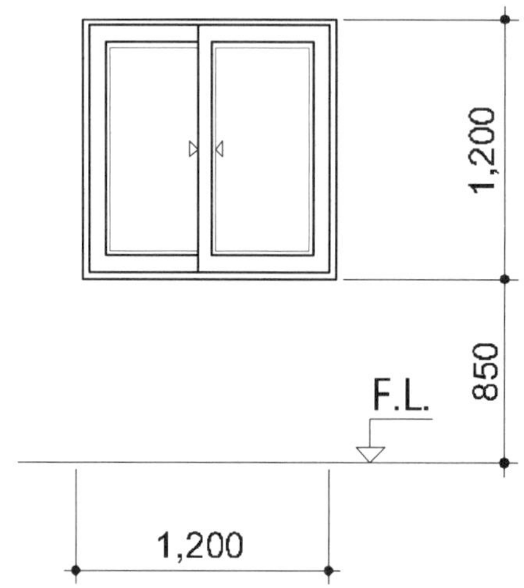
위 치	식당 1개소	식당 1개소
재 료	나왕 120×45	AL-BAR 80×30
마 감	바니시 마감	컬러 알루미늄 코팅
유 리	3mm 무늬유리	3mm 투명유리
철 물	꽂이쇠 1조 외 부속철물 일체(방충망 포함)	크레센트 1조 외 부속철물 일체(방충망 포함)

1/WW 1/AW 창 호 도 축척 : 1/50

2. 과년도 기출문제(노인정)

(건물개요 및 조건)

1) 층수 및 구조 : 지하 1층, 지상 2층의 철근콘크리트 라멘구조
2) 층고 및 반자높이 : 층고－3.2m, 반자높이－2.7m
3) 벽　　　체 : 외벽－시멘트벽돌 2중벽(0.5B＋70mm＋0.5B)
　　　　　　　내벽－(칸막이벽) 1.0B 시멘트벽돌 벽체
4) 각 실 난 방 : 온수온돌 난방으로 한다.
5) 각 부분 마감 : 각실의 용도에 따라 기능에 맞게 선정하여 사용한다.
6) 문제에서 주어지지 않는 사항은 수검자가 판단하여 결정하되 건축구조 및 각종 규정에 적합하고 일반 건물의 시공수준으로 한다.
7) 각 부분 작도시 축척은 정확하지 않아도 되지만 각 부분 치수가 도면의 전체와 균형이 되도록 한다.
8) 각 부분의 구조 및 치수가 최대한 상세히 표현되어야 한다.
9) 트레이싱 방안지 1장에 1문제씩 작도한다.

1. A부분의 단면상세도를 작도하시오.

가. 작도범위는 1개층(1층)이 완전히 표현되도록 한다.
나. 도면의 크기 : 축척 1/30 정도

2. B부분의 단면상세도를 작도하시오.

가. 작도범위는 1개층(1층)이 완전히 표현되도록 한다.
나. 도면의 크기 : 축척 1/30 정도

3. S1 부분을 4변 고정슬래브로 가정하고 슬래브배근도를 작도하시오.

가. 철근콘크리트 배근규정을 준수한다.
나. 배근평면도와 단면도가 작도되어야 한다.
다. 도면의 크기 : 축척 1/30 정도
라. 슬래브 안목치수 : 3.4m×4.3m
　(배근설계)
　단변방향－단　부　D10 D13 교대 @150 중앙부　D10 @150
　장변방향－단　부　D10 D13 교대 @200 중앙부　D10 @200

4. $\frac{1}{SSD}$ 의 창호도 (창호표)를 작도하시오.

가. 창호치수 : 폭 2.8m, 높이 2.5m
나. 창호도에 표기해야 할 일체의 내용이 명시되어야 한다.
다. 도면의 크기 : 축척 1/50 정도

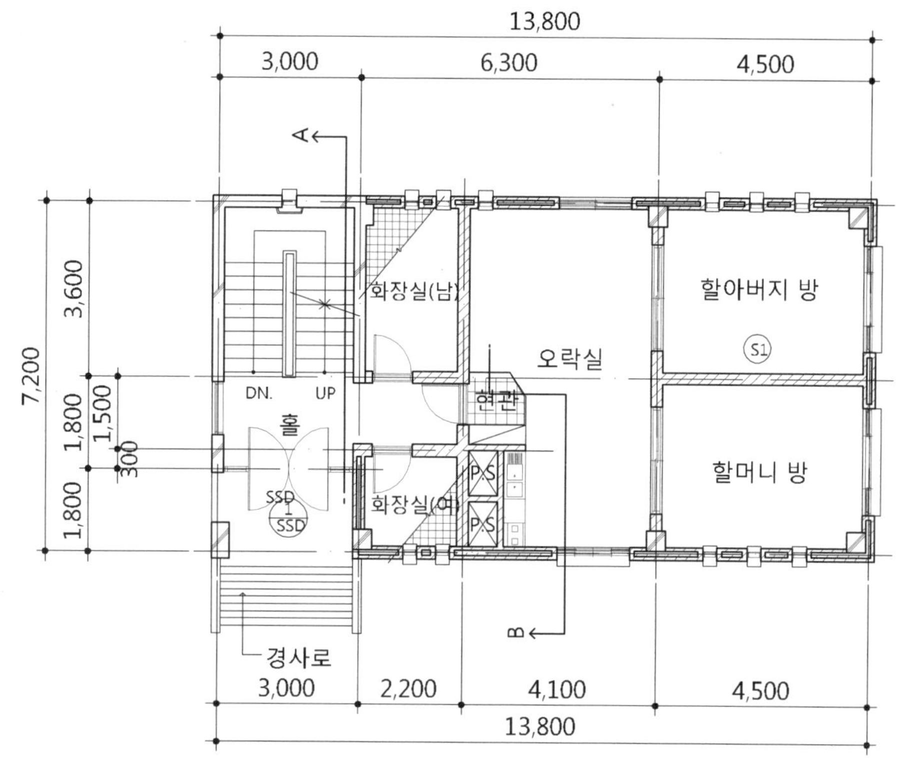

1층 평면도　축척 : 1/100

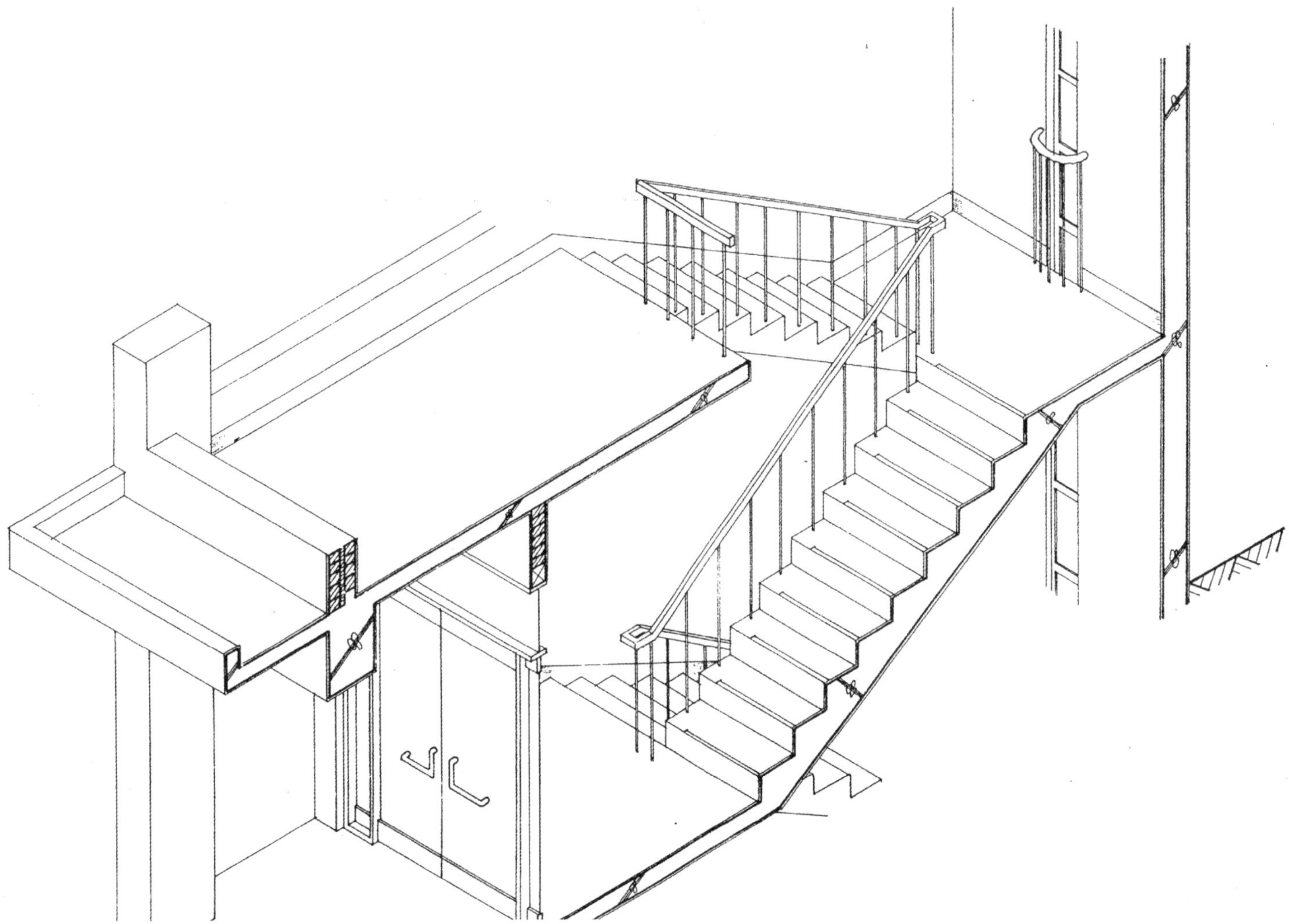

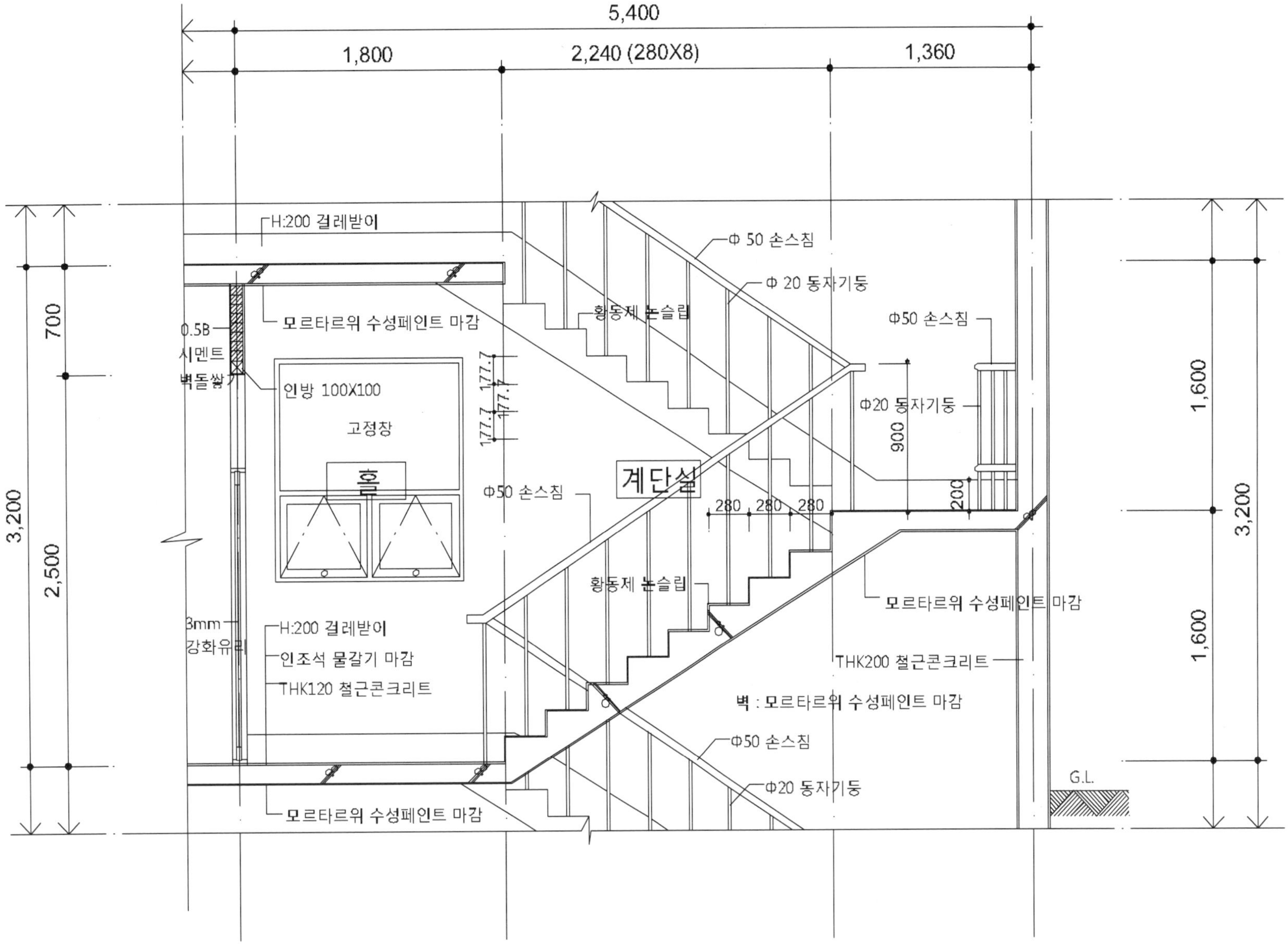

A부분 단면상세도 축척 : 1/30

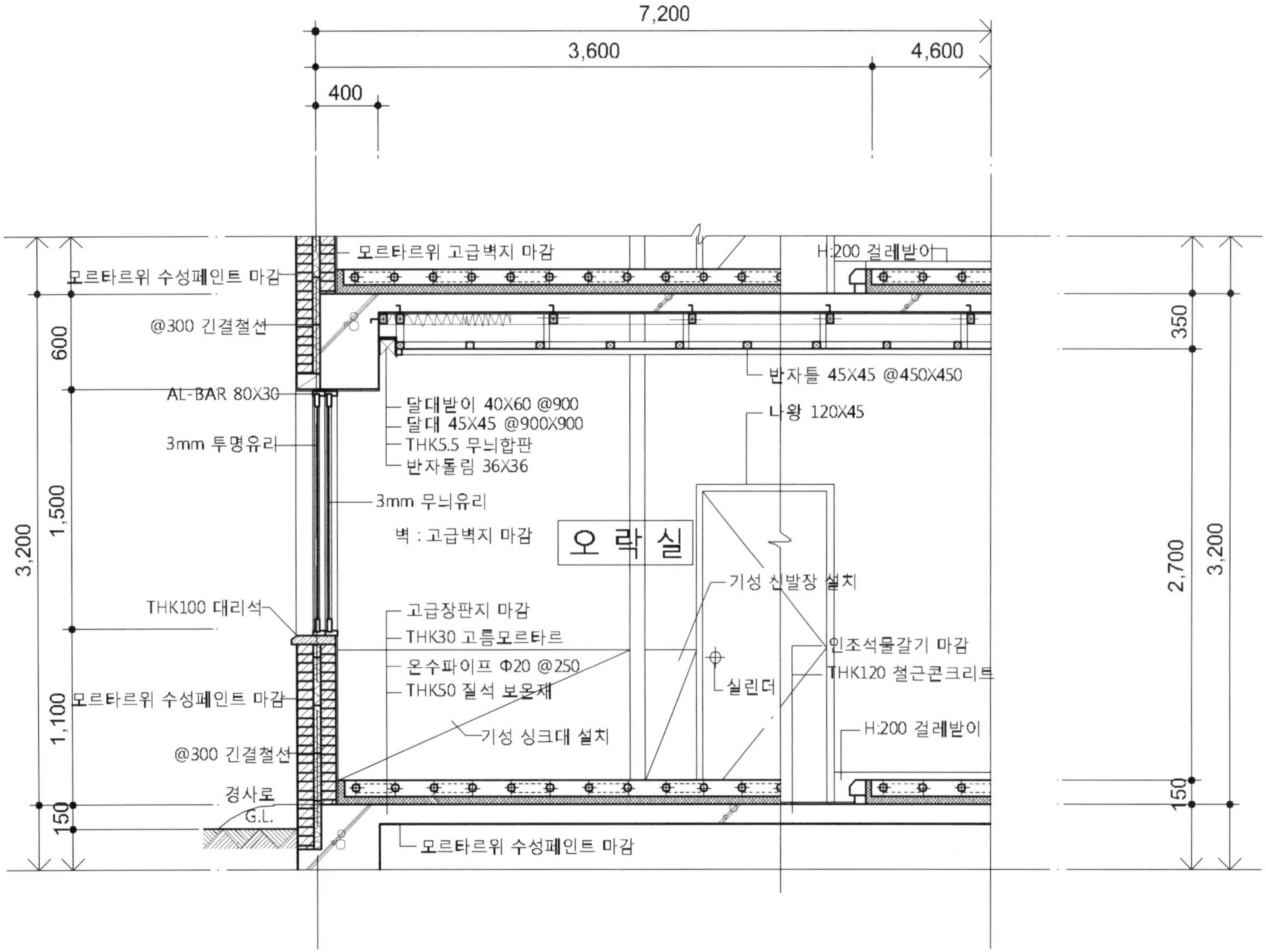

B부분 단면상세도 축척 : 1/30

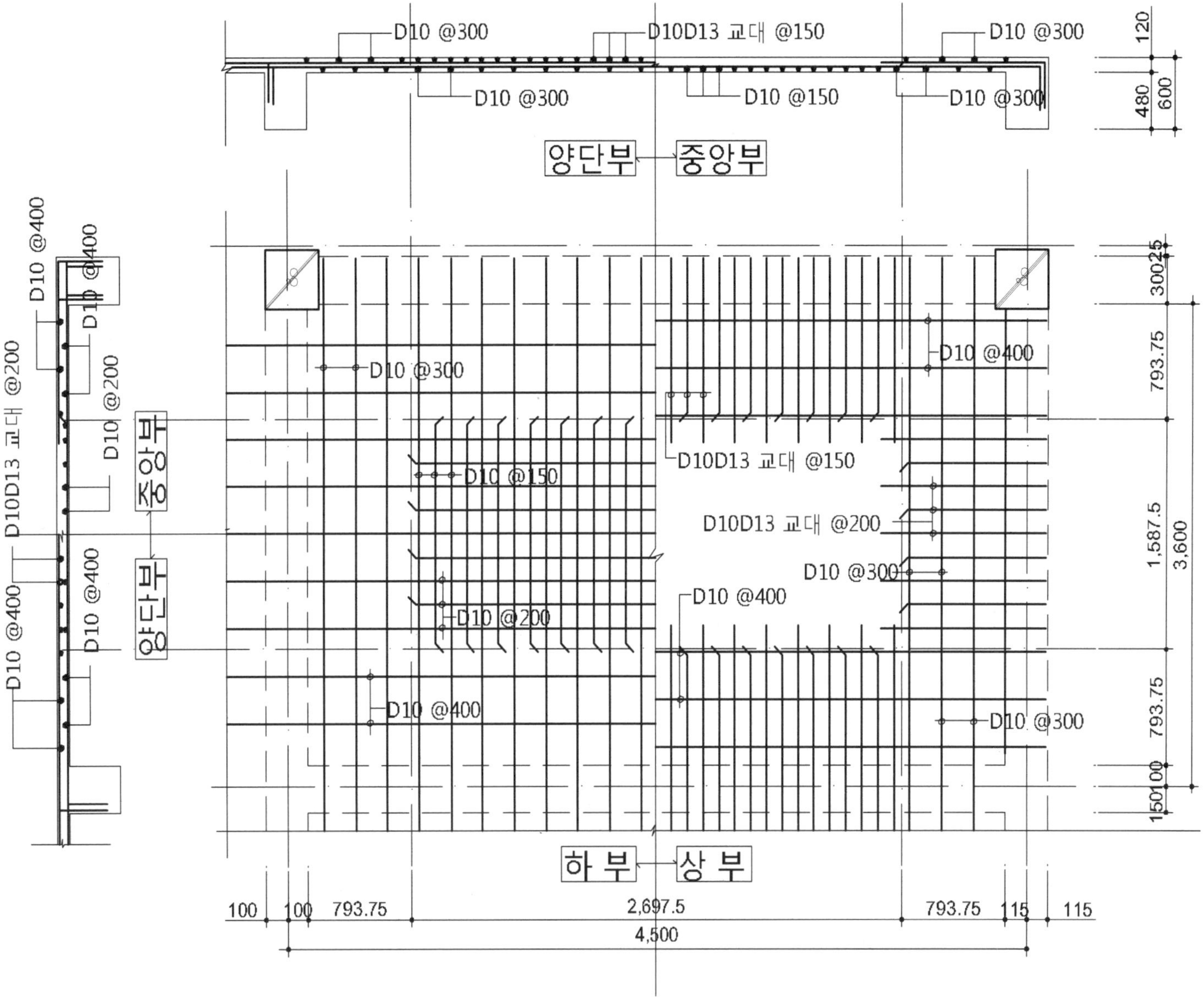

S1 슬래브 배근도 축척 : 1/30

기 호	1 SSD
형 태	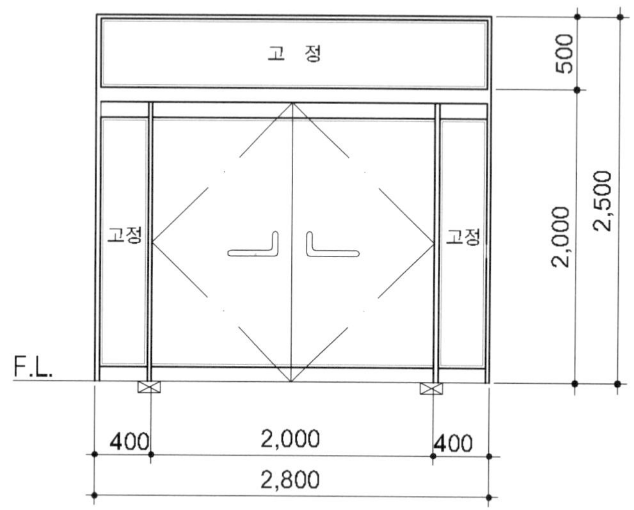
위 치	현관 1개소
재 료	SS-BAR 100×30
마 감	컬러 스테인리스 코팅
유 리	10mm 강화유리
철 물	플로어힌지 2조 외 부속철물 일체

1 SSD 창 호 도 축척 : 1/50

3. 과년도 기출문제(아파트)

(건물개요 및 조건)

1) 층수 및 구조 : 지하 1층, 지상 16층의 철근콘크리트 벽식구조
2) 층 고 : 지하층 2.7m, 지상층 2.7m
3) 철근콘크리트 벽체 두께는 내 · 외벽 모두 180mm로 한다.
4) 거주 부분의 외벽은 단열구조로 한다.
5) 각 실 난 방 : 온수온돌 난방으로 한다.
6) 창 호 : 알루미늄 새시로 한다.
7) 각 부분 마감 : 각 실의 용도에 따라 기능에 맞게 선정하여 사용한다.
8) 문제에서 주어지지 않는 사항은 수검자가 판단하여 결정하되 건축구조 및 각종 규정에 적합하고 일반 건물의 시공 수준으로 한다.
9) 각 부분 작도시 축척은 정확하지 않아도 되지만 각 부분 치수가 도면의 전체와 균형이 되도록 한다.
10) 각 부분의 구조 및 치수가 최대한 상세히 표현되어야 한다.
11) 트레이싱 방안지 1장에 1문제씩 작도한다.

1. A부분의 단면상세도를 작도하시오.

가. 작도범위는 1개 층이 완전히 표현되도록 한다.

나. 도면의 크기 : 축척 1/30 정도

2. B부분의 단면상세도를 작도하시오.

가. 작도범위는 1개 층이 완전히 표현되도록 한다.

나. 도면의 크기 : 축척 1/30 정도

3. 2층바닥 S1 부분을 4변 고정으로 가정하고 슬래브배근도를 작도하시오.

가. 철근콘크리트 배근규정을 준수한다.

나. 배근평면도와 단면도가 작도되어야 한다.

다. 도면의 크기 : 축척 1/30 정도

(배근설계)

단변방향 – 단 부 D10 D13 교대 @150 중앙부 D10 @150

장변방향 – 단 부 D10 D13 교대 @200 중앙부 D10 @200

4. $\frac{1}{AWD}$ 의 창호도 (창호표)를 작도하시오.

가. 창호도에 표기해야 할 일체의 내용이 명시되어야 한다.

나. 도면의 크기 : 축척 1/50 정도

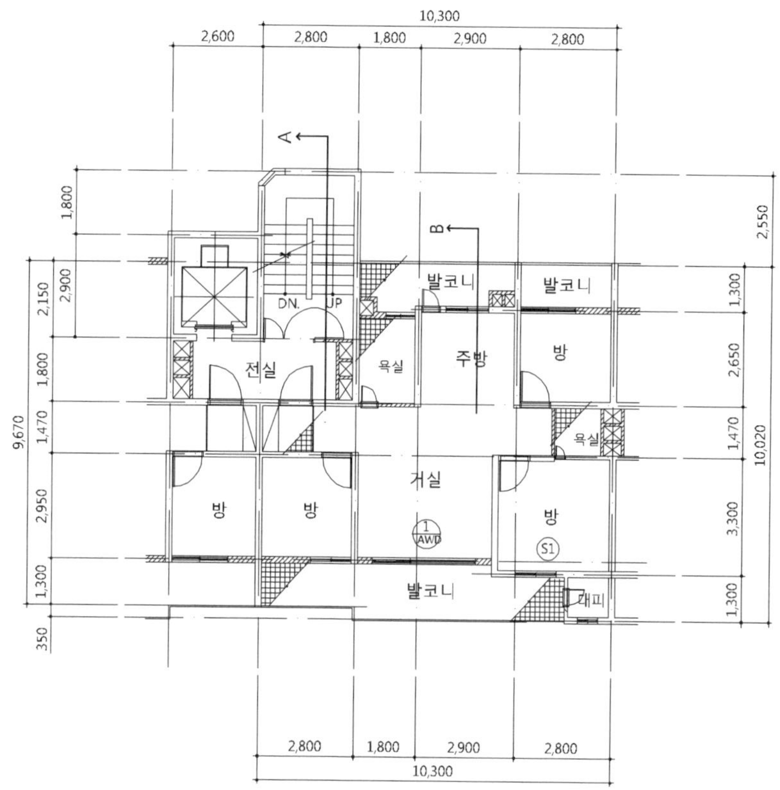

기준층 평면도 축척 : 1/100

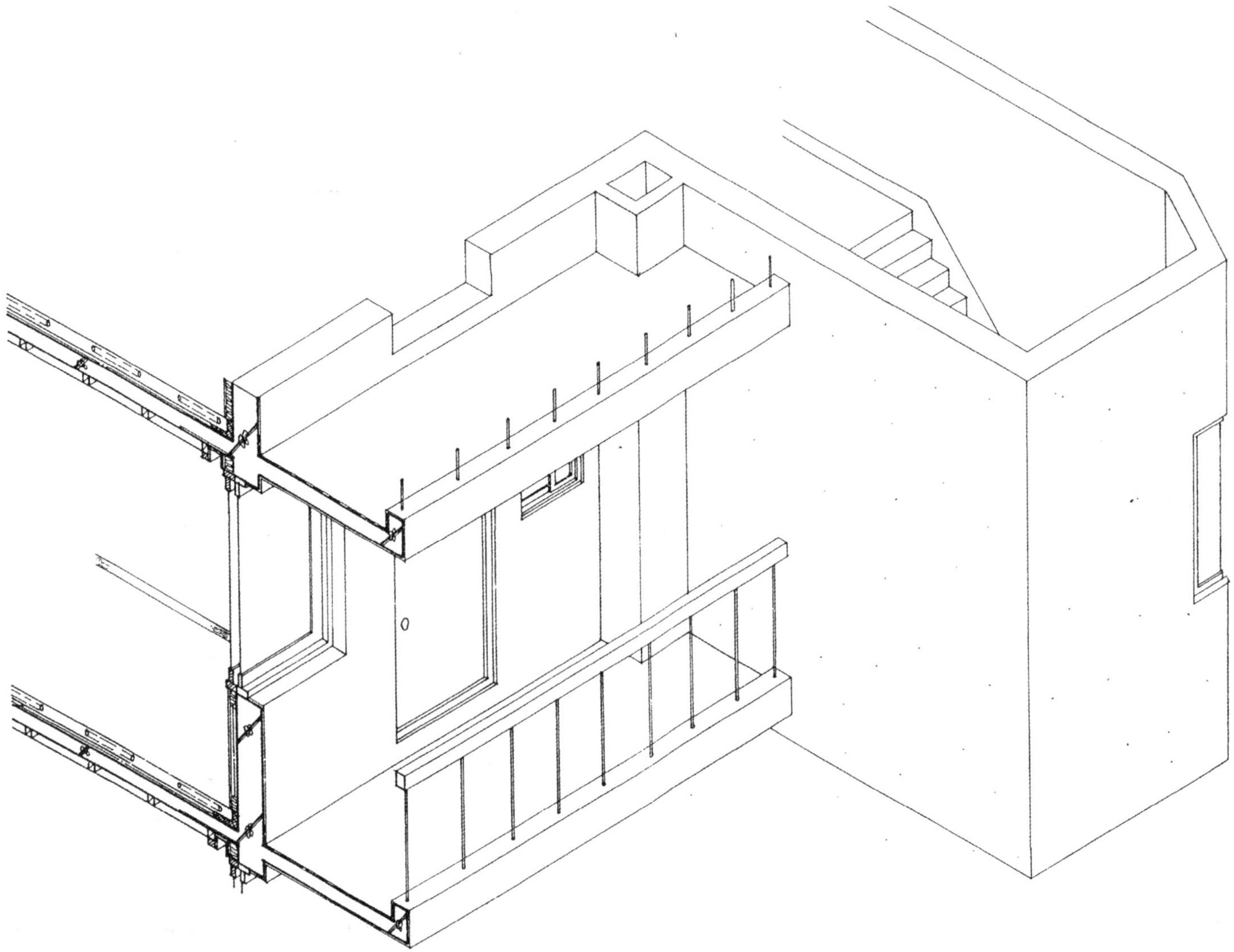

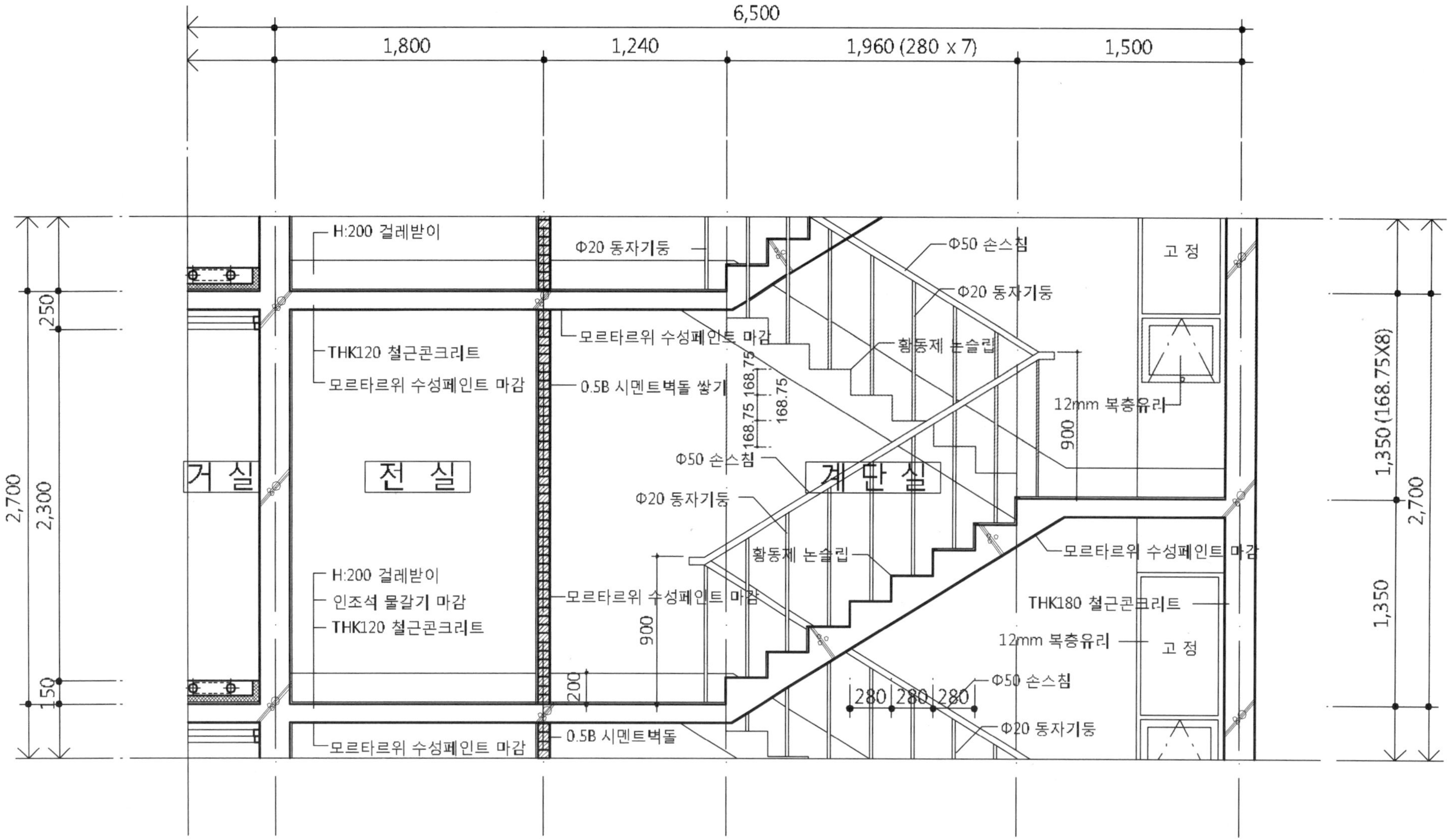

A부분 단면상세도 축척 : 1/30

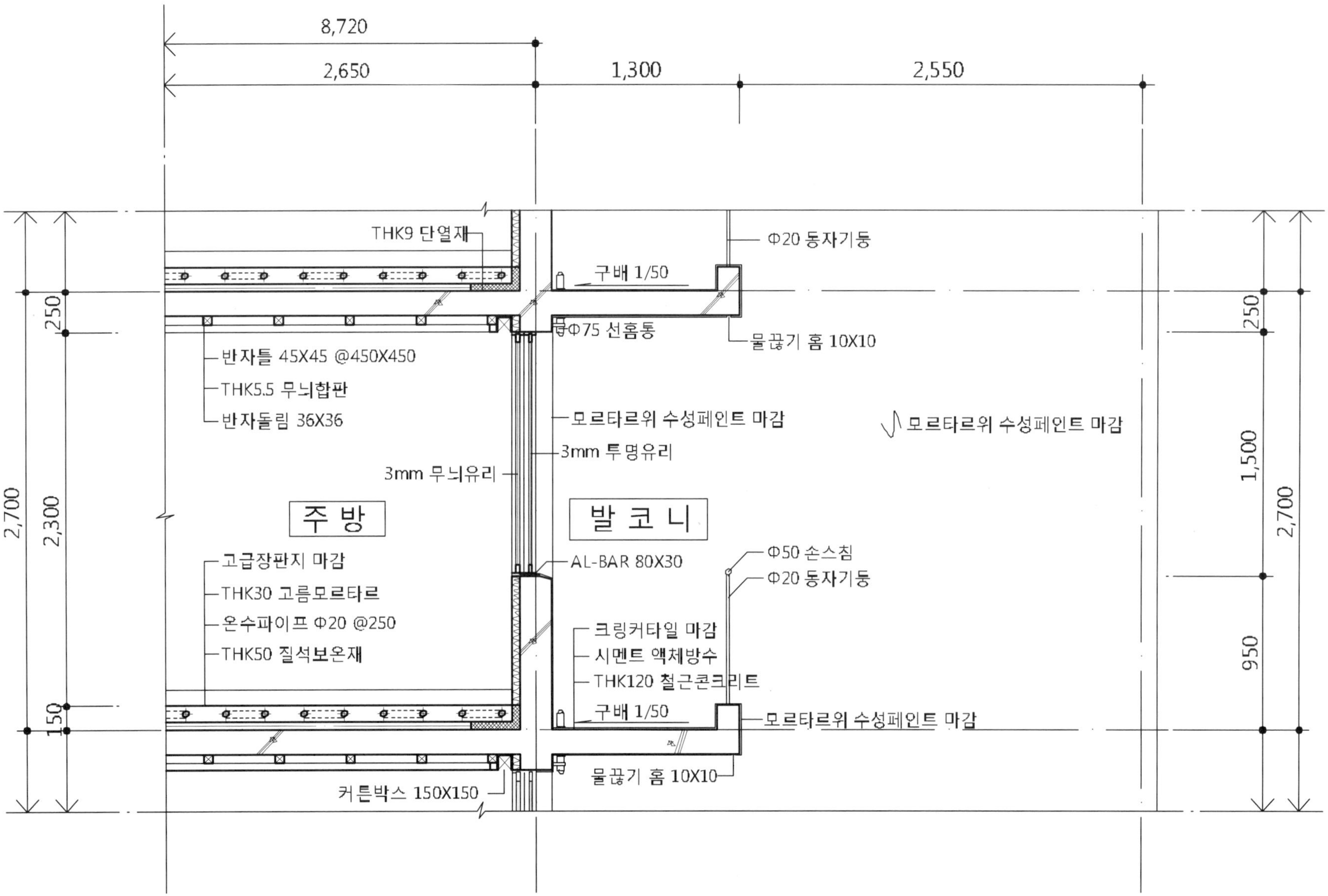

B부분 단면상세도 축척 : 1/30

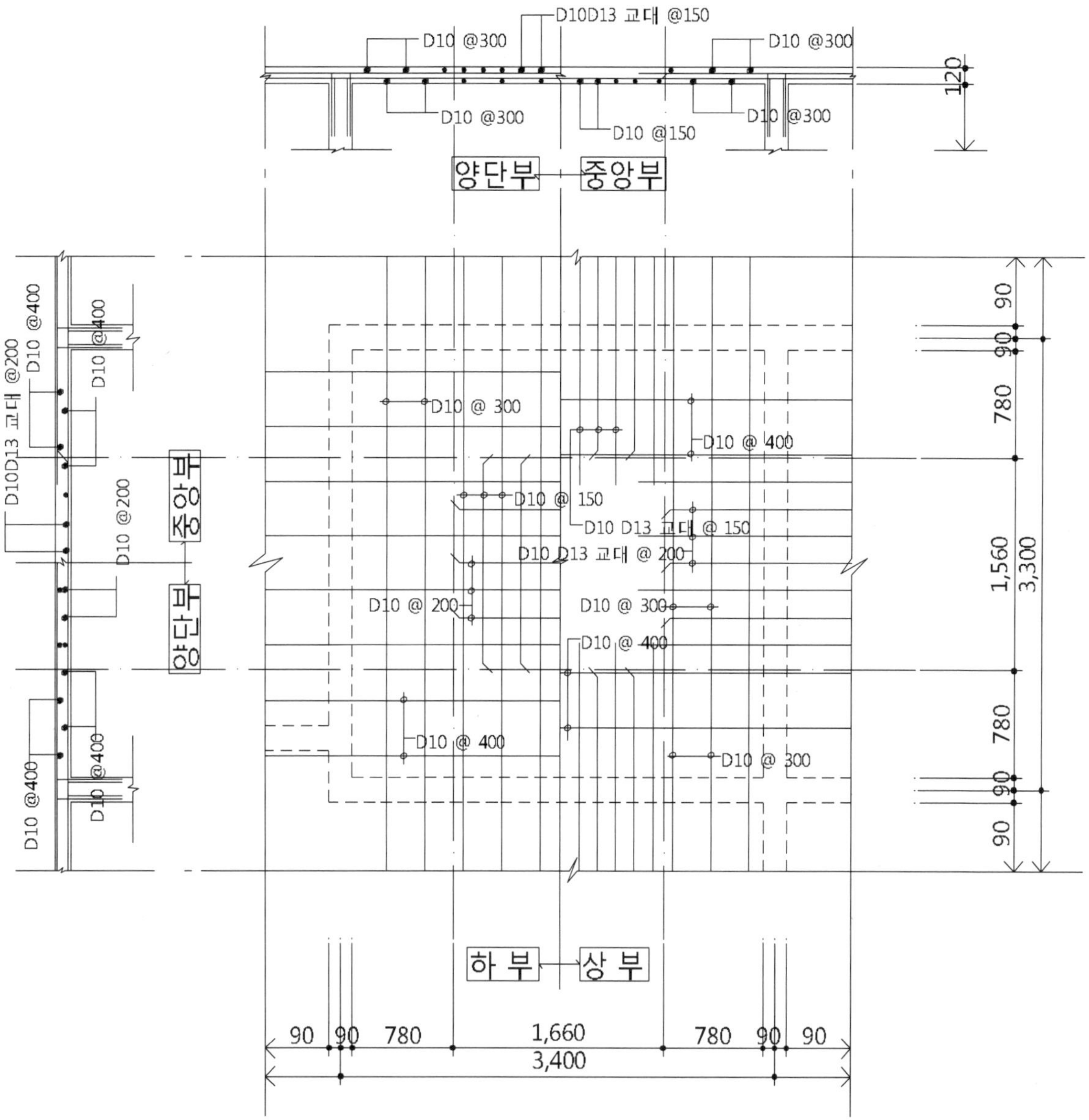

S1 슬래브 배근도 축척 : 1/30

기 호	1 AWD
형 태	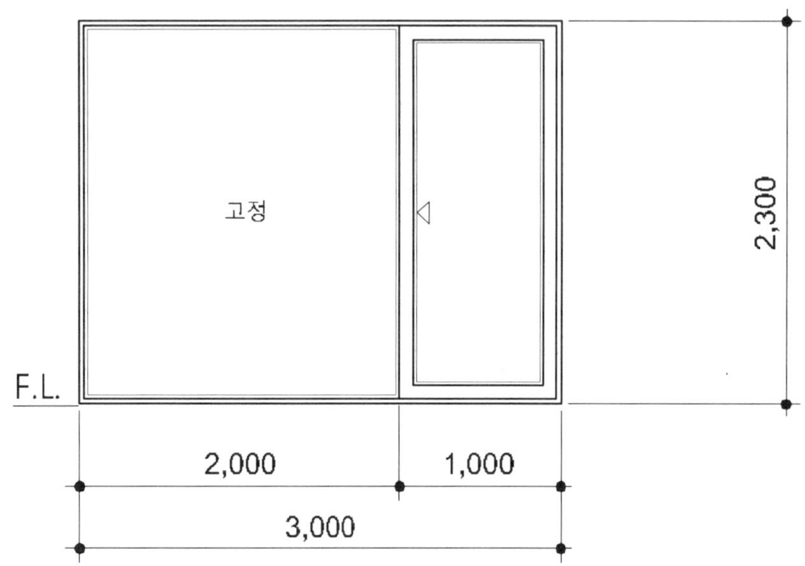
위 치	거실 1개소
재 료	AL-BAR 80×30
마 감	컬러 알루미늄 코팅
유 리	12mm 복층유리
철 물	크레센트 1조 외 부속철물 일체(방충망 포함)

1/AWD 창 호 도 축척 : 1/50

4. 과년도 기출문제(생활편의시설)

(건물개요 및 조건)

1) 층수 및 구조 : 지하 1층, 지상 4층의 철근콘크리트 라멘구조
2) 층 고 : 3.2m
3) 외 벽 구 조 : 2중벽 단열시공, 시멘트 모르타르 위 수성페인트마감
4) 창 호 : 알루미늄 새시 창호에 복층유리(페어글라스) 사용
5) 마 감 : 각 실의 용도에 따라 기능에 맞게 선정하여 사용한다.
6) 난 방 : 방열기 설치
7) 문제에서 주어지지 않는 사항은 수검자가 판단하여 결정하되 건축구조 및 각종 규정에 적합하고 일반 건물의 시공 수준으로 한다.
8) 각 부분 작도시 축척은 정확하지 않아도 되지만 각 부분 치수가 도면의 전체와 균형이 되도록 한다.
9) 각 부분의 구조 및 치수가 최대한 상세히 표현되어야 한다.
10) 트레이싱 방안지 1장에 1문제씩 작도한다.

1. A부분의 단면상세도를 작도하시오.

가. 작도범위는 1개 층이 완전히 표현되도록 한다.
나. 도면의 크기 : 축척 1/30 정도

2. B부분의 단면상세도를 작도하시오.

가. 작도범위는 1개 층이 완전히 표현되도록 한다.
나. 계단형식은 경사슬래브식 계단으로 한다.
다. 도면의 크기 : 축척 1/30 정도

3. S1 부분을 4변고정 슬래브로 가정하고 슬래브 배근도를 작도하시오.

가. 철근콘크리트 배근규정을 준수한다.
나. 배근평면도와 단면도가 작도되어야 한다.
다. 도면의 크기 : 축척 1/30 정도
라. 슬래브 안목치수 : 4.55m×5.75m

(배근설계)

단변방향-단부 D10, D13 교대 @150 중앙부 D10 @150
장변방향-단부 D10, D13 교대 @200 중앙부 D10 @200

4. 5/AW의 창호도(창호표)를 작도하시오.

가. 창호도에 표기해야 할 일체의 내용이 명시되어야 한다.
나. 도면의 크기 : 축척 1/50 정도

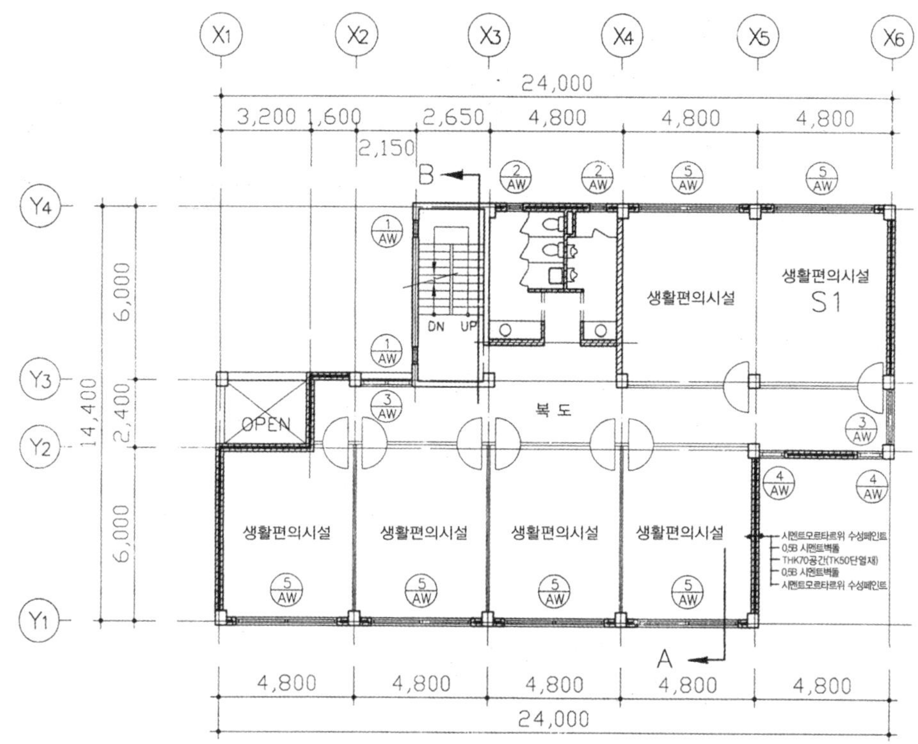

기준층 평면도

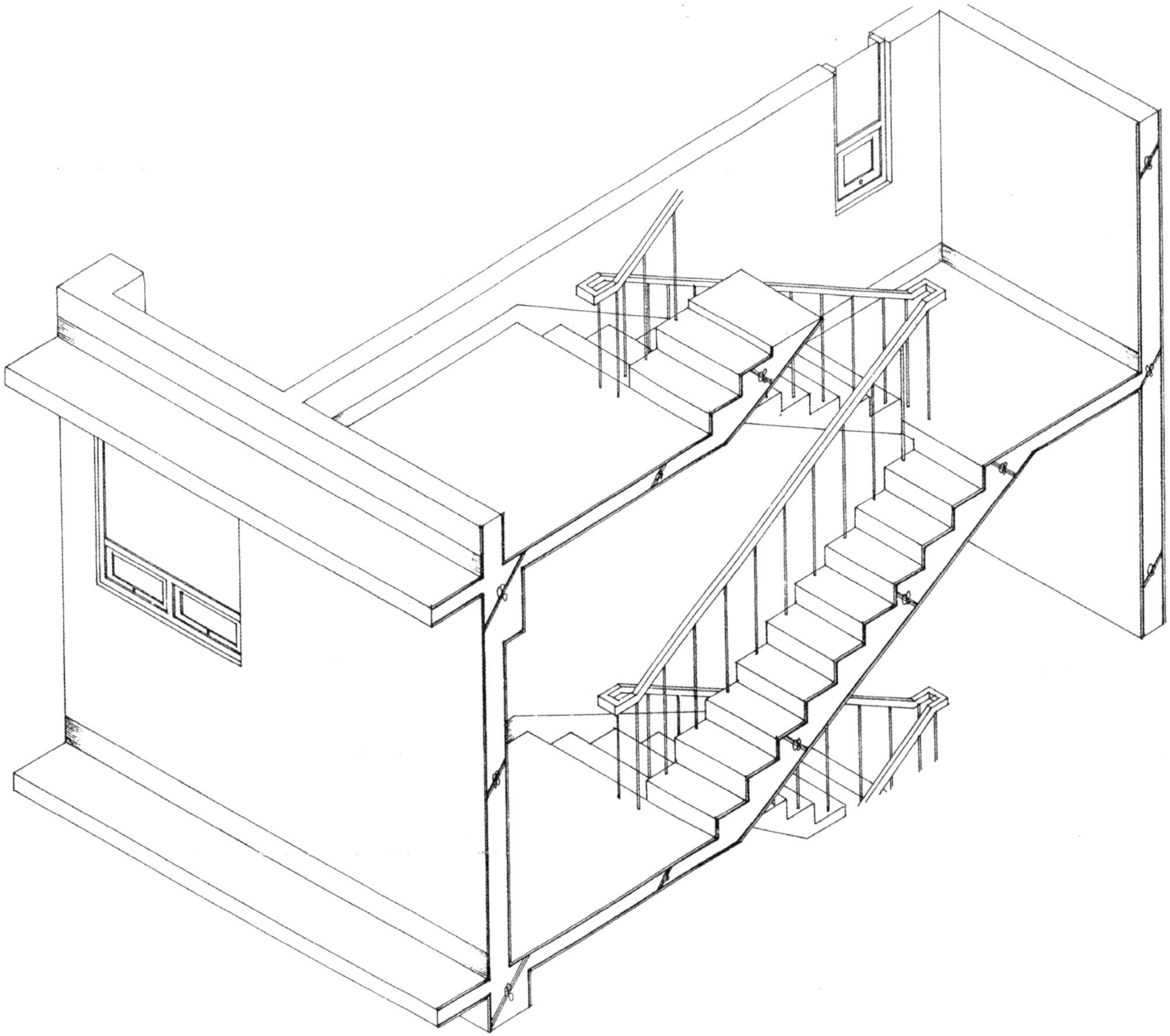

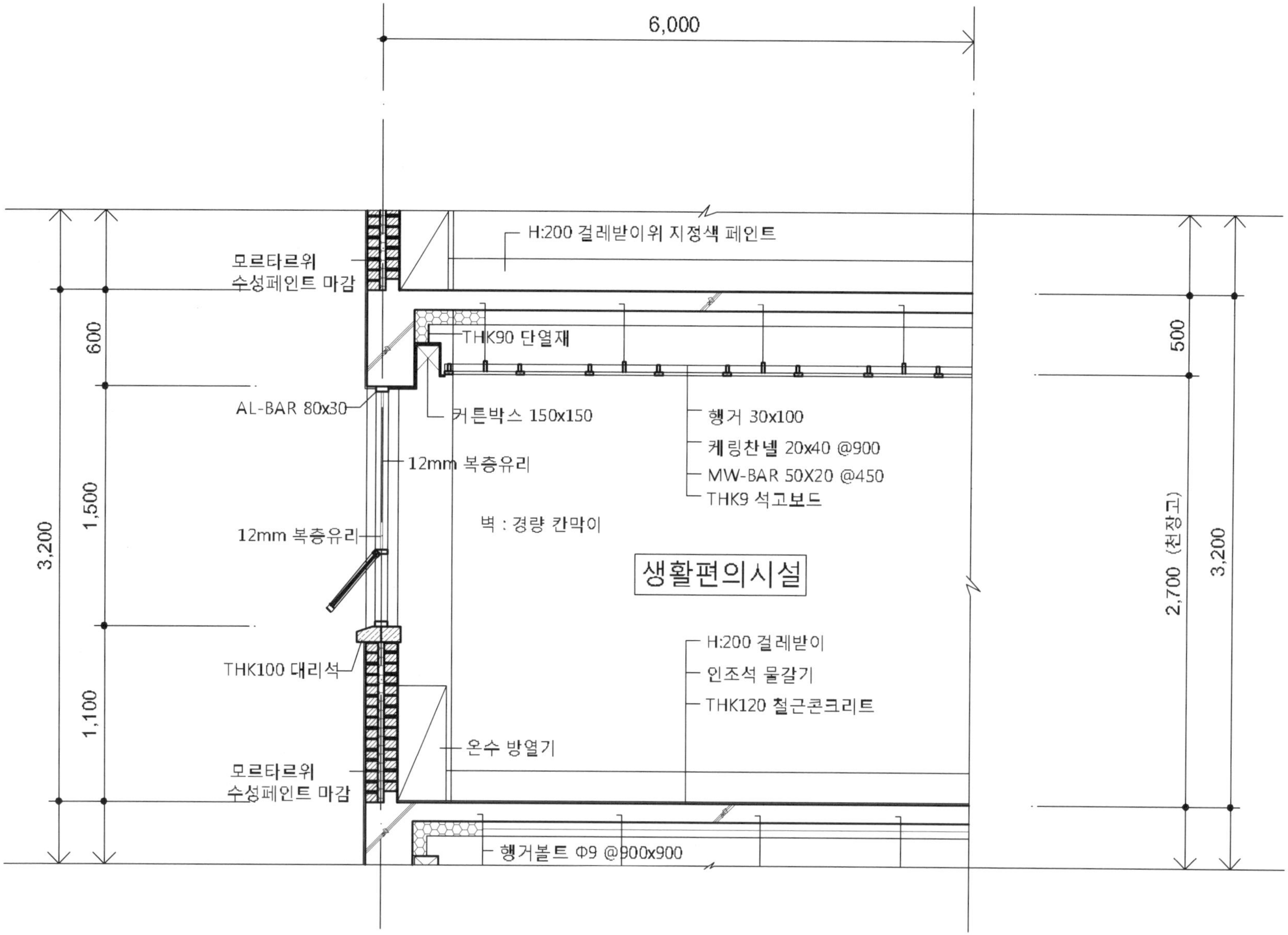

A부분 단면상세도 축척 : 1/30

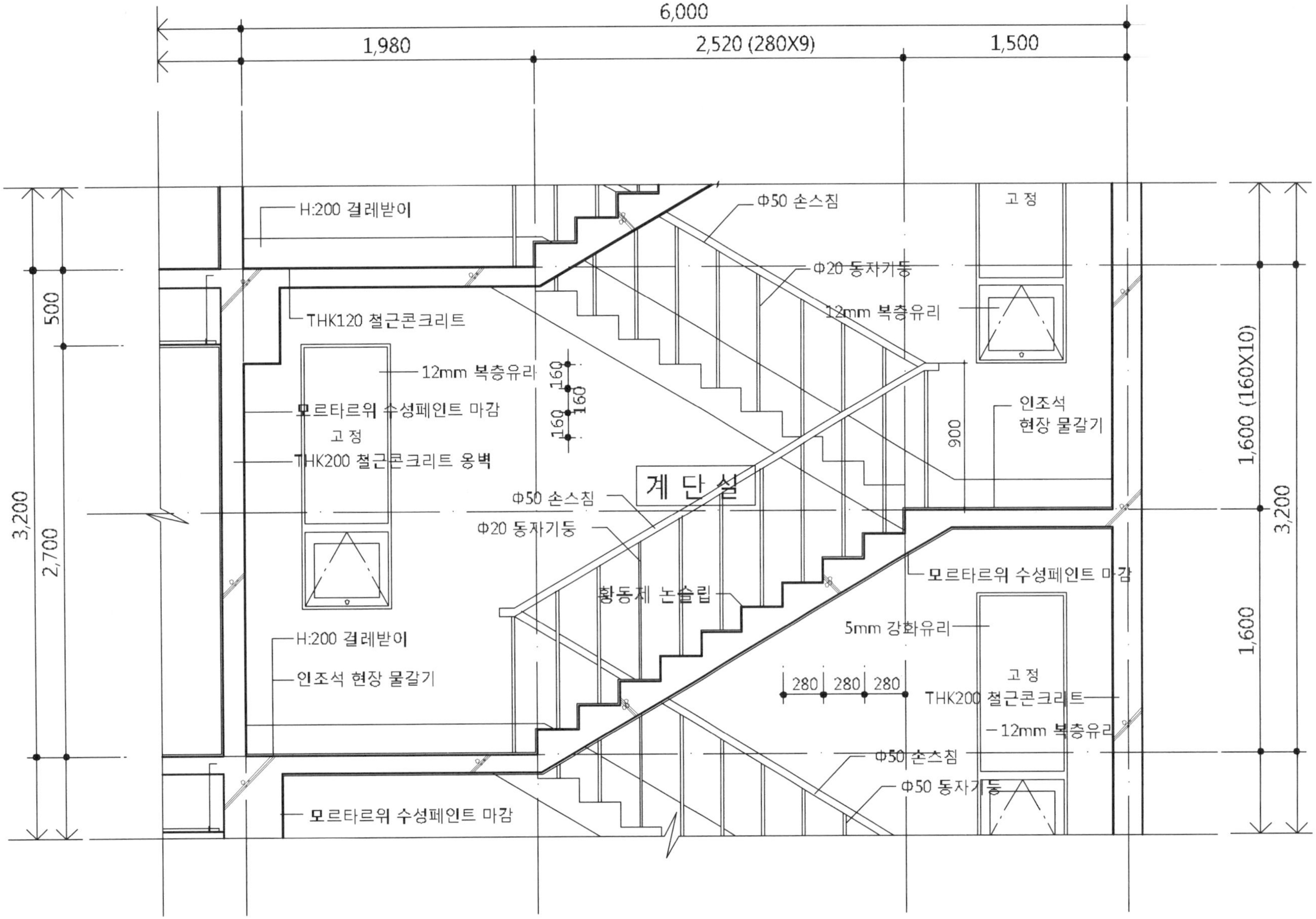

B부분 단면상세도 축척 : 1/30

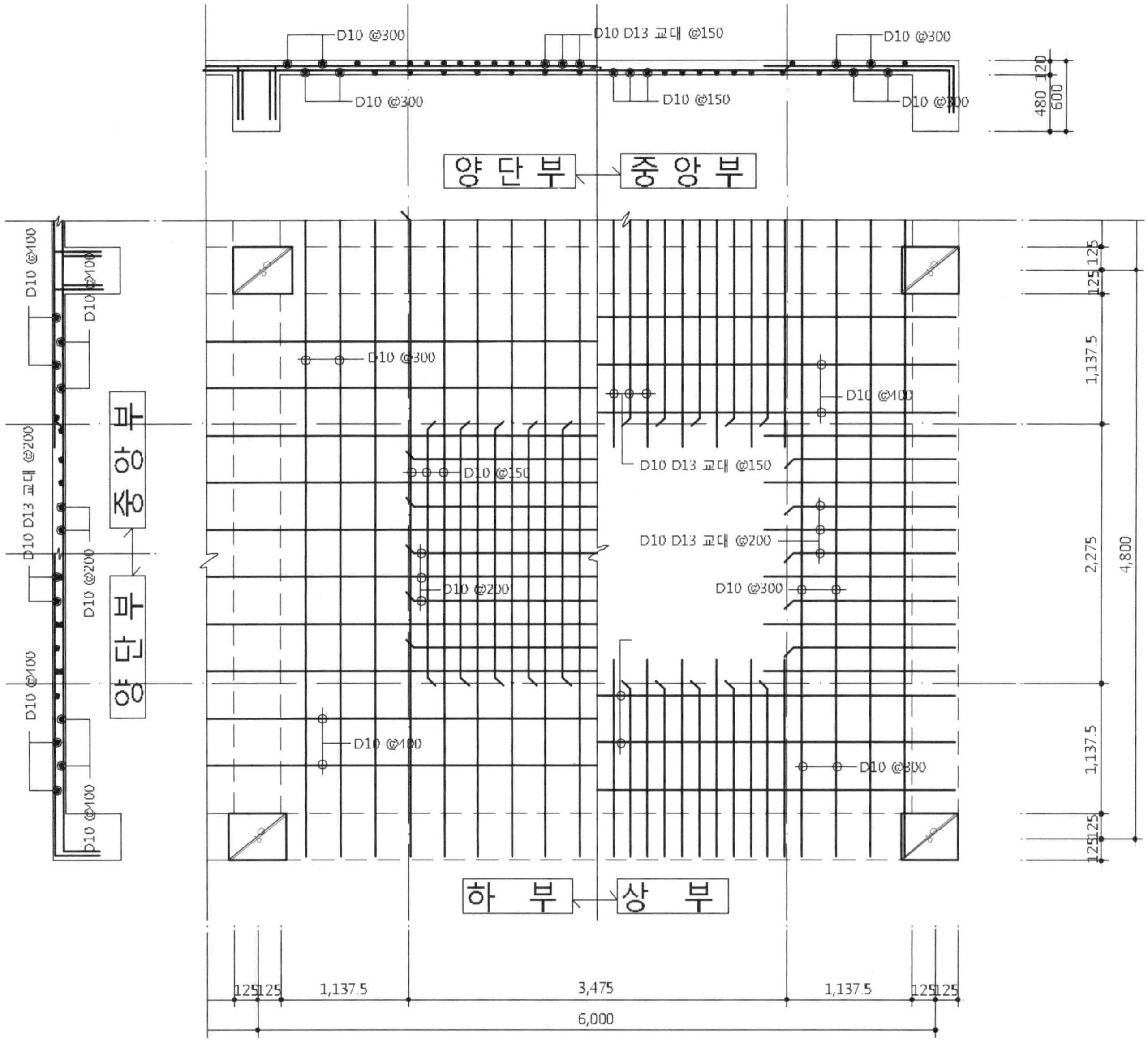

S1 슬래브 배근도 축척 : 1/30

기 호	5 / AW
형 태	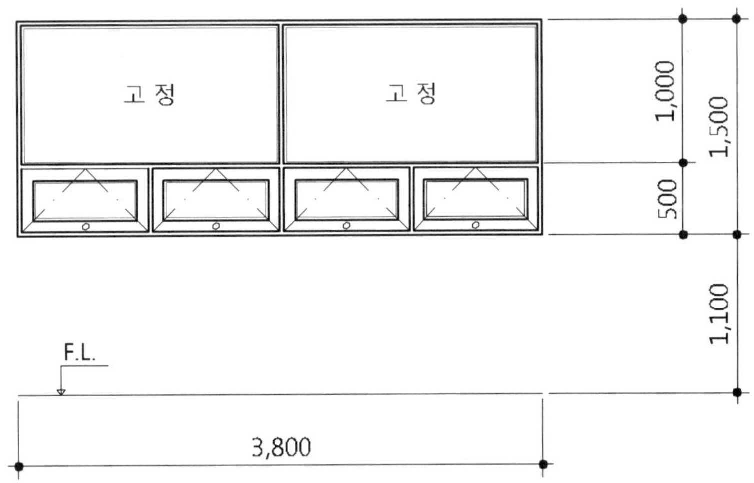
위 치	생활편의시설
재 료	AL-BAR 80×30
마 감	컬러 알루미늄 코팅
유 리	12mm 복층유리
철 물	크레센트 4조 외 부속철물 일체(방충망 포함)

5 / AW 창 호 도 축척 : 1/50

5. 과년도 기출문제(사무소)

(건물개요 및 조건)

1) 층수 및 구조 : 지하 1층, 지상 4층의 철근콘크리트 라멘구조
2) 층 고 : 3.2m
3) 벽 체 : 외벽 – 시멘트벽돌조 2중벽, 자기질 타일마감
   내벽 – 시멘트벽돌조
4) 창 호 : 알루미늄 새시 창호에 복층유리(페어글라스) 사용
5) 각 부분 마감 : 각실의 용도에 따라 기능에 맞게 선정하여 사용한다.
6) 문제에서 주어지지 않는 사항은 수검자가 판단하여 결정하되 건축구조 및 각종 규정에 적합하고 일반 건물의 시공 수준으로 한다.
7) 각 부분 작도시 축척은 정확하지 않아도 되지만 각 부분 치수가 도면의 전체와 균형이 되도록 한다.
8) 각 부분의 구조 및 치수가 최대한 상세히 표현되어야 한다.
9) 트레이싱 방안지 1장에 1문제씩 작도한다.

1. A부분의 단면상세도를 작도하시오.

가. 작도범위는 1개 층이 완전히 표현되도록 한다.
나. 계단형식은 경사슬래브식 계단으로 한다.
다. 도면의 크기 : 축척 1/30 정도

2. (A)열 기준선상의 라멘도를 작도하시오.

가. 작도범위는 1개 층이 완전히 표현되도록 한다.
나. 기둥과 보의 단면 배근상태도 함께 작도한다.
다. 도면의 크기 : 축척 1/30 정도
라. 기둥과 보의 단면 열람표

기둥(C1, C2)		보(G1, G2)	
단면치수	500×600	단면치수	400×600
주근	10–D22	인장근	6–D22
중앙부 띠철근	D10 @250	압축근	2–D22
보조 띠철근	D10 @750	중앙부 늑근	D10 @300

3. S1 부분을 4변 고정슬래브로 가정하고 슬래브 배근도를 작도하시오.

가. 철근콘크리트 배근 규정을 준수한다.
나. 배근평면도와 단면도가 작도되어야 한다.
다. 도면의 크기 : 축척 1/30 정도

(배근설계)

단변방향 – 단부 D10, D13 교대 @160 / 중앙부 D10 @160

장변방향 – 단부 D10, D13 교대 @200 / 중앙부 D10 @200

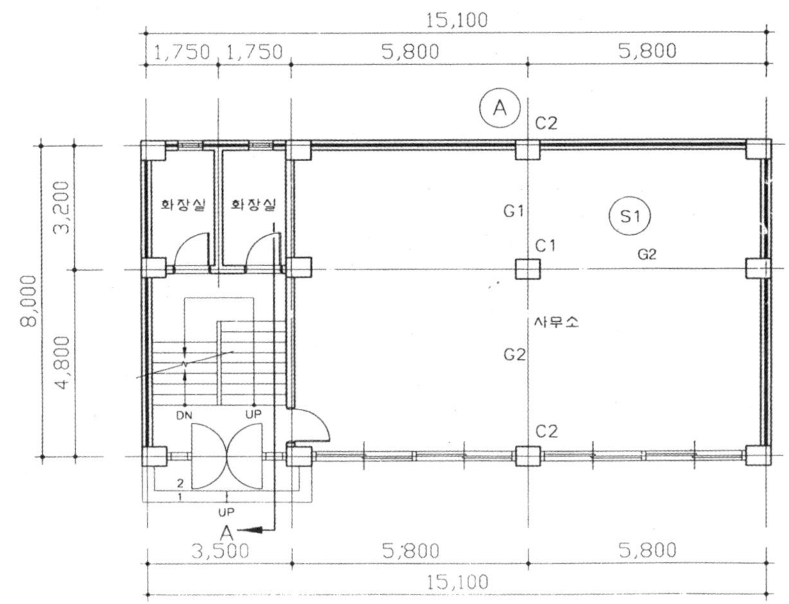

1층 평면도 축척 : 1/100

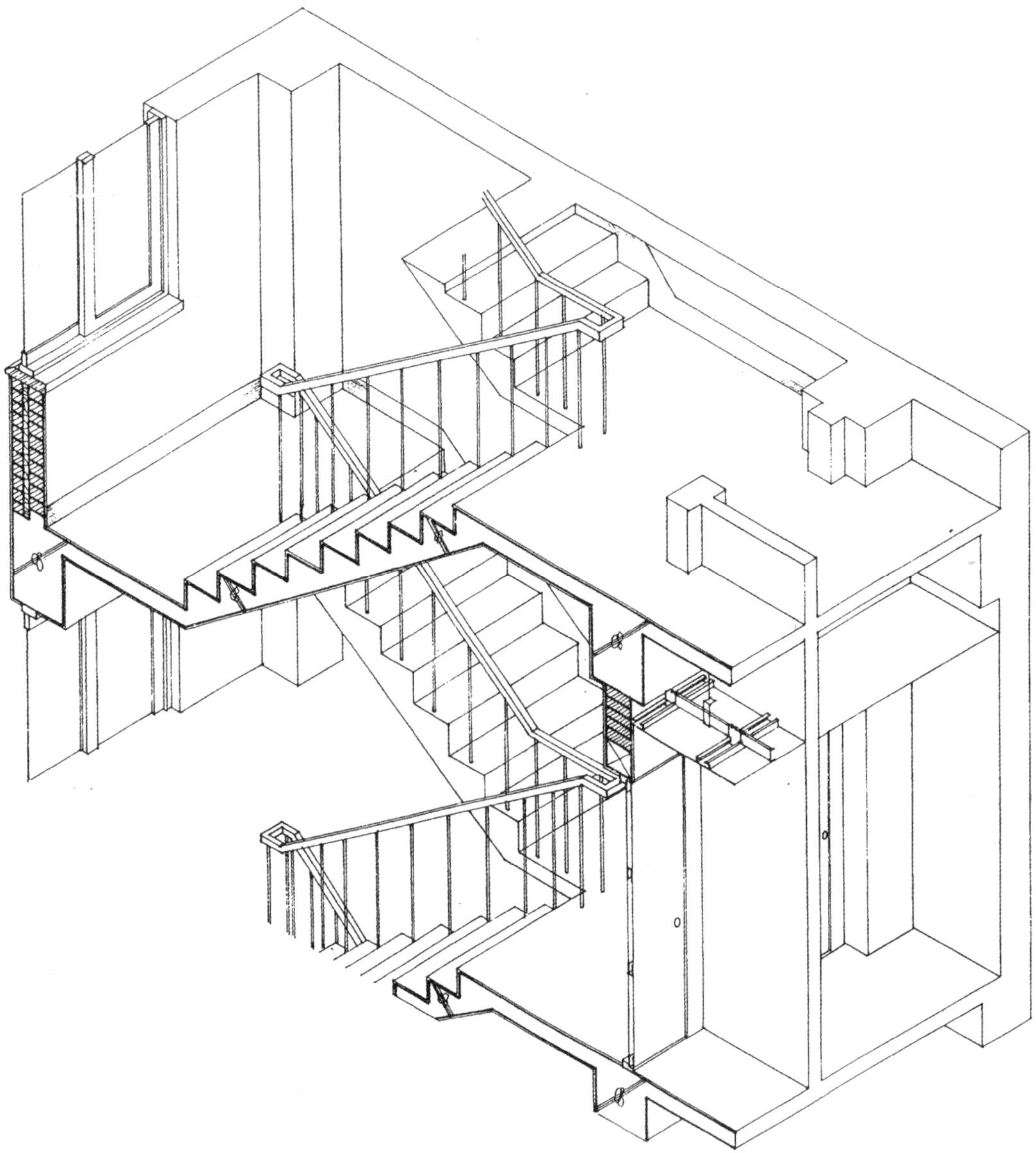

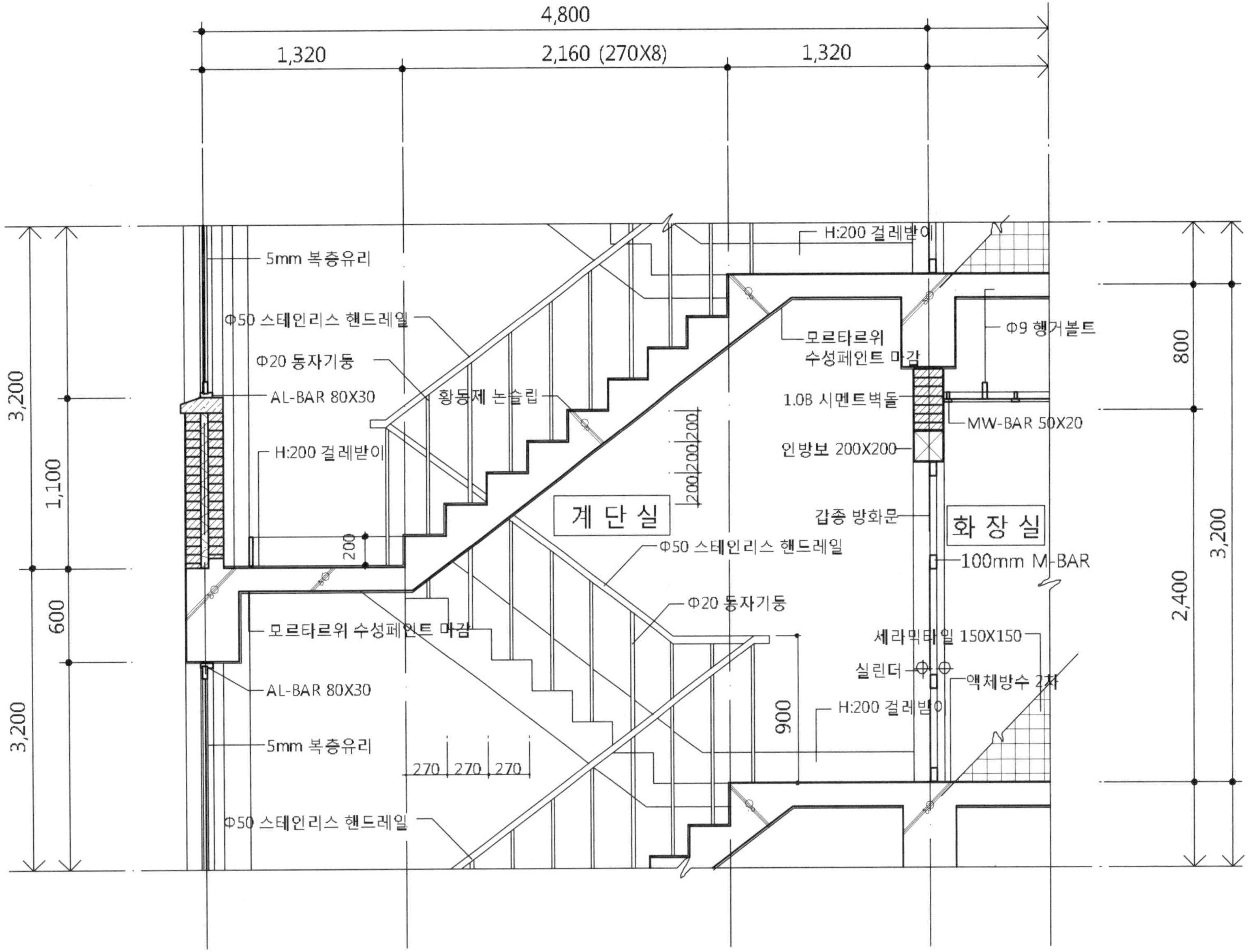

A부분 단면상세도 축척 : 1/30

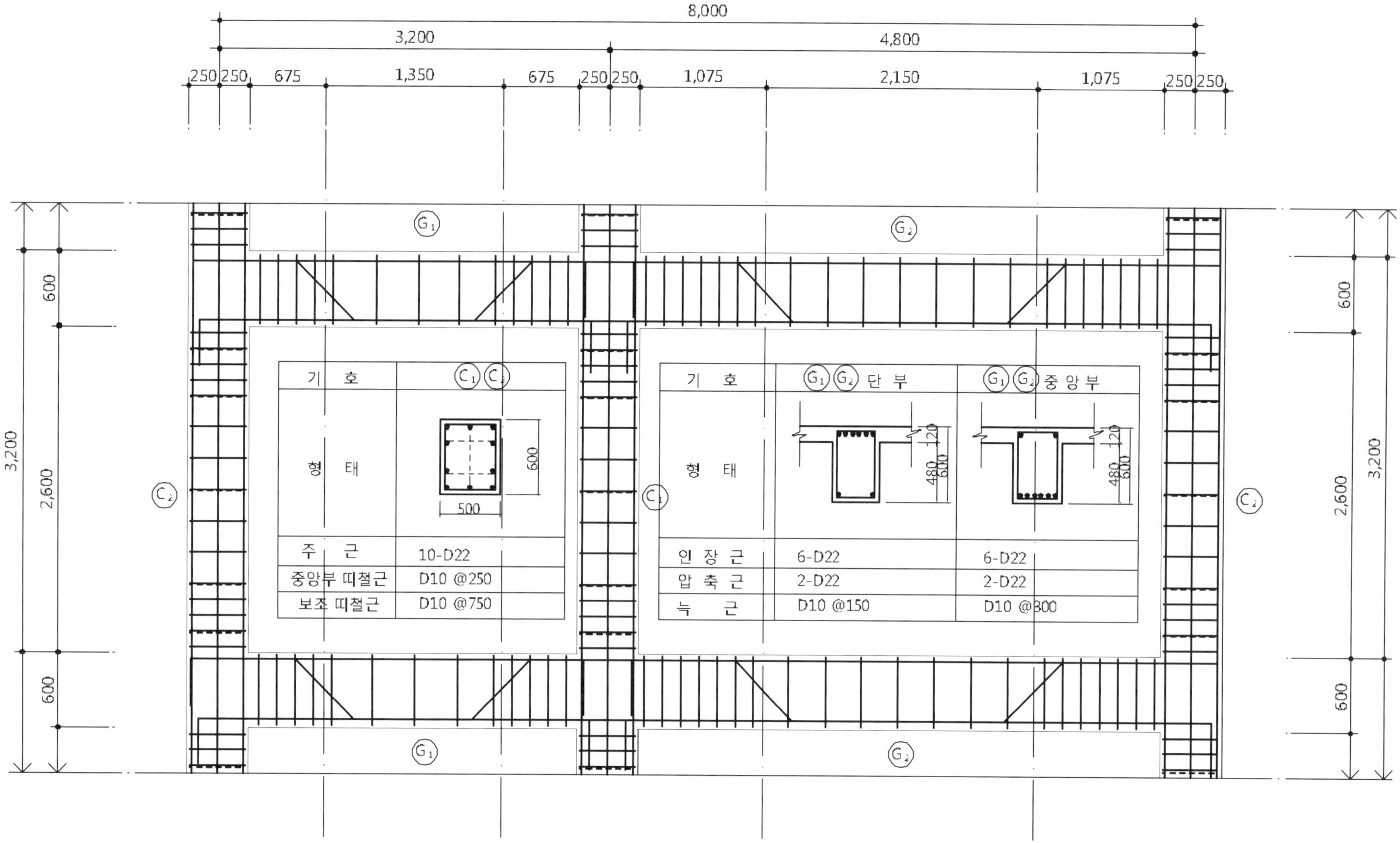

기 호	C1 C2
형 태	
주 근	10-D22
중앙부 띠철근	D10 @250
보조 띠철근	D10 @750

기 호	G1 G2 단 부	G1 G2 중 앙 부
형 태		
인 장 근	6-D22	6-D22
압 축 근	2-D22	2-D22
늑 근	D10 @150	D10 @300

A열 라멘도 축척 : 1/30

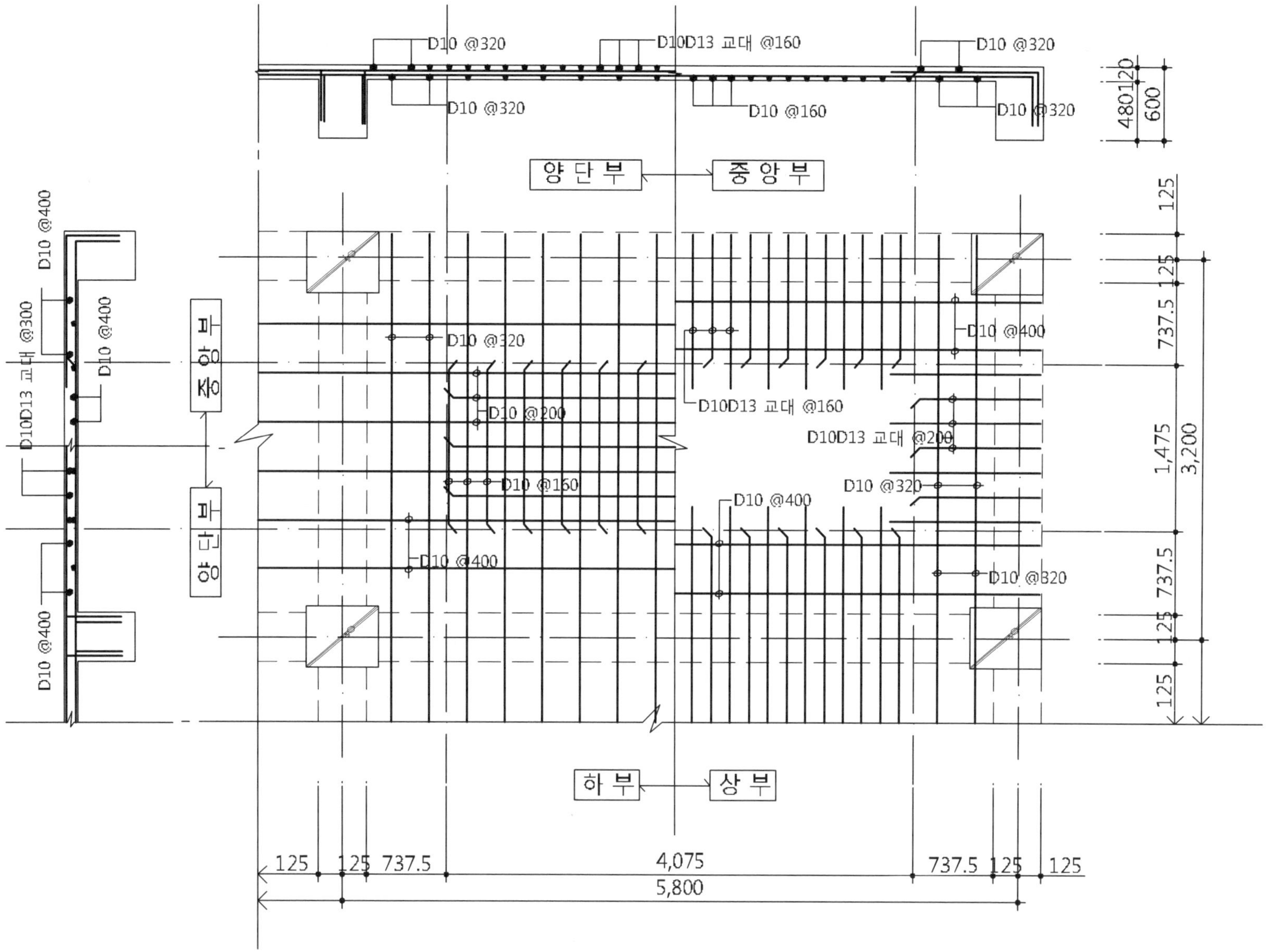

S1 슬래브 배근도 축척 : 1/30

6. 과년도 기출문제(근린생활시설)

(건물개요 및 조건)

1) 층수 및 구조 : 지하 1층, 지상 4층의 철근콘크리트 라멘구조
2) 층　　　고 : 지하층 - 3.0m 지상층 - 3.4m
3) 외 부 벽 체 : 2중벽 단열시공
4) 창　　　호 : 2중창호(재료임의)
5) 각 실 난 방 : 방열기 설치
6) 각 부분 마감 : 각 실의 용도에 따라 기능에 맞게 선정하여 사용한다.
7) 문제에서 주어지지 않는 사항은 수검자가 판단하여 결정하되 건축구조 및 각종 규정에 적합하고 일반 건물의 시공 수준으로 한다.
8) 각 부분 작도시 축척은 정확하지 않아도 되지만 각 부분 치수가 도면의 전체와 균형이 되도록 한다.
9) 각 부분의 구조 및 치수가 최대한 상세히 표현되어야 한다.
10) 트레이싱 방안지 1장에 1문제씩 작도한다.

1. A부분의 단면상세도를 작도하시오.

가. 작도범위는 기초에서부터 1층 바닥면까지로 한다.
나. 도면의 크기 : 축척 1/30 정도

2. B부분의 단면상세도를 작도하시오.

가. 작도범위는 기초에서부터 2층 바닥면까지로 한다.
나. 도면의 크기 : 축척 1/30 정도

3. X1 부분의 라멘도를 작도하시오

가. 작도범위는 1개 층이 완전히 표현되도록 한다.
나. 기둥과 보의 단면 배근상태도 함께 작도한다.
다. 기둥과 보의 단면일람표

기 둥			보	
구분	C1	C2		
단면치수	450×700mm	450×500mm	단면치수	400×600mm
주 근	14-D22	12-D22	인장근	6-D22
중앙부 대근	D10@250	D10@250	압축근	2-D22
보조 대근	D10@750	D10@750	늑근(중앙부)	D10@300

4. $\frac{1}{W}$의 창호도를 작도하시오.

가. 창호도에 표기해야 할 일체의 내용이 명시되어야 한다.
나. 도면의 크기 : 축척 1/30 정도로 한다.

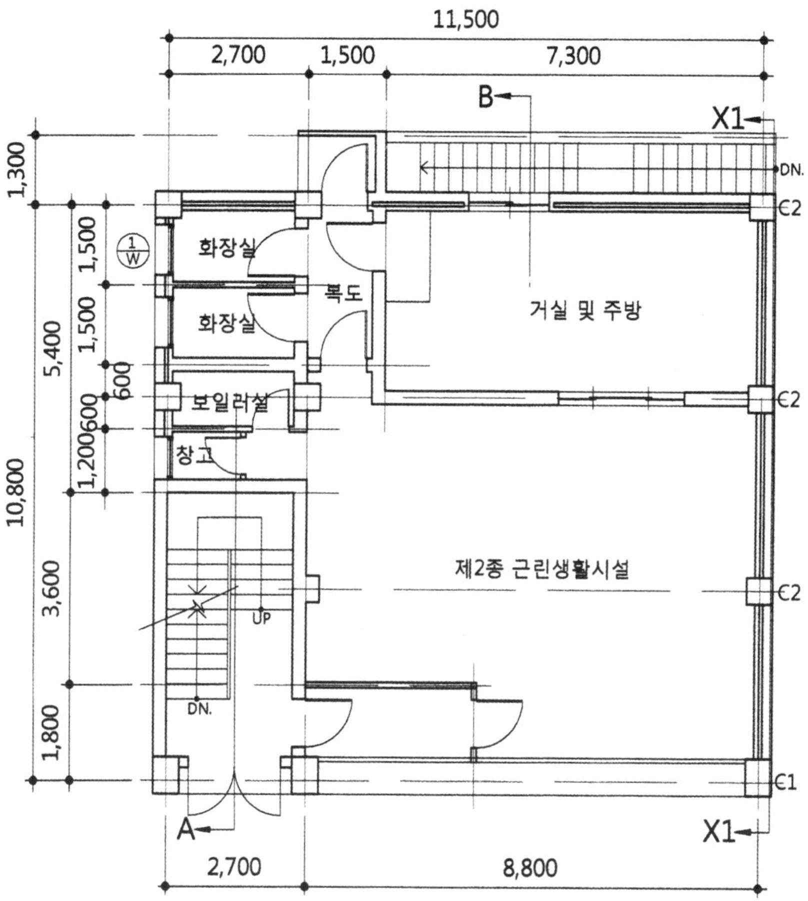

1층 평면도 축척 : 1/100

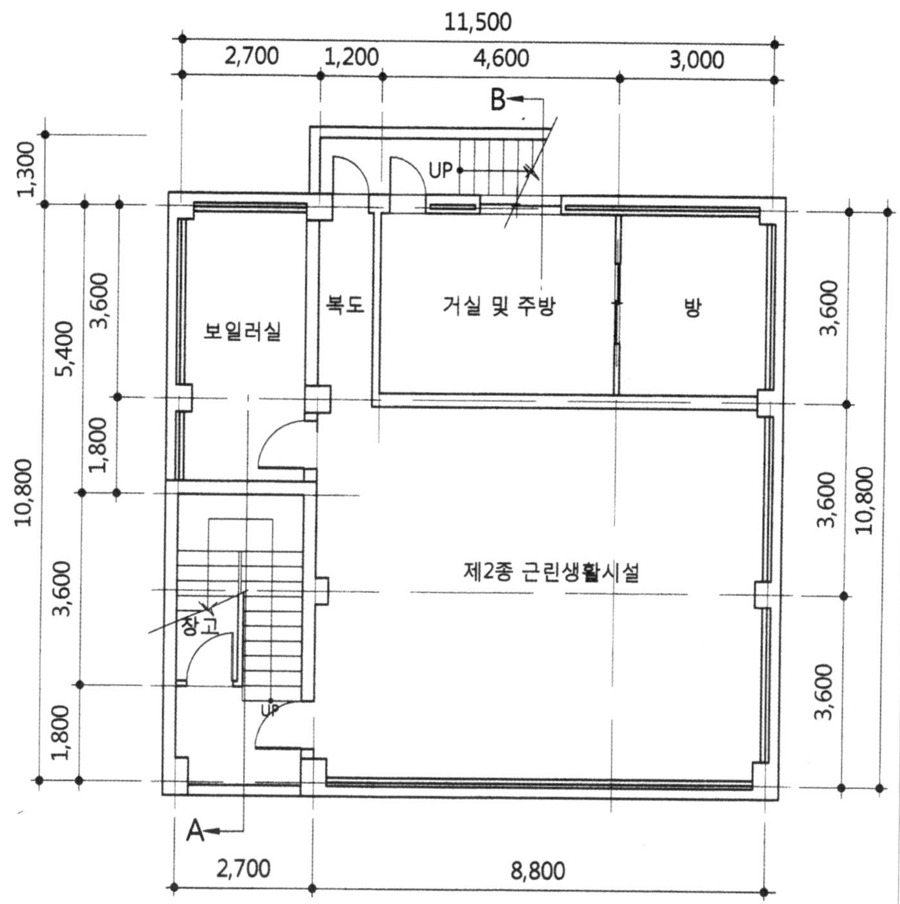

지하1층 평면도 축척 : 1/100

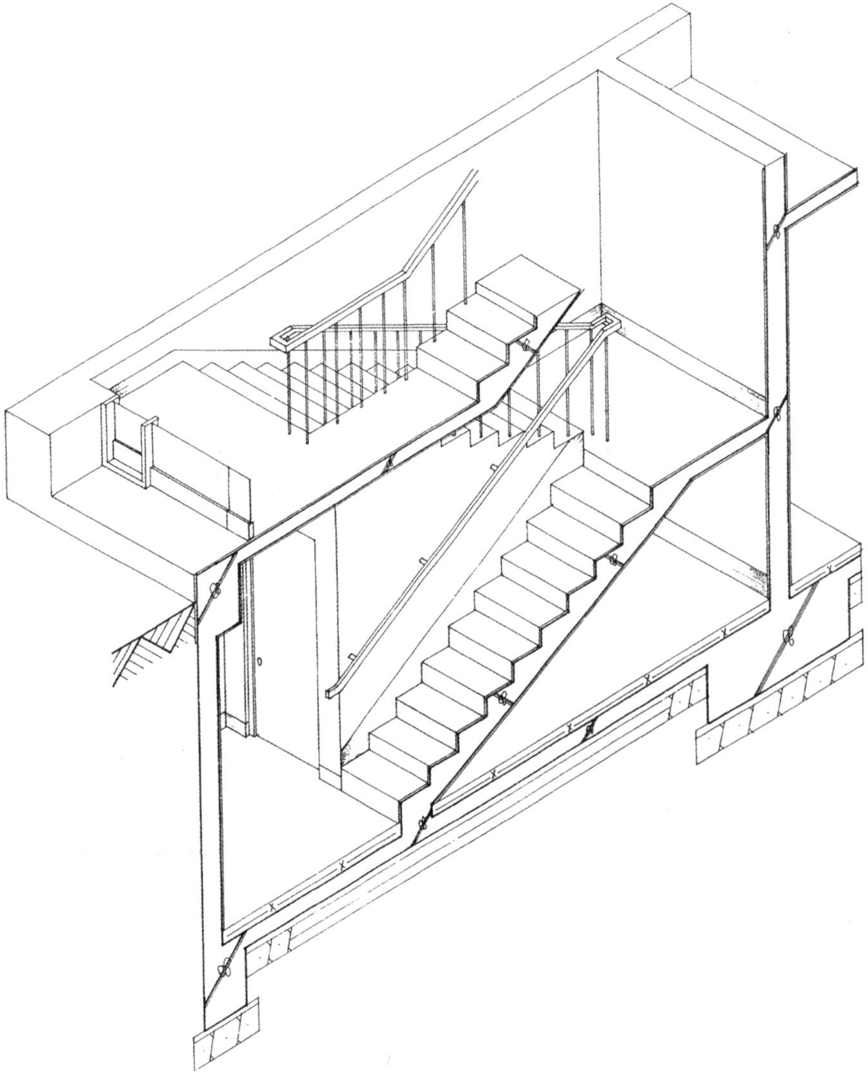

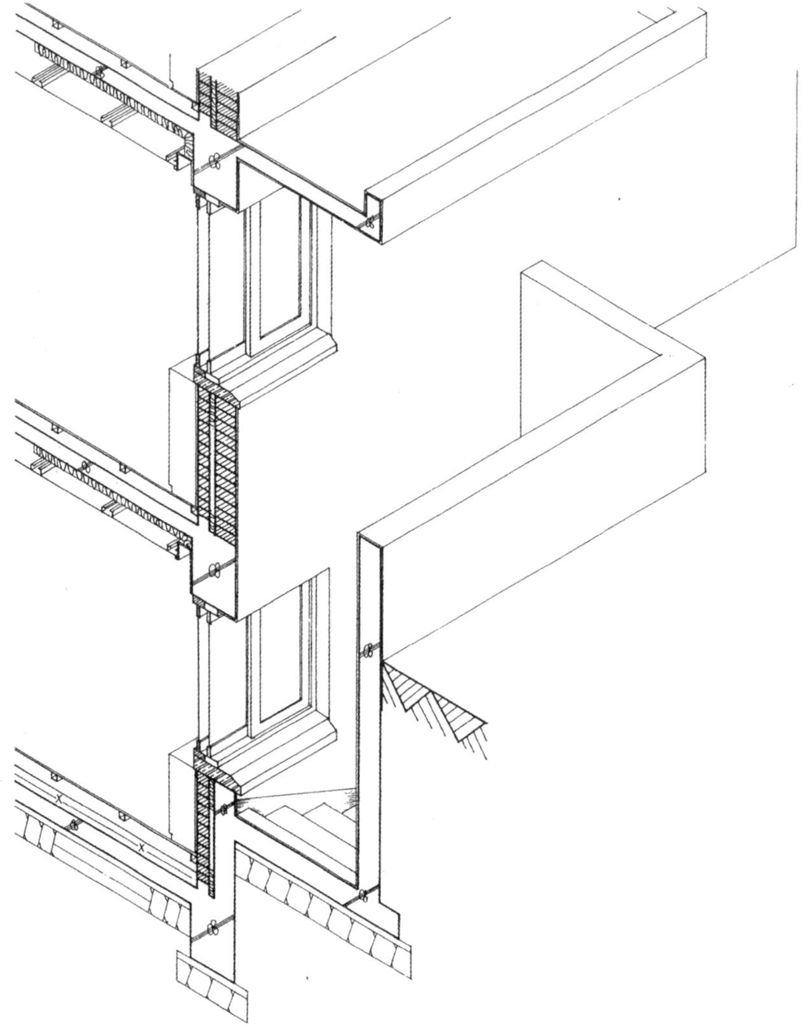

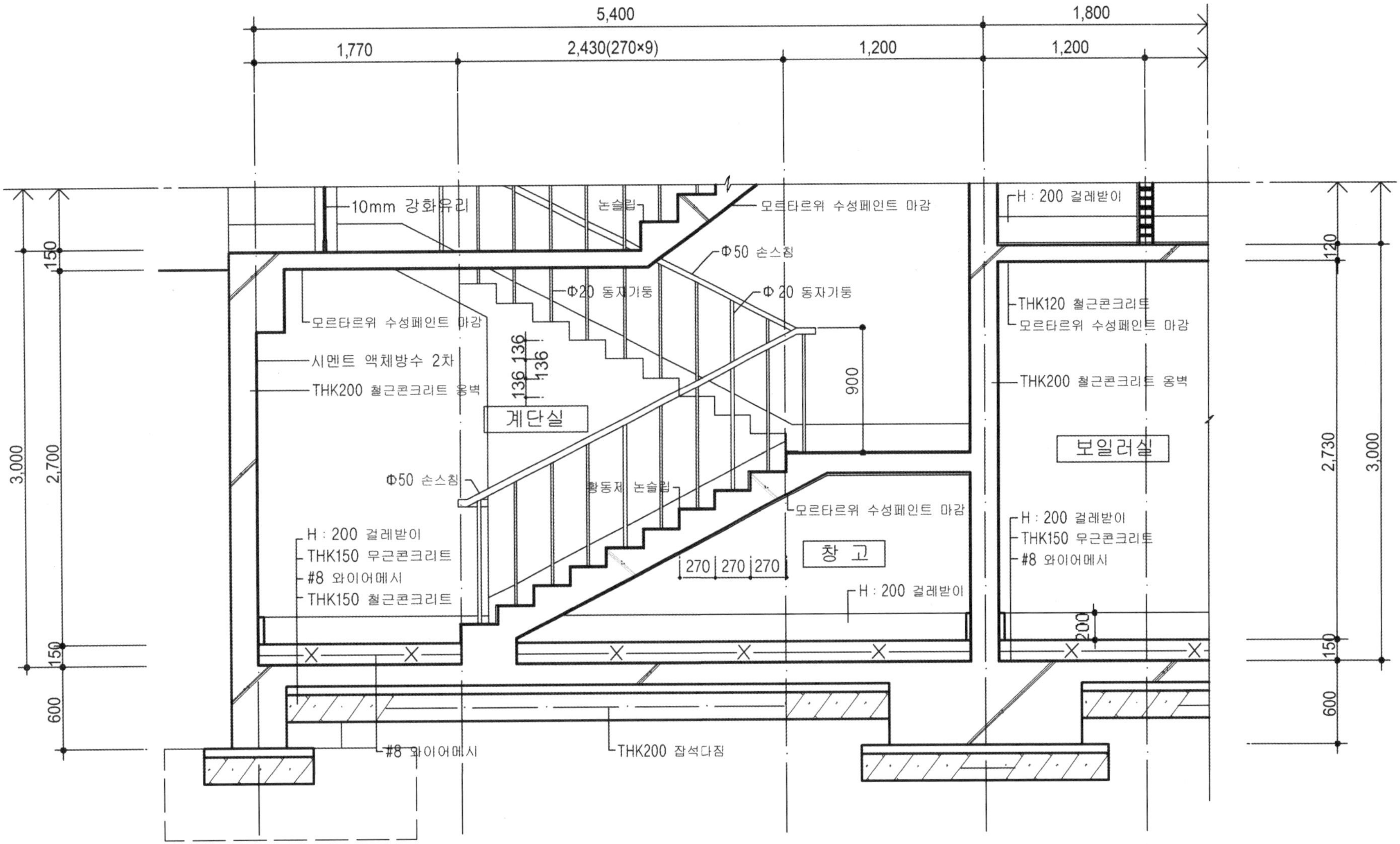

A부분 단면상세도 축척 : 1/30

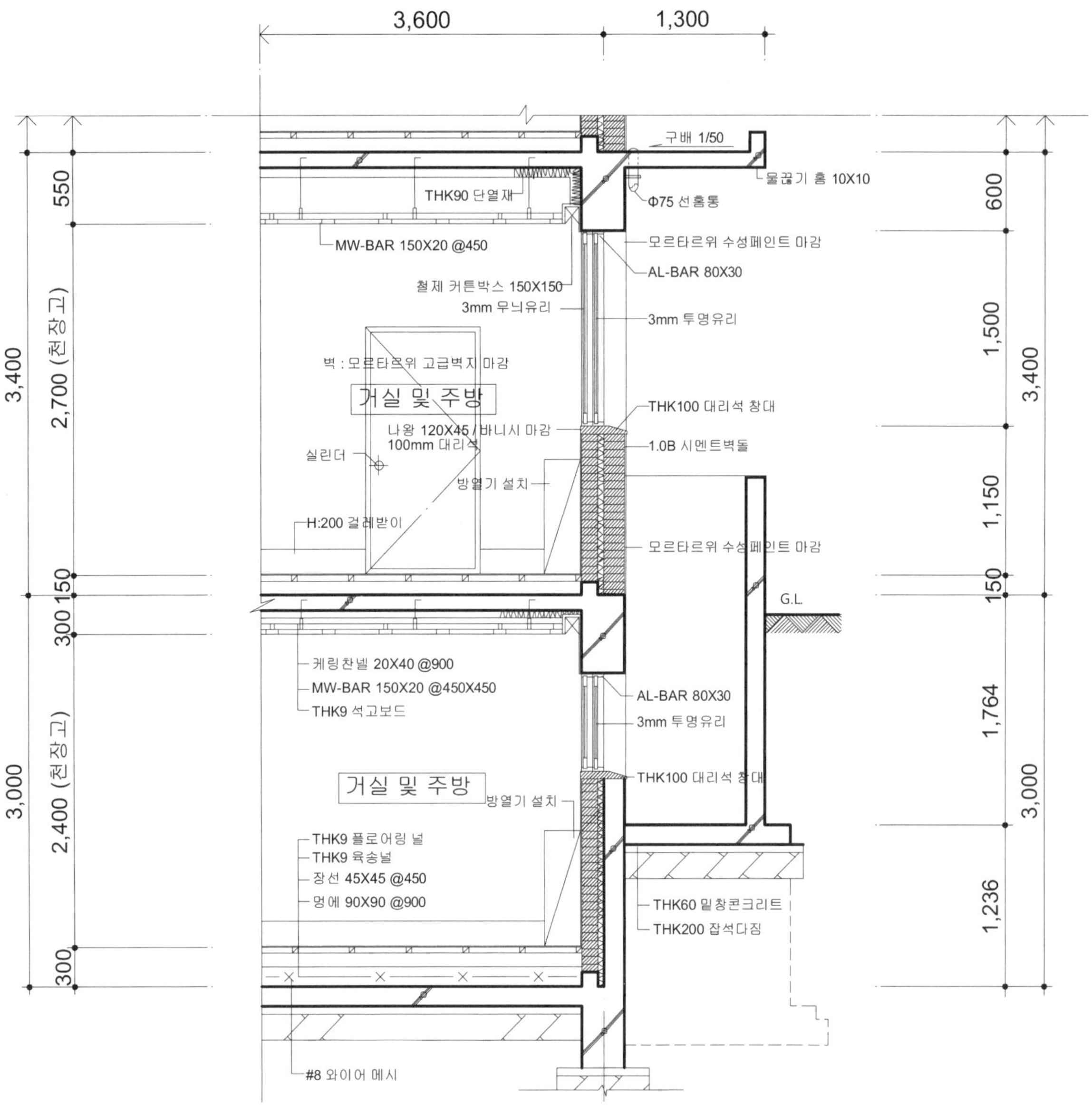

B부분 단면상세도 축척 : 1/30

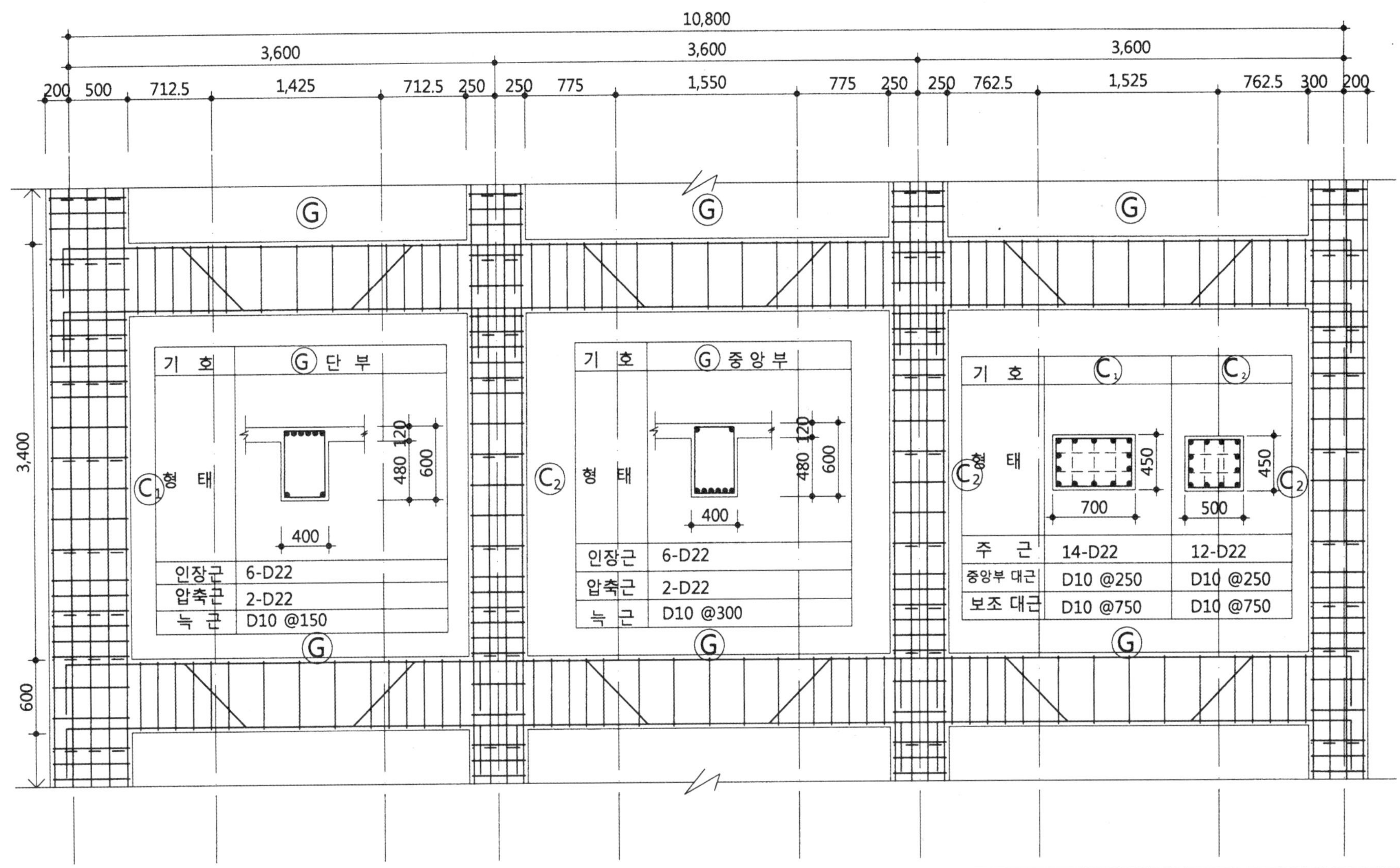
10,800
3,600
3,600
3,600
200 500 712.5 1,425 712.5 250 250 775 1,550 775 250 250 762.5 1,525 762.5 300 200
3,400
600
G
C1
C2
기 호
G 단 부
형 태
480 120 600
400
인장근 6-D22
압축근 2-D22
늑 근 D10 @150
G 중 앙 부
480 120 600
400
인장근 6-D22
압축근 2-D22
늑 근 D10 @300
기 호 C1 C2
형 태
450 700
450 500
주 근 14-D22 12-D22
중앙부 대근 D10 @250 D10 @250
보조 대근 D10 @750 D10 @750

X1 라멘도 축척 : 1/30

기 호	1 / WW	1 / AW
형 태	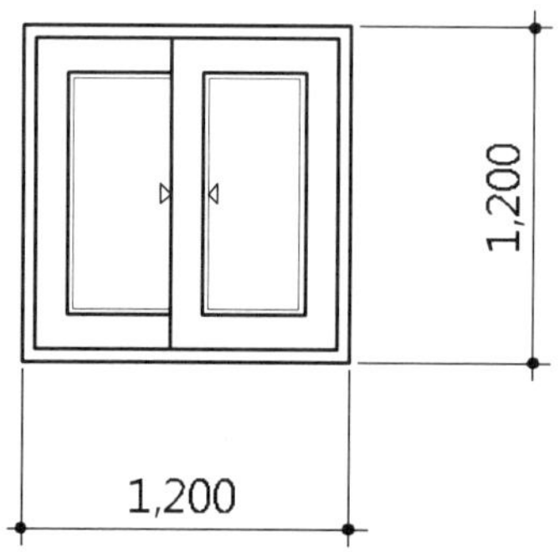	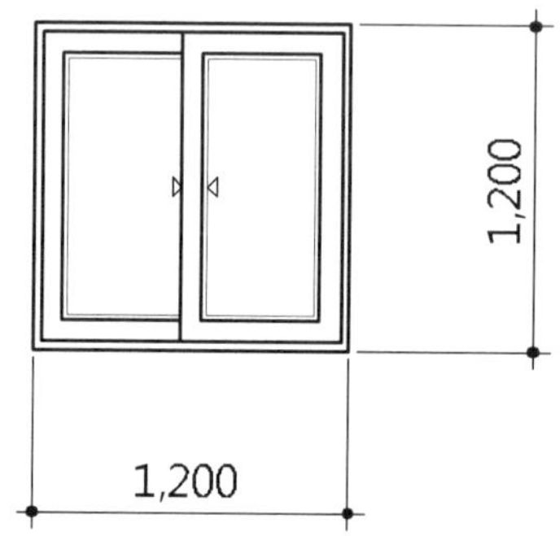
위 치	화장실 2개소(내부)	화장실 2개소(외부)
재 료	나왕 120×45	AL-BAR 80×30
마 감	바니시 마감	컬러 알루미늄 코팅
유 리	3mm 무늬유리	3mm 투명유리
철 물	꽂이쇠 1조 외 부속철물 일체(방충망 포함)	크레센트 1조 외 부속철물 일체(방충망 포함)

1 / WW 1 / AW 창 호 도 축척 : 1/30

7. 과년도 기출문제(노인정 및 관리사무소)

(건물개요 및 조건)

1) 층수 및 구조 : 지하 1층, 지상 2층의 철근콘크리트 라멘구조
2) 층고 및 반자높이 : 층고 3.3m, 반자높이 2.7m
3) 벽 체 : 외벽－벽돌조로 하되 단열구조로 한다.
4) 천 장 : 경량철골구조에 석고보드 마감
5) 창 호 : 알루미늄 새시에 단열유리로 한다.
6) 각 실 난 방 : 온수온돌 설치
7) 각 부분 마감 : 각실의 용도에 따라 기능에 맞게 선정하여 사용한다.
8) 문제에서 주어지지 않는 사항은 수검자가 판단하여 결정하되 건축구조 및 각종 규정에 적합하고 일반 건물의 시공 수준으로 한다.
9) 각 부분 작도시 축척은 정확하지 않아도 되지만 각 부분 치수가 도면의 전체와 균형이 되도록 한다.
10) 각 부분의 구조 및 치수가 최대한 상세히 표현되어야 한다.
11) 트레이싱 방안지 1장에 1문제씩 작도한다.

1. A부분의 단면상세도를 작도하시오.

가. 작도범위는 1개 층이 완전히 표현되도록 한다.
나. 도면의 크기 : 축척 1/30 정도

2. B부분의 단면상세도를 작도하시오.

가. 작도범위는 1개 층이 완전히 표현되도록 한다.
나. 계단형식은 경사슬래브식 철근콘크리트 계단으로 한다.
다. 도면의 크기 : 축척 1/30 정도

3. S1 부분을 4변 고정슬래브로 가정하고 슬래브 배근도를 작도하시오.
(단, 보의 너비는 30cm로 한다.)

가. 철근콘크리트 배근 규정을 준수한다.
나. 배근평면도와 단면도가 작도되어야 한다.
다. 도면의 크기 : 축척 1/30 정도
(배근설계)
단변방향－단부 D13 @180, 중앙부 D10, D13 교대 @180
장변방향－단부 D13 @200, 중앙부 D10, D13 교대 @200

4. $\frac{1}{SSD}$의 창호도를 작도하시오.

가. 창호도에 표기해야 할 일체의 내용이 명시되어야 한다.
나. 도면의 크기 : 축척 1/50 정도로 한다.

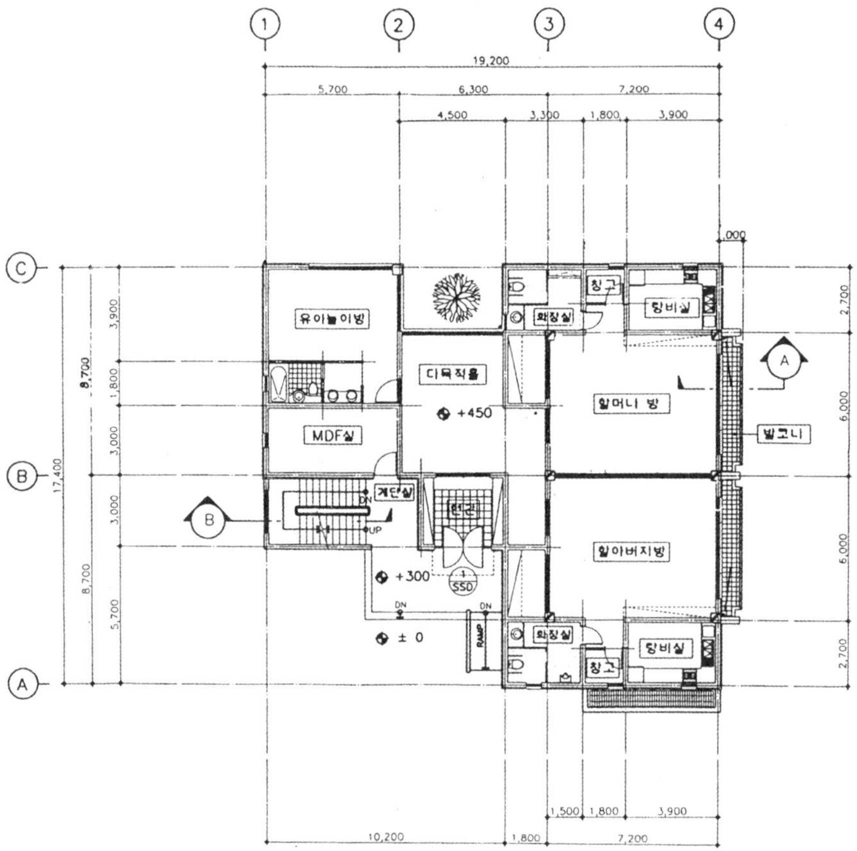

1층 평면도 축척 : 1/100

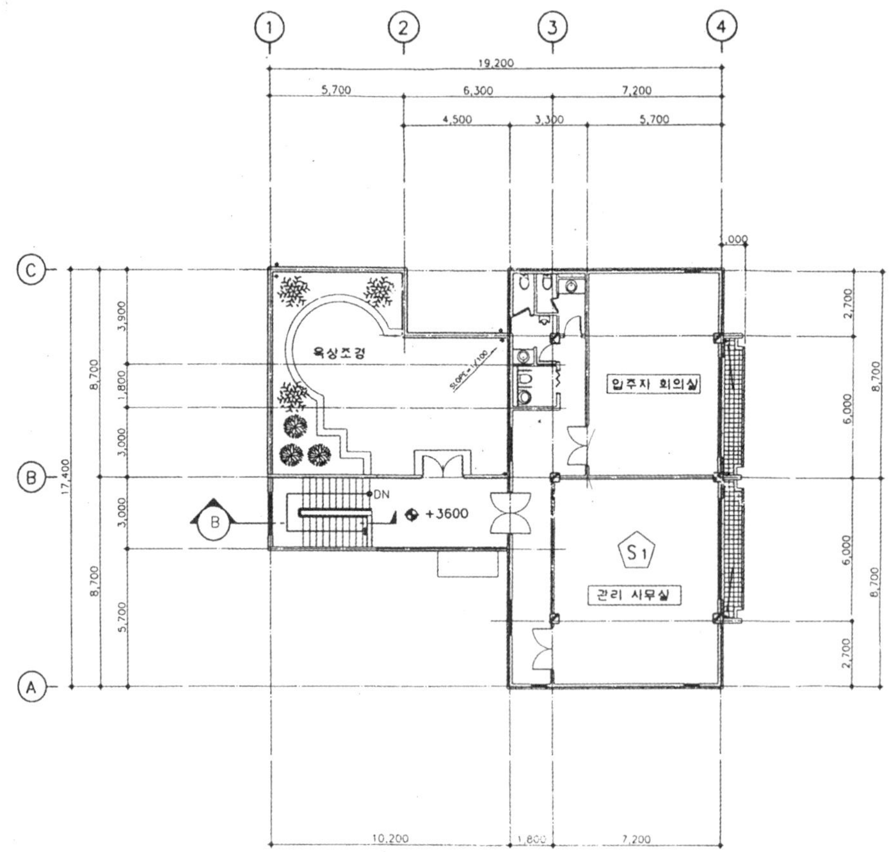

2층 평면도 축척 : 1/100

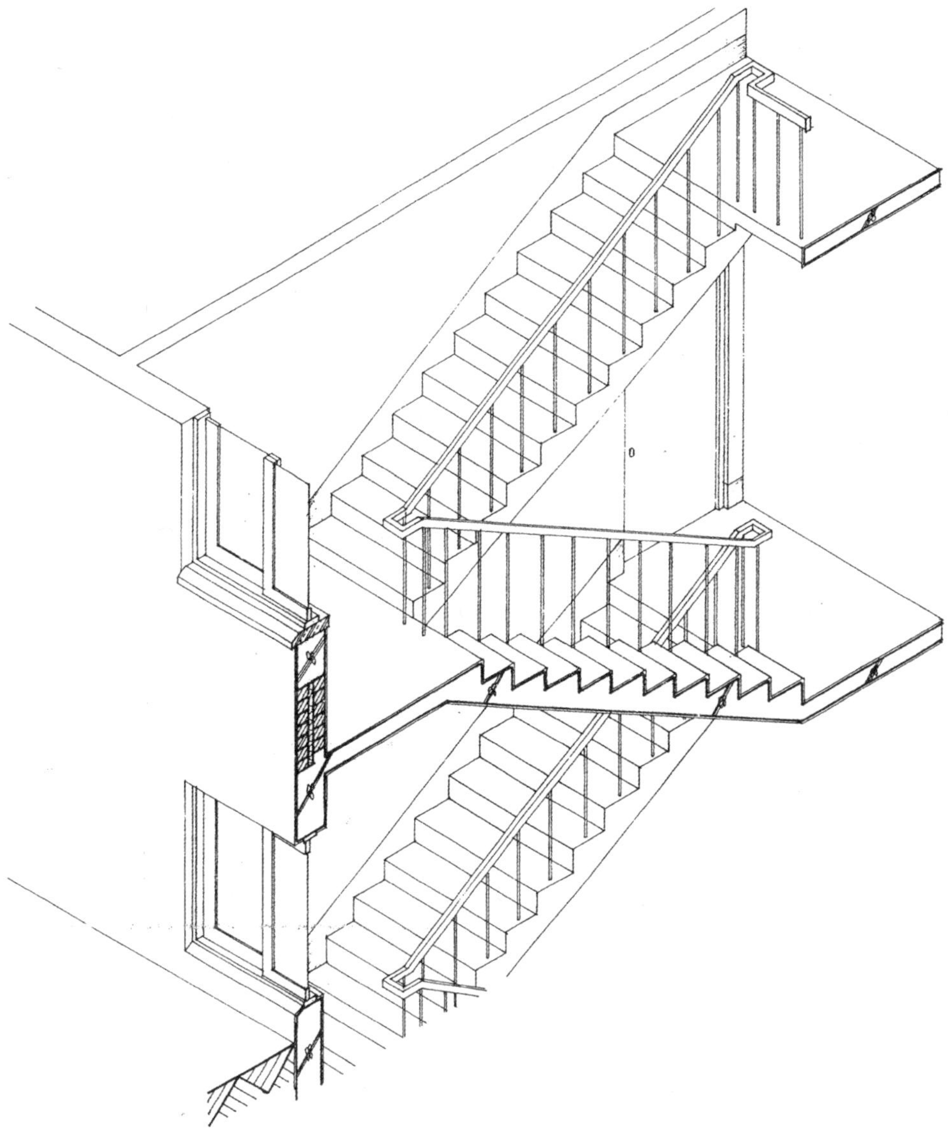

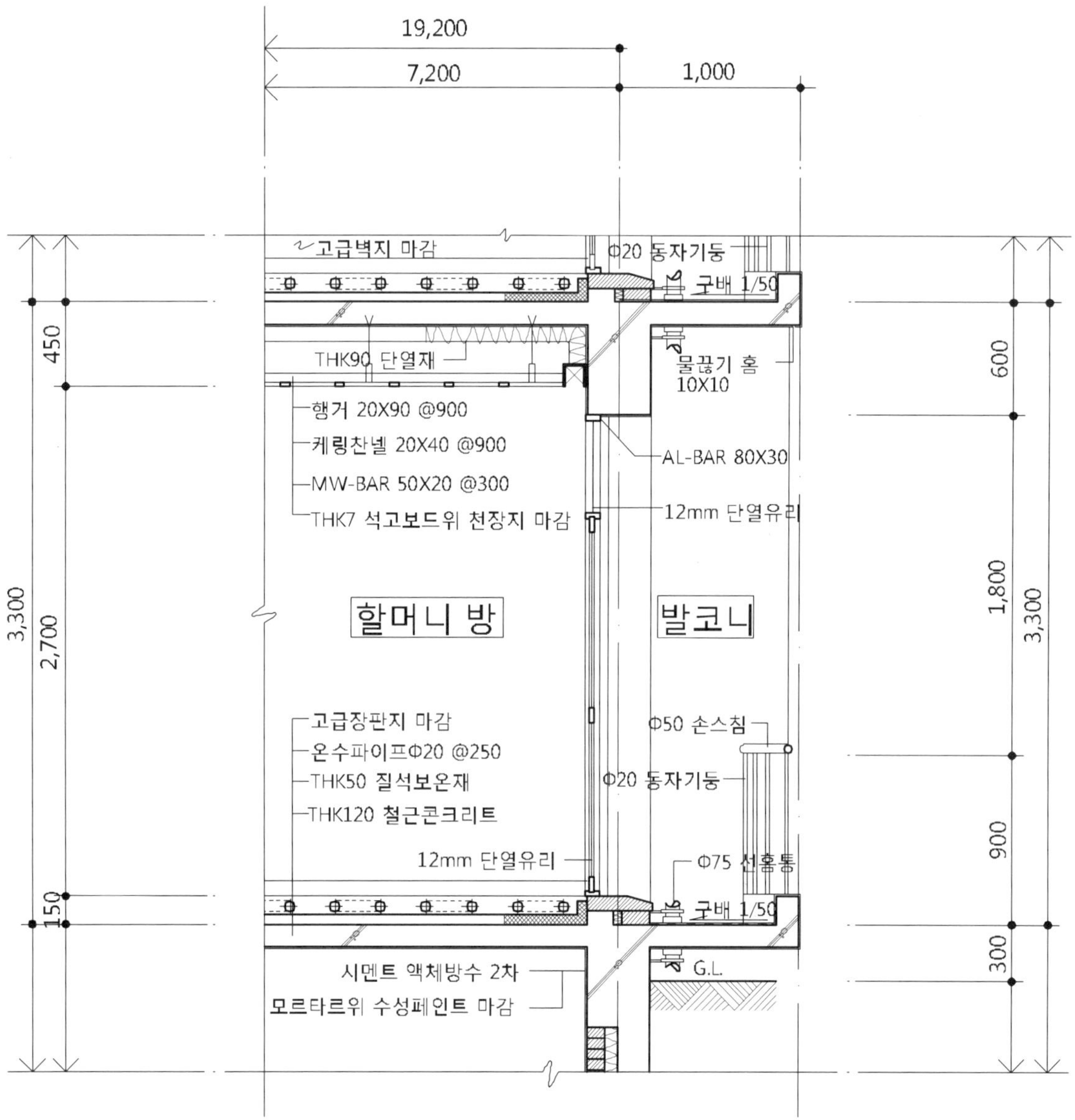

A부분 단면상세도 축척 : 1/30

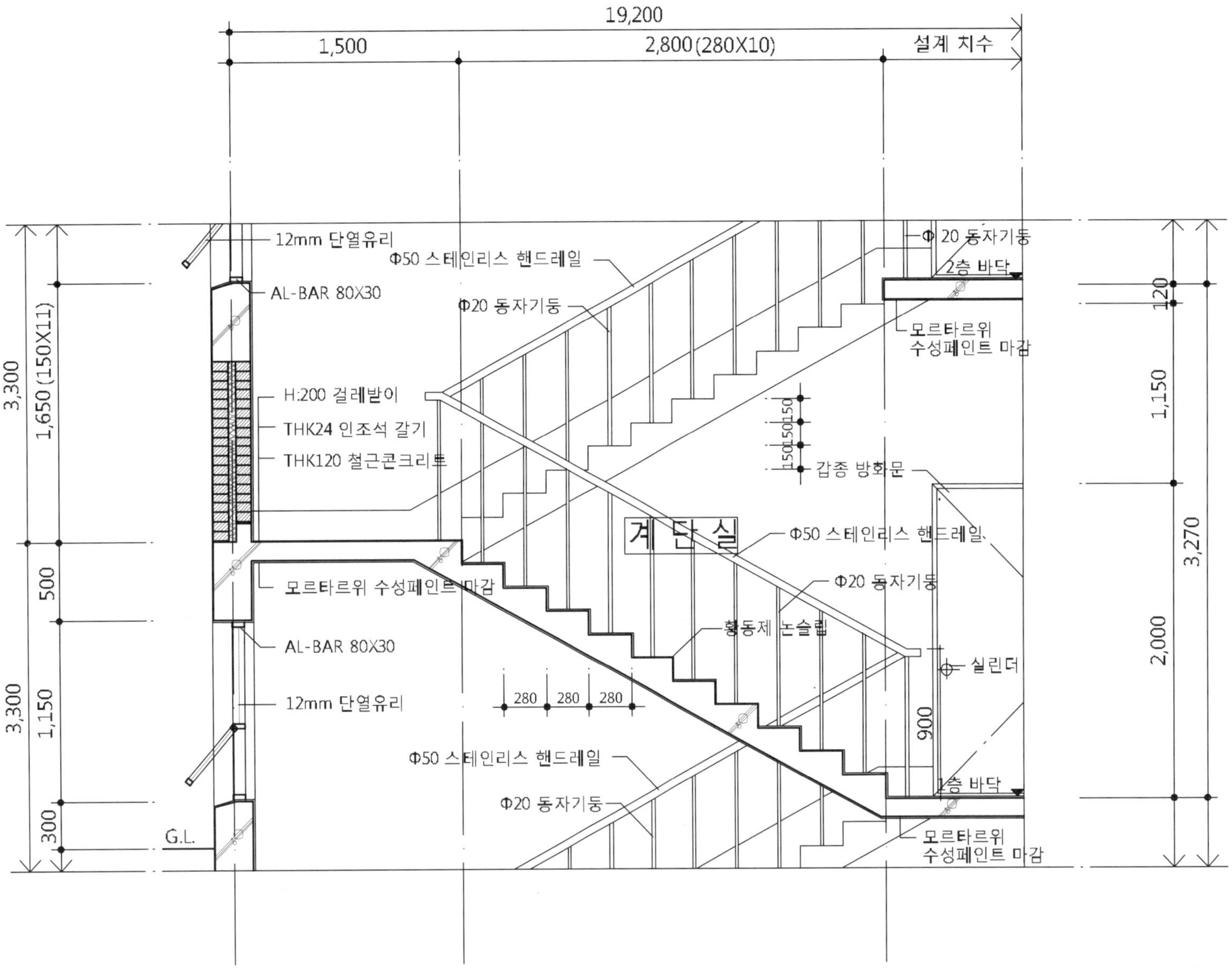

B부분 단면상세도 축척 : 1/30

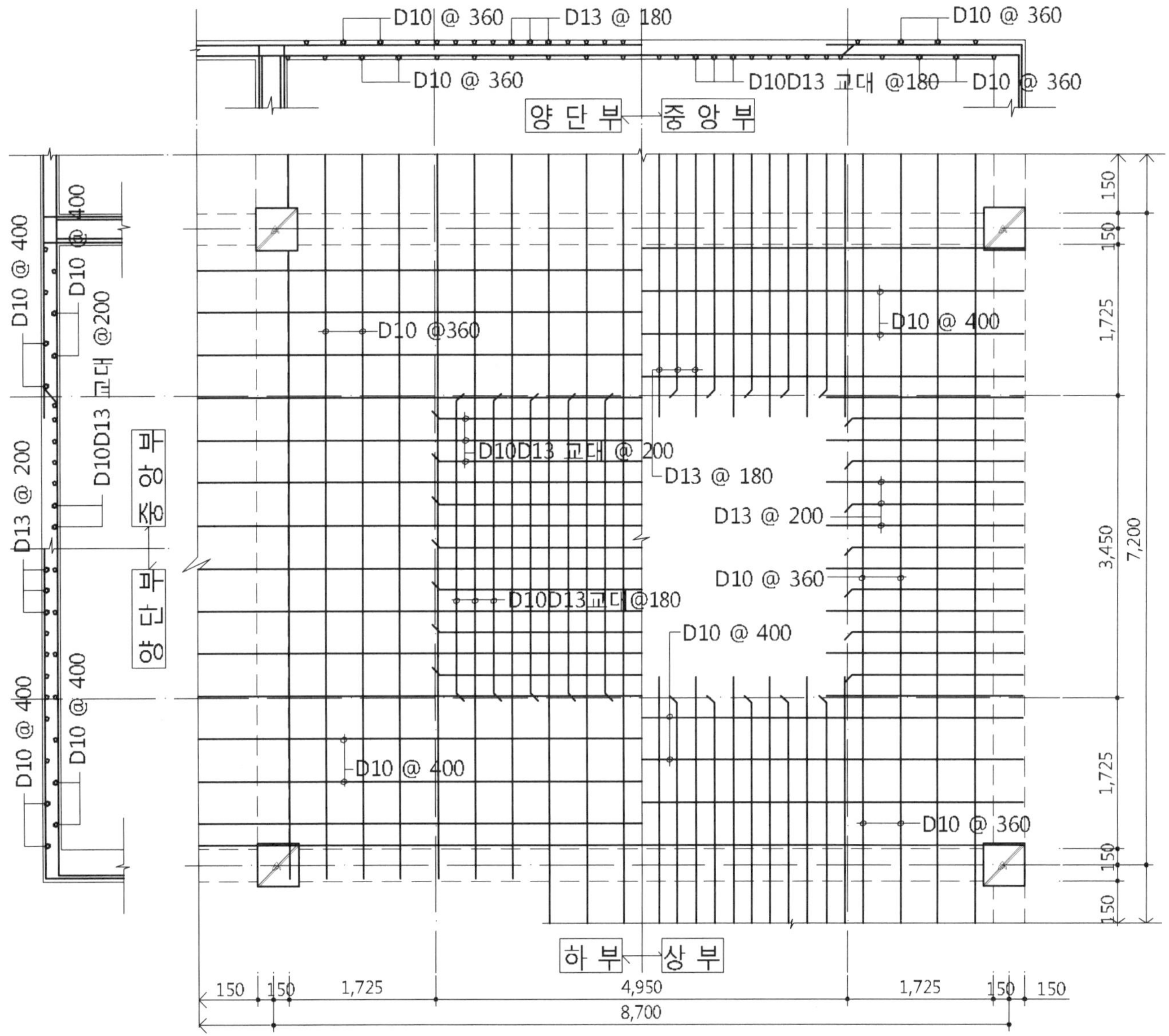

S1 슬래브 배근도 축척 : 1/30

기 호	1 SSD
형 태	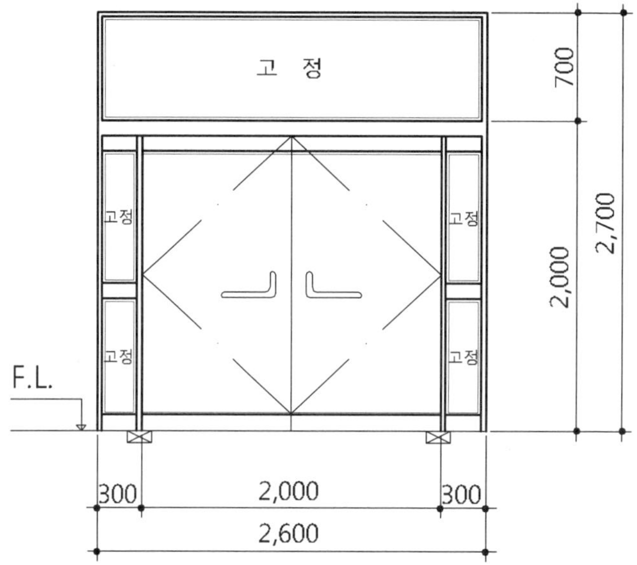
위 치	현관 1개소
재 료	SS-BAR 100×30
마 감	컬러 스테인리스 코팅
유 리	10mm 강화유리
철 물	플로어힌지 2조 외 부속철물 일체

1 SSD 창 호 도 축척 : 1/30

8. 과년도 기출문제(단독주택)

(건물개요 및 조건)

1) 층수 및 구조 : 지하 1층, 지상 2층의 조적식 및 라멘구조
2) 층고 및 반자높이 : 층고 3.2m, 반자높이 2.6m
3) 벽 체 : 외벽-치장벽돌+시멘트벽돌 2중벽(0.5B+70mm+1.0B)
내벽(칸막이벽)-1.0B 시멘트벽돌 벽체
4) 모든 구조 부분은 단열구조로 한다.
5) 창 호 : 알루미늄 새시 또는 목재문으로 한다.(2중창호인 경우 내부는 목재로 한다.)
6) 각실 난방 : 온수온돌 난방으로 한다.
7) 각 부분 마감 : 각실의 용도에 따라 기능에 맞게 선정하여 사용한다.
8) 문제에서 주어지지 않는 사항은 수검자가 판단하여 결정하되 건축구조 및 각종 규정에 적합하고 일반 건물의 시공 수준으로 한다.
9) 각 부분 작도시 축척은 정확하지 않아도 되지만 각 부분 치수가 도면의 전체와 균형이 되도록 한다.
10) 각 부분의 구조 및 치수가 최대한 상세히 표현되어야 한다.
11) 트레이싱 방안지 1장에 1문제씩 작도한다.

[문제 1] A부분의 단면상세도를 작도하시오.

1) 작도범위는 기초 부분부터 2층 지붕면까지 표현되도록 한다.
2) 도면의 크기 : 축척 1/50 정도

[문제 2] B부분의 단면상세도를 작도하시오.

1) 작도범위는 1개 층이 완전히 표현되도록 한다.
2) 계단형식은 경사슬래브식 철근콘크리트 계단으로 한다.
3) 도면의 크기 : 축척 1/30 정도

[문제 3] S1 부분을 4변 고정슬래브로 가정하고 슬래브 배근도를 작도하시오.

1) 철근콘크리트 배근 규정을 준수한다.
2) 배근단면도 및 배근평면도가 작도되어야 한다.
3) 도면의 크기 : 축척 1/30 정도
4) 배근설계
단변방향 : 단 부 : D10, D13 교대 @200 중앙부 : D10 @200
장변방향 : 단 부 : D10, D13 교대 @250 중앙부 : D10 @250

[문제 4] $\frac{1}{AWW}$ 의 창호도를 작도하시오.

1) 창호에 표기해야 할 일체의 내용이 빠짐없이 명시되어야 한다.
2) 도면의 크기 : 축척 1/30 정도로 한다.

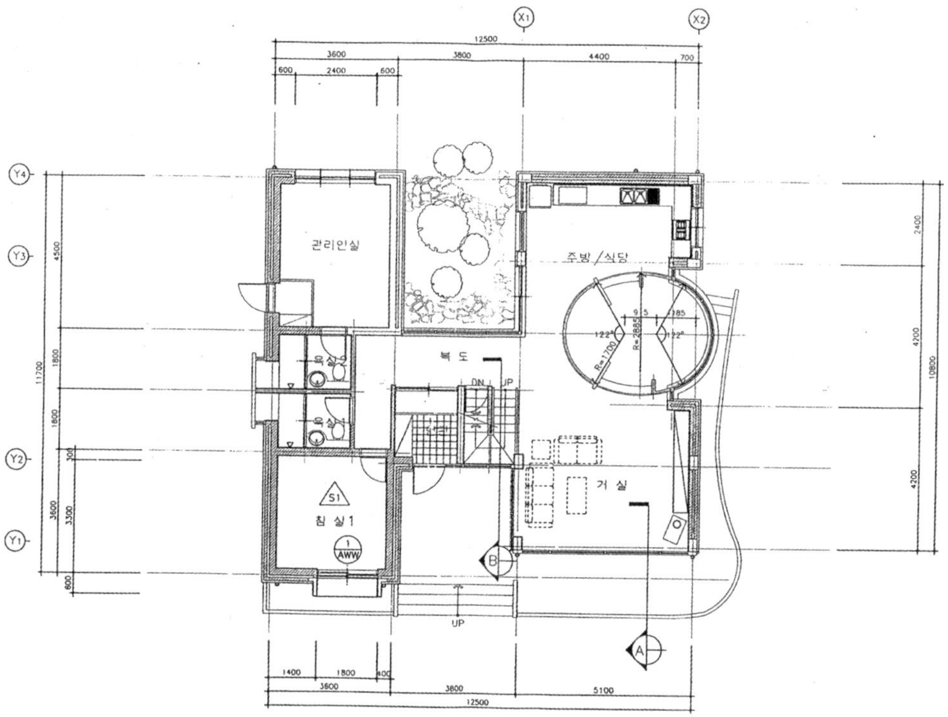

1층 평면도 축척 : 1/100

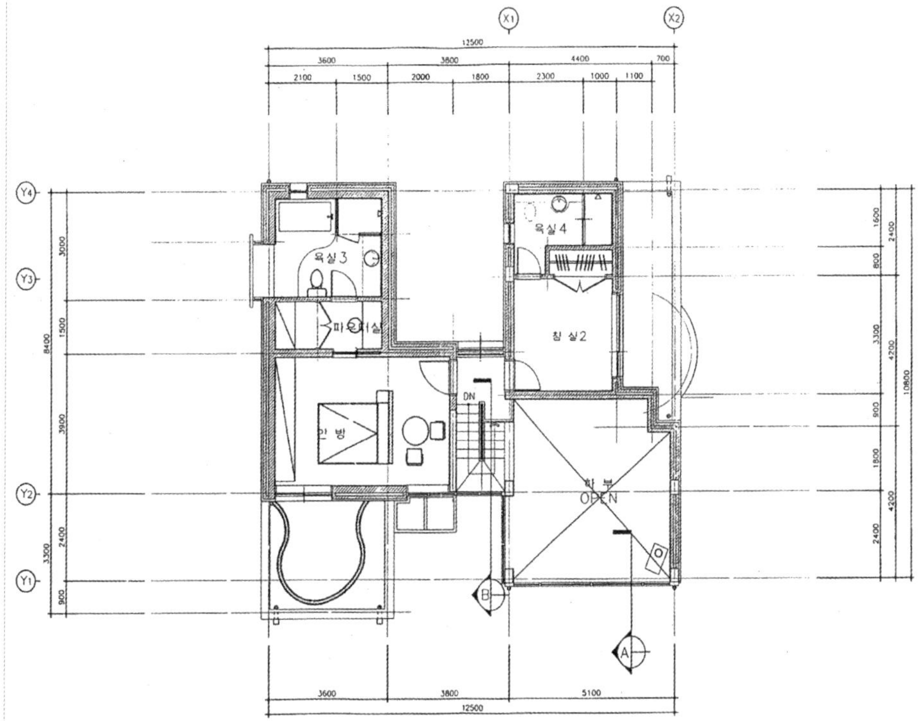

2층 평면도 축척 : 1/100

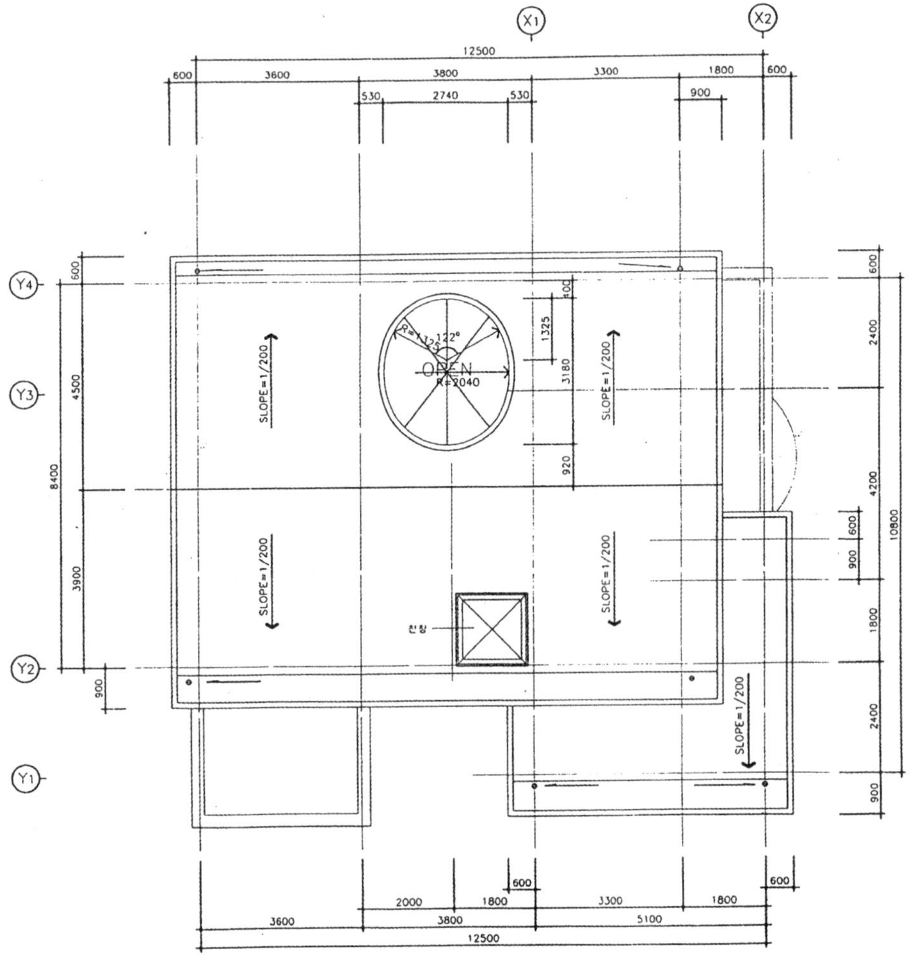

지붕층 평면도 축척 : 1/100

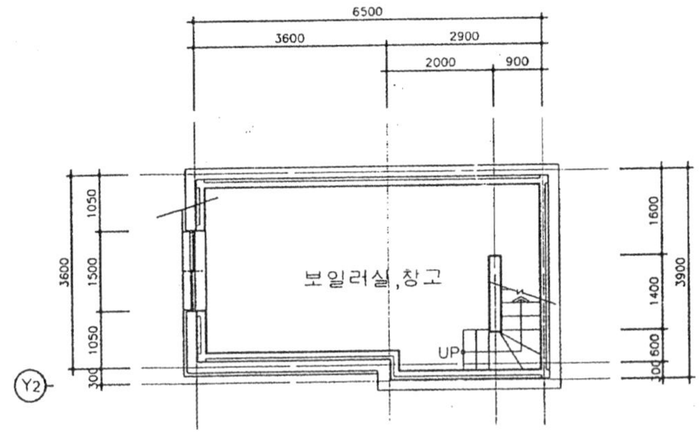

지하층 평면도 축척 : 1/100

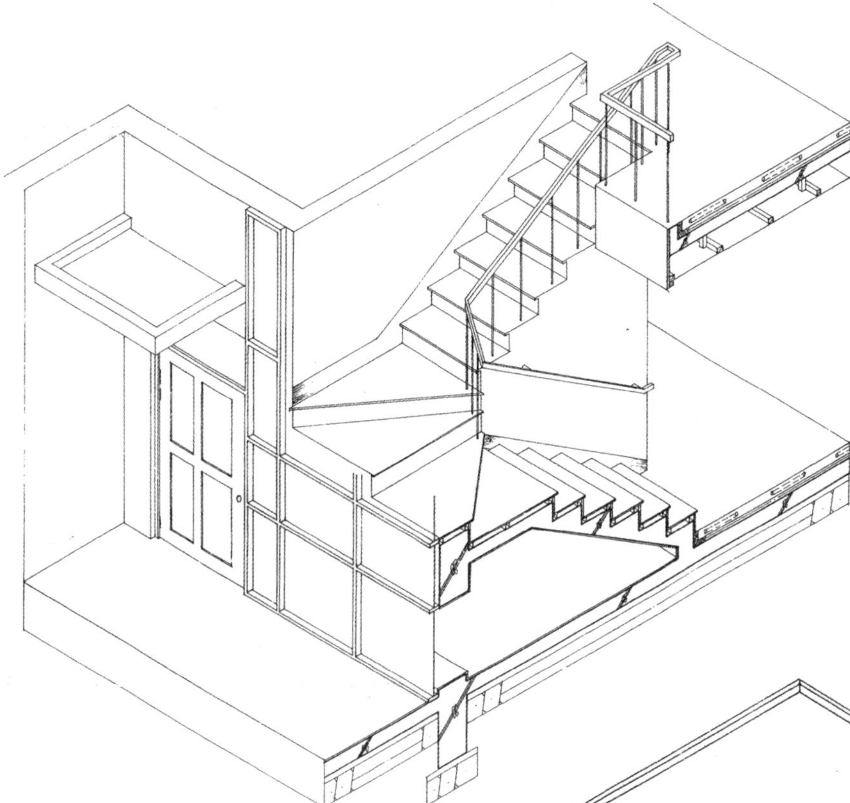

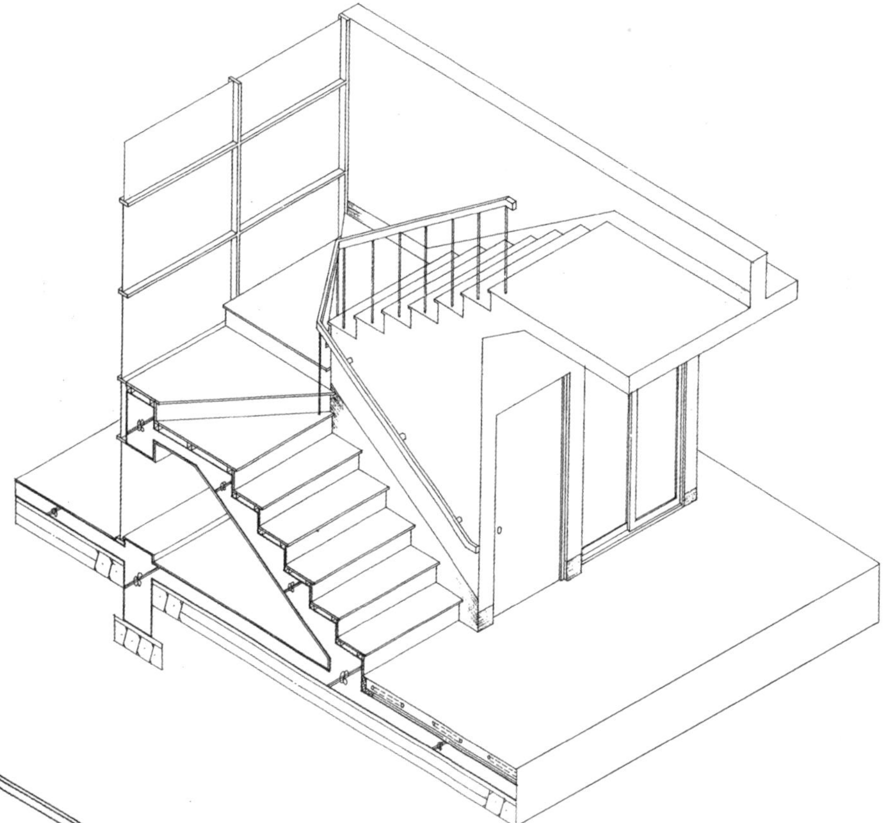

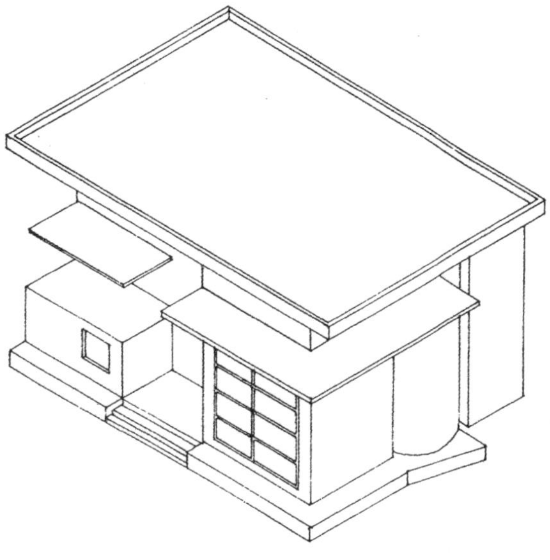

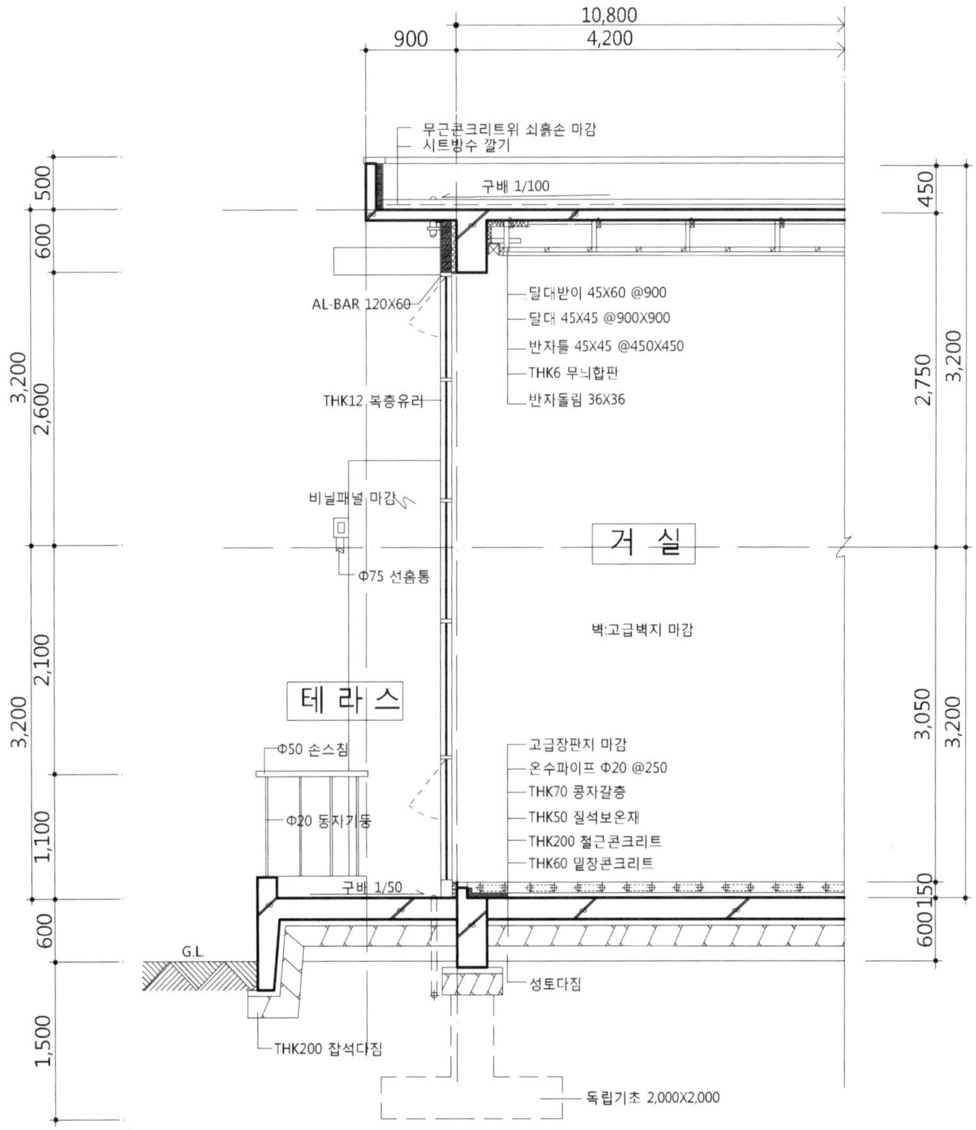

A부분 단면상세도 축척 : 1/30

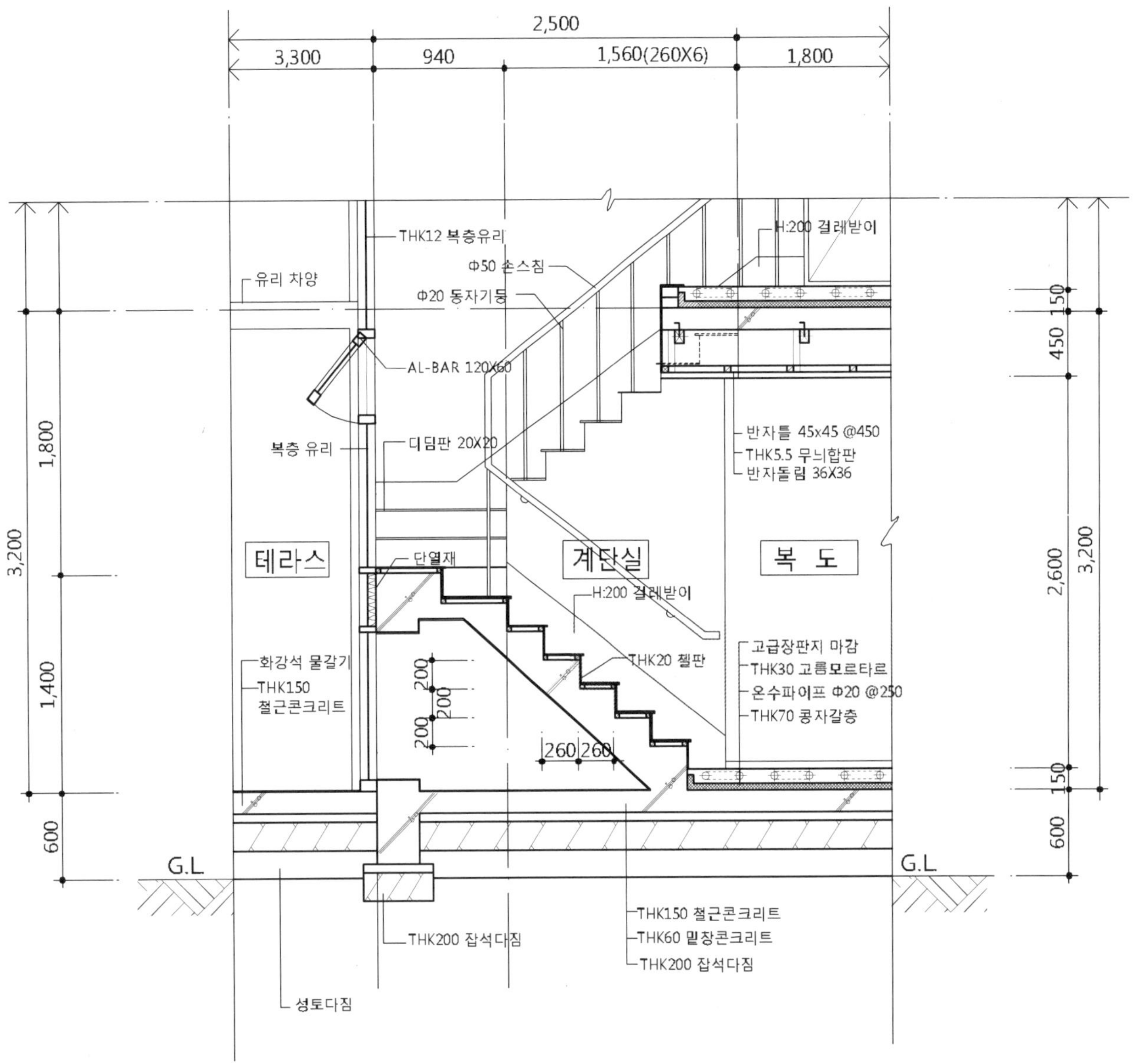

B부분 단면상세도 축척 : 1/30

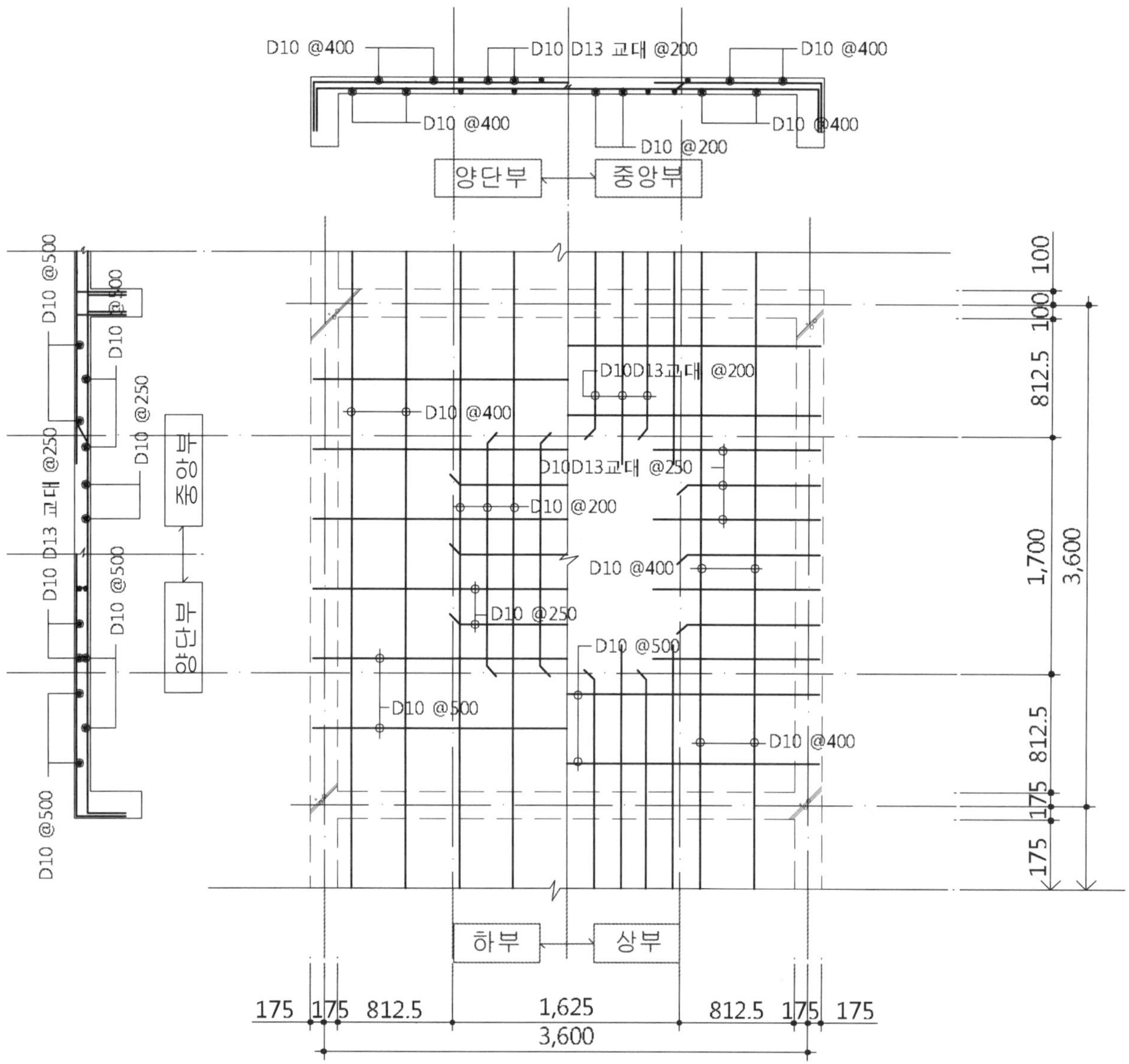

S1 슬래브 배근도 축척 : 1/30

기 호	1/WW	1/AW
형 태	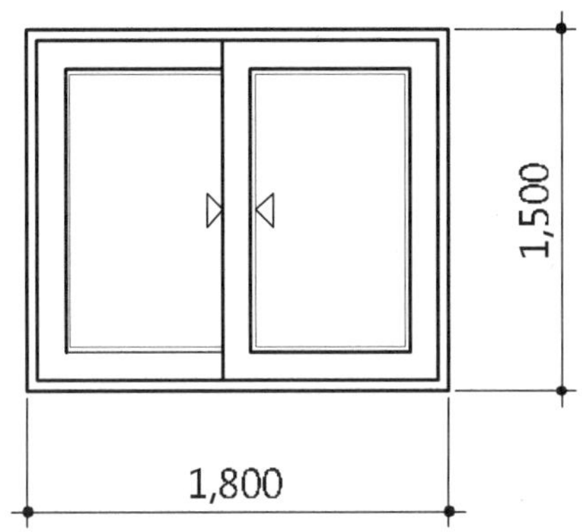	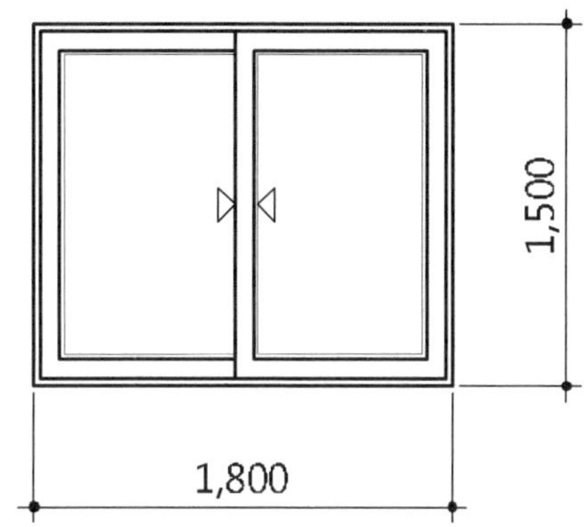
위 치	침실 1개소(내부)	침실 1개소(외부)
재 료	나왕 120×45	AL-BAR 80×30
마 감	바니시 3회 마감	컬러 알루미늄 코팅
유 리	3mm 무늬유리	3mm 투명유리
철 물	꽂이쇠 1조 외 부속철물 일체(방충망 포함)	크레센트 1조 외 부속철물 일체(방충망 포함)

1/WW 1/AW 창 호 도 축척 : 1/30

9. 과년도 기출문제(아파트)

(건물개요 및 조건)

1) 층수 및 구조 : 지하 1층, 지상 5층의 철근콘크리트 벽식구조
2) 층 고 : 2.7m
3) 철근콘크리트 벽체 두께 : 외벽-200mm, 내벽-150mm
4) 거주 부분의 외벽은 단열구조로 한다.
5) 각 실 난 방 : 온수온돌 난방으로 한다.
6) 창 호 : 알루미늄새시로 한다.(2중창인 경우 내부는 목재로 한다.)
7) 각 부분 마감 : 각실의 용도에 따라 기능에 맞게 선정하여 사용한다.
8) 문제에서 주어지지 않는 사항은 수검자가 판단하여 결정하되 건축구조 및 각종 규정에 적합하고 일반 건물의 시공 수준으로 한다.
9) 각 부분 작도시 축척은 정확하지 않아도 되지만 각 부분 치수가 도면의 전체와 균형이 되도록 한다.
10) 각 부분의 구조 및 치수가 최대한 상세히 표현되어야 한다.
11) 트레이싱 방안지 1장에 1문제씩 작도한다.

1. A부분의 단면상세도를 작도하시오.

가. 작도범위는 1개 층이 완전히 표현되도록 한다.
나. 도면의 크기 : 축척 1/30 정도

2. B부분의 단면상세도를 작도하시오.

가. 작도범위는 1개 층이 완전히 표현되도록 한다.
나. 계단형식은 경사슬래브식 철근콘크리트 계단으로 한다.
다. 도면의 크기 : 축척 1/30 정도

3. S1 부분을 4변 고정슬래브로 가정하고 슬래브 배근도를 작도하시오.

가. 철근콘크리트 배근 규정을 준수한다.
나. 배근평면도와 단면도가 작도되어야 한다.
다. 도면의 크기 : 축척 1/30 정도

(배근설계)

단변방향 - 단부 D10 D13 교대 @180, 중앙부 D10 @180
장변방향 - 단부 D10 D13 교대 @200, 중앙부 D10 @200

4. $\frac{1}{W}$의 창호도를 작도하시오.

가. 창호도에 표기해야 할 일체의 내용이 명시되어야 한다.
나. 도면의 크기 : 축척 1/50 정도로 한다.

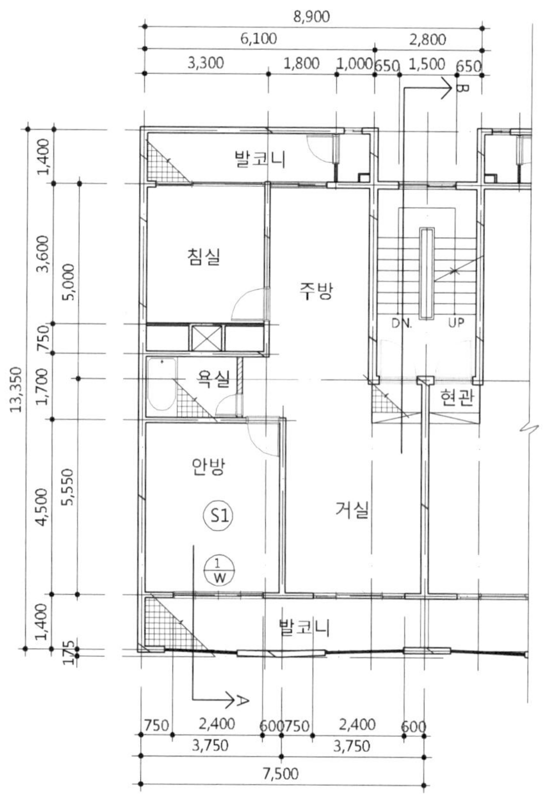

단위 세대 평면도 축척 : 1/100

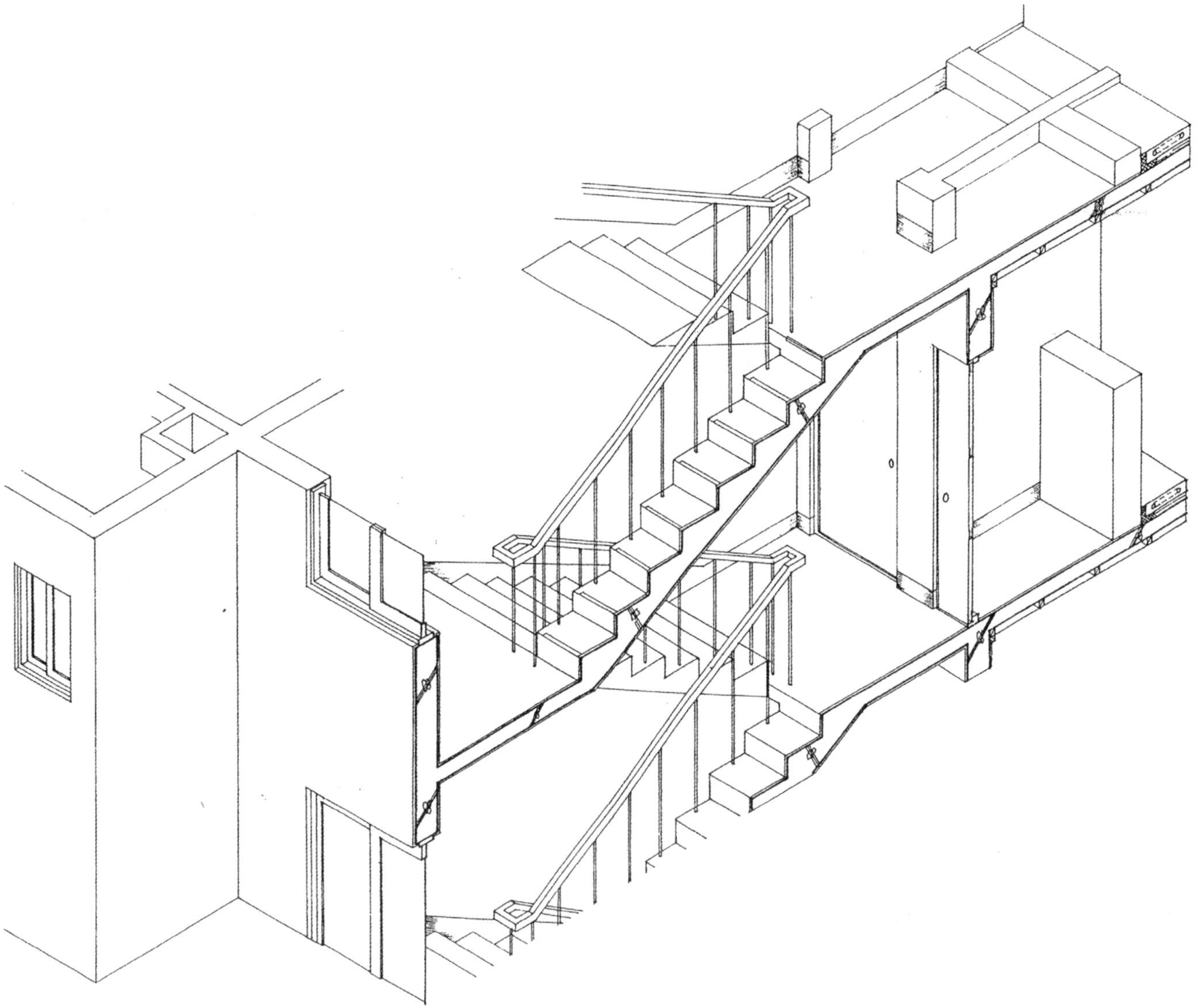

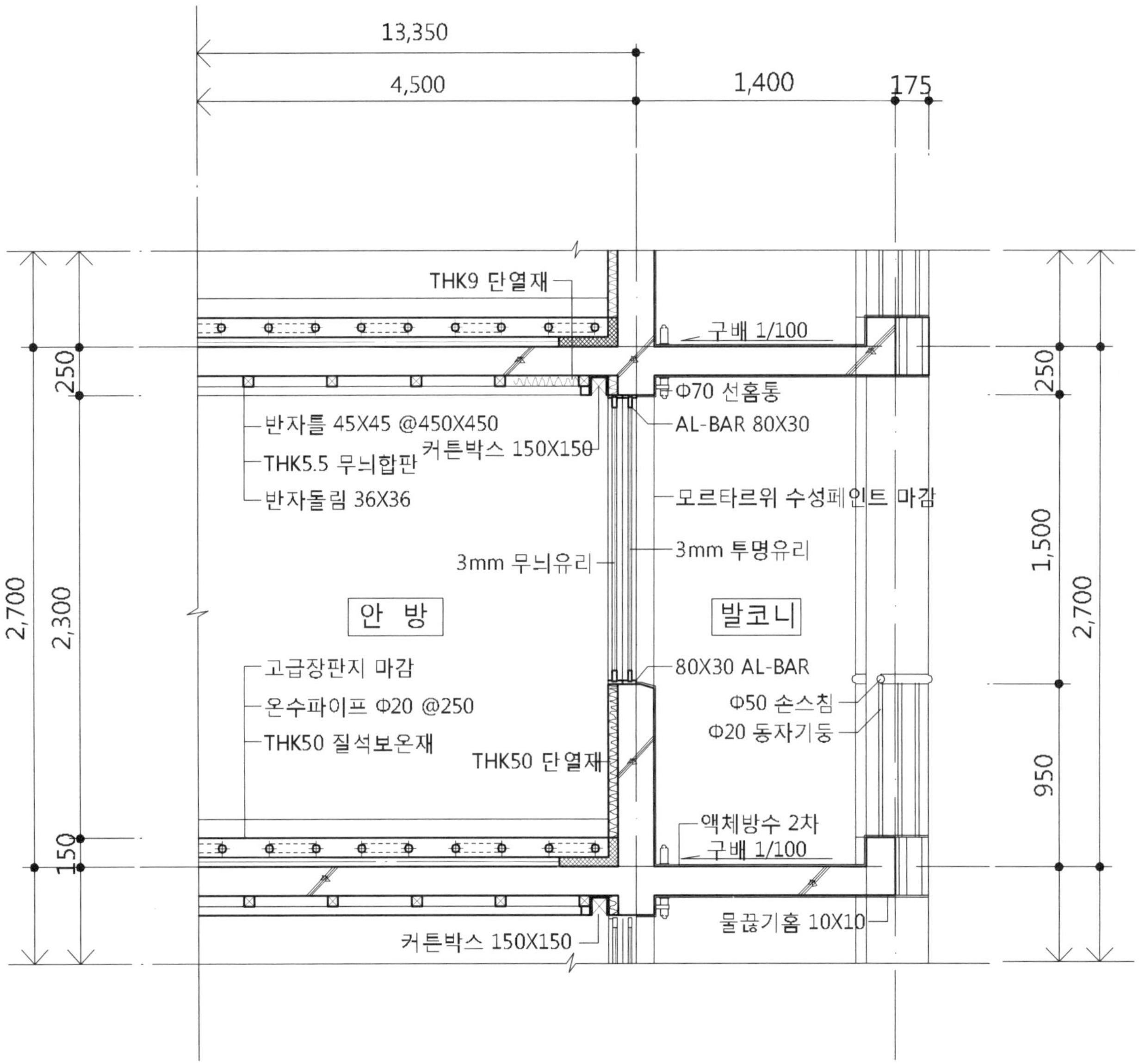

A부분 단면상세도 축척 : 1/30

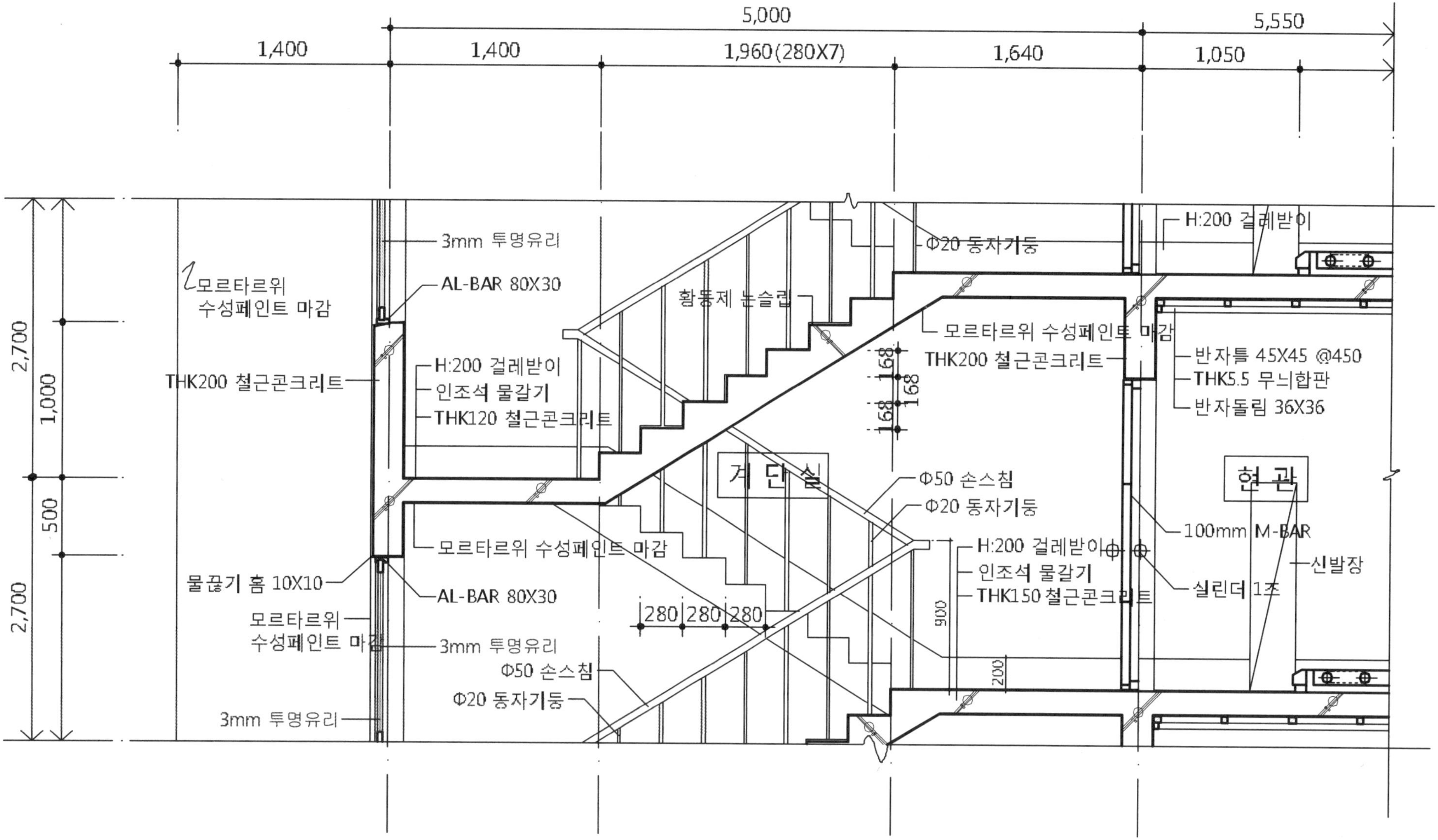

B부분 단면상세도 축척 : 1/30

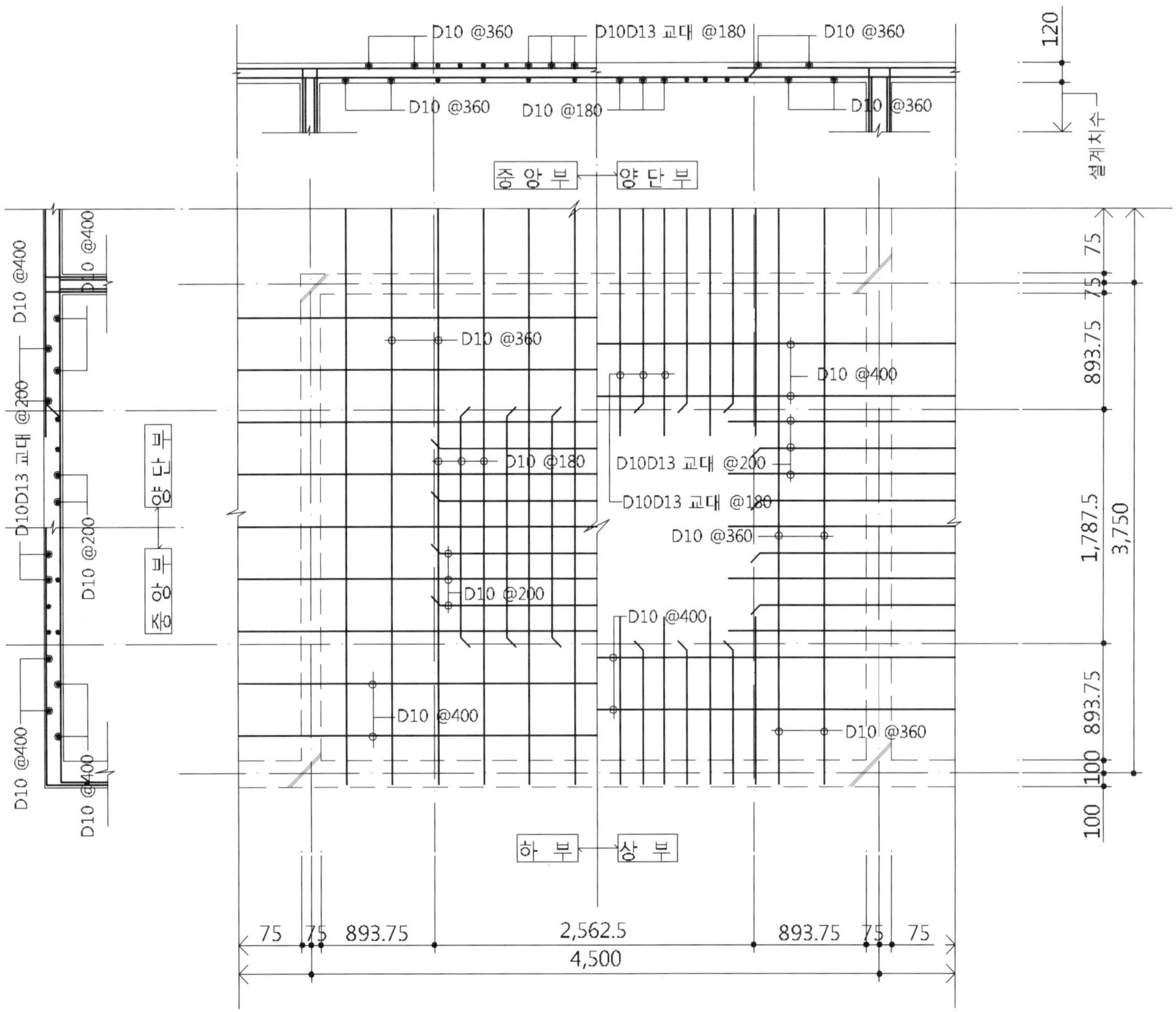

S1 슬래브 배근도 축척 : 1/30

기 호	1 / WW	1 / AW
형 태	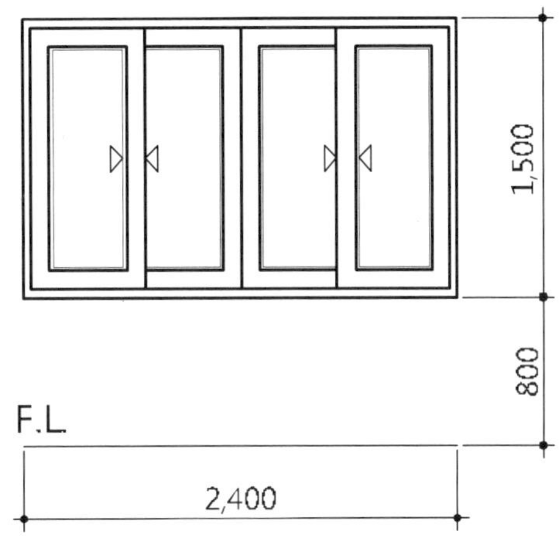	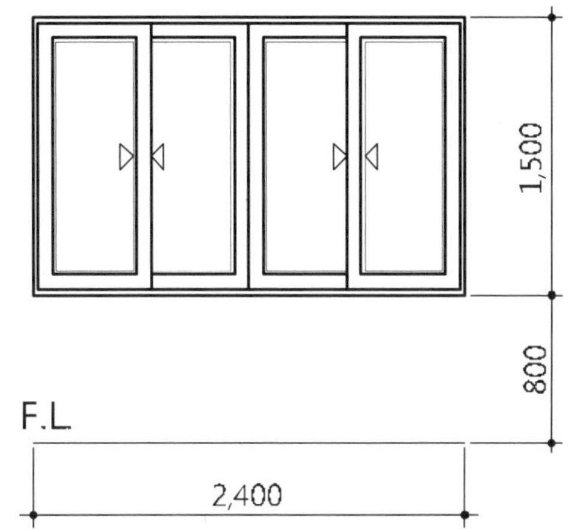
위 치	안방 1개소(내부)	안방 1개소(외부)
재 료	나왕 100×45	AL-BAR 80×30
마 감	바니시 마감	컬러 알루미늄 코팅
유 리	3mm 무늬유리	3mm 투명유리
철 물	꽂이쇠 2조 외 부속철물 일체(방충망 포함)	크레센트 2조 외 부속철물 일체(방충망 포함)

1 WW 1 AW 창 호 도 축척 : 1/50

10. 과년도 기출문제(단독주택)

(건물개요 및 조건)

1) 층수 및 구조 : 지상 2층의 벽돌구조
2) 층 고 : 2.7m
3) 외 벽 구 조 : 0.5B+70mm+1.0B
4) 모든 구조 부분은 단열구조로 한다.
5) 거실 및 침실난방 : 온수온돌 난방으로 한다.
6) 창 호 : 플라스틱 창호로 한다.
7) 각 부분 마감 : 각실의 용도에 따라 기능에 맞게 선정하여 사용한다.
8) 문제에서 주어지지 않는 사항은 수검자가 판단하여 결정하되 건축구조 및 각종 규정에 적합하고 일반 건물의 시공 수준으로 한다.
9) 각 부분 작도시 축척은 정확하지 않아도 되지만 각 부분 치수가 도면의 전체와 균형이 되도록 한다.
10) 각 부분의 구조 및 치수가 최대한 상세히 표현되어야 한다.
11) 트레이싱 방안지 1장에 1문제씩 작도한다.

1. A부분의 단면상세도를 작도하시오.

가. 작도범위는 기초에서부터 지붕면까지 표현되도록 한다.
나. 도면의 크기 : 축척 1/30 정도

2. B부분의 단면상세도를 작도하시오.

가. 작도범위는 기초에서부터 2층 바닥까지 표현되도록 한다.
나. 계단형식은 경사슬래브식 철근콘크리트 계단으로 한다.
다. 도면의 크기 : 축척 1/30 정도

3. 2층 바닥 S1 부분을 4변 고정으로 가정하고 슬래브 배근도를 작도하시오.

가. 철근콘크리트 배근 규정을 준수한다.
나. 배근평면도와 단면도가 작도되어야 한다.
다. 도면의 크기 : 축척 1/30 정도

(배근설계)

단변방향-단 부 D10 D13 교대 @150, 중앙부 D10 @150
장변방향-단 부 D10 D13 교대 @200, 중앙부 D10 @200

4. $\frac{1}{PD}$ 의 창호도(창호표)를 작도하시오.

가. 창호도에 표기해야 할 일체의 내용이 명시되어야 한다.
나. 도면의 크기 : 축척 1/50 정도로 한다.

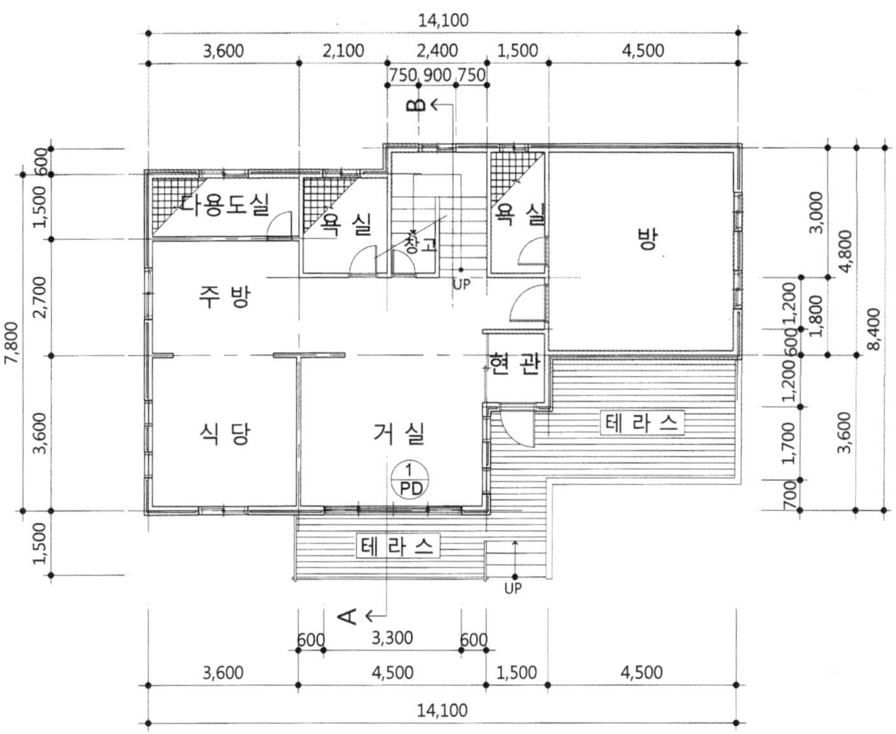

1층 평면도 축척 : 1/100

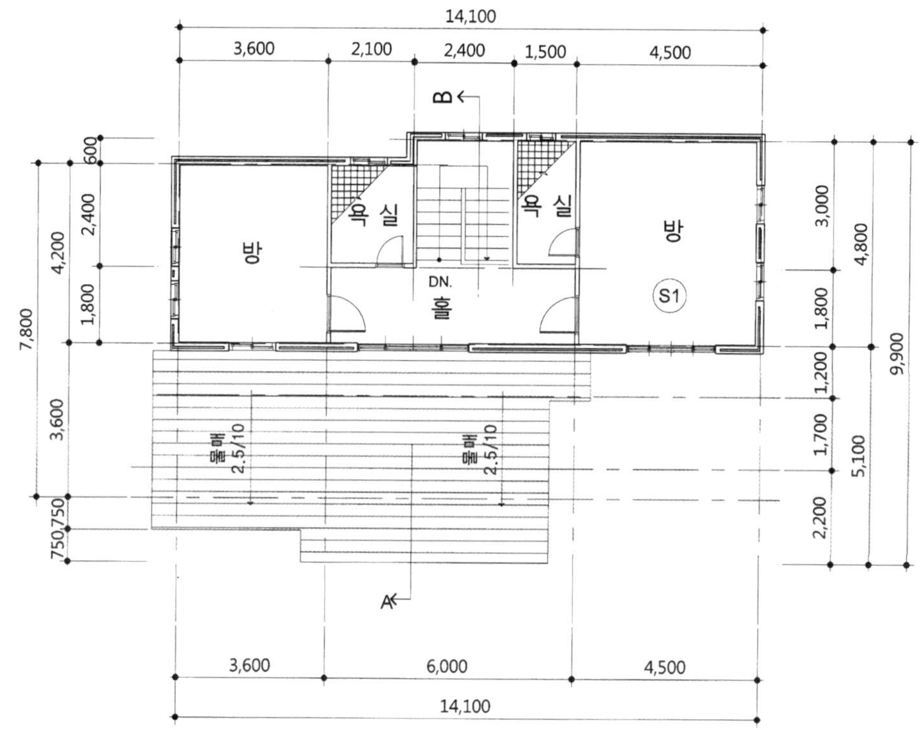

2층 평면도 축척 : 1/100

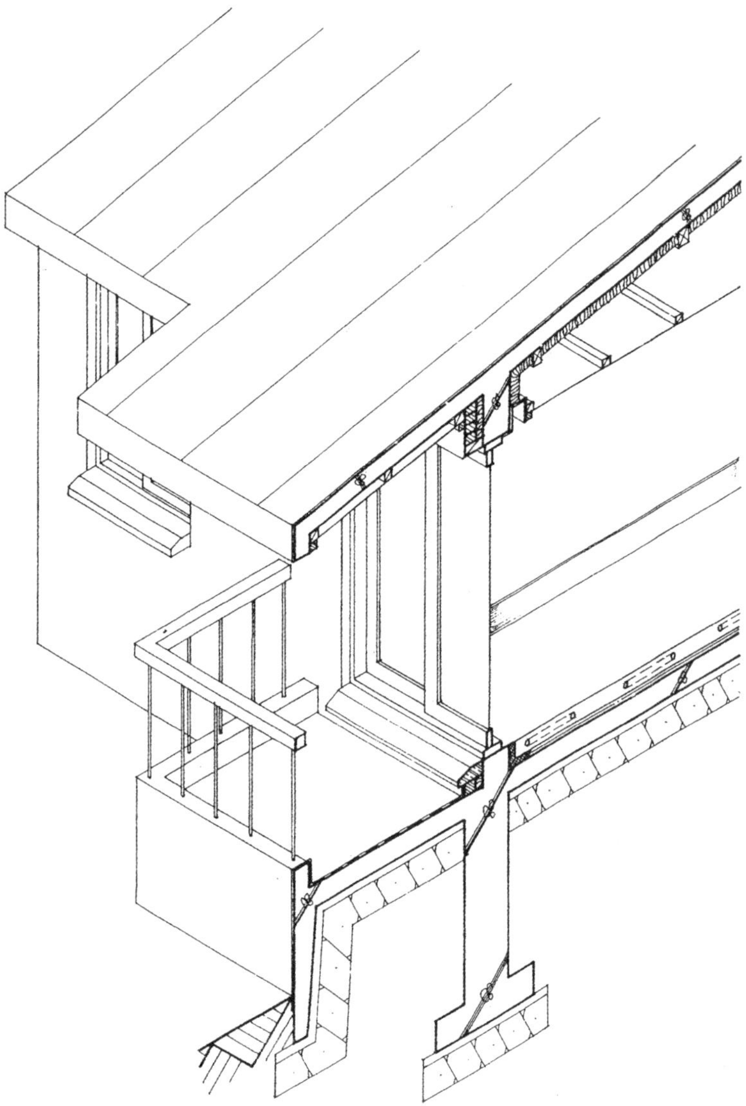

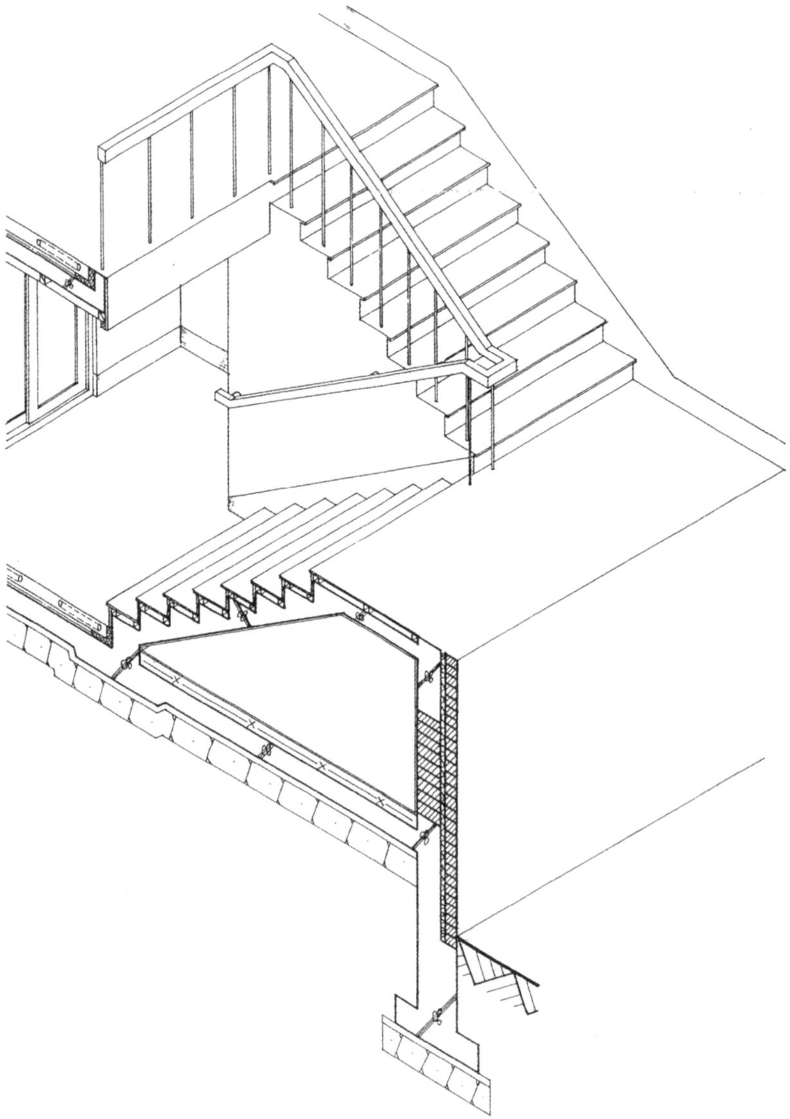

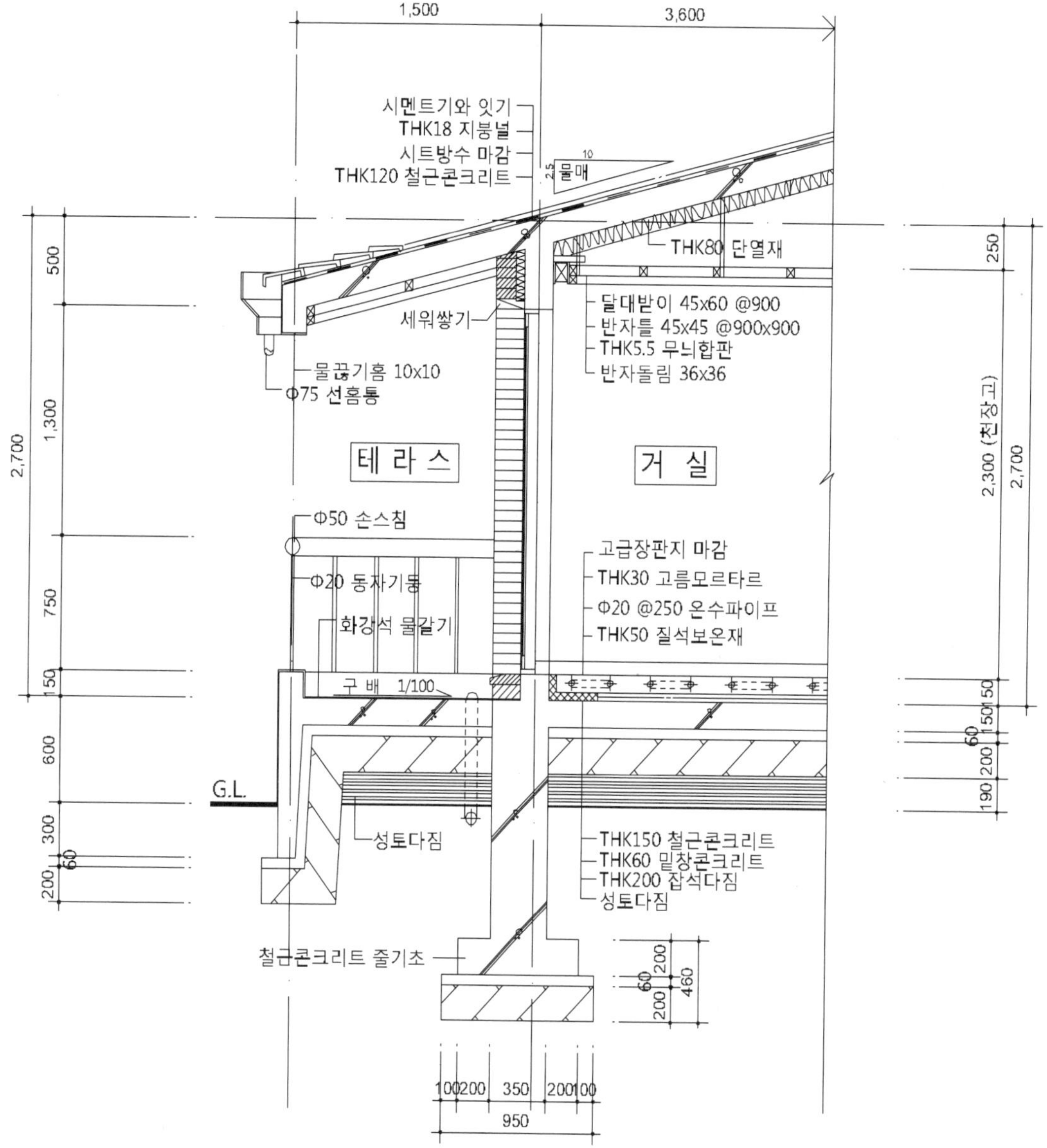

A부분 단면상세도 축척 : 1/30

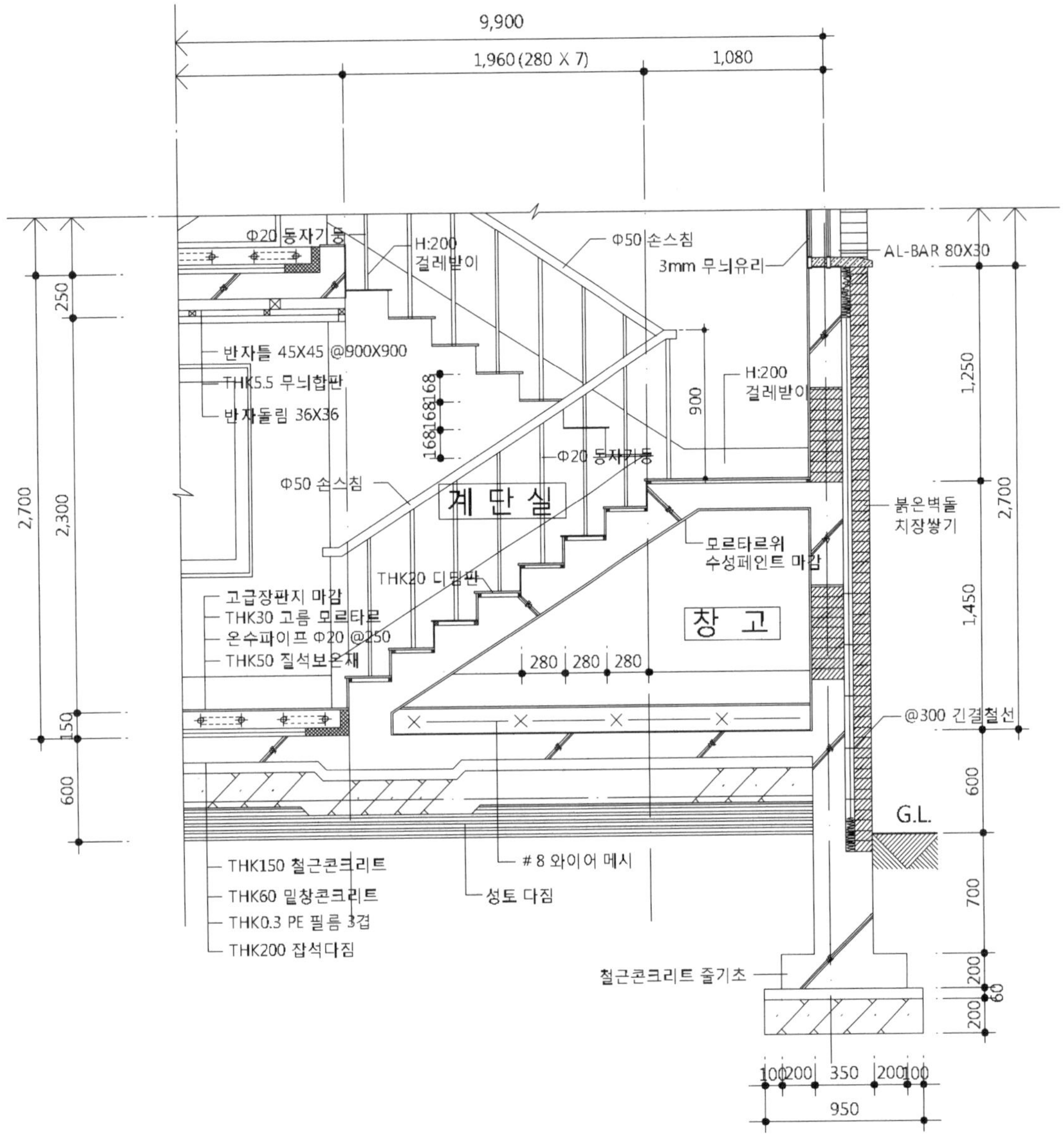

B부분 단면상세도 축척 : 1/30

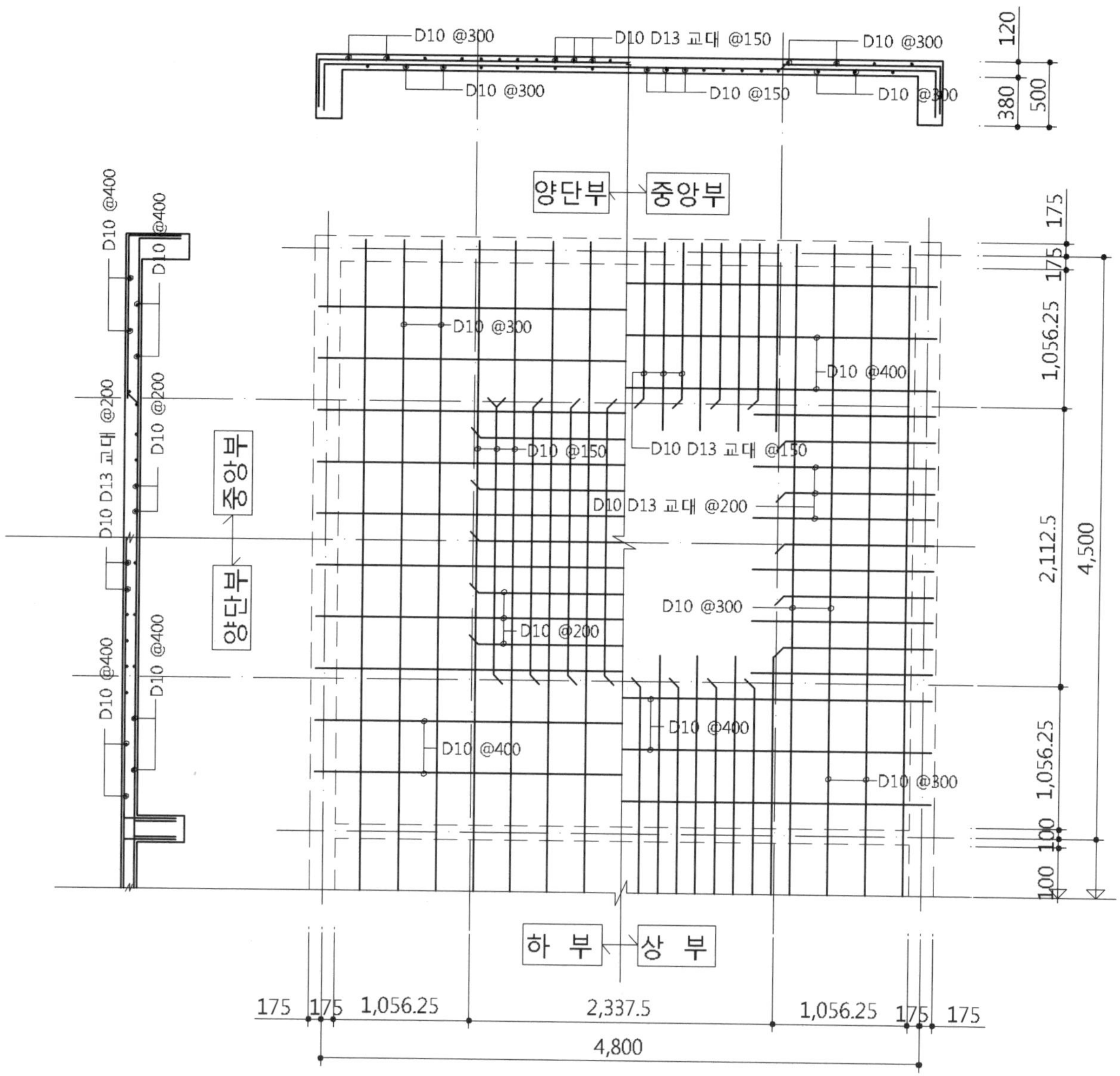

S1 슬래브 배근도 축척 : 1/30

기 호	1 / AD
형 태	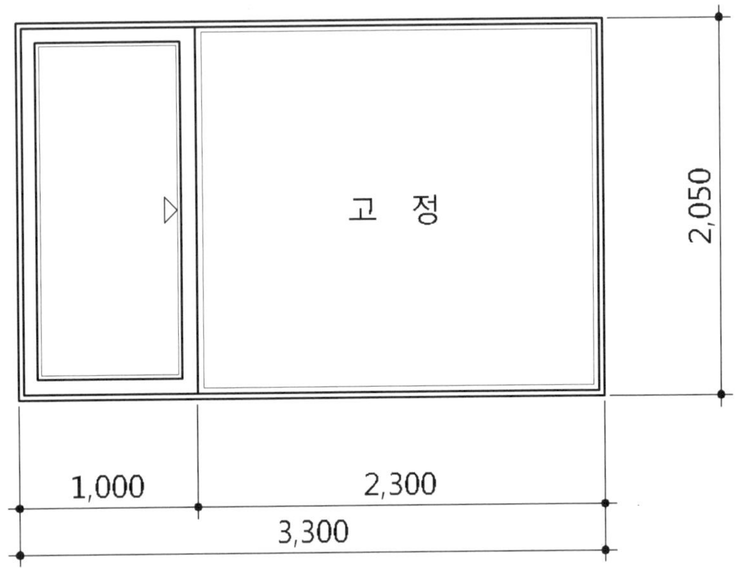
위 치	거실 1개소
재 료	AL-BAR 80×30
마 감	컬러 알루미늄 코팅
유 리	12mm 복층유리
철 물	크레센트 1조 외 부속철물 일체(방충망 포함)

1 / AD 창 호 도 축척 : 1/50

11. 과년도 기출문제(아파트)

(건물개요 및 조건)

도면은 도심지의 15층 규모의 공동주택 단위세대 평면도이다.

1) 구　조 : 철근콘크리트 벽식구조
2) 층고 및 반자높이 : 층고 2.8m
3) 벽　체 : 철근콘크리트 벽식구조 및 벽돌구조
　(도면표기를 준수하되 세부내용은 수검자가 일부 조정할 수 있다.)
4) 천　장 : 경량철골천장틀에 석고보드 마감
5) 창　호 : 합성수지새시(하이새시)에 단열유리로 한다.
6) 각실 난방 : 온수온돌 난방으로 한다.
7) 각 부분 마감 : 각실의 용도에 따라 기능에 맞게 선정하여 사용한다.
8) 문제에서 주어지지 않은 사항은 수검자가 판단하여 결정하되 건축구조 및 각종 규정에 적합하고 일반 건물의 시공 수준으로 한다.
9) 각 부분 작도시 축척은 정확하지 않아도 되지만 각 부분 치수가 도면의 전체와 균형이 되도록 한다.
10) 각 부분의 구조 및 치수가 최대한 상세히 표현되어야 한다.
11) 트레싱 방안지 1장에 1문제씩 작도한다.

1. A부분의 단면상세도를 작도하시오.

1) 작도범위는 1개 층이 완전히 표현되도록 한다.
2) 계단형식은 경사슬래브식 철근콘크리트 계단으로 한다.
3) 도면의 크기 : 축척 1/30 정도

2. B부분의 단면상세도를 작도하시오.

가. 작도범위는 1개 층이 완전히 표현되도록 한다.
나. 도면의 크기 : 축척 1/30 정도

3. S1 부분을 4변 고정슬래브로 가정하고 슬래브 배근도를 작도하시오.

가. 철근콘크리트 배근 규정을 준수한다.
나. 배근평면도와 단면도가 작도되어야 한다.
다. 도면의 크기 : 축척 1/30 정도

(배근설계)

단변방향－단　부　D10 D13 교대 @180,　　중앙부　D10 @180
장변방향－단　부　D10 D13 교대 @200,　　중앙부　D10 @200

4. $\frac{2}{HD}$와 $\frac{1}{WD}$의 창호도를 작도하시오.

가. 창호도에 표기해야 할 일체의 내용이 명시되어야 한다.
나. 도면의 크기 : 축척 1/50 정도로 한다.

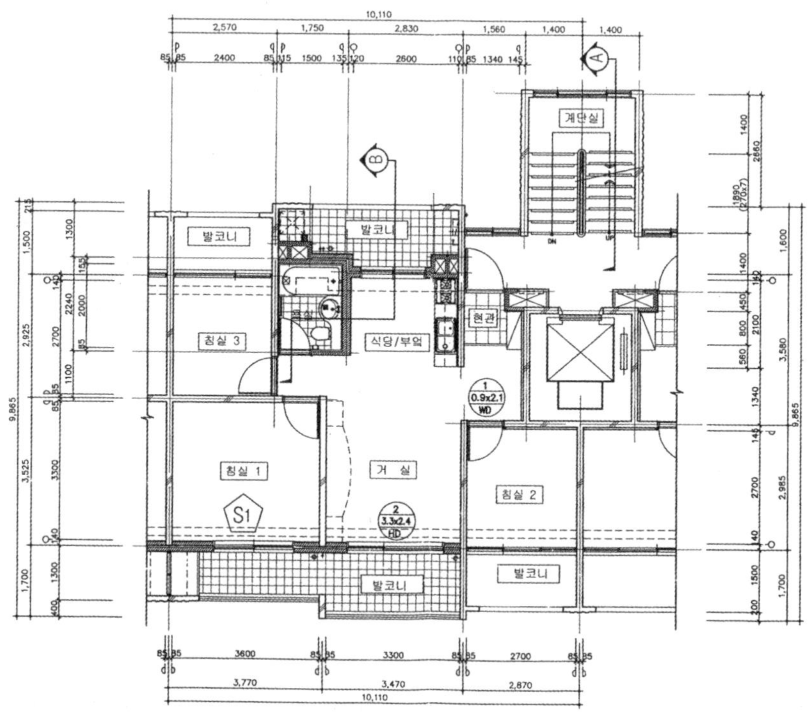

단위세대 평면도

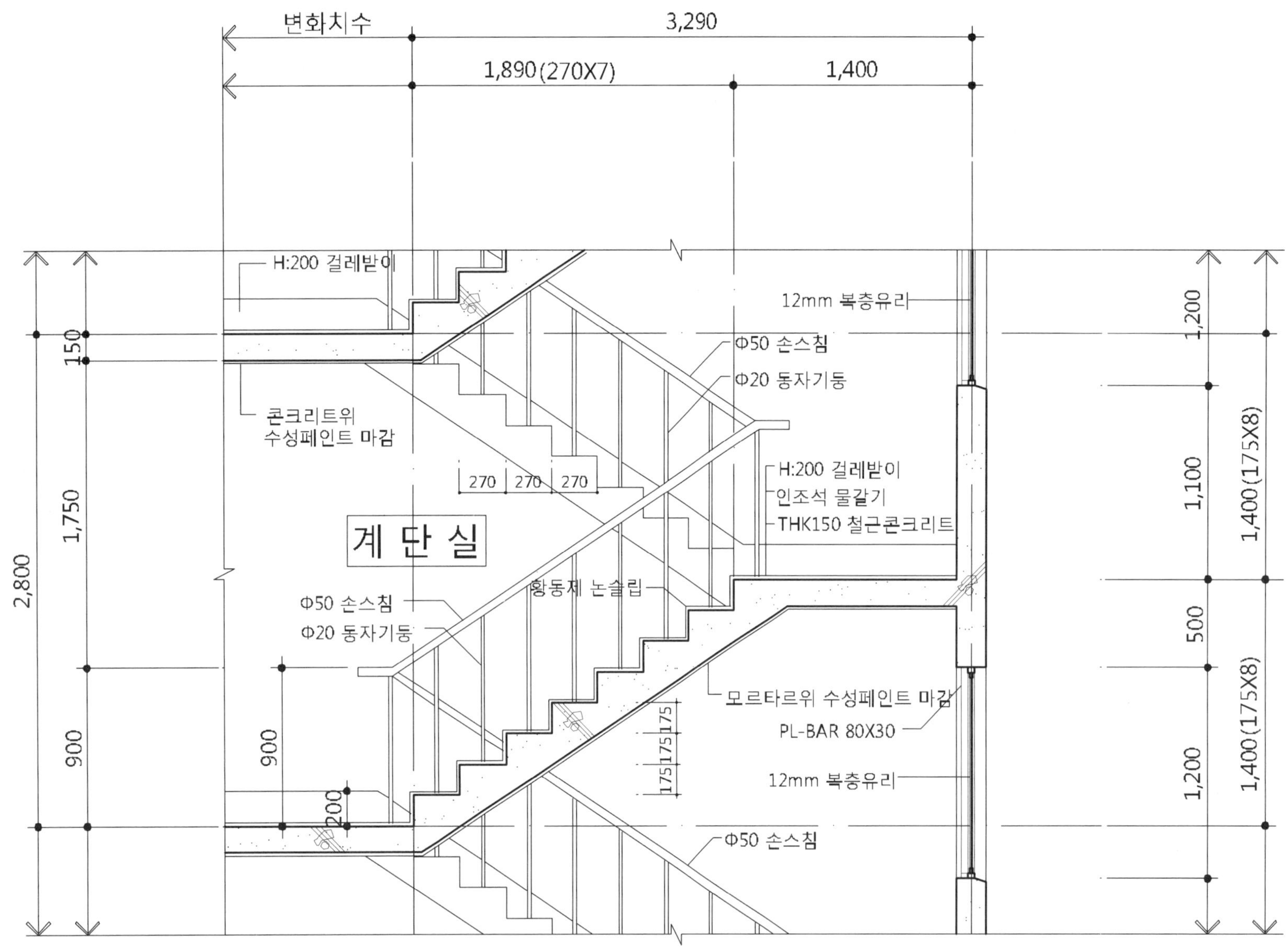

A부분 단면상세도 축척 : 1/30

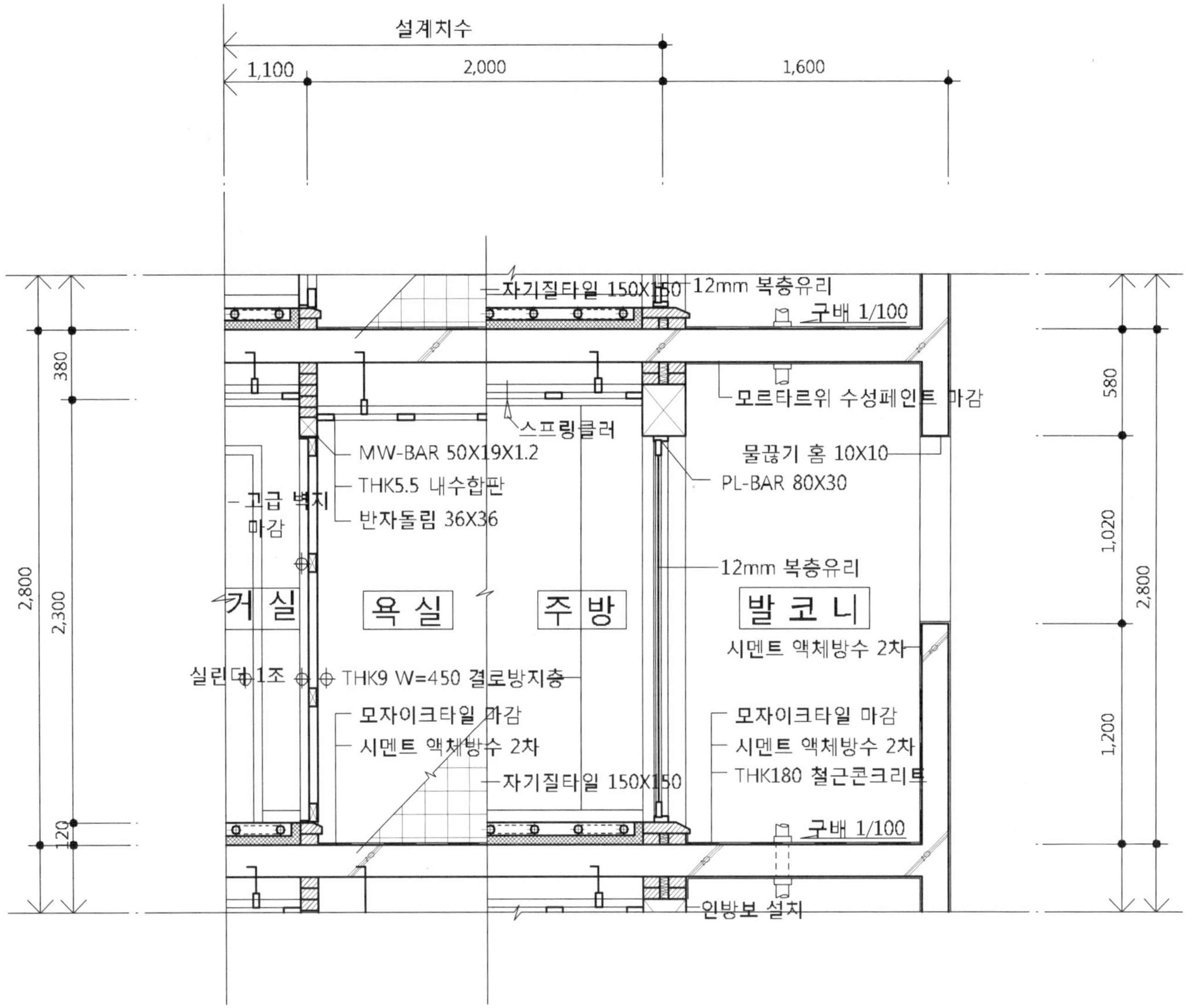

B부분 단면상세도 축척 : 1/30

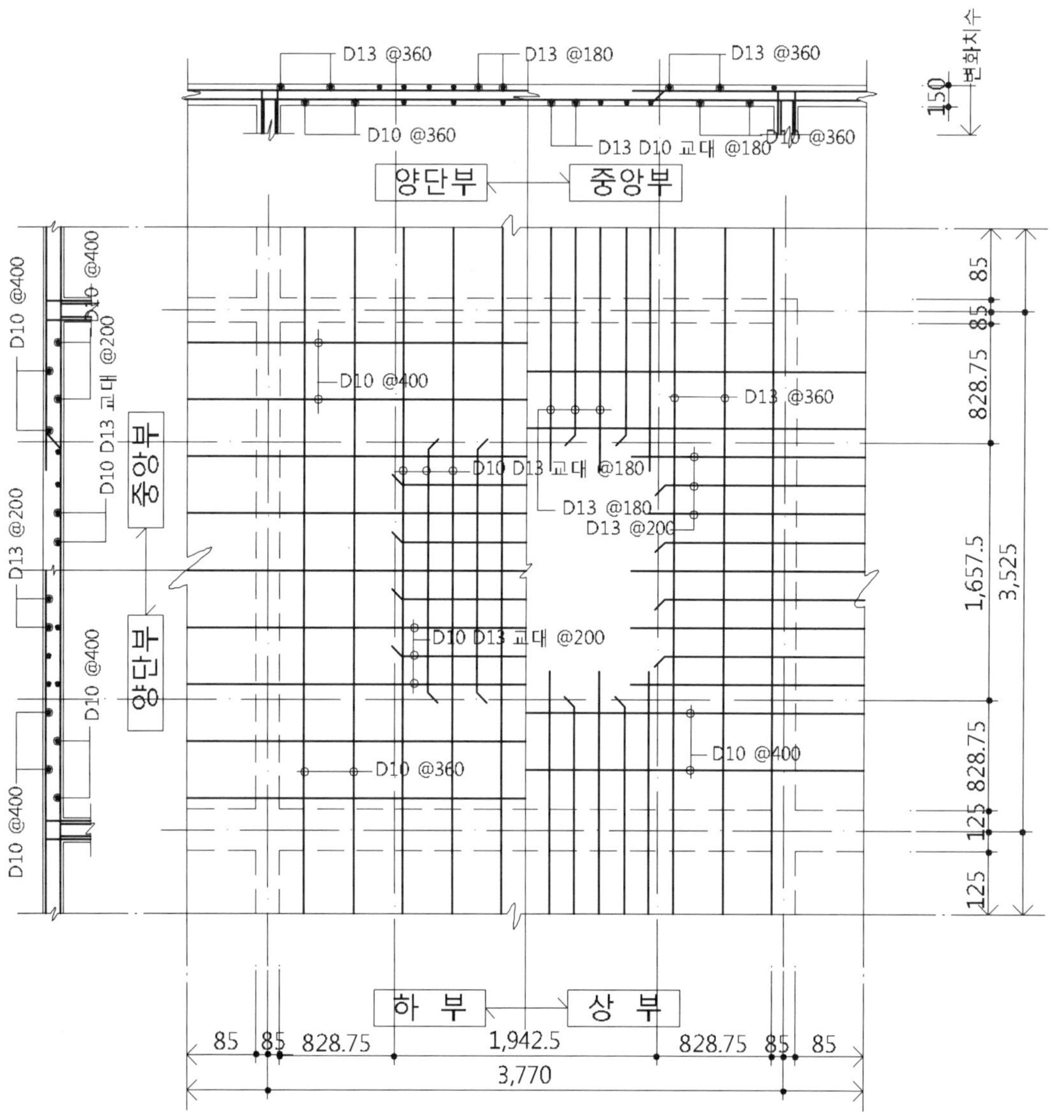

S1 슬래브 배근도 축척 : 1/30

기 호	2 / HD	1 / WD
형 태	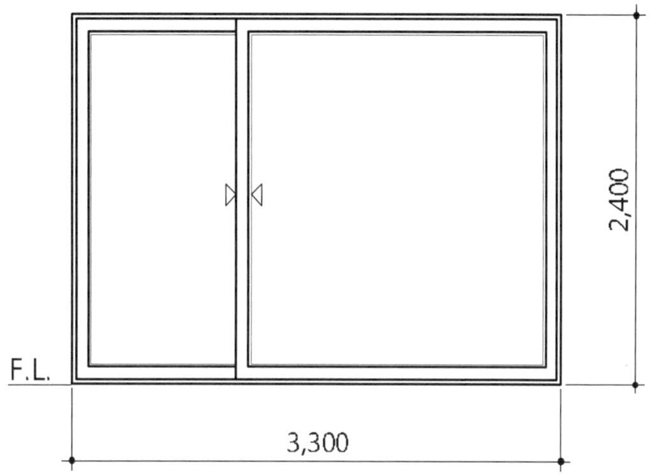	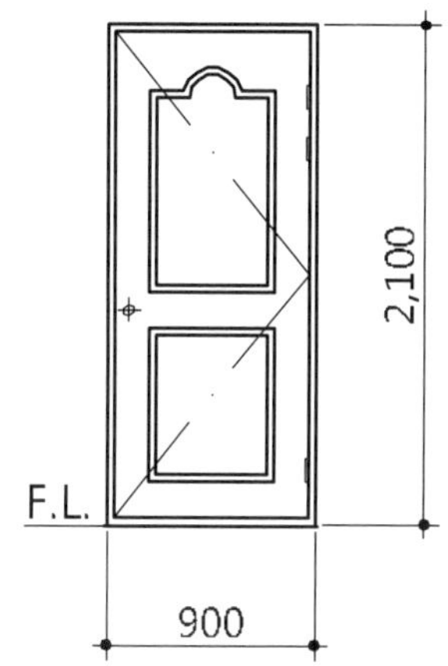
위 치	거실 1개소	침실 2 1개소
재 료	합성수지 새시 120×45	나왕 150×30
마 감	합성수지 새시 코팅	바니시 3회 마감
유 리	12mm 복층유리	–
철 물	크레센트 1조 외 부속철물 일체(방충망 포함)	실린더 1조, 자유정첩 3조 외 부속철물 일체(방충망 포함)

2/HD 1/WD 창 호 도 축척 : 1/50

2 건축사 기출문제

1. 과년도 자격시험 기출문제

1-1 대지계획(배치계획, 대지분석 · 조닝)

◈ 제1과제(배치계획) ◈ 배점 : 65/100

제목 : 지역주민을 위한 체육시설이 포함된 초등학교 배치계획

1. 과제개요

지방 신도시 주거지역 내 자연생태공원, 주민체육공원과 아파트 단지 사이에 위치하는 대지에 초등학교 및 부설유치원을 신축하고자 한다. 초등학교는 병렬 분산형으로 계획하며, 실내체육관은 지역민을 위한 시설로 겸용한다. 아래 사항을 고려하여 요구되는 시설의 배치계획과 주차계획을 하시오.

2. 대지개요

(1) 용도지역 : 주거지역

(2) 대지현황 : 현황도 참조

(3) 건폐율, 용적률, 건축물의 층수 및 높이는 고려하지 않음

3. 계획조건

(1) 시설개요

① 저학년(1~2학년) 교실동 : 48m×12m

② 중학년(3~4학년) 교실동 : 48m×12m

③ 고학년(5~6학년) 교실동 : 48m×12m

④ 특별교실동 : 30m×15m

⑤ 본관 : 30m×15m

⑥ 부설유치원 : 25m×15m

⑦ 강당(급식시설 포함) : 30m×25m

⑧ 실내체육관 : 37m×25m

⑨ 자전거보관소 : 20m×2m

⑩ 휴게마당(중심 광장) : 30m×20m

⑪ 운동장 : 100m×48m

⑫ 옥외운동시설 : 25m×5m

⑬ 옥외휴게시설 : 25m×5m

⑭ 저학년 및 유치원 놀이마당 : 20m×15m

⑮ 주차장 : 2개소

· 초등학교 : 32대 이상(장애인 주차 2대 포함)

· 유치원 : 3대 이상(장애인 주차 1대 포함)

⑯ 도로

· 보도 너비 : 4m

· 차로 너비 : 6m

⑰ 조경 : 너비 2m 이상

· 도로와 건축물, 옥외시설물과 건축물, 옥외시설물과 도로 또는 인접대지경계선 사이에 반드시 설치(출입구 제외)

(2) 배치계획 시 고려사항

① 대지의 주변환경과 시설현황, 각 건축물의 입지조건, 소음, 향, 동선, 프라이버시, 보행 안전성 등을 고려하여 합리적으로 계획

② 건축물 외벽 간의 거리는 8m 이상 이격

③ 도로경계선 및 인접대지경계선에서 건축물 외벽까지는 6m 이상 이격

④ 체육시설 이용시 주민의 주차는 주민체육 공원 주차장을 이용

⑤ 유치원은 별도의 차량출입구를 설치하고 20m 도로에서 접근이 용이하도록 배치

⑥ 저학년과 유치원생은 놀이마당을 공유하도록 배치

⑦ 필요시 적절한 곳에 차폐조경 설치

⑧ 건축물 간의 연결통로는 고려하지 않음

4. 도면작성요령

(1) 모든 시설동은 굵은 실선으로 표시하고, 시설명과 출입구 표기

(2) 모든 옥외시설은 가는 실선으로 표기

(3) 주차장에 주차대수 기입(장애인용은 HP로 표기)

(4) 주요치수 표기

(5) 기타 표기는 〈보기〉 참조

(6) 단위 : m

(7) 축척 : 1/600

5. 유의사항

(1) 제도는 반드시 흑색연필로 한다.

(2) 명시되지 않은 사항은 현행 관계법령의 범위 안에서 임의로 한다.

〈보기〉

출 입 구	▲
보 도	
차 로	
조 경	
차폐조경	

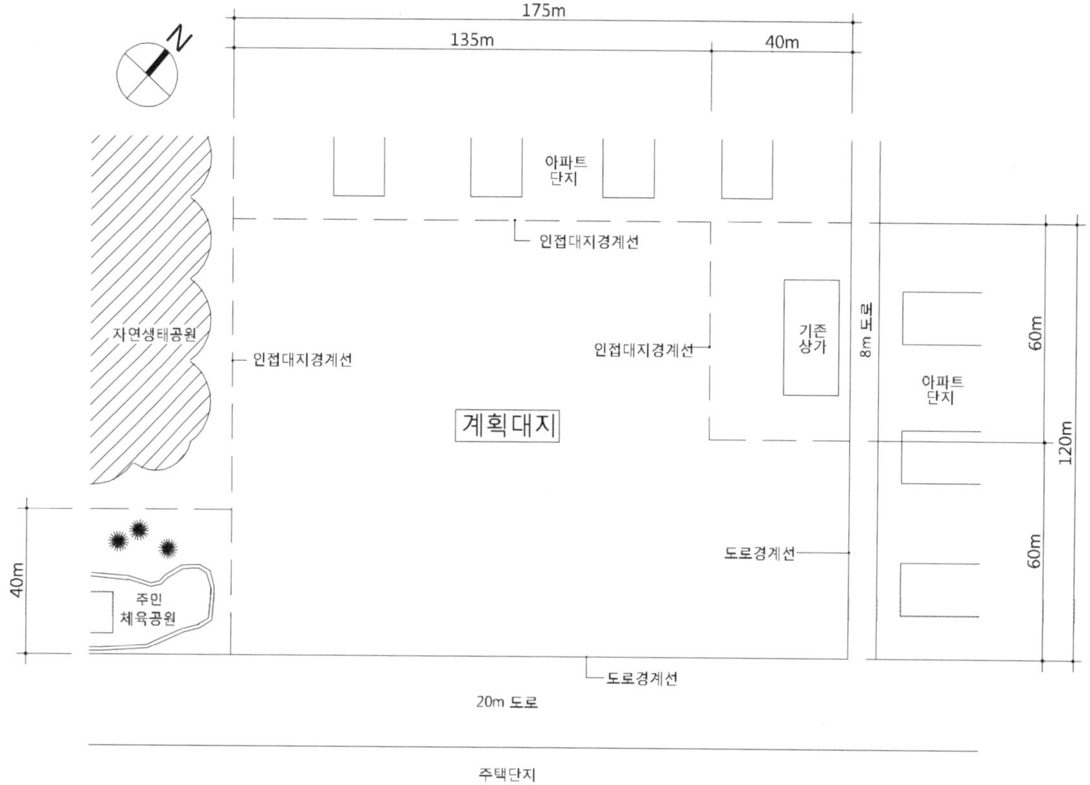

현황도

축척 : 없음

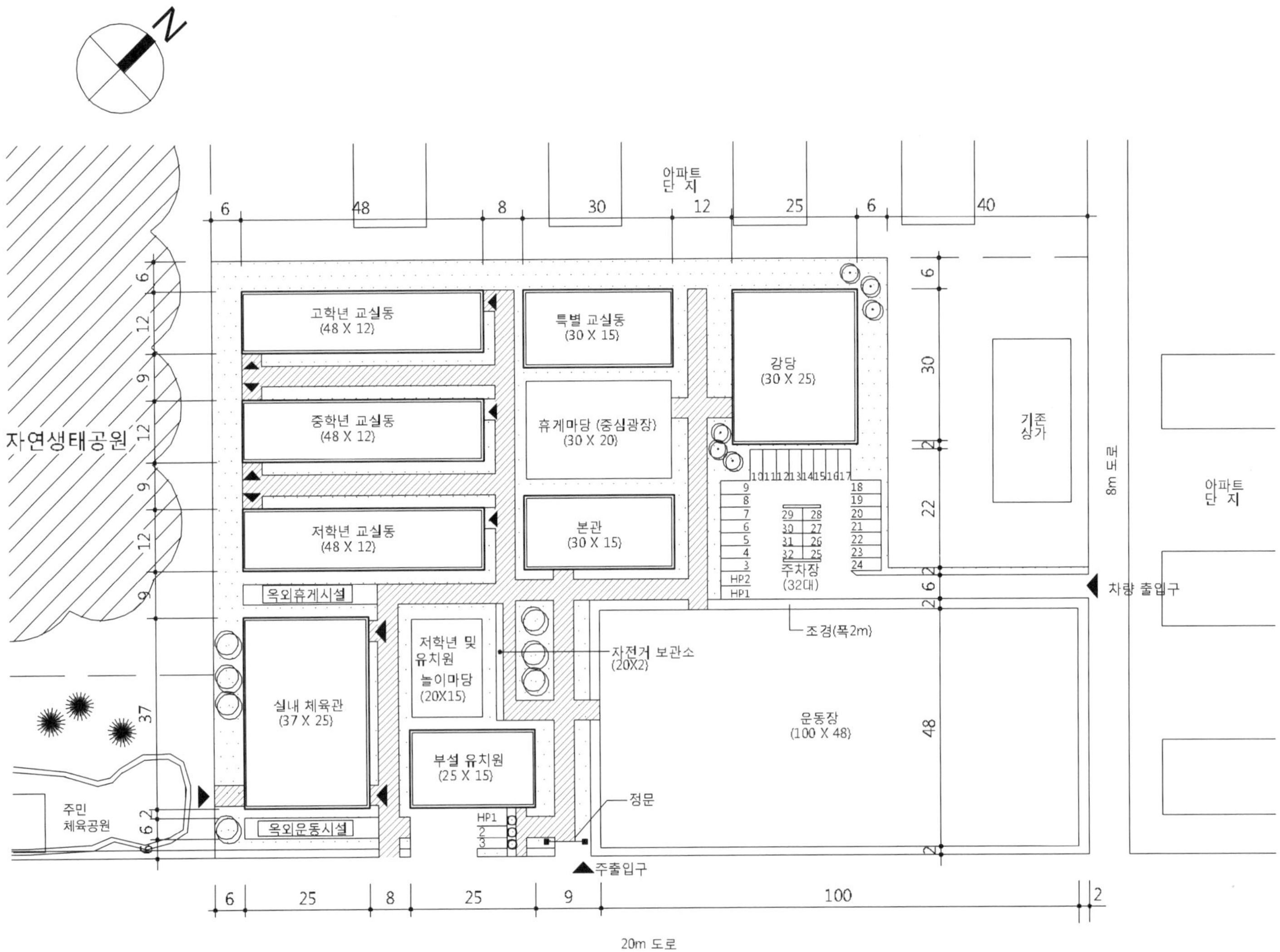
아파트 단지
자연생태공원
고학년 교실동 (48 X 12)
중학년 교실동 (48 X 12)
저학년 교실동 (48 X 12)
특별 교실동 (30 X 15)
휴게마당 (중심광장) (30 X 20)
본관 (30 X 15)
강당 (30 X 25)
기존 상가
8m 도로
주차장 (32대)
차량 출입구
조경(폭2m)
옥외휴게시설
실내 체육관 (37 X 25)
저학년 및 유치원 놀이마당 (20X15)
자전거 보관소 (20X2)
운동장 (100 X 48)
부설 유치원 (25 X 15)
정문
주출입구
주민 체육공원
옥외운동시설
20m 도로
주택단지

배 치 도

축척 : 1/600

◈ 제2과제(대지분석 · 조닝) ◈ 배점 : 35/100

제목 : 의료시설 최대 건축가능영역

1. 과제개요

제3종 일반주거지역 내의 대지 A에 의료시설(병원)을 신축하고자 한다. 아래 사항을 고려하여 최대 건축가능영역을 구하시오.

2. 계획조건

(1) 용도지역 : 제3종 일반주거지역(인접대지 모두 동일)
(2) 건폐율 : 50% 이하
(3) 용적률 : 250% 이하
(4) 대지규모 : 대지 평면도 참조
(5) 인접도로 현황 : 모든 인접도로는 통과도로임(현황도 참조)
(6) 대지 A 및 주변대지는 각 대지 내 고저차 없음
(7) 건축물 외벽은 건축선 및 인접대지경계선으로부터 5m 이상 이격
(8) 층고
① 지상층 : 4m
② 옥 탑 : 4m
③ 지하층 : 고려하지 않음
(9) 외벽계획
① 각 층 외벽은 수직으로 함
② 북측 : 지상 1층~지상 6층 외벽은 동일 수직면으로 계획
③ 동 · 서 · 남측 : 지상 4층~지상 8층 외벽은 동일 수직면으로 계획
(10) 지상 1층 바닥레벨은 EL+20m로 함
(11) 전면도로에 의한 높이제한 규정 적용시 전면도로의 너비는 가장 넓은 도로의 너비를 적용
(12) 일조 등의 확보를 위한 건축물의 높이제한을 위하여 건축물의 각 부분을 정북 방향으로의 인접대지경계선에서 띄어야 할 거리
① 높이 4m 이하 부분 : 1m 이상
② 높이 8m 이하 부분 : 2m 이상
③ 높이 8m 초과 부분 : 건축물 각 부분 높이의 1/2 이상
(13) 지상 1층 바닥면적의 1/2은 주차장임
(14) 옥탑(승강탑 등으로 사용되며 옥탑 내 거실 없음)의 완화규정(높이 및 층수) 적용
(15) 공개공지 규정은 고려하지 않음

3. 도면작성요령

(1) 최대 건축가능영역을 대지 평면도 및 단면도에 〈보기〉와 같이 표현
(2) 평면도에 중복된 층은 그 최상층만 표현
(3) 모든 제한선 및 치수 기재(소수점 이하는 소수2자리에서 반올림)
(4) 건폐율, 용적률은 산정하여 기재
(5) 단위 : m
(6) 축척 : 1/400

4. 유의사항

(1) 제도는 반드시 흑색연필로 한다.
(2) 명시되지 않은 사항은 현행 관계법령의 범위 안에서 임의로 한다.

〈보기〉

홀수층	(빗금)
짝수층	(빈칸)
옥탑층	(망점)

48m
N
EL +24
대지B
인접대지경계선
EL +27
도로경계선
도로경계선
6m도로
2m도로
EL +20
40m
대지A
X
EL +20
X
EL +26
EL +20
대지D
대지C
도로경계선
EL +26
Y
EL +23
EL +20
8m도로
대지E
EL +23

현 황 도

축척 : 없음

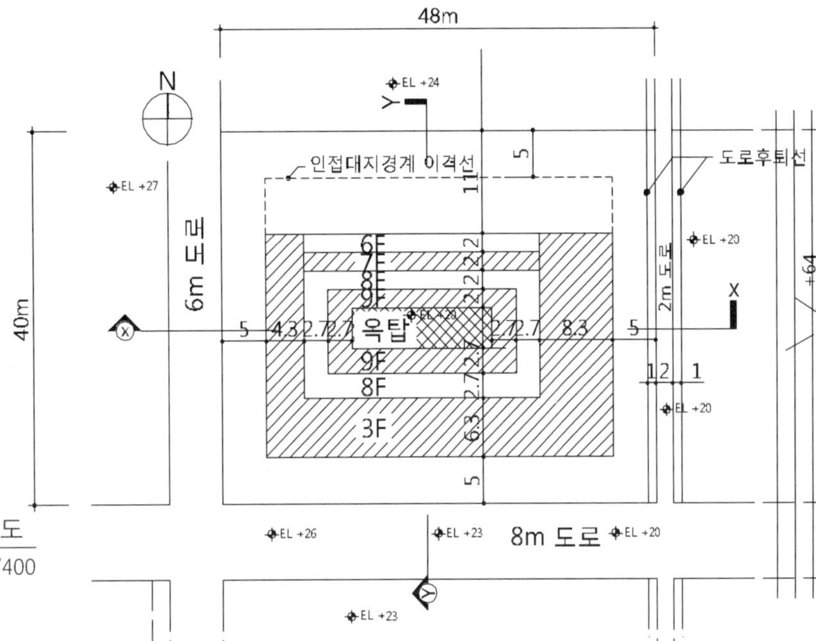

대지 평면도

축척 : 1/400

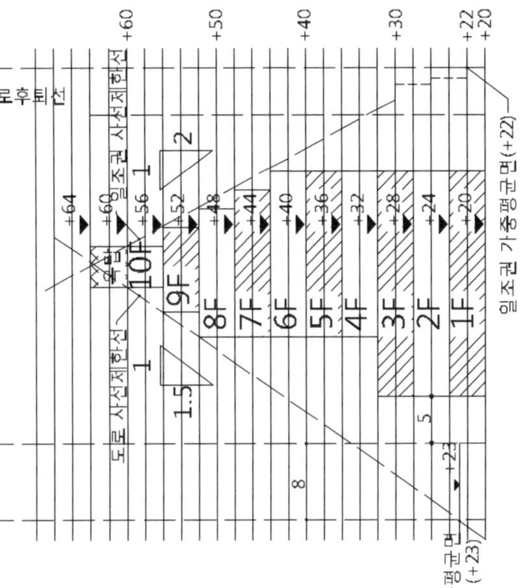

Y–Y 단면도

축척 : 1/400

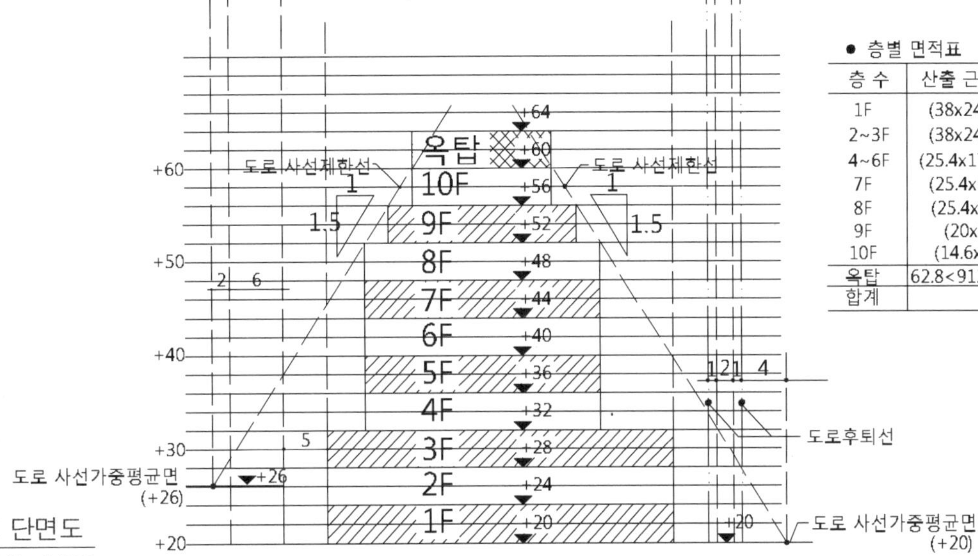

X–X 단면도

축척 : 1/400

● 층별 면적표

층 수	산출 근거	면적 (m^2)
1F	(38x24)x½	456
2~3F	(38x24)x2	1,824
4~6F	(25.4x17.7)x3	1,348.7
7F	(25.4x15.7)	398.8
8F	(25.4x13.7)	348
9F	(20x9)	180
10F	(14.6x4.3)	62.8
옥탑	62.8<912x⅛=114 (OK)	
합계		4,618.3

- 대지면적
  : 48×40 = 1,920m^2
- 건축면적
  : 38×24 = 912m^2
- 용적률 산정을 위한 최대면적
  : 1,920×250% = 4,800m^2 이하 계획

건 폐 율	912/1,920 X 100 = 47.5%
용 적 률	4,618.3/1,920 X 100 = 240.5%

1-2 건축설계 1 (평면설계)

◈ 제1과제(평면설계) ◈ 배점 : 100/100

제목 : 숙박이 가능한 향토문화체험시설

1. 과제개요

지역 내 주변 관광지와 지역 특산물(예 : 도자기, 전통공예 등)의 홍보 및 수익사업을 목적으로 숙박이 가능한 향토문화체험시설을 신축하고자 한다. 아래 사항을 고려하여 평면도를 작성하시오.

2. 건축개요

(1) 지역 : 고려하지 않음
(2) 계획대지 및 주변현황 : 대지 현황도 참조
(3) 건폐율 및 용적률 : 고려하지 않음
(4) 규모 : 지하 1층, 지상 3층
(5) 구조 : 철근콘크리트조
(6) 층고
  ① 지상 1층 : 4.2m
  ② 지상 2 · 3층 : 3.3m
(7) 주차장 : 고려하지 않음

3. 설계조건

(1) 건축물은 인접대지경계선과 건축한계선에서 2m 이상 이격
(2) 건축물은 보존수목 경계에서 3m 이상 이격
(3) 실개천과 보존수목을 연계하여 옥외휴식공간을 배치
(4) 로비에서 보존수목을 조망하도록 계획
(5) 식당은 경관을 고려하여 배치
(6) 주방용 화물 반출입공간은 전면배치를 피하도록 계획
(7) 전시 · 홍보실은 로비와 연결된 공간으로 계획
(8) 판매실은 전시 · 홍보실에 인접 배치
(9) 작업실은 야외 체험장과 연계하여 계획
(10) 2층 숙박 부분의 2인실과 가족실은 분리 배치
(11) 계단은 2개소 설치(주계단 1개소, 비상계단 1개소)
(12) 장애인 겸용 엘리베이터 1대 설치
(13) 1층 바닥 레벨은 EL+20.3m
  (지표면 : EL+20.0m)

4. 실별 소요면적 및 요구조건

(1) 실별 소요면적은 〈표〉를 참조
(2) 각 층별 바닥면적 합계는 5% 범위 내에서 증감 가능(각 실별 바닥면적은 10% 범위 내에서 증감 가능)

5. 도면작성요령

(1) 1 · 2층 평면도 작성 배치계획은 1층 평면도에 표현
(2) 2인실과 가족실의 단위평면은 각 1실만 표현(침대 배치가 가능하도록 계획)
(3) 주요치수, 출입문, 기둥, 실명 등을 표기
(4) 벽과 개구부가 구분되도록 표현
(5) 기계 · 전기실 등의 설비 관련 시설은 지하 1층에 위치하며 관련된 도면작성은 생략
(6) 단위 : mm
(7) 축척 : 1/200

6. 유의사항

(1) 제도는 반드시 흑색연필로 한다.
(2) 명시되지 않은 사항은 현행 관계법령의 범위 안에서 임의로 한다.
(3) 치수 표기 시 답안지의 여백이 없을 때에는 융통성 있게 표기한다.

〈표〉 실별 소요면적 및 요구조건

층별	실명	단위면적 (m²)	실수	면적 (m²)	요구조건
1층	전시 · 홍보실	65	1	65	향토문화 특산물 전시 홍보
	판매실	25	1	25	향토문화 특산물 판매
	관리 사무실	25	1	25	안내 및 접수기능 포함
	관리 소장실	15	1	15	응접기능 고려
	강사 대기실	10	1	10	
	세미나실	50	1	50	2개 실로 분리 가능
	작업실	75	1	75	향토문화 체험
	준비실	25	1	25	작업실에 부속
	화장실	50	1	50	남 : 대 · 소변기 각 2개 여 : 대변기 3개 장애인 : 남 · 여 각 1개
	식 당	95	1	95	다목적으로 사용 가능
	주 방	35	1	35	부속 창고 포함
	기타 공용면적			230	로비, 복도, 계단실 등
	소 계			700	
2층	숙박부문 2인실	25	10	250	화장실(양변기, 세면기, 샤워) 포함, 주방 제외
	숙박부문 가족실	50	4	200	거실 1, 침실 2 화장실(양변기, 세면기, 샤워) 포함, 주방 제외
	숙박부문 기타 공용면적			200	라운지, 복도, 계단실, 창고 등
	소 계			650	
3층	소 계			650	2층과 동일
계				2,000	

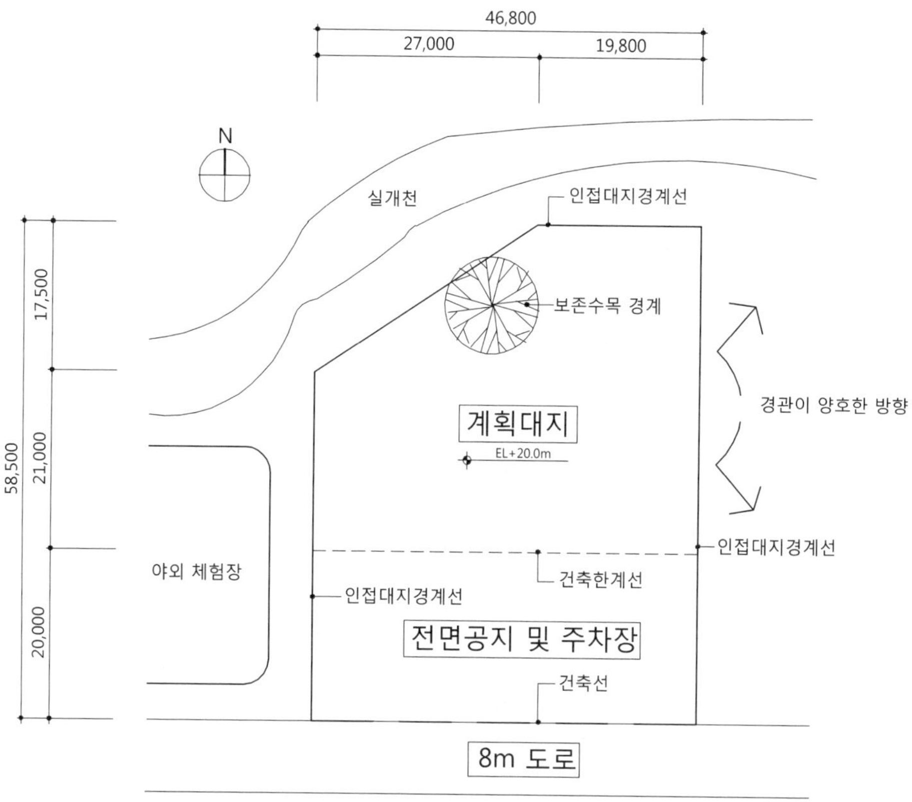

대지 현황도
축척 : 없음

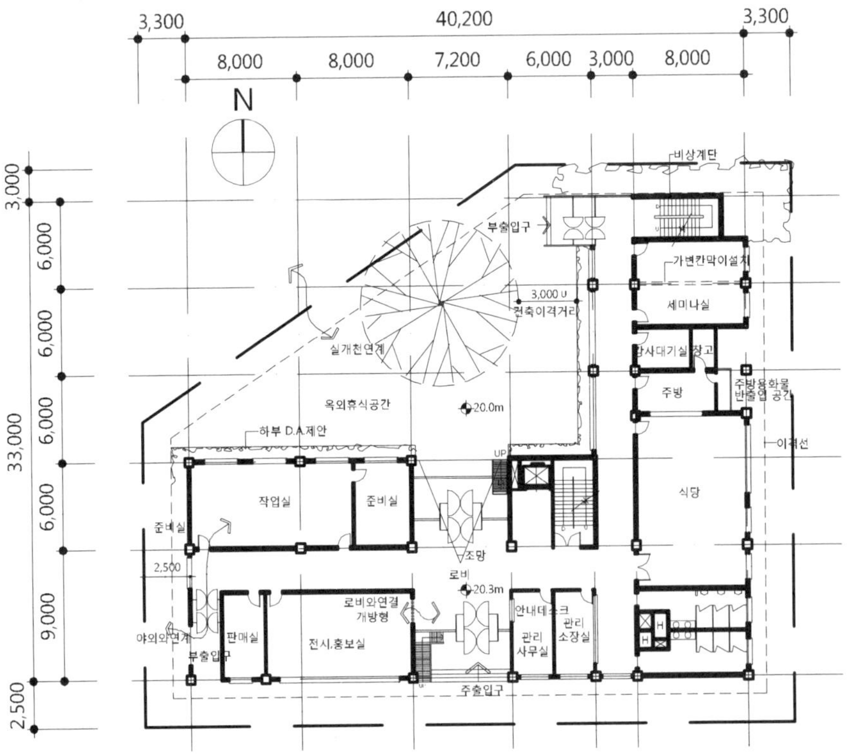

1층평면도

축척 : 1/200

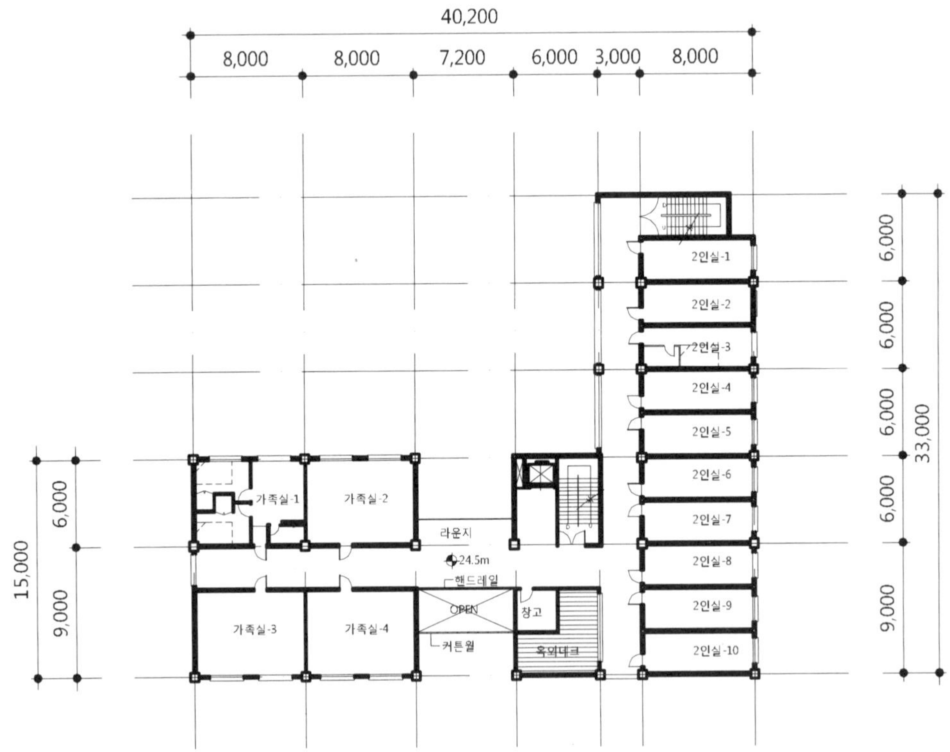

2층평면도

축척 : 1/200

1-3 건축설계 2(단면설계, 구조계획, 설비계획)

◈ 제1과제(단면설계) ◈ 배점 : 40/100

제목 : 청소년 자원봉사센터 단면설계

1. 과제개요

제시된 도면은 청소년 자원봉사센터 평면도의 일부분이다. 평면도에 표시된 단면지시선 A-A를 기준으로 아래 사항을 고려하여 단면도를 작성하시오.

2. 설계조건

(1) 대지조건 : 대지 남측은 10m 도로와 근린공원에 인접하여 양호한 조망을 확보하고 있고, 북측은 8m 도로에 접한 평지이다.

(2) 규모 : 지상 3층

(3) 용도 : 청소년 자원봉사센터

(4) 구조 : 철근콘크리트조

(5) 냉난방설비 : 중앙공조 · 팬코일유닛 방식

(6) 바닥높이

① 1층 바닥 : EL+300mm ② 2층 바닥 : EL+5,500mm

③ 3층 바닥 : EL+9,700mm ④ 지붕바닥 : EL+13,900mm

⑤ 옥상공연장 상단 바닥 : EL+16,300mm

(7) 천장높이

① 방풍실 : 3,000mm ② 1층 로비 : 7,900mm

③ 세미나실 : 3,000mm ④ 전산실 : 3,000mm

⑤ 복도 및 기타 : 2,700mm

(8) 기초

① 형식 : 독립기초 ② 크기 : 2,000mm×2,000mm×400mm

③ 동결심도 : 1,000mm 이상

(9) 기둥 : 500mm×500mm

(10) 보(지중보 포함) : 300mm×700mm

(11) 바닥

① 바닥두께 : 150mm

② 마감 : 전산실 바닥은 기능에 적합하고 출입이 용이하도록 설계하며, 기타 부분의 바닥재료는 임의 표기

(12) 천장 : 마감 및 재료는 임의로 설계하고 도면에 표기

(13) 벽체

① 외벽과 내벽의 마감 및 재료는 임의로 하고 도면에 표기

② 남측 창호는 알루미늄 커튼월로 하고, 북측 창호는 알루미늄 일반창호로 함

③ 식당과 다목적실 서측 창호는 일사조절용 목재 루버를 설치

(14) 지붕

① 형태 : 평지붕(일부 계단식 스탠드)

② 옥상공연장은 바닥구조는 철근콘크리트조로 하고, 스탠드와 야외무대는 내후성 목재로 마감

③ 옥상공연장은 우천 시를 고려하여 간이지붕(천막구조 등)으로 계획

④ 기타 부분의 재료와 마감은 임의로 표기

(15) 난간

① 복도 난간 : 유효높이 1,200mm의 투시형

② 옥상 난간 : 유효높이 1,500mm

3. 도면작성요령

(1) 단면요소와 입면요소를 도면에 표현

(2) 각 실의 명칭을 기입

(3) 층고, 개구부 높이, 천장높이 및 기타 주요 부분의 치수와 치수선을 기입

(4) 크기가 나타나지 않은 개구부는 기능과 의장을 고려하여 작성

(5) 내 · 외장 마감, 단열, 방수 등의 재료는 임의로 하되 주요마감을 표기

(6) 단위 : mm

(7) 축척 : 1/100

4. 유의사항

(1) 제도는 반드시 흑색연필로 한다.

(2) 명시되지 않은 사항은 현행 관계법령의 범위 안에서 임의로 한다.

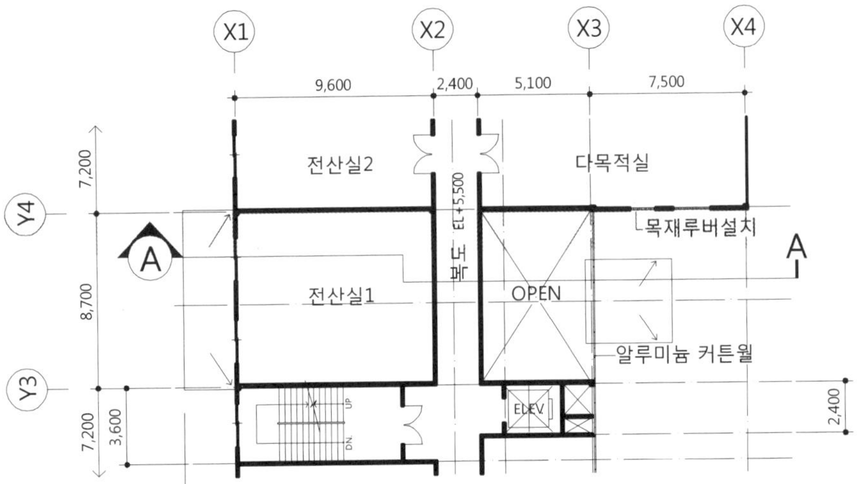

2층 부분평면도
축척 : 1/300

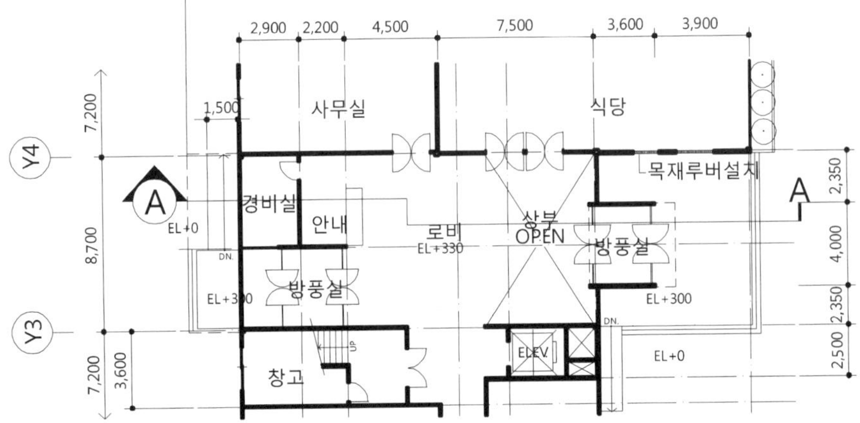

1층 부분평면도
축척 : 1/300

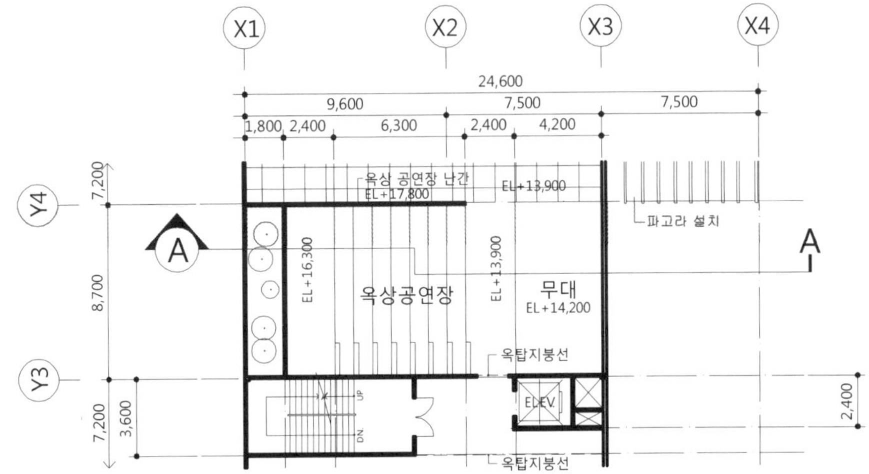

지붕 부분평면도
축척 : 1/300

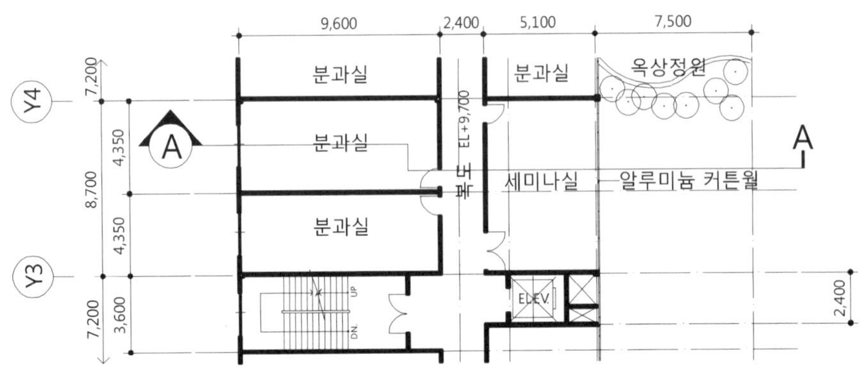

3층 부분평면도
축척 : 1/300

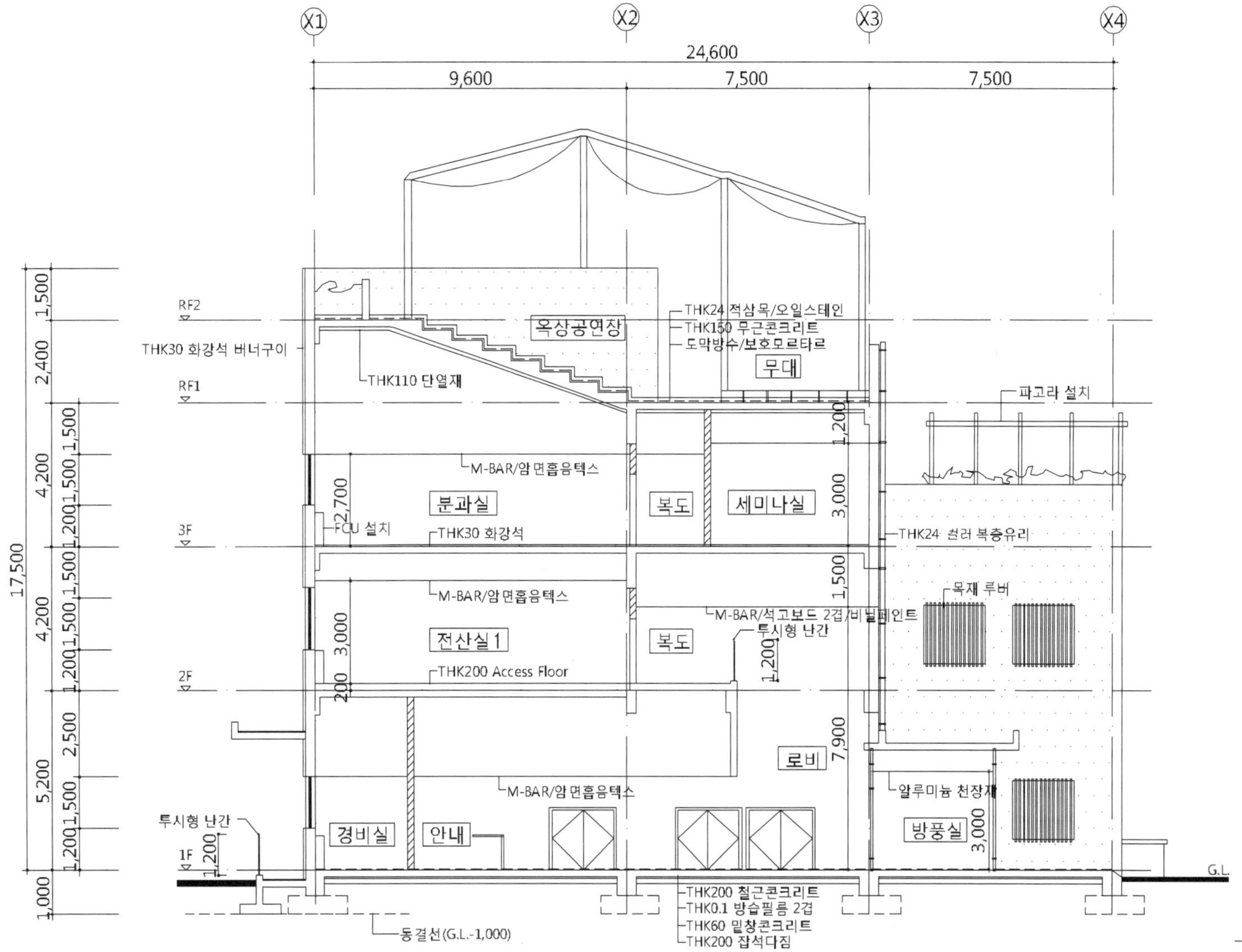

A-A 단면도

축척 : 1/100

◈ 제2과제(구조계획) ◈ 배점 : 30/100

제목 : 지상주차장의 구조계획

1. 과제개요

제시된 과제는 철근콘크리트구조로 계획 중에 있는 지상 3층의 주차장 건축물이다. 이 중 일부는 장경간(long span) 프리스트레스트 콘크리트(prestressed concrete) 구조로 계획하고자 한다. 아래의 사항을 고려하여 지상 2층 바닥에 대한 효율적인 구조계획을 하시오.

2. 설계조건

(1) 규모 : 지상 3층

(2) 구조

구 간	구조 형식
A 및 B	철근콘크리트조
C	프리스트레스트 콘크리트조(보 및 슬래브)

(3) 층고 : 각층 3.6m

(4) 슬래브 및 벽체 두께

구 분	구 간	두 께
슬래브	A 및 B	150mm
	C	180mm
벽 체	–	200mm

(5) 주차계획

구 분	내 용
대 수	각 층 120대 이상
방 식	직각주차

(6) 보와 기둥의 배치 및 단면

① 안전성, 공간 사용성, 경제성을 고려한 효율적인 구조시스템이 되도록 계획

② 구간 C에는 구조형식을 고려하여 장경간(주요 휨 작용방향의 경간은 최소 13m 이상)을 확보하도록 계획

③ 보 단면의 처짐을 계산하지 않는 범위 내에서 보 부재의 크기를 구조계획 시 유리한 조건으로 가정(긴장재는 직경 15.2mm를 사용)

④ 기둥단면은 기둥 배치계획을 고려하여 적절히 가정

(7) 구간 B와 구간 C 사이의 인접된 부재는 분리 배치

(8) 횡력에 대한 저항은 고려하지 않음

(9) 기초에 따른 구조적 문제는 고려하지 않음

(10) 코어, 기계실, 관리실 및 창고 이외의 필요시설에 대한 것은 고려하지 않음

3. 도면작성요령

(1) 2층 바닥 구조평면도 작성

① 구조평면도에 구조부재(슬래브, 보, 기둥)를 배치
(단, 주차램프 부위의 구조계획은 생략)

② 구조평면도에 주차계획 및 기둥 배치를 고려한 주차통로 구간 표시
(단, 구간 B는 통로구간임)

(2) 단면상세도 작성

2층 바닥 A-A 단면 상세도를 작성하고, 프리스트레스트 콘크리트 보에는 긴장재(tendon) 표기

(3) 단위 : mm

(4) 축척 : 구조평면도 1/400, 단면도 1/30

(5) 주요 치수 표기

(6) 도면작성은 〈보기〉에 따라 표기

4. 유의사항

(1) 제도는 반드시 흑색연필로 한다.

(2) 명시되지 않은 사항은 현행 관계법령의 범위 안에서 임의로 한다.

〈보기〉

기둥	■
철근콘크리트 보	━━━
프리스트레스트 콘크리트 보	━━━ - - - - -
주차통로 구간	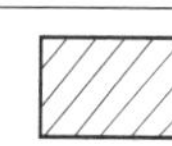

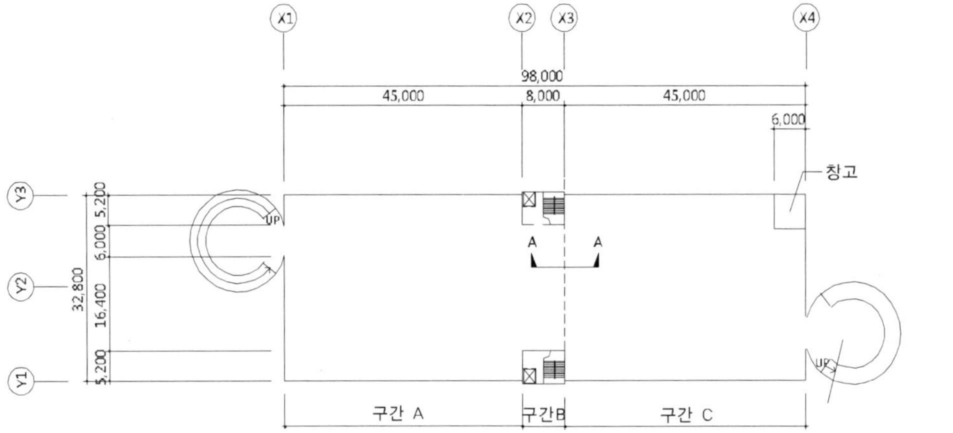

2~3층 평면도

축척 : 없음

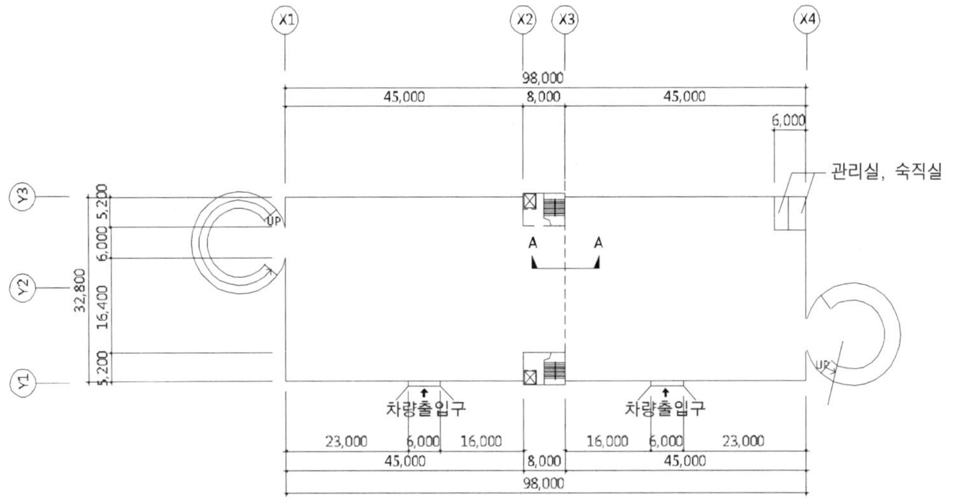

1층 평면도

축척 : 없음

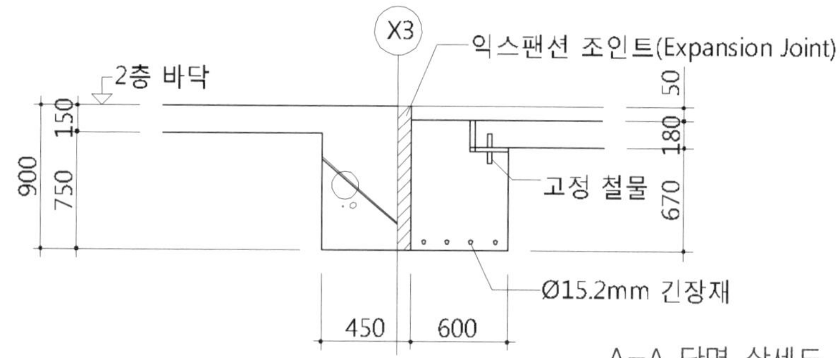

A-A 단면 상세도

축척 : 1/30

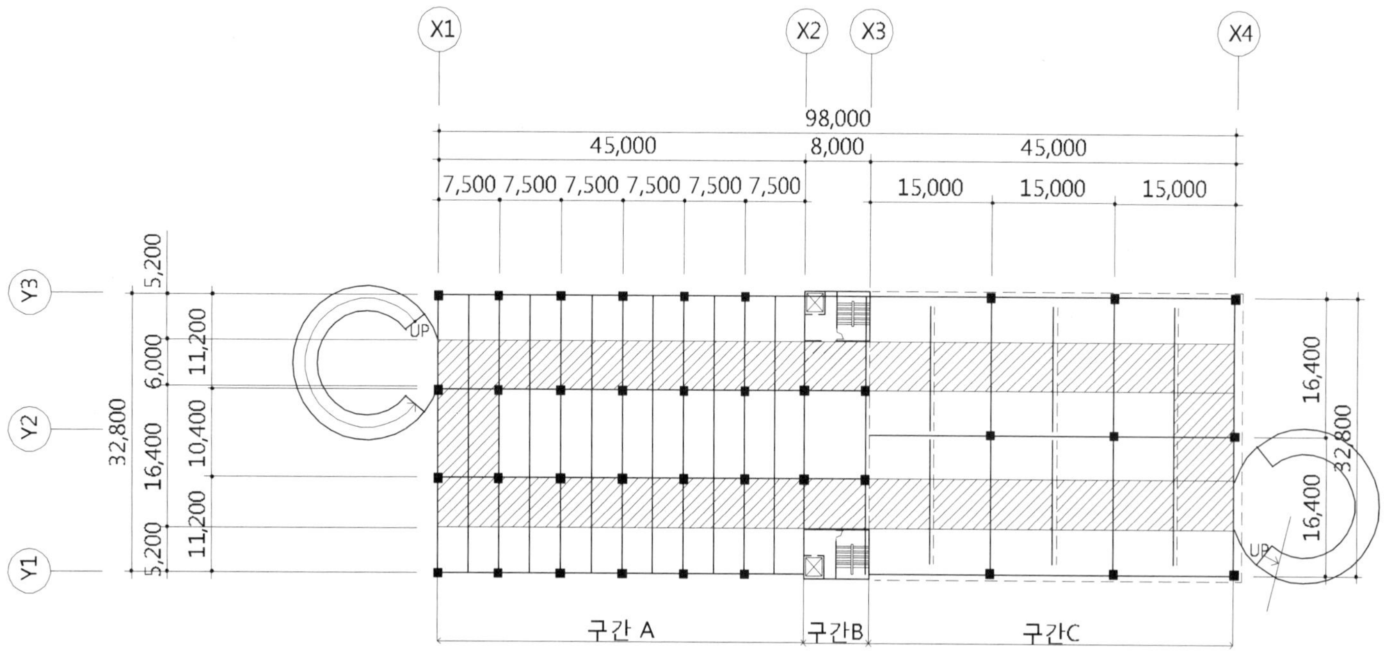

2층 바닥 구조평면도

축척 : 1/400

◈ 제3과제(설비계획) ◈ 배점 : 30/100

제목 : 환경친화적 에너지 절약 리모델링 계획

1. 과제개요

도시 외곽에 위치한 사무소 건축물을 환경친화적 자연형 설계기법(passive design technique)을 이용하여 환경부하를 감소시키고, 재실자에게 쾌적한 환경과 초고속 정보통신설비를 제공하는 중소기업 사옥으로 리모델링하고자 한다. 아래 사항에 맞게 계획하시오.

2. 건축물 개요

(1) 규모 : 지하 1층, 지상 3층
(2) 구조 : 철근콘크리트조
(3) 층고
 ① 1층 : 4.8m
 ② 2 · 3층 : 4.2m
(4) 냉난방설비 : 중앙공조 전공기방식

3. 설계조건

(1) 조명에너지 절약기법 : 자연채광이 최대한 실내로 유입되도록 창호와 아트리움을 이용하여 계획
(2) 냉난방에너지 절약기법 : 외피를 통한 일시 유입을 조절하여 건축물의 열부하를 감소시킬 수 있도록 계획
(3) 환기에너지 절약기법 : 자연환기가 잘 될 수 있도록 건축물의 단면형태와 창호시스템을 이용하여 계획
(4) 신재생에너지 이용기법 : 신재생에너지 설비를 지붕구조와 통합하여 설치하고, 지붕구조는 각실 배치를 고려한 자연채광 유입과 일시 조절이 되도록 합리적으로 계획
(5) 초고속 정보통신설비 설치가 가능하도록 사무실 바닥구조물 계획
(6) 방화구획 및 이중외피는 고려하지 않음
(7) 구조체의 변경에 따른 구조적 문제는 고려하지 않음
(8) 창호 이외의 외벽은 리모델링 범위에서 제외

4. 도면작성요령

(1) 위의 설계조건을 만족하도록 제시된 기존 건축물의 2~3층 평면도를 변경하여 완성하고, 자연채광 유입과 일사조절기법을 표현
(2) 위의 설계조건을 만족하도록 제시된 기존 건축물의 A-A 주단면도를 변경하여 완성하고, 아래 사항을 표기
 ① 태양광선의 실내유입 경로
 ② 공기 유동(流動)경로와 창문 개폐방향
 ③ 자연채광 유입과 신재생에너지 설비가 통합된 지붕구조
 ④ 초고속 정보통신설비 설치공간
(3) B부분 개념도를 완성
(4) 제시된 축척과 〈보기〉에 따라 작성

5. 유의사항

(1) 제도는 반드시 흑색연필로 한다.
(2) 명시되지 않은 사항은 현행 관계법령의 범위 안에서 임의로 한다.

〈보기〉

분 류	표기 방법
공기 유동경로	
태양광선	--------->

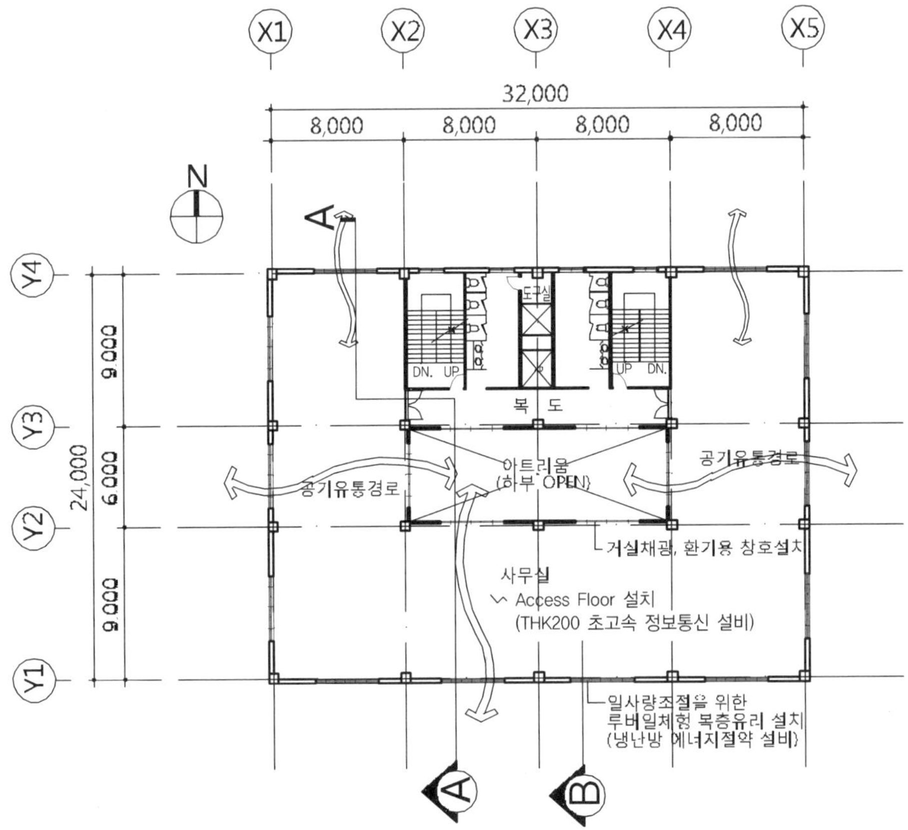

2-3층 평면도

축척 : 1/200

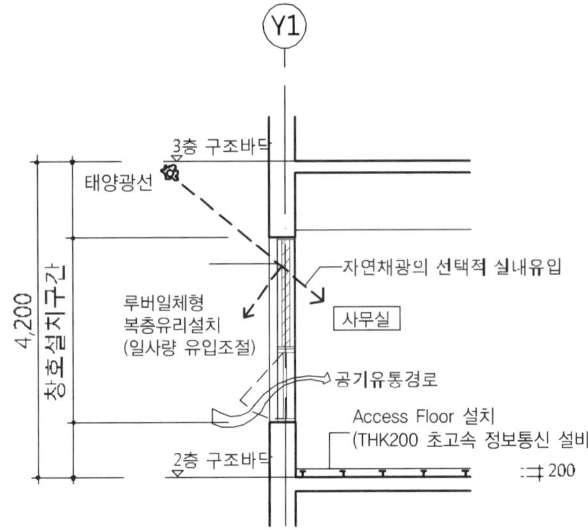

B부분 개념도

축척 : 없음

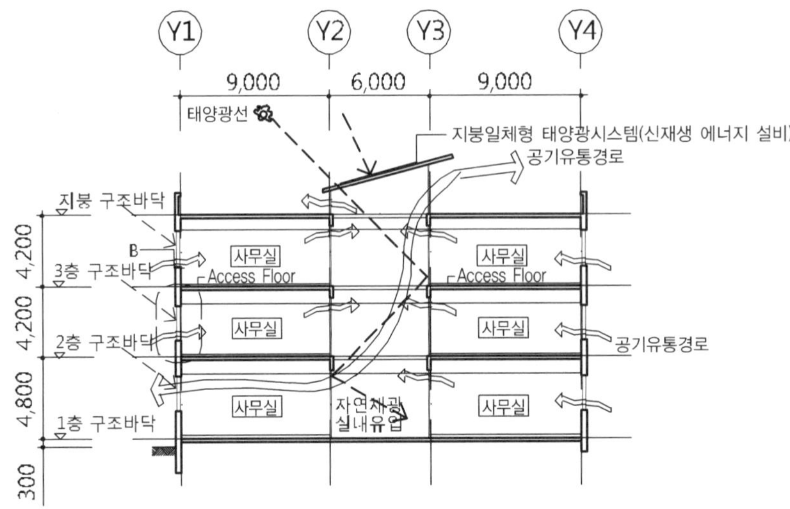

A-A 주단면도

축척 : 1/200

2. 과년도 자격시험 기출문제

2-1 대지계획(배치계획, 대지분석 · 조닝)

◈ 제1과제(배치계획) ◈ 배점 : 65/100

제목 : ○○대학교 기숙사 및 관련시설 배치계획

1. 과제개요

연구단지에서 접하고 있는 ○○대학교에서 학생기숙사동과 교수, 연구원을 위한 게스트하우스 및 산학협동관을 캠퍼스 내에 건립하고자 한다. 아래 조건에 만족하는 배치계획을 작성하시오.

2. 대지개요

(1) 용도지역 : 준주거지역

(2) 대지조건 및 주변현황 : 대지현황도 참조

3. 계획조건

(1) 배치시설 요구사항

① 대지 내 차량도로 : 너비 10m

② 학생기숙사동 시설

· 남자기숙사동(1동) : 15m×15m
  건물높이 24m

· 여자기숙사동(1동) : 15m×15m
  건물높이 24m

· 진입광장 : 25m×30m

· 공용부분(식당 등 학생편의시설)
  : 55m×30m, 층고 4m

· 지하주차장 : 25m×45m, 층고 4m

· 옥외주차장 : 45대(장애인용 3대 포함) 이상

③ 게스트하우스 시설

· 게스트하우스(1동) : 12m×30m
  건물높이 16m

· 옥외휴게공간 : 15m×30m

④ 산학협동관 시설

· 산학협동관(1동) : 30m×20m
  건물높이 8m

· 옥외휴게공간 : 30m×15m

⑤ 기타 시설

· 공용주차장(게스트하우스, 산학협동관 공용)
  : 30대(장애인용 3대 포함) 이상

· 테니스코트(1면) : 25m×45m

· 미니농구장(1면) : 25m×24m

· 후문경비실(1동) : 3.5m×5m
  건물높이 4m

(2) 배치계획시 고려사항

① 자연지형을 최대한 이용하고, 지형과의 조화를 고려하여 계획

② 대지내 차량도로는 기존 차량접근로에서 후문이 설치되는 대지의 남서측 너비 18m 도로까지 연결

③ 학생기숙사동 시설의 진입광장은 기존 보행자 접근로와 연계

④ 학생기숙사동 시설 중 진입광장과 남자 · 여자 기숙사는 공용 부분 상부층에 배치

⑤ 학생기숙사동 시설의 지하주차장은 공용 부분 하부층에 배치

⑥ 학생기숙사동 시설의 남자기숙사와 여자기숙사의 외벽간 거리는 20m 이상 이격

⑦ 게스트하우스 산학협동관은 각각 별도의 보행자 진입공간을 확보

⑧ 기타 시설 중 테니스코트와 미니농구장은 진입광장과 연계

⑨ 장애인을 고려하여 배치

⑩ 친환경 측면에서 포장면적을 최소화

⑪ 옥외주차장은 그늘식재 도입

⑫ 자전거 보관소를 적절한 장소에 설치

4. 도면작성요령

(1) 조정된 등고선, 대지 내 차량도로는 실선으로 표시

(2) 각 시설은 명칭과 크기를 표시

(3) 중첩되는 시설의 경우 하부층 시설은 점선으로 표시

(4) 대지 내 차량도로의 시설별 주출입구의 연결 부분과 주요 시설에는 표고 기입

(5) 각 시설의 주출입구 표시

(6) 기숙사간 이격거리 표시

(7) 단위 : m

(8) 축척 : 1/600

5. 유의사항

(1) 제도는 반드시 흑색연필로 한다.

(2) 명시되지 않은 사항은 현행 관계법령의 범위 안에서 임의로 한다.

〈보기〉

구분	표시
보 도	
조 경	
옹 벽	
법 면	
표 고	64.0m
주출입구	

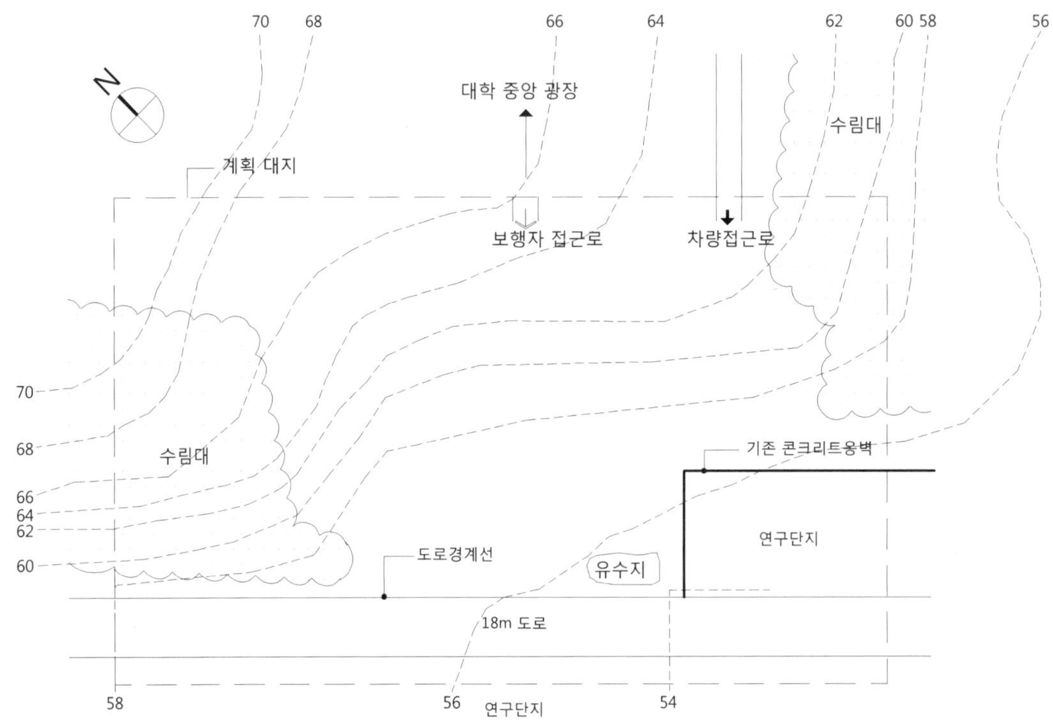

대지현황도

축척 : 없음

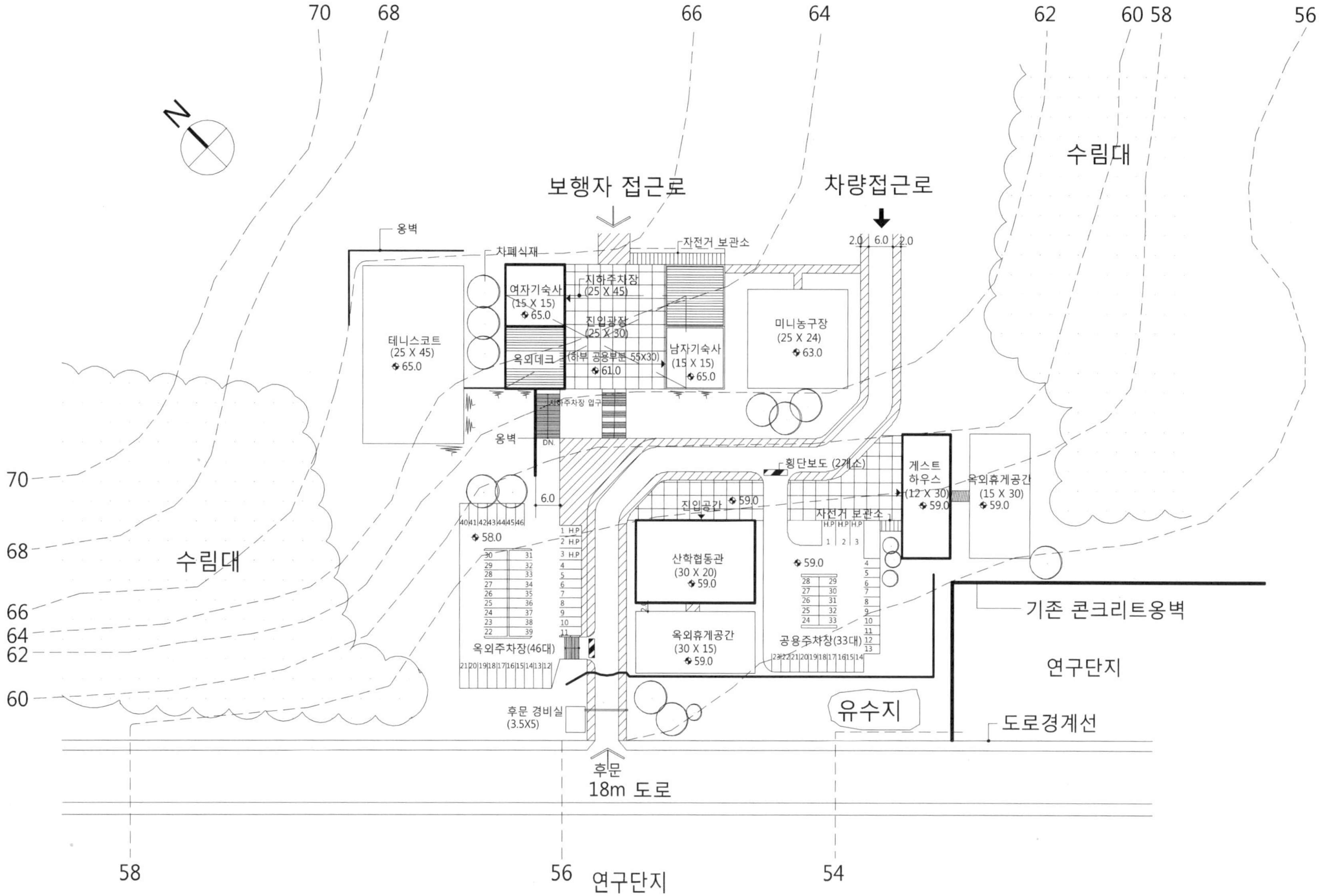
보행자 접근로
차량접근로
수림대
수림대
옹벽
차폐식재
자전거 보관소
여자기숙사 (15 X 15) 65.0
지하주차장 (25 X 45)
진입광장 (25 X 30)
테니스코트 (25 X 45) 65.0
옥외데크
(하부 공용부분 55x30) 61.0
남자기숙사 (15 X 15) 65.0
미니농구장 (25 X 24) 63.0
횡단보도 (2개소)
게스트 하우스 (12 X 30) 59.0
옥외휴게공간 (15 X 30) 59.0
진입공간
산학협동관 (30 X 20) 59.0
옥외휴게공간 (30 X 15) 59.0
공용주차장(33대)
옥외주차장(46대)
후문 경비실 (3.5X5)
유수지
기존 콘크리트옹벽
연구단지
도로경계선
후문
18m 도로
연구단지
70
68
66
64
62
60
58
56
54

배 치 계 획

축척 : 1/600

◈ 제2과제(대지분석 · 조닝) ◈ 배점 : 35/100

제목 : 종교시설 신축대지의 최대 건축가능영역

1. 과제개요

대지현황도에 제시된 대지 A내에 종교시설을 신축하고자 한다. 아래 사항을 고려하여 최대 건축가능영역을 구하시오.

2. 대지개요

(1) 용도지역 : 제3종 일반주거지역(인접대지도 모두 동일한 용도지역)

(2) 대지규모 : 대지현황도 참조(대지 A영역)

(3) 건폐율 : 60% 이하

(4) 용적률 : 250% 이하

3. 계획조건

(1) 전면도로에 의한 건축물 높이제한은 전면도로 반대쪽 경계선까지의 수평거리 1.5배 이하로 한다. 단, 건축물 높이제한 산정을 위한 전면도로의 너비 기준은 각각 전면도로의 너비를 적용한다.

(2) 일조 등 확보를 위한 건축물의 높이제한을 위하여 건축물의 각 부분을 정북방향으로의 인접대지경계선으로부터 띄어야 할 거리

① 높이 4m 이하 부분 : 1m 이상

② 높이 8m 이하 부분 : 2m 이상

③ 높이 8m 초과 부분 : 해당 건축물 각 부분 높이의 1/2 이상

(3) 대지의 남동측에는 문화재보호구역이 있고, 문화재보호구역 경계선의 지표면(EL+18m 기준)으로부터 높이 7.5m인 곳에서 그은 사선(수평거리와 수직거리의 비가 2 : 1)의 범위 내에서 건축 가능

(4) 건축물의 모든 외벽은 수직으로 하되 도로경계선 및 인접대지경계선으로부터 아래와 같이 이격거리를 확보토록 한다.

① 8m 및 6m 도로 : 5m 이상

② 4m 도로 : 3m 이상

③ 인접대지경계선 : 1.5m 이상

(5) 계획대지내 보호수목은 대지현황도에 표시된 바와 같이 직사각형(20m×5m)의 보호수목 경계선을 설정, 건축한계선으로 하여 보호한다.

(6) 대지현황도에 표시된 부분에 설치된 공개공지에 따라 다음 조건에 의한 규정을 완화 · 적용한다.

① 용적률 : 해당 용적률의 1.2배 이하

② 전면도로에 의한 건축물 높이제한 : 해당 높이 기준의 1.2배 이하

(7) 계획대지는 절토 또는 성토를 하지 아니하며 지상 1층 바닥레벨은 EL+15m로 한다.

(8) 지상의 각층 층고는 4m로 한다.

(9) 대지 안의 공지규정은 별도로 적용하지 않는 것으로 한다.

(10) 별도의 옥탑층은 고려하지 않는다.

4. 도면작성요령

(1) 최대 건축가능영역을 대지평면도 및 단면도에 작성하고, 그 표현은 아래 〈보기〉와 같이 한다.(다만, 대지평면도에 중복된 층은 그 최상층만 표현)

(2) 모든 제한선, 이격거리 및 치수를 대지평면도와 단면도에 기재하되 소수점 이하는 소수 3자리에서 반올림하여 2자리로 표기

(3) 단위 : m

(4) 축척 : 1/300

〈보기〉

홀수층	
짝수층	

5. 유의사항

(1) 제도는 반드시 흑색연필로 한다.

(2) 명시되지 않은 사항은 현행 관계법령의 범위 안에서 임의로 한다.

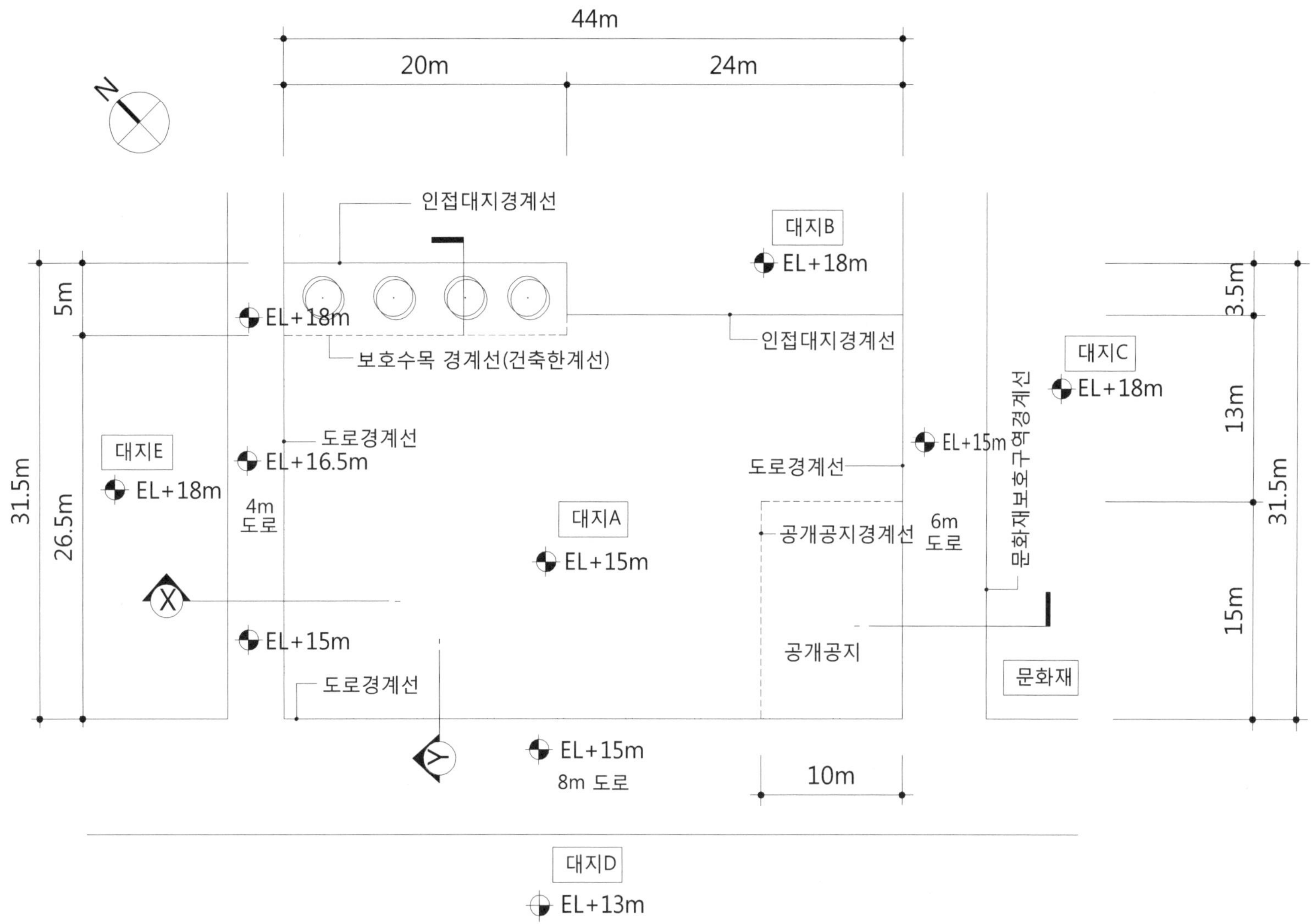
44m
20m
24m
N
인접대지경계선
대지B
EL+18m
5m
EL+18m
3.5m
보호수목 경계선(건축한계선)
인접대지경계선
대지C
EL+18m
13m
도로경계선
EL+15m
문화재보호구역경계선
대지E
EL+16.5m
도로경계선
31.5m
26.5m
EL+18m
4m
도로
대지A
공개공지경계선
6m
도로
31.5m
EL+15m
X
15m
EL+15m
공개공지
도로경계선
문화재
Y
EL+15m
8m 도로
10m
대지D
EL+13m

대지현황도

축척 : 없음

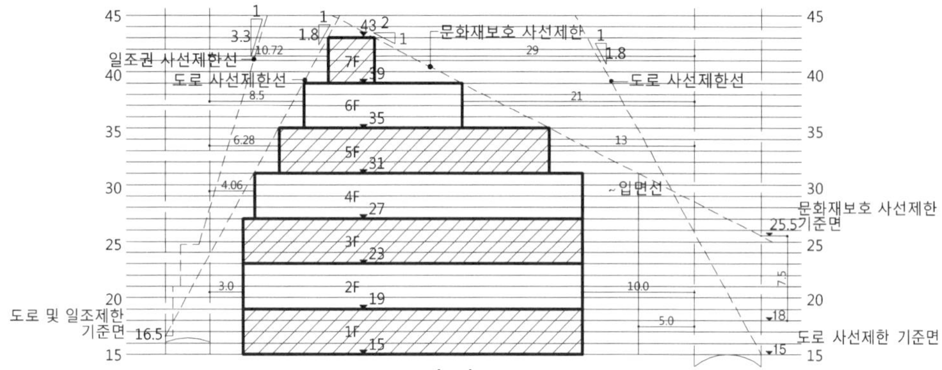

X 단면도

축척 : 1/300

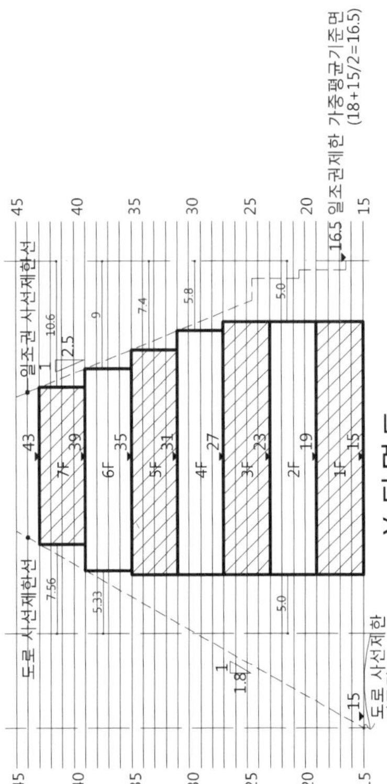

Y 단면도

축척 : 1/300

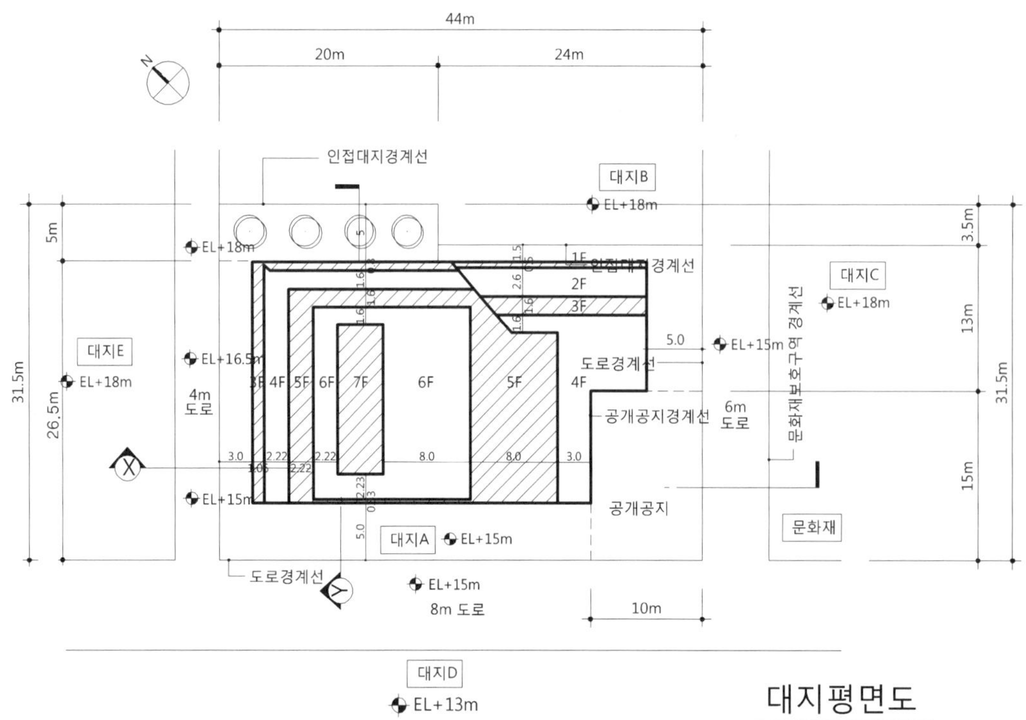

대지평면도

축척 : 1/300

2-2 건축설계 1(평면설계)

◈ 제1과제(평면계획) ◈ 배점 : 100/100

제목 : 임대형 미술관 평면설계

1. 과제개요

1층에 카페가 있는 임대형 미술관을 신축하고자 한다. 아래 사항을 고려하여 1층 및 2층 평면도를 작성하시오.

2. 건축개요

(1) 용도지역 : 상업지역, 최고 고도지구(모든 돌출부는 최고 12m 높이를 초과할 수 없음)
(2) 계획대지 : 대지현황도 참조
(3) 대지면적 : 1,519m^2
(4) 규모 : 지하 1층, 지상 2층
(5) 구조 : 철근콘크리트조
(6) 건폐율 : 60% 이하
(7) 용적률 : 200% 이하
(8) 층고 : 1층 5.1m, 2층 5.1m
(9) 층별 마감레벨
 ① 1층 EL+150mm
 ② 2층 EL+5,250mm
(10) 주차대수 : 3대(장애인용 주차 1대 이상 포함)
(11) 기타 주요설비
 ① 승용승강기(장애인 겸용) : 15인승 1대(승강기 샤프트 내부 평면치수는 2,500mm×2,500mm)
 ② 미술작품 운반용 리프트 : 6,000mm×3,000mm(1대)

3. 설계조건

(1) 건축물은 인접대지경계선으로부터 1.5m 이상 이격
(2) 건축물은 보호수목경계선으로부터 2.5m 이상 이격
(3) 보호수목에 자연광이 최대한 유입되도록 계획
(4) 로비, 카페에서 보호수목을 조망하도록 계획
(5) 2층 지붕의 옥상정원을 이용할 수 있도록 계획
(6) 대지 내 기존 노출암반은 보존(노출암반의 최상부로부터 1.5m 이상은 건축가능영역)
(7) 전시장-1의 바닥면적 중 50m^2 이상을 천장높이 8.4m로 계획
(8) 전시장은 자연채광을 이용하도록 계획
(9) 카페의 주방물품 반출입을 위한 외부 동선 확보
(10) 별도의 장애인용 화장실 계획(남·여 각 1개소)
(11) 미술작품 운반용 리프트는 외부에서 직접 반출입이 가능하도록 설치
(12) 외부조경은 임의로 계획
(13) 주출입구에 에너지 보존을 위해 방풍실 설치

4. 실별 소요면적 및 요구사항

(1) 실별 소요면적은 〈표〉를 참조
(2) 각 층별 바닥면적 합계는 5% 범위 내에서 증감 가능
(3) 실별 바닥면적은 10% 범위 내에서 증감 가능
(4) 필로티 하부는 바닥면적 산입에서 제외

5. 도면작성요령

(1) 1·2층 평면도 작성(배치계획은 1층 평면도에 표현)
(2) 주요치수, 출입문(회전방향 포함), 기둥, 실명 등을 표기
(3) 벽과 개구부를 구분되도록 표현
(4) 지하 1층은 기계·전기실, 수장고, 시청각실 등이 포함되지만 지하 1층 도면 작성은 생략
(5) 단위 : mm
(6) 축척 : 1/200

6. 유의사항

(1) 제도는 반드시 흑색연필로 한다.
(2) 명시되지 않은 사항은 현행 관계법령의 범위 안에서 임의로 한다.
(3) 치수 표기 시 답안지의 여백이 없을 때에는 융통성 있게 표기한다.

〈표〉 실별 소요면적 및 요구조건

층별	실명	면적(m^2)	요구조건
1층	카페	140	주방, 창고, 좌석배치 표기
	아트숍	50	
	사무실	40	
	전시장-1	120	$50m^2$ 이상 천장높이 8.4m 확보
	화장실	40	남 : 대 · 소변기 각 1개 여 : 대변기 2개
	장애인화장실	20	남 · 여 각 1개소
	기타 공용면적	190	로비, 복도, 계단실 등
	소 계	600	
2층	전시장-2	90	전시장-2, 전시장-3은 통합 사용 가능하도록 계획
	전시장-3	230	
	세미나실	40	
	화장실	40	남 : 대 · 소변기 각 1개 여 : 대변기 2개
	장애인화장실	20	남 · 여 각 1개소
	기타 공용면적	180	홀, 복도, 계단실 등
	소 계	600	
지하층	소 계	430	기계 · 전기실 $50m^2$ 수장고 $50m^2$ 시청각실 $250m^2$ 기타 $80m^2$
	계	1,630	

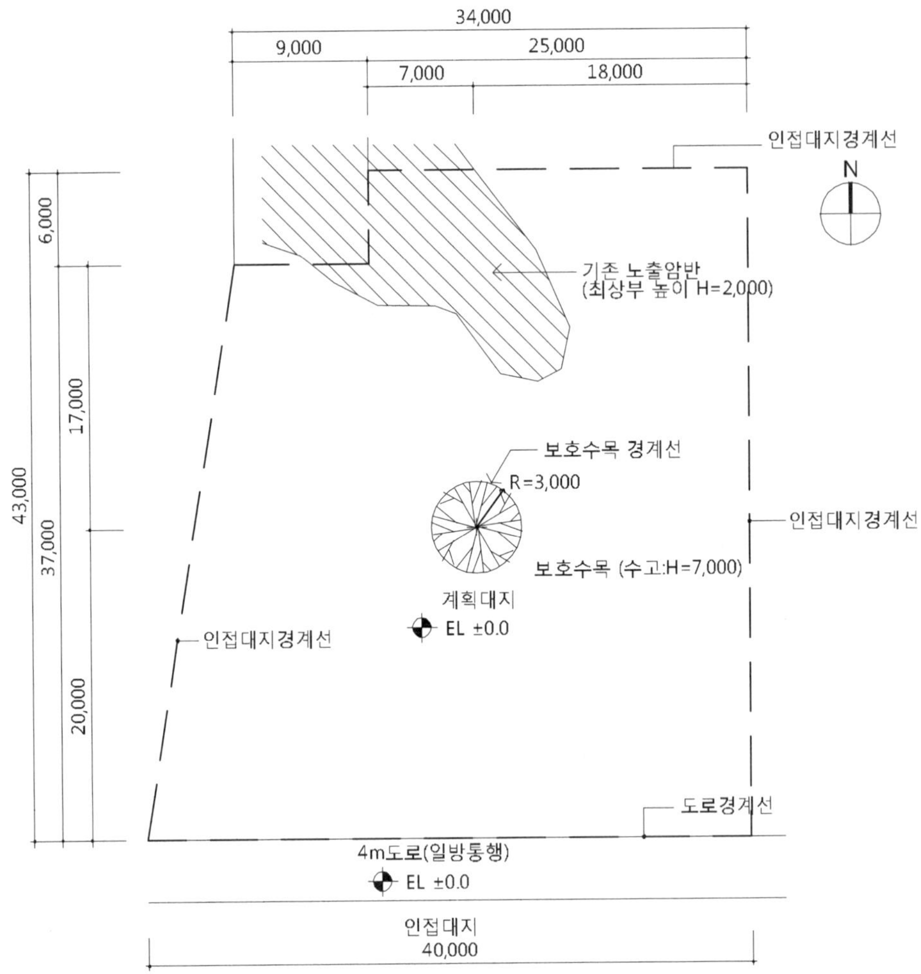

대지현황도

축척 : 없음

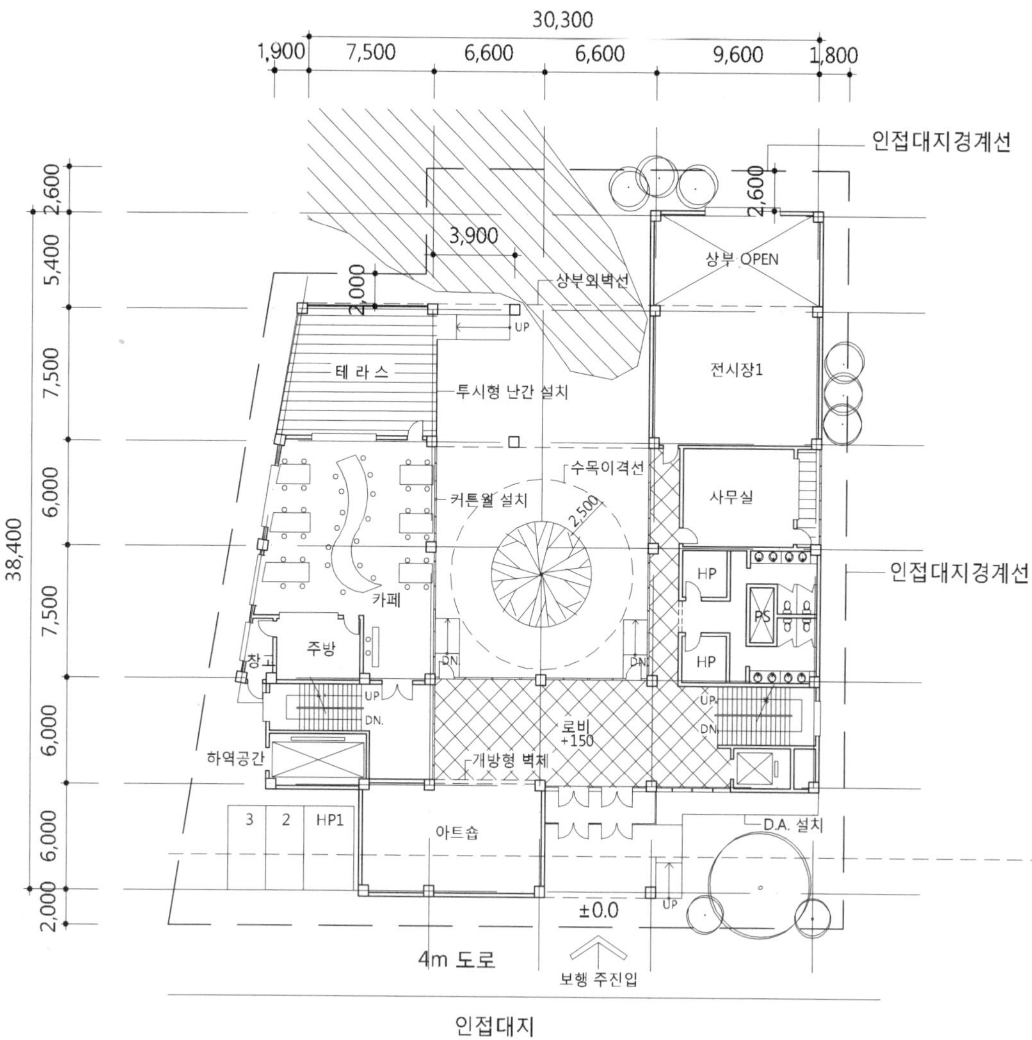

1층 평면도

축척 : 1/200

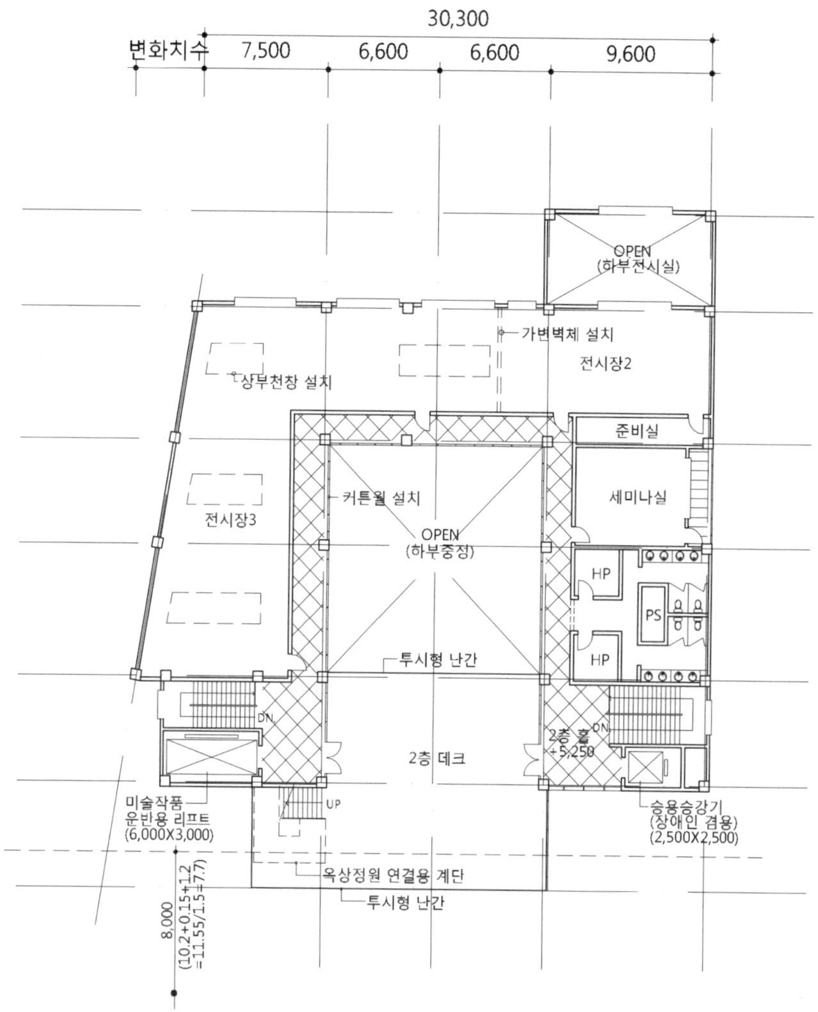

2층 평면도

축척 : 1/200

2-3 건축설계 2 (단면설계 · 설비계획, 구조계획)

◈ 제1과제(단면설계 · 설비계획) ◈ 배점 : 60/100

제목 : 어린이집 단면설계 및 설비계획

1. 과제개요

제시된 도면은 주거지역에 위치한 어린이집 평면도의 일부이다. 각층 평면도에 표시된 단면 지시선 A-A′를 기준으로 아래 사항을 고려하여 주단면도와 부분상세도를 작성하시오.

2. 설계조건

(1) 대지조건 : 일조 및 조망이 양호한 대지
(2) 규모 : 지하 1층, 지상 3층
(3) 용도 : 노유자시설(어린이집)
(4) 구조 : 철근콘크리트조
(5) 설비 : 바닥온수난방, 덕트방식(AHU), 유압식 승강기
(6) 1층 구조체 바닥 : EL+200mm
(7) 층고(구조체 바닥 기준)
  ① 지하 1층 : 4,200mm
  ② 지하 1층~지상 3층 : 각 4,000mm
  ③ 옥탑층 : 3,200mm
(8) 천장고 : 2,700mm
(9) 기초 : 온통기초(두께 600mm)
(10) 내력벽 : 두께 200mm
(11) 외벽마감 : 두께 100mm
(12) 보(W×D) : 300mm×600mm
(13) 기둥 : 400mm×400mm
(14) 바닥 및 천장
  ① 슬래브 : 두께 150mm
  ② 천 장 : 마감 및 재료는 임의

3. 계획시 고려사항

(1) 친환경적인 환기 및 채광방식을 고려하여 옥상에 천창을 설치하되, 과도한 직사광 방지와 환기조절이 가능한 방식 등을 반영
(2) 어린이의 신체적 특성과 활동을 반영
(3) 설계조건 및 평면에서 파악되거나 필요한 기술적 사항을 반영(층간소음방지, 단열, 방습, 방화구획 등)

4. 도면작성요령

(1) 단면도 : A-A′ 단면 지시선의 주단면
(2) 부분상세도 : X1′-X2열의 옥탑(답안지 A부분) 및 지하층(답안지 B부분)의 파선 영역 부분
(3) 단면요소와 X3-X4열의 입면요소를 도면에 표현
(4) 층고, 천장고, 개구부 높이 및 기타 주요 부분의 치수 기입
(5) 각실의 명칭 기입
(6) 내 · 외장 마감, 단열, 방수 등의 재료는 임의로 하여 표기
(7) 건축물 내 · 외부의 환기경로, 채광경로를 〈보기〉에 따라 표현하고 창호 개폐방법도 표현
(8) 단위 : mm
(9) 축척 : 단면도 1/100, 상세도 1/50

〈보기〉

환 기	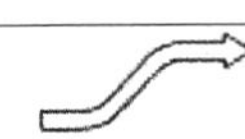
채 광	

5. 유의사항

(1) 제도는 반드시 흑색연필로 한다.
(2) 명시되지 않은 사항은 현행 관계법령의 범위 안에서 임의로 한다.
(3) 치수 표기 시 답안지의 여백이 없을 때에는 융통성 있게 표기한다.

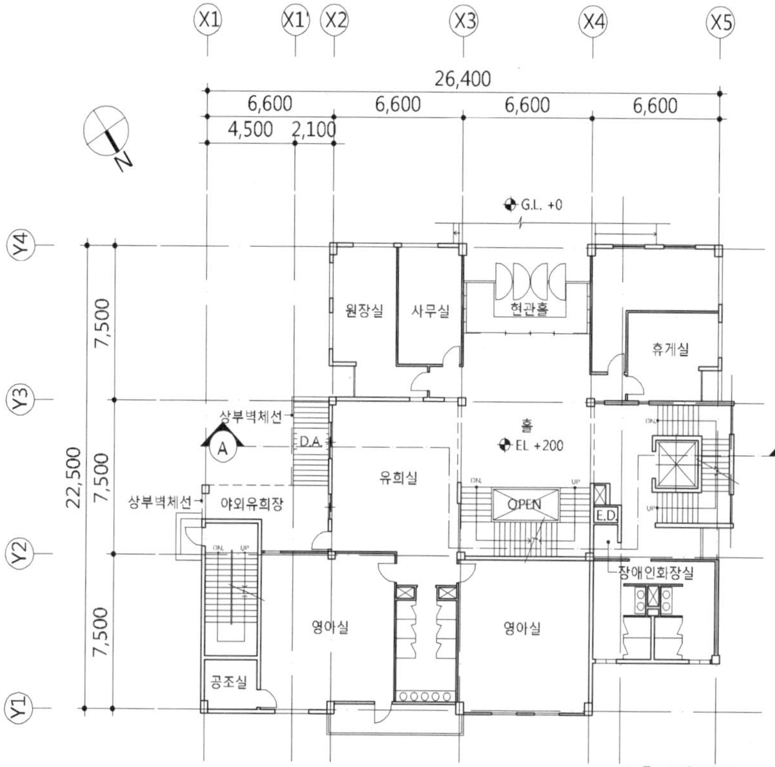

1층 평면도

축척 : 없음

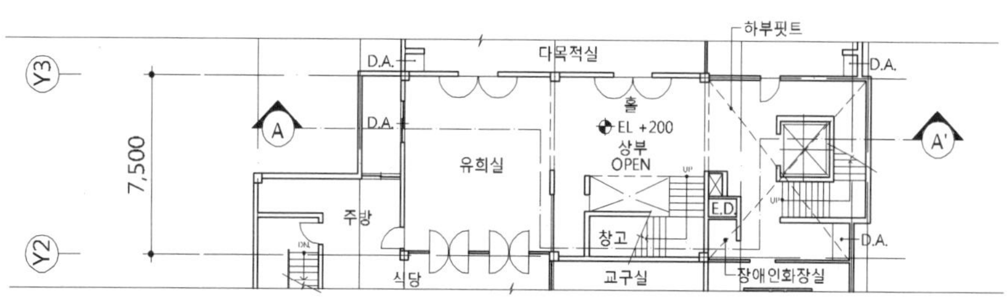

지하 1층 평면도(부분)

축척 : 없음

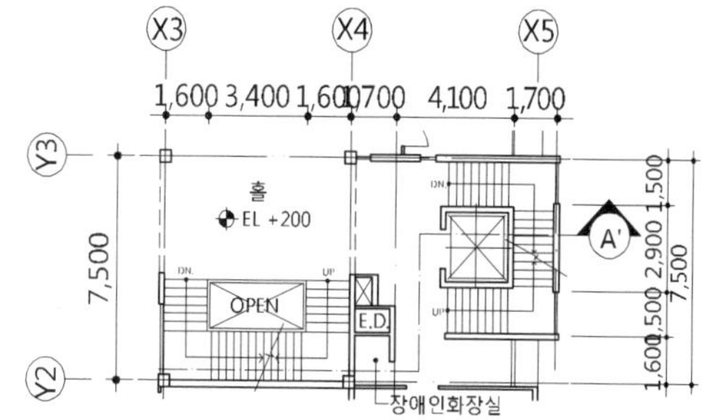

2층 코어부분 확대평면

축척 : 없음

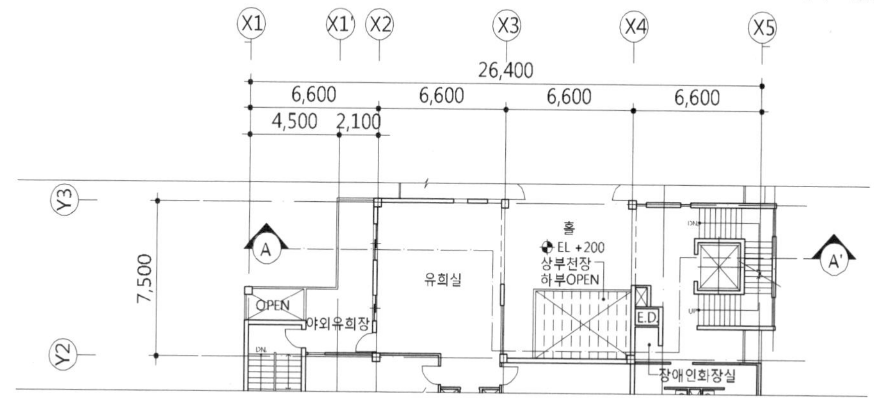

3층 평면도(부분)

축척 : 없음

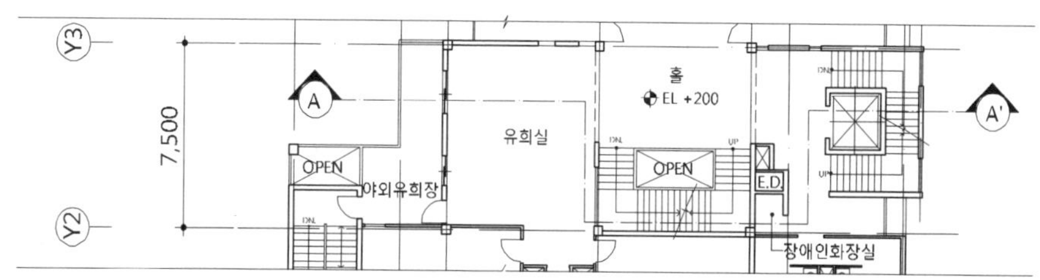

2층 평면도(부분)

축척 : 없음

A부분 상세도

축척 : 1/50

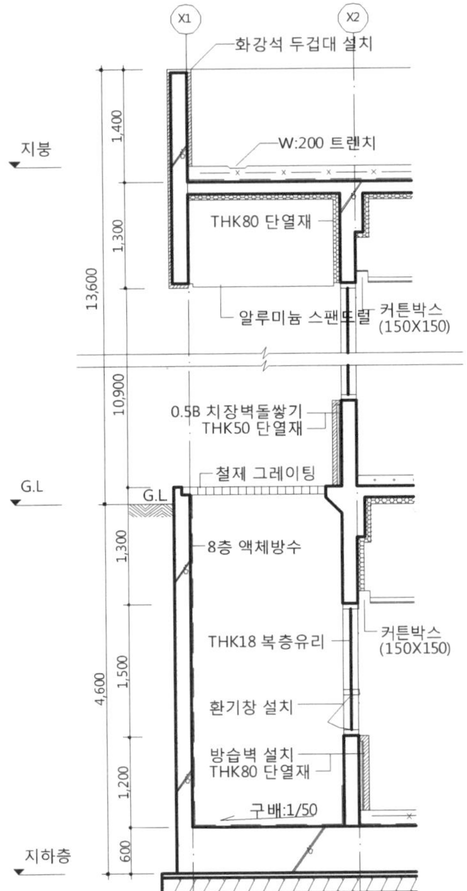

B부분 상세도

축척 : 1/50

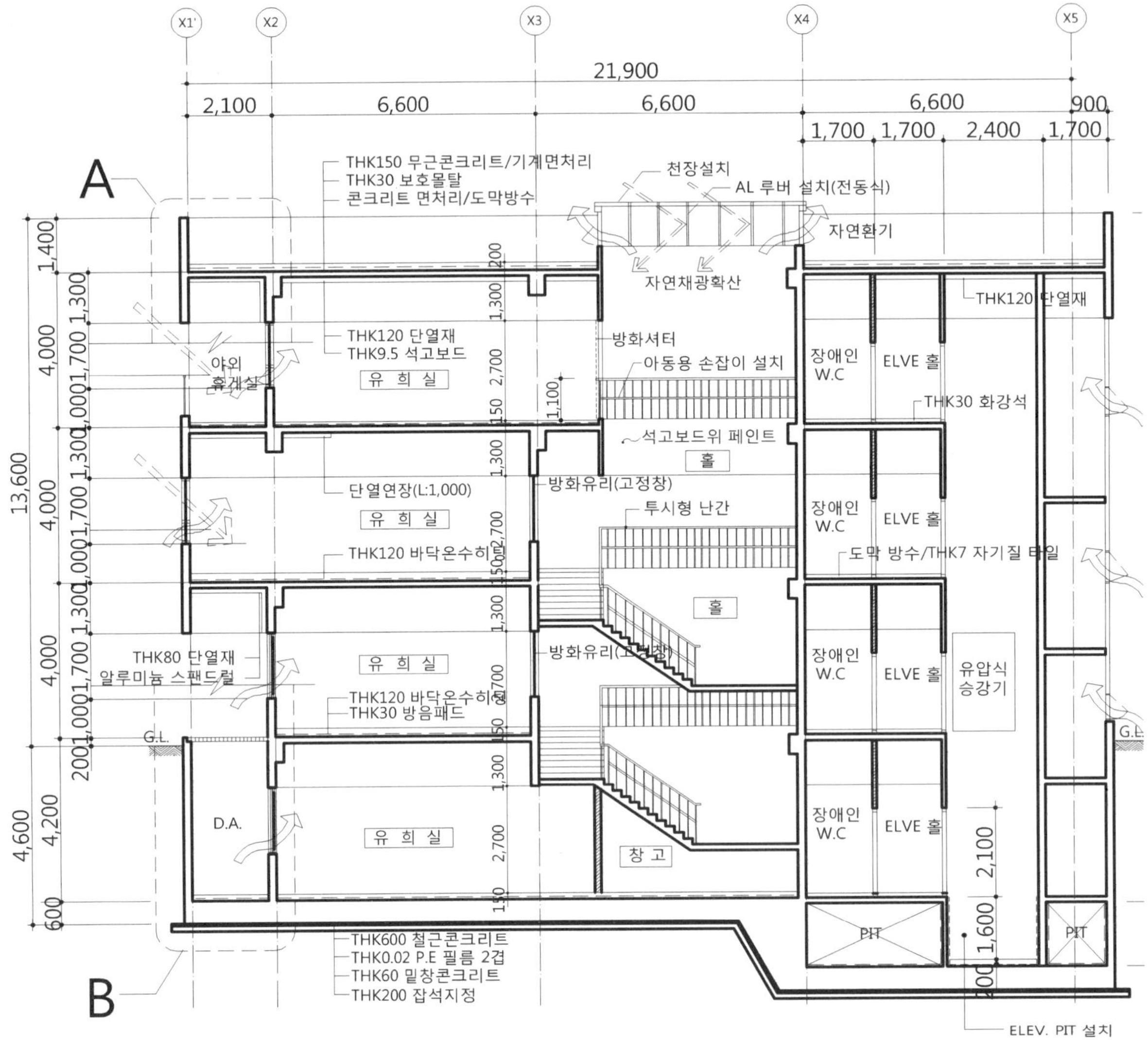

A–A′ 단면도

축척 : 1/100

◈ 제2과제(구조계획) ◈ 배점 : 40/100

제목 : 증축설계의 구조계획

1. 과제개요

가구회사의 건축물을 증축하여 전시매장을 설치하려고 한다. 아래 사항을 고려하여 다음 도면을 작성하시오.

(1) 단면상세도 "A"(축척 : 1/20)

(2) 5층 구조평면도(축척 : 1/200)

2. 설계조건

구 분	기존 부분	증축 부분
구조	RC조	철골 · 데크플레이트 슬래브(코어는 RC조)
규모	지상 3층	2개 층(4, 5층)+3층 일부
용도	1, 2층 : 사무실 3층 : 제품창고	1, 2층 : 하역공간(필로티) 3층 : 사무실 4, 5층 : 전시매장
구조부재 단면치수 (mm)	기둥 : 600×600 보 : 300×600 슬래브 : 150	기둥 : H-450×450 시리즈 보 : H-600×300 시리즈 H-300×150 시리즈 데크플레이트 슬래브 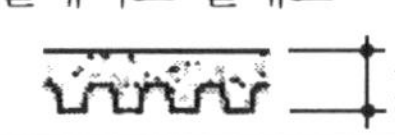 150

3. 계획시 고려사항

(1) 기존 건축물은 내진설계가 반영되어 있으며, 구조 검토결과 별도의 보강 없이 증축 가능

(2) 5층 전시매장은 개방감을 위해 무주공간으로 계획하고, 바닥에 6.0m×8.0m의 개구부를 설치(단, 5층 기둥 개수는 9개임)

4. 도면작성요령

(1) 단면상세도 "A"는 증축 부분을 작성하여 완성하되, 마감재는 임의로 설정

(2) 5층 구조평면도는 설계조건에 제시된 부재를 사용하여 〈보기〉에 따라 작성하고, 보의 경우 부재의 시리즈를 구분하여 표시

〈보기〉

	기둥
	보 강접합
	보 힌지접합
	RC 내력벽
	데크플레이트 방향
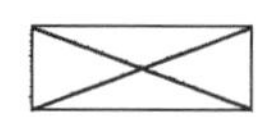	개구부

5. 유의사항

(1) 제도는 반드시 흑색연필로 한다.

(2) 명시되지 않은 사항은 현행 관계법령의 범위 안에서 임의로 한다.

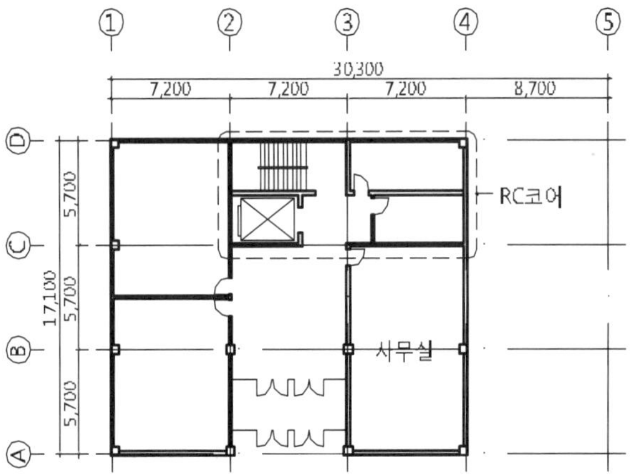

1층 평면도(변경 전)

축척 : 없음

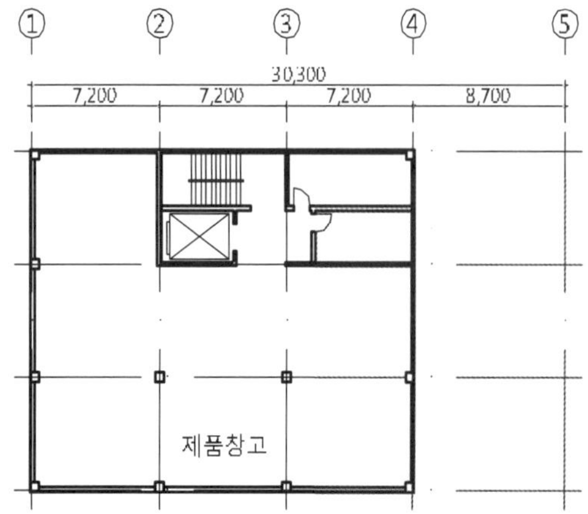

3층 평면도(변경 전)

축척 : 없음

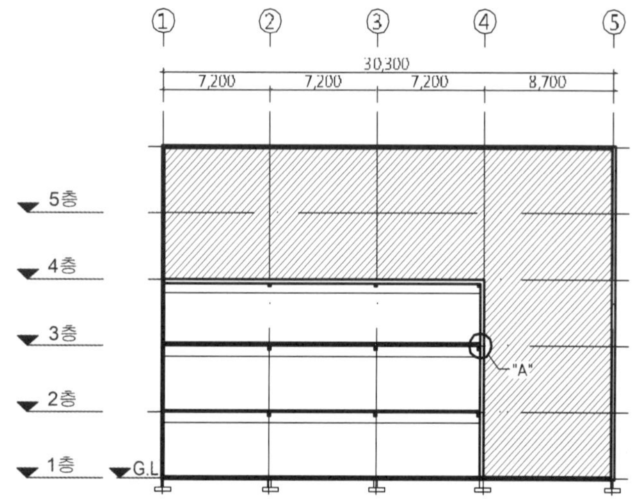

변경 후 단면개념도 A-A′

축척 : 없음

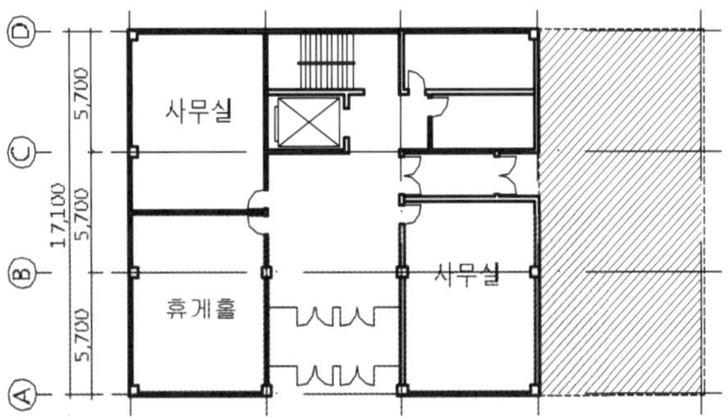

1층 평면도(변경 후)

축척 : 없음

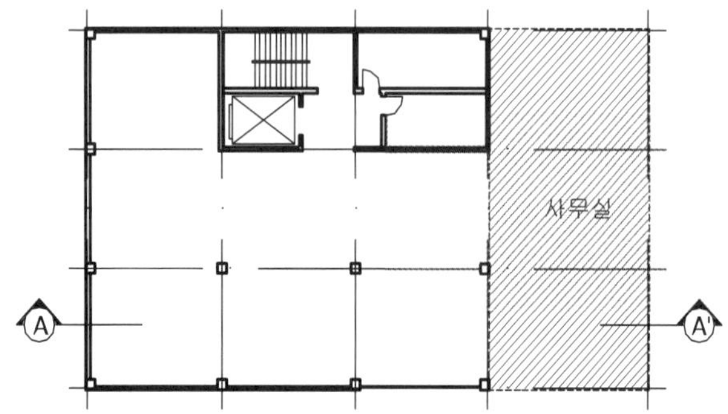

3층 평면도(변경 후)

축척 : 없음

증축부분

5층 FFL +16,000
4층 FFL +12,000
3층 FFL +8,000
2층 FFL +4,000
1층 FFL +0.000

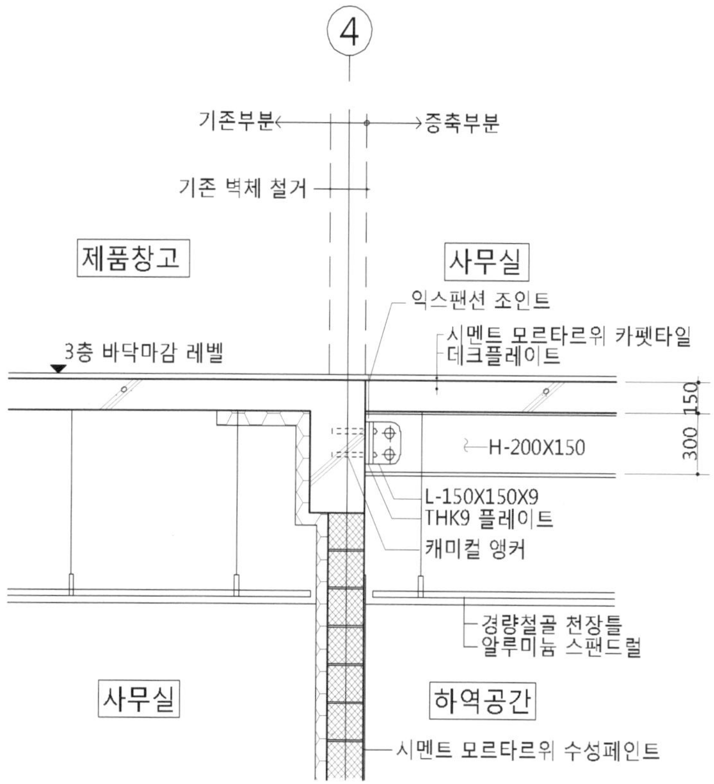

*NOTE : 하역공간은 한기노출공간이므로
데크 하부에 단열(우레탄 뿜칠) 시공

단면상세도 "A"

축척 : 1/20

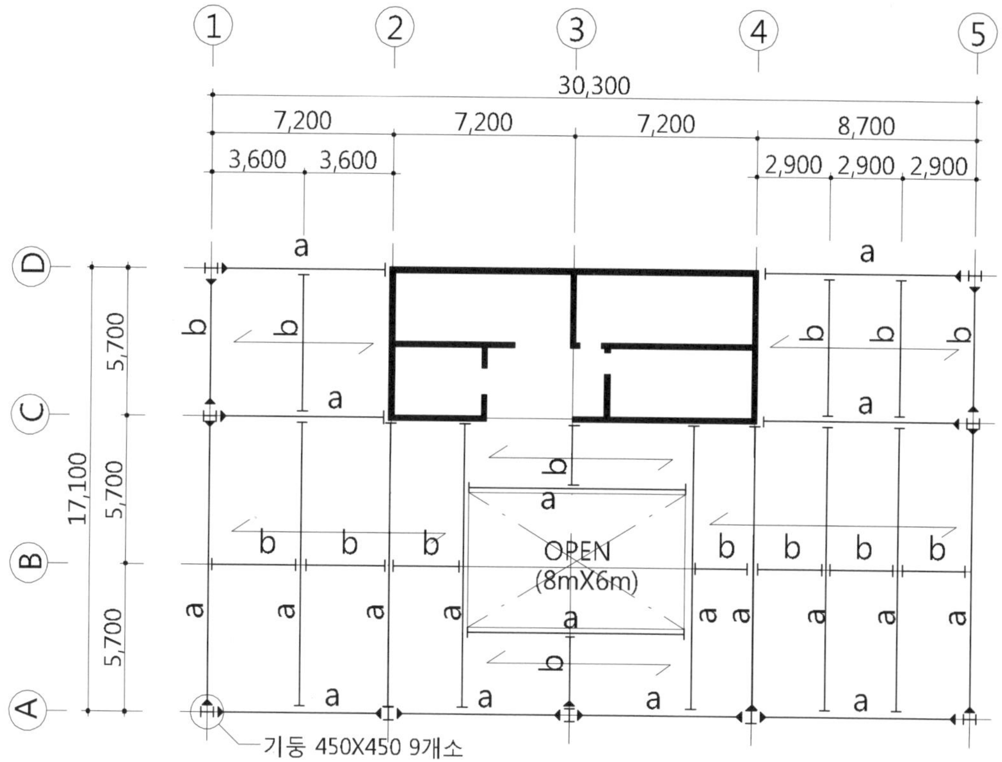

H-600X300 시리즈 보는 부재에 "a"로 표기
H-300X150 시리즈 보는 부재에 "b"로 표기

5층 구조평면도

축척 : 1/200

3. 과년도 자격시험 기출문제

3-1 대지계획(배치계획, 대지분석 · 조닝)

◈ 제1과제(배치계획) ◈ 배점 : 60/100

제목 : 어린이 지구환경 학습센터

1. 과제개요

어린이 테마공원 안에 어린이 지구환경 학습센터를 건립하고자 한다. 아래 사항을 고려하여 배치도를 작성하시오.

2. 대지조건

(1) 용도지역 : 자연녹지지역
(2) 대지조건과 주변환경 : 〈대지현황도〉 참조
(3) 건폐율, 용적률은 고려하지 않음

3. 계획조건

(1) 배치시설 요구사항

① 도로
· 대지내 도로 : 길이 160m 이상, 너비 12m(도로의 양측에 각각 너비 3m 보도 포함)
· 대지내 보행자 전용도로 : 너비 12m(도로의 양측에 각각 너비 3m 식재 포함)

② 건축물(가로와 세로의 표기 구분은 없음)
· 극한환경 체험관 : 30m×23m
· 극한환경 학습관 : 27m×21m
· 자연생태 실습관 : 21m×19m
· 자연생태 학습관 : 38m×24m
· 자연재활용 학습관 : 40m×28m
· 종합교육관 : 25m×24m
· 지구환경 전시관 : 33m×24m

③ 옥외 시설물
· 건축물 연결 데크 : 17m×13m
· 놀이마당 : 41m×36m
· 띠조경 : 너비 3m
· 자연생태 야외학습장 : 23m×18m
· 주차장 : 1개소, 총 주차대수 65대 이상(일반 60대, 장애인 전용 5대) 단, 경형과 확장형 차량, 기계식과 지하주차장은 고려하지 않음
· 휴게데크 : 24m×10m

④ 기타 시설물
· 탐방로 : 길이 50m 이상, 너비 1.5m, 10m 이내 간격으로 관찰데크(3m×3m) 설치

(2) 고려사항

① 대지 주변환경과 시설현황, 보행의 안전과 쾌적함 등을 고려하여 합리적으로 계획한다.
② 인접도로경계선과 접하는 계획대지에는 띠조경을 설치한다.
③ 대지의 주출입구는 너비 16m 도로에 설치한다.
④ 주차장은 대지의 주출입구에 가깝게 배치하고, 입구와 출구는 대지내 도로에 면하며, 10m 이상 이격한다.
⑤ 대지내 도로 끝에는 지름 24m의 쿨데삭(cul-de-sac)을 설치하고, 보도는 자연생태하천에 인접한 기존 산책로와 연결한다.
⑥ 대지내 도로에는 관리와 비상시에만 차량의 통행이 허용되도록 이동식 볼라드(bollard)를 적절한 장소에 설치한다.
⑦ 대지내 보행자 전용도로는 지구환경연구소와 어린이테마공원을 연결한다.
⑧ 차를 타고 도착한 어린이가 먼저 안내와 교육을 받을 수 있도록 종합교육관을 배치하고, 휴식시간에 보호수목을 자세히 관찰할 수 있도록 옥외시설물을 배치한다.

⑨ 학습과 체험을 마친 후 종합교육관 옆 보호수목이 있는 놀이마당으로 다시 모두 모이는 특성을 고려한다.
⑩ 건축물 연결데크는 기능을 고려하여 필요한 건축물 사이에 적절히 설치한다.
⑪ 극한환경 학습관과 자원재활용 학습관은 지구환경연구소에 근접 배치한다.
⑫ 탐방로는 보호수림 등을 이용하여 자연생태 야외학습장과 기존 산책로를 연결한다.
⑬ 필요한 경우 적절한 곳에 조경을 설치한다.
⑭ 각 시설의 경계선간 이격거리는 아래와 같다.

<table>
<tr><th colspan="2">이격대상(A : B)</th><th rowspan="2">이격거리</th></tr>
<tr><th>A</th><th>B</th></tr>
<tr><td rowspan="2">· 도로
· 인접대지
· 띠조경
· 보호수림</td><td>· 건축물</td><td>6m 이상</td></tr>
<tr><td>· 옥외 시설물</td><td>2m 이상</td></tr>
<tr><td>· 대지 내 도로</td><td>· 보호수림</td><td>2m 이상</td></tr>
<tr><td rowspan="2">· 건축물</td><td>· 건축물</td><td>6m 이상</td></tr>
<tr><td>· 놀이마당
· 자연생태 야외학습장
· 주차장</td><td>2m 이상</td></tr>
<tr><td>· 기존 연못</td><td>· 도로
· 건축물
· 옥외 시설물</td><td>2m 이상</td></tr>
<tr><td>· 휴게데크
· 건축물 연결데크
· 보호수목</td><td>· 건축물
· 옥외 시설물
· 보호수림</td><td>없음</td></tr>
</table>

4. 도면작성요령

(1) 건축물은 굵은 실선으로 표기한다.
(2) 옥외시설물은 가는 실선으로 표기한다.
(3) 건축물과 옥외 시설물에는 명칭과 크기를 표기한다.
(4) 대지의 주출입구와 각 건축물의 출입구를 표기한다.
(5) 요구한 이격거리를 표기한다.
(6) 주차장에 주차대수를 표기한다(장애인 전용은 HP로 표기).
(7) 기타 표기는 〈보기〉를 따른다.
(8) 단위 : m
(9) 축척 : 1/600

〈보기〉

보 도	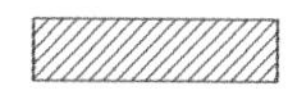
조 경	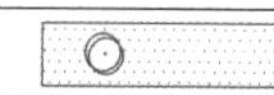
띠조경	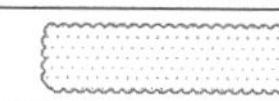
식 재	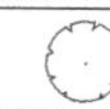
데 크	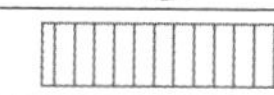
볼라드	
건축물 출입구	
대지의 주출입구	

5. 유의사항

(1) 제도는 반드시 흑색연필로 한다.
(2) 명시되지 않은 사항은 현행 관계법령을 준용한다.

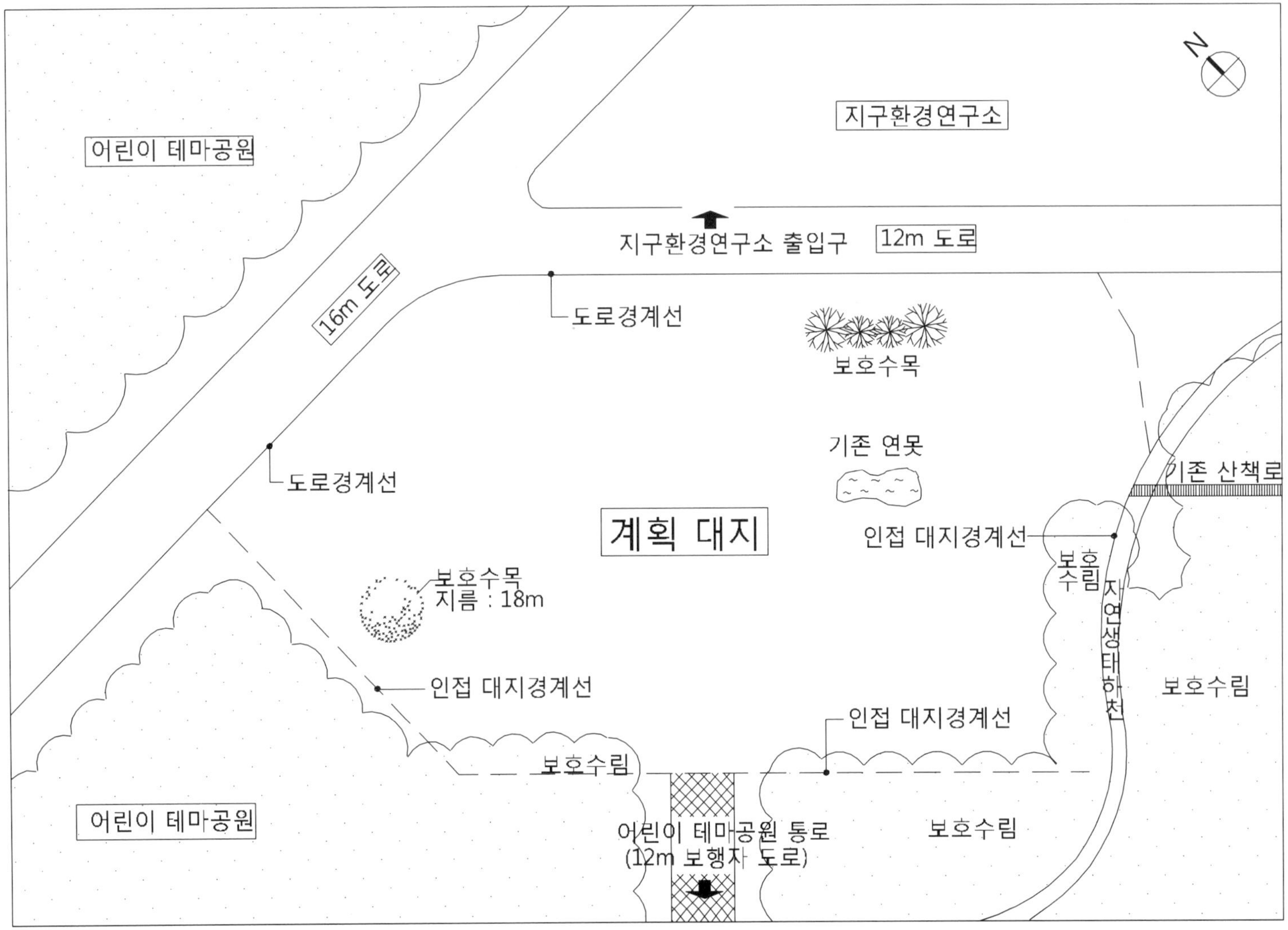

대지현황도

축척 : 1/800

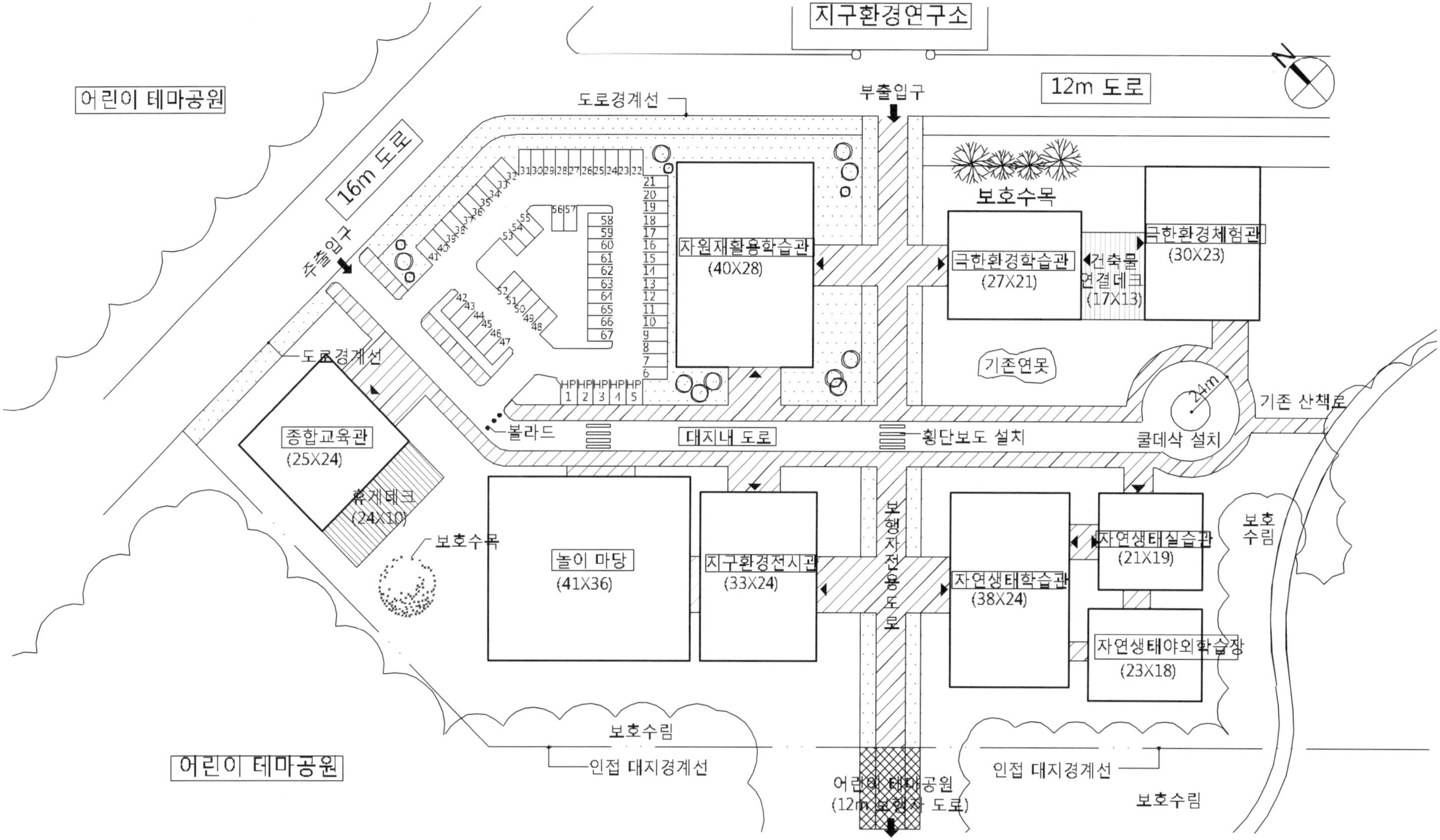
지구환경연구소
어린이 테마공원
12m 도로
16m 도로
도로경계선
부출입구
주출입구
보호수목
자원재활용학습관
(40X28)
극한환경학습관
(27X21)
건축물 연결데크
(17X13)
극한환경체험관
(30X23)
기존연못
기존 산책로
쿨데삭 설치
24m
도로경계선
종합교육관
(25X24)
휴게데크
(24X10)
볼라드
대지내 도로
횡단보도 설치
보호수목
놀이 마당
(41X36)
지구환경전시관
(33X24)
보행자전용도로
자연생태학습관
(38X24)
자연생태실습관
(21X19)
자연생태야외학습장
(23X18)
보호수림
보호수림
보호수림
인접 대지경계선
인접 대지경계선
어린이 테마공원
어린이 테마공원
(12m 보행자 도로)

배 치 도

축척 : 1/600

◈ 제2과제(대지분석 · 조닝) ◈ 배점 : 40/100

제목 : 공동주택의 최대 건립 세대수

1. 과제개요

'대지 A'에 공동주택(아파트)을 신축하고자 한다. 아래 사항을 고려하여 최대 건립 세대수를 구하시오.

2. 대지개요

(1) 용도지역
① '대지 A'와 인접대지 : 제3종 일반주거지역
② 공원 : 자연녹지지역
(2) 건폐율 : 50% 이하
(3) 용적률 : 300% 이하
(4) 대지규모 : 90m×75m=6,750m^2
(5) 주변현황 : 〈대지현황도〉에 따름

3. 계획조건

(1) 전면도로에 따른 건축물의 높이제한을 전면도로 반대쪽 경계선까지 수평거리의 1.5배 이하로 한다. 다만, 건축물 높이제한 산정을 위한 전면도로의 너비 기준은 각각 전면도로의 너비를 적용한다.
(2) 건축물의 각 부분을 정북방향 인접대지경계선으로부터 띄어야 할 거리 중 높이 8m를 초과하는 부분은 해당 건축물 각 부분 높이의 1/2 이상을 띄어야 한다.
(3) 건축물의 각 부분 높이는 그 부분으로부터 채광을 위한 창문 등이 있는 벽면에서 직각방향으로 인접대지경계선까지 수평거리의 2배 이하로 한다.
다만, '대지 A'에 접한 공원쪽의 인접대지경계선에서는 적용하지 않는다.
(4) 같은 대지에서 두 동 이상의 건축물이 서로 마주 보고 있는 경우 건축물 각 부분 사이의 거리는 다음 각항의 거리 이상을 띄어 건축한다.
① 채광을 위한 창문 등이 있는 벽면으로부터 직각방향으로 건축물 각 부분 높이의 0.6배 이상
② ①항에도 불구하고 서로 마주 보는 건축물 중 남쪽방향의 건축물 높이가 낮고 주된 개구부의 방향이 남쪽을 향하는 경우에는 높은 건축물 각 부분 높이의 0.5배 이상, 낮은 건축물 각 부분 높이의 0.6배 이상
(5) 건축물의 외벽은 수직으로 하며, 도로경계선과 인접대지경계선으로부터 이격거리를 다음과 같이 확보한다.
① 15m 도로 : 10m 이상
② 10m 도로 : 5m 이상
③ 인접대지경계선 : 5m 이상
(6) 건축물과 건축물 사이의 거리는 5m 이상으로 한다.
(7) 단위세대
① 크기 : 5m×10m(계단, 엘리베이터, 복도 등 공용면적을 포함한 것임)
② 개구부 : 5m 부분을 주개구부로 하며, 10m 부분에는 개구부를 설치할 수 없다.
③ 평면형식 : 편복도
④ 층고 : 3m
(8) 주동
① 주동의 수는 3개 동 이상으로 한다.
② 주동의 기준층은 4세대 이상 10세대 이하로 한다.
③ 하나의 동에서는 층수의 변화를 줄 수 없다.
④ 다음 조건의 필로티를 지상 1층에 설치한다.
가. 개소 : 3개 동
나. 크기 : 설치하는 동마다 높이 3m×너비 10m×길이 20m
⑤ 단위세대를 제외한 별도의 공용면적과 옥탑층은 고려하지 않는다.
(9) 대지와 도로의 높이 차이는 없다.
(10) 지상 1층의 바닥레벨은 대지레벨과 동일하다.
(11) 주택법에 의한 부대 · 복리시설은 고려하지 않는다.

4. 도면작성요령

(1) 대지평면도, 횡단면도 및 종단면도에 동 이름(A, B, C...), 층수, 사선제한선, 필로티 위치, 단면 지시선 및 이격거리 등을 표기한다.
(2) 동 이름, 세대수, 층수, 기준층, 세대수, 필로티 설치 여부 및 최대 건립 세대수를 답안지의 주어진 표에 표기한다.
(3) 소수점 이하는 소수 3자리에서 반올림하여 2자리로 표기한다.

(4) 단위 : m

(5) 축척 : 1/600

5. 유의사항

(1) 제도는 반드시 흑색연필심으로 한다.

(2) 명시되지 않은 사항은 현행 관계법령을 준용한다.

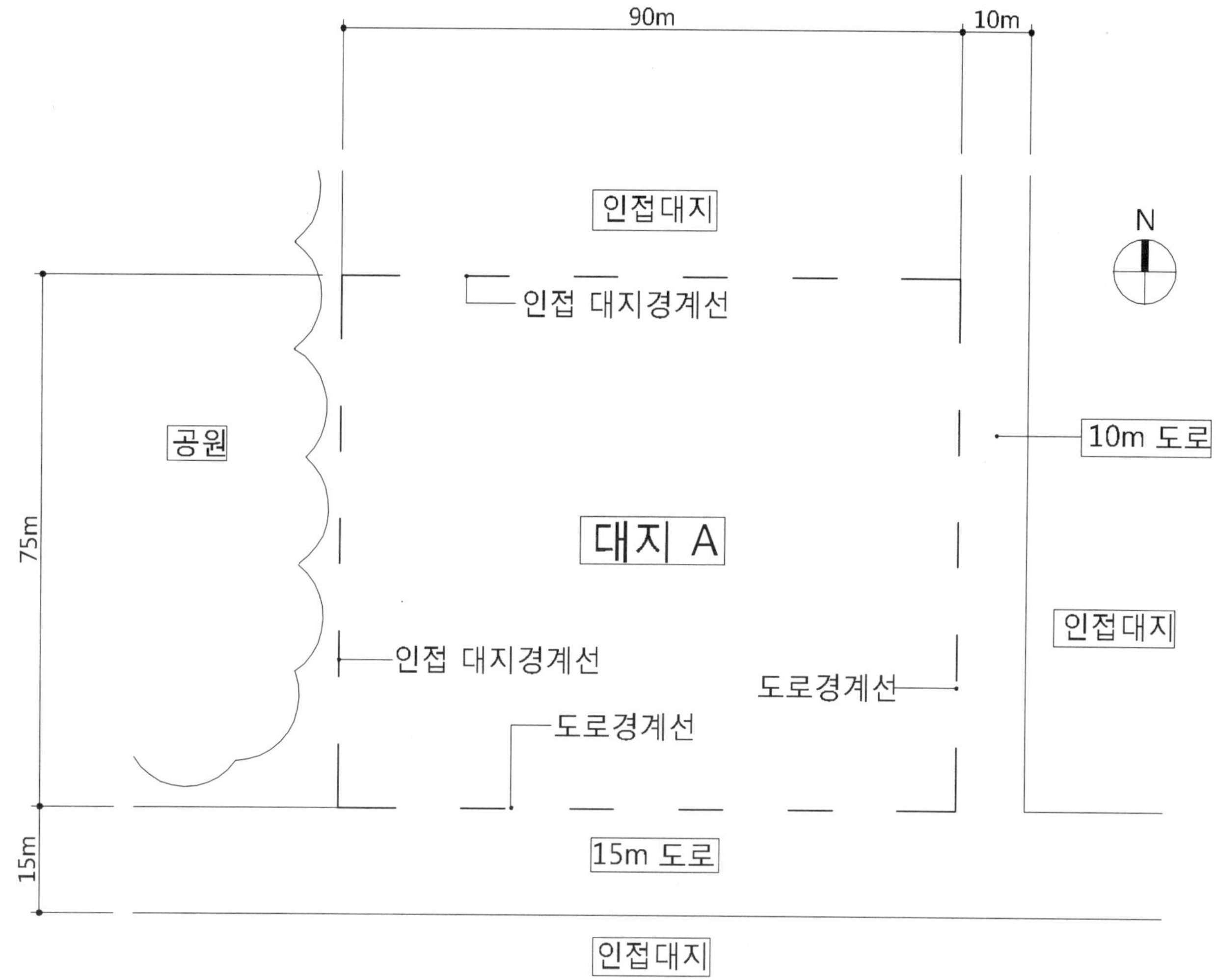

대지현황도

축척 : 없음

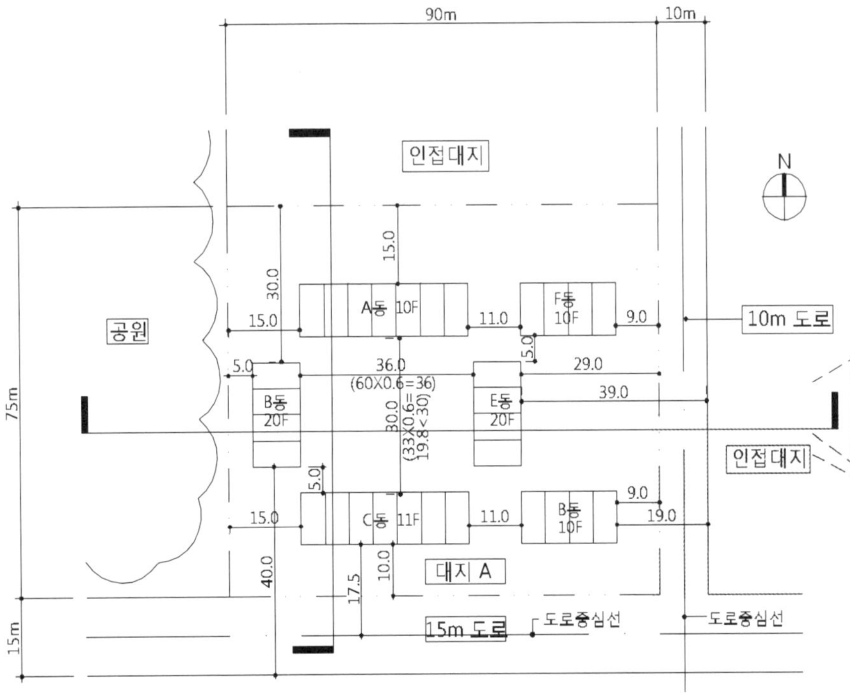

대지평면도
축척 : 1/600

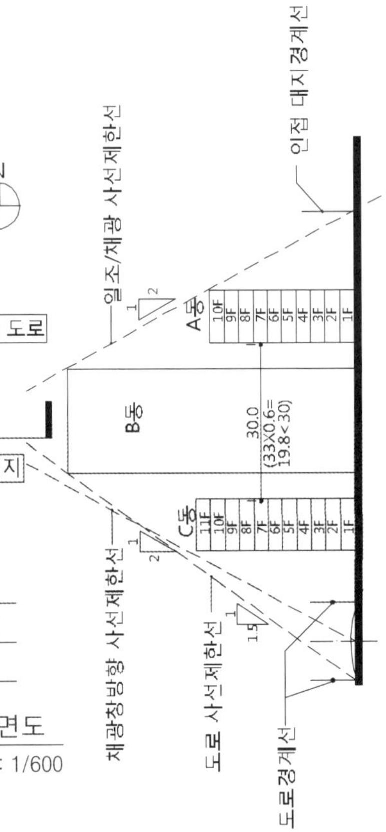

종단면도
축척 : 1/600

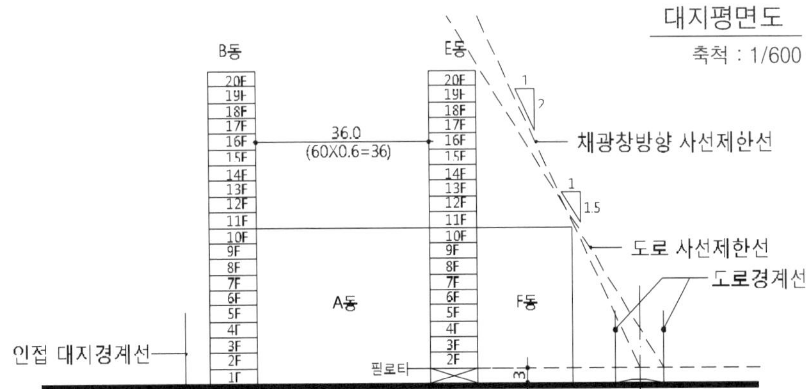

횡단면도
축척 : 1/600

최대 건립 세대수	375세대

동 이름	세대수	층수	기준층 세대수	필로티 설치여부
A	70	10	7	
B	80	20	4	
C	77	11	7	
D	36	10	4	O
E	76	20	4	O
F	36	10	4	O

3-2 건축설계 1(평면설계)

◈ 제1과제(평면설계) ◈ 배점 : 100/100

제목 : 청소년 창작스튜디오

1. 과제개요

문화적 상상력이 국가경쟁력이 되는 지식기반사회에 대비하여 창작스튜디오를 신축하고자 한다. 아래 사항을 고려하여 1층과 2층 평면도를 작성하시오.

2. 건축개요

(1) 용도지역 : 준주거지역
(2) 계획대지 : 〈그림〉 대지현황도 참조
(3) 대지면적 : 1,481.76m^2
(4) 용도 : 수련시설
(5) 규모 : 지하 1층, 지상 2층
(6) 구조 : 철근콘크리트조
(7) 건폐율 : 60% 이하
(8) 용적률 : 400% 이하
(9) 층고 : 1층 4.8m, 2층 4.5m
(10) 층별 마감레벨
① 1층 : EL+150mm
② 2층 : EL+4,950mm
(11) 주차대수 : 4대(장애인 전용 주차 1대 포함)
(12) 엘리베이터(장애인 겸용) : 15인승 1대(엘리베이터 샤프트 내부 평면치수 2,500mm×2,500mm)

3. 설계조건

(1) 건축물은 인접대지경계선에서 1.5m 이상 이격한다.
(2) 북동측 대형 판매시설의 인접대지경계선과 건축물 사이에 완충지대(buffer zone)를 확보한다.
(3) 건축물 전면에 야외전시, 기획행사 등을 위한 외부공간(240m^2 이상)을 계획한다.
(4) 공개공지(80m^2 이상)는 근린공원과 연계하여 계획한다.
(5) 외부공간 면적 산정시 공개공지와 필로티 면적은 포함되지 않는다.
(6) 4면 이상의 주차공간을 필로티로 계획한다(세로로 연접배치 금지).
(7) 건축물의 주출입구는 도로와 마주 보게 계획한다.
(8) 주차장에서 건축물로 출입이 가능한 부출입구를 계획한다.
(9) 로비와 연계하여 벽체구획이 없는 개방형 라운지를 계획한다.
(10) 로비와 라운지의 일부 공간(50m^2 이상)은 자연채광이 가능하도록 2개 층 높이로 계획한다.
(11) 라운지는 전시공간으로도 사용될 수 있도록 전시실에 인접시킨다.
(12) 라운지는 외부공간 조망이 가능하도록 계획한다.
(13) 스낵바는 라운지에 인접시킨다.
(14) 스낵바의 물품반입동선을 효율적으로 계획한다.
(15) 옥상정원(100m^2 이상)은 공원으로 조망이 열리도록 근린공원에 가깝게 배치한다.
(16) 입체조형실은 옥상정원과 연계하여 야외작업이 가능하도록 계획한다.
(17) 입체조형실, 평면조형실, 영상디자인실, 워크숍실, 미디어정보실은 하나의 존(zone)이 되도록 계획한다.
(18) 미디어정보실과 워크숍실은 인접시킨다.
(19) 복도의 유효폭은 2.1m 이상으로 한다.
(20) 대지 북측에 위치한 기존 수목은 보존한다.
(21) 자전거 보관소(10대 이상)를 계획한다.
(22) 장애인의 편의성을 고려하여 계획한다.
(23) 출입구에 방풍실을 설치한다.
(24) 친환경 설계기법을 적용하여 계획한다.

4. 실별 소요면적과 요구조건

(1) 실별 소요면적과 요구조건은 〈표〉를 따른다.

(2) 각 층별 바닥면적 합계는 5% 범위 내에서 증감 가능하다.

(3) 실별 바닥면적은 10% 범위 내에서 증감 가능하다.

(4) 바닥면적은 실명 아래에 기입한다.

(예) 사무실

(○○m^2)

5. 도면작성요령

(1) 조경, 주차 등 옥외공간과 관련된 배치계획은 1층 평면도에 표기한다.

(2) 개방형 라운지의 해당 영역을 표기한다.

(3) 주요치수, 출입문(회전방향 포함), 기둥, 실명 등을 표기한다.

(4) 벽과 개구부가 구분되도록 표기한다.

(5) 지하층의 도면 작성은 생략한다.

(6) 소수점 이하는 반올림하여 정수로 표기한다.

(7) 단위 : mm

(8) 축척 : 1/200

6. 유의사항

(1) 제도는 반드시 흑색연필심으로 한다.

(2) 명시되지 않은 사항은 현행 관계법령을 준용한다.

〈표〉 실별 소요면적 및 요구조건

층별	실명	면적(m^2)	요구조건
지하층	기계 · 전기실	100	–
	창고	50	–
	소 계	150	–
1층	라운지	110	휴게시설로 활용
	전시실	100	–
	다목적실	85	–
	스낵바	15	–
	사무실	50	–
	화장실	50	남자용 : 대변기 · 소변기 · 세면대 각 2개 여자용 : 대변기 4개, 세면대 2개 장애인용 : 남 · 여 각 1개소 설치
	기타 공용면적	190	로비, 복도, 계단, 방풍실, 엘리베이터홀 등
	소 계	600	–
2층	입체조형실	100	–
	영상디자인실	70	–
	평면조형실	85	–
	워크숍실	50	–
	미디어정보실	50	–
	창작지원실	35	강사연구실로 사용
	화장실	50	남자용 : 대변기 · 소변기 · 세면대 각 2개 여자용 : 대변기 4개, 세면대 2개 장애인용 : 남 · 여 각 1개소 설치
	기타 공용면적	170	홀, 복도, 계단, 엘리베이터홀 등
	소 계	610	–
합 계		1,360	–

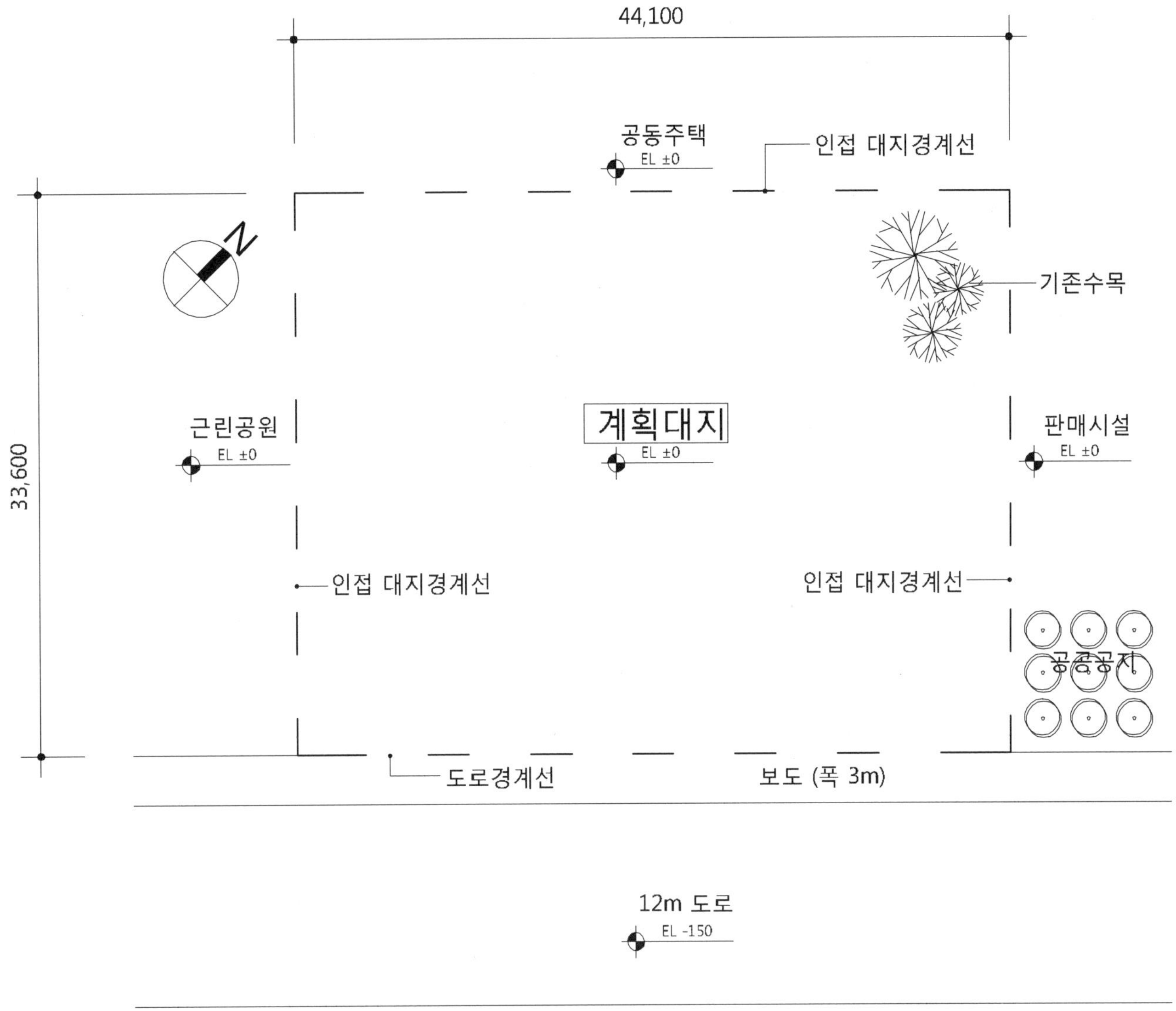
44,100
33,600
공동주택
EL ±0
인접 대지경계선
기존수목
근린공원
EL ±0
계획대지
EL ±0
판매시설
EL ±0
인접 대지경계선
인접 대지경계선
공공공지
도로경계선
보도 (폭 3m)
12m 도로
EL -150

대지현황도

축척 : 없음

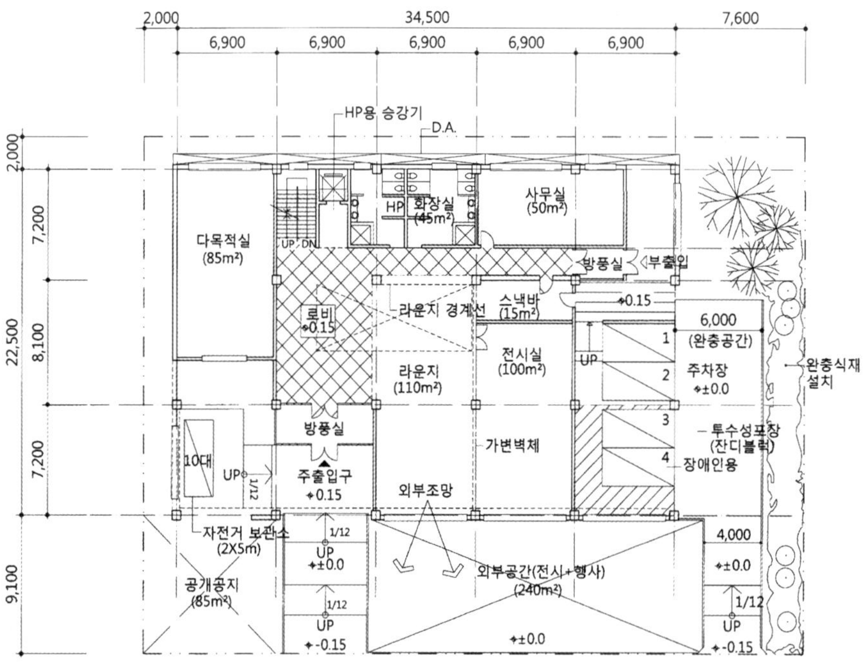

1층 평면도

축척 : 1/200

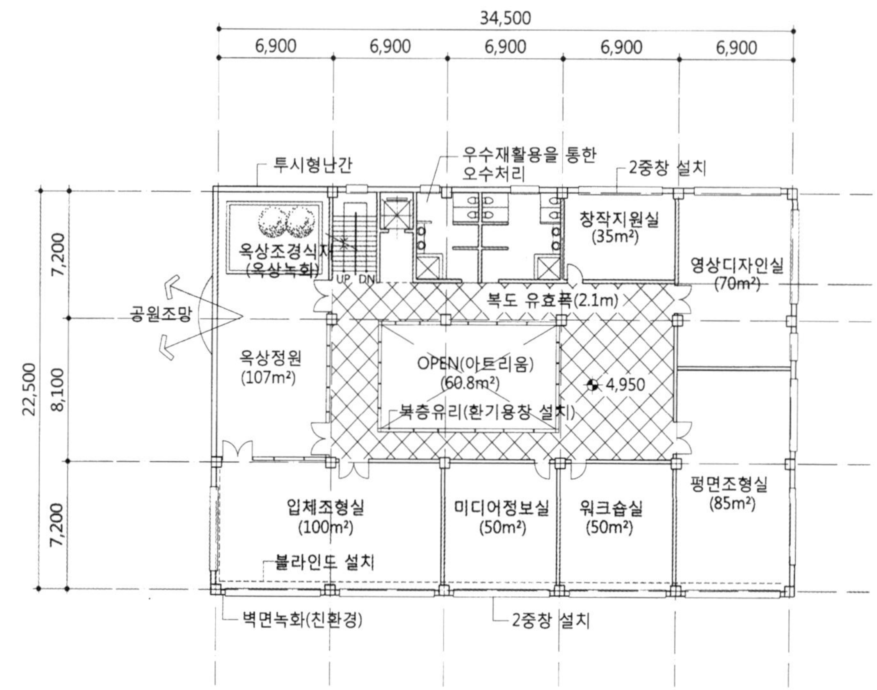

2층 평면도

축척 : 1/200

3-3 건축설계 2 (단면설계 · 설비계획, 구조계획)

◈ 제1과제(단면설계 · 설비계획) ◈ 배점 : 65/100

제목 : 근린문화센터의 단면설계와 설비계획

1. 과제개요

제시된 도면은 지방자치단체의 근린문화센터 평면도이다. 각층 평면도에 표시된 단면 지시선 A-A′를 기준으로 아래 사항을 고려하여 설비계획이 반영된 주단면도를 작성하시오.

2. 건축개요

(1) 대지 : 일조와 조망이 좋은 평지
(2) 규모 : 지하 1층, 지상 3층
(3) 용도 : 공공업무시설
(4) 구조 : 철근콘크리트조

3. 설계조건

(1) 설비
① 모든 실의 냉난방은 천장매립형 EHP(Electric Heat Pump)로 한다.
단, 환경단체실, 노인단체실, 여성단체실은 바닥 온수온돌 난방을 추가 설치한다.
② 주방과 식당은 급 · 배기덕트를 추가 설치한다.
(2) 1층 구조체 바닥 : EL+450mm
(3) 층고(구조체 바닥 기준)
① 지하 1층 : 4,200mm
② 지상 1층 : 4,500mm
③ 지상 2층, 지상 3층 : 4,000mm 단, 강당 6,000mm
④ 옥탑층 : 3,000mm
(4) 반자높이 : 2,700mm 단, 1층 3,000mm, 강당 4,200mm
(5) 기초 : 온통기초(두께 600mm)
선큰부분(두께 500mm)
(6) 지붕 : 평슬래브
(7) 바닥슬래브 : 두께 150mm
(8) 큰보, 작은보 : 300mm×600mm(보 높이는 변경 가능)
(9) 기둥 : 500mm×500mm
(10) 내력벽 : 두께 200mm 단, 선큰 지하 외벽 두께 300mm
(11) 비내력벽 : 두께 1.0B 시멘트 벽돌
(12) 외벽마감 : 두께 100mm
(13) 단열재 : 지붕과 바닥은 두께 110mm, 외벽은 두께 65mm

4. 고려사항

(1) 설계조건과 평면도에서 파악되는 단열, 방수, 채광, 환기의 기술적 사항을 반영한다.
(2) 2층과 3층 사이에 층간 소음방지계획을 한다.
(3) 천장매립형 EHP의 실외기는 3층 화장실 지붕 평슬래브 위에 위치하며, 배관은 PS(Pipe Shaft)로 연결하고 급 · 배기덕트는 DS(Duct Shaft)로 연결한다.
(4) 지붕 평슬래브에 (A)와 (B)를 설치한다.
위치는 3층 평면도에 표기되어 있다.
(A) : 채광 및 환기조절용 천창을 겸한 태양광전지패널
(B) : 태양광전지패널
(A)와 (B)의 설치 각도 : 30°
(A)와 (B)의 모듈 : 2,100mm×14,400mm
(5) 정보미디어실 바닥은 정보통신설비 설치가 가능한 액세스 플로어를 설치한다. (바닥 슬래브 200mm 낮춤)
(6) 발코니 바닥과 선큰 바닥은 층 바닥보다 100mm 낮다.

5. 도면작성요령

(1) 단면 지시선 A-A′에 의한 내 · 외부 입면과 단면을 작성하고, 설비계획 요소와 치수 및 재료를 표기한다.

(2) 각 층의 천장매립형 EHP 배관과 지하 1층 식당 및 주방의 급 · 배기덕트를 〈보기 1〉과 같이 표기한다.

〈보기 1〉

구 분	배관두께 (보온단열재 포함)	표 시
천장매립형 EHP	–	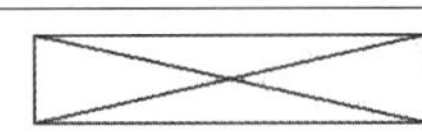
EHP 배관	ϕ80mm	
급기덕트	ϕ350mm	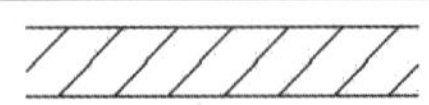
배기덕트	ϕ350mm	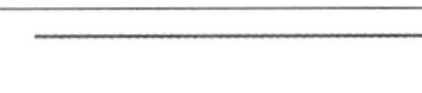

(3) 건축물 내 · 외부의 환기와 채광경로를 〈보기 2〉와 같이 표기한다.

〈보기 2〉

환기	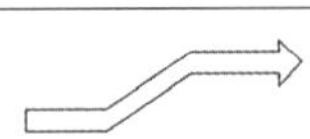	채광	

(4) 건축 · 설비재료는 친환경자재로 표기한다.

(5) 단위 : mm

(6) 축척 : 1/100

6. 유의사항

(1) 제도는 반드시 흑색연필심으로 한다.

(2) 명시되지 않은 사항은 현행 관계법령을 준용한다.

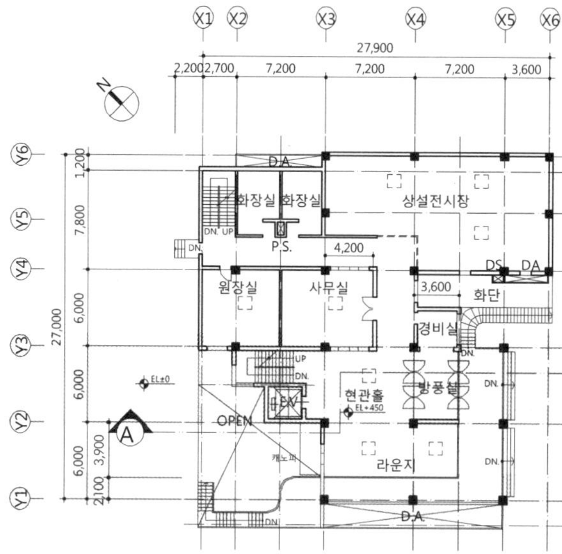

지상1층 평면도

축척 : 1/300

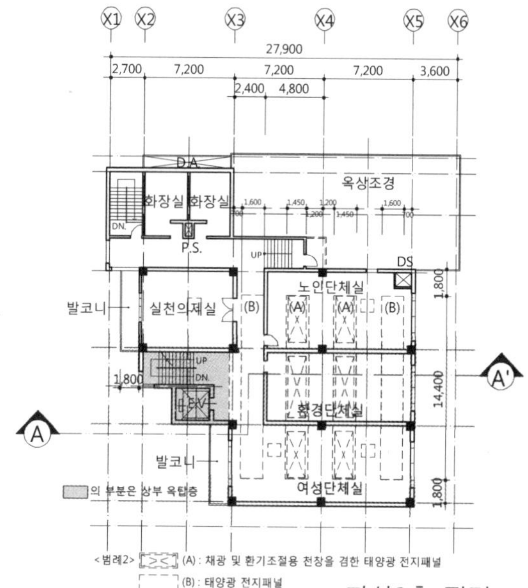

지상3층 평면도

축척 : 1/300

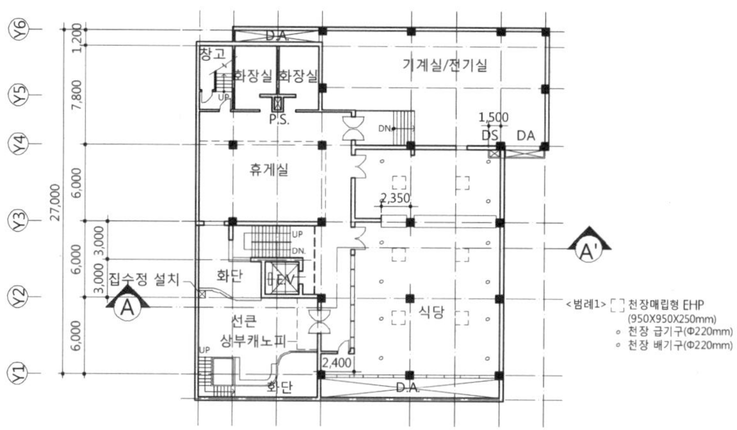

지하1층 평면도

축척 : 1/300

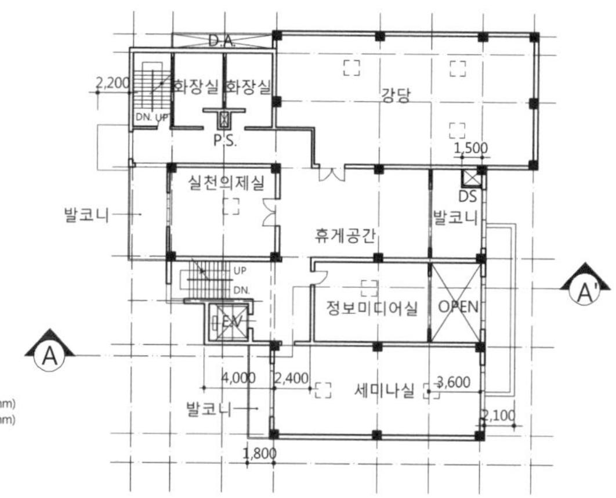

지상2층 평면도

축척 : 1/300

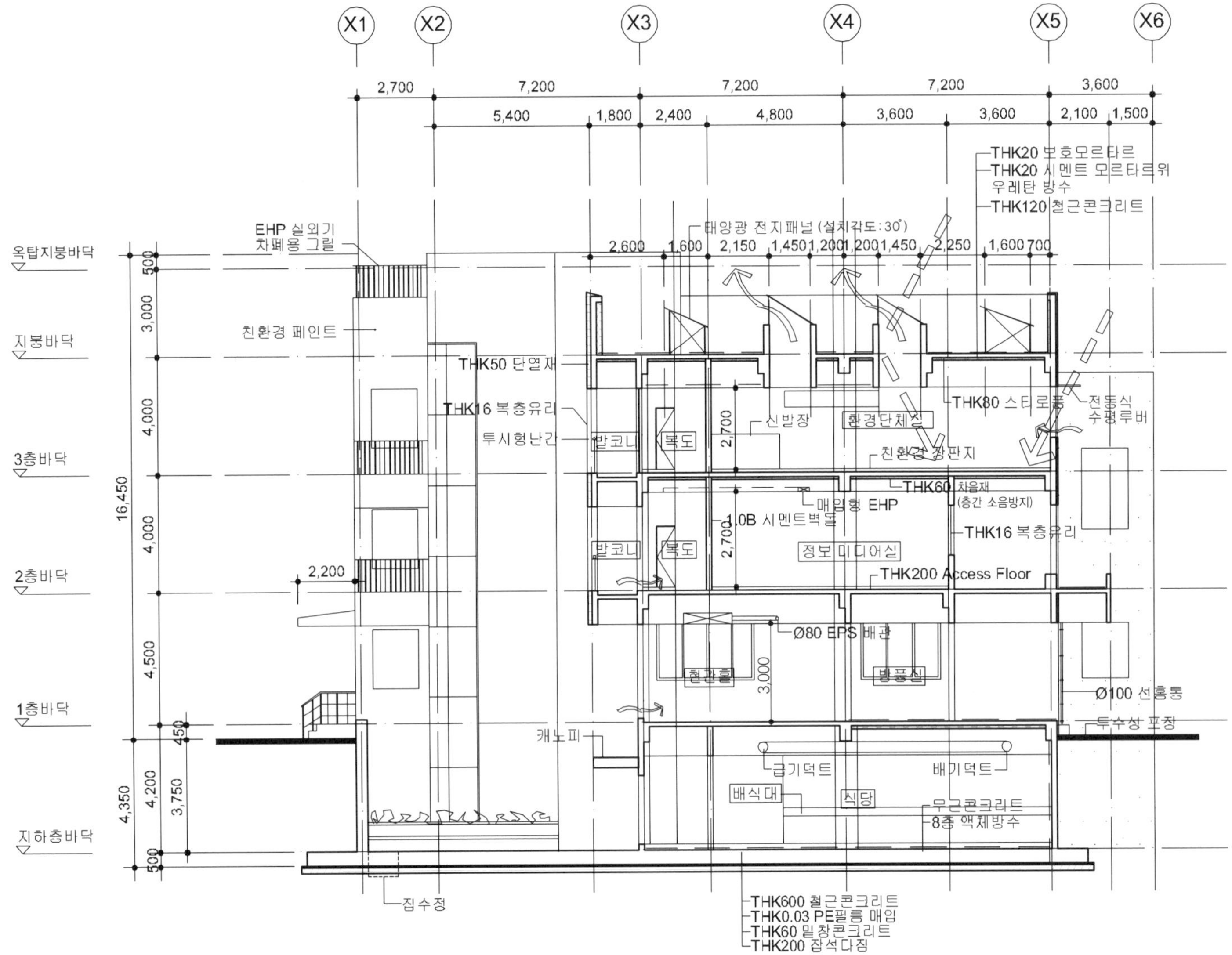

A–A′ 단면도

축척 : 1/100

◈ 제2과제(구조계획) ◈ 배점 : 35/100

제목 : 사회복지회관의 구조계획

1. 과제개요

사회복지회관을 신축하려고 한다. 아래 사항을 고려하여 안전성, 기능성, 경제성이 있는 구조계획이 되도록 2층 바닥 구조평면도를 작성하시오.

2. 설계조건

(1) 구조형식 : 철골구조
(2) 사용강재 : 일반구조용 압연강재(SS400)
(3) 구조부재의 단면치수
① 기둥 : 400×400 시리즈
② 보
a : 700×300 시리즈
b : 600×200 시리즈
c : 200×150 시리즈
(4) 층고
① 1층 : 4,500mm
② 2층 : 4,200mm

3. 고려사항

(1) 기둥
① 기둥은 9m-12m 스팬으로 배치한다.
② 기둥의 개수는 21개 이하로 제한한다.
③ 최적의 응력상태가 되도록 기둥의 강·약축을 고려하여 계획한다.
④ 기둥은 수직기둥으로 계획하며, 2층 바닥 전체에서 기둥의 축방향은 한 방향으로만 한다.
(2) 보
① 보는 연속적으로 설치하는 것을 원칙으로 한다.
② 캔틸레버보의 길이는 2m 이하로 한다.
(3) 슬래브
① 슬래브는 데크 플레이트를 사용한다.
② 데크 플레이트는 최대 3.5m의 스팬을 지지한다.
③ 데크 플레이트는 2층 바닥 전체에서 한 방향으로만 사용한다.
(4) 철근콘크리트 벽체
① 계단, 엘리베이터 샤프트, 설비 샤프트의 벽체는 철근콘크리트구조이다.
② 철골구조체와 독립적으로 응력이 작용한다고 가정한다.
③ 철근콘크리트 벽체 속에 철골기둥이나 철골보는 접합 또는 삽입하지 않는다.
④ 철근콘크리트 벽체 주위에 철골보를 설치한다.
⑤ 철근콘크리트 벽체는 주어진 것 이외에는 추가로 계획하지 않는다.
(5) 기타
① 1층 평면의 외곽선과 구조형식은 2층과 동일하다.
② 횡력에 대한 저항은 고려하지 않는다.
③ 바닥에는 고정하중과 활하중이 균등하게 작용한다.

4. 도면작성요령

(1) 첨부된 2층 평면도를 바탕으로 2층 바닥 구조평면도를 작성한다.
(2) 〈보기〉의 기호로 표기한다.
(3) 보는 설계조건에서 제시된 a, b, c로 구분하여 표기한다.
(4) 부재의 접합부위는 강접합과 힌지접합으로 구분하여 표기한다.
(5) 단위 : mm
(6) 축척 : 1/200

〈보기〉

기 둥	H I	힌지접합	├—
데크 플레이트 방향	↔	철근콘크리트 벽체	━
강접합	▶—		

5. 유의사항

(1) 제도는 반드시 흑색연필심으로 한다.
(2) 명시되지 않은 사항은 현행 관계법령을 준용한다.

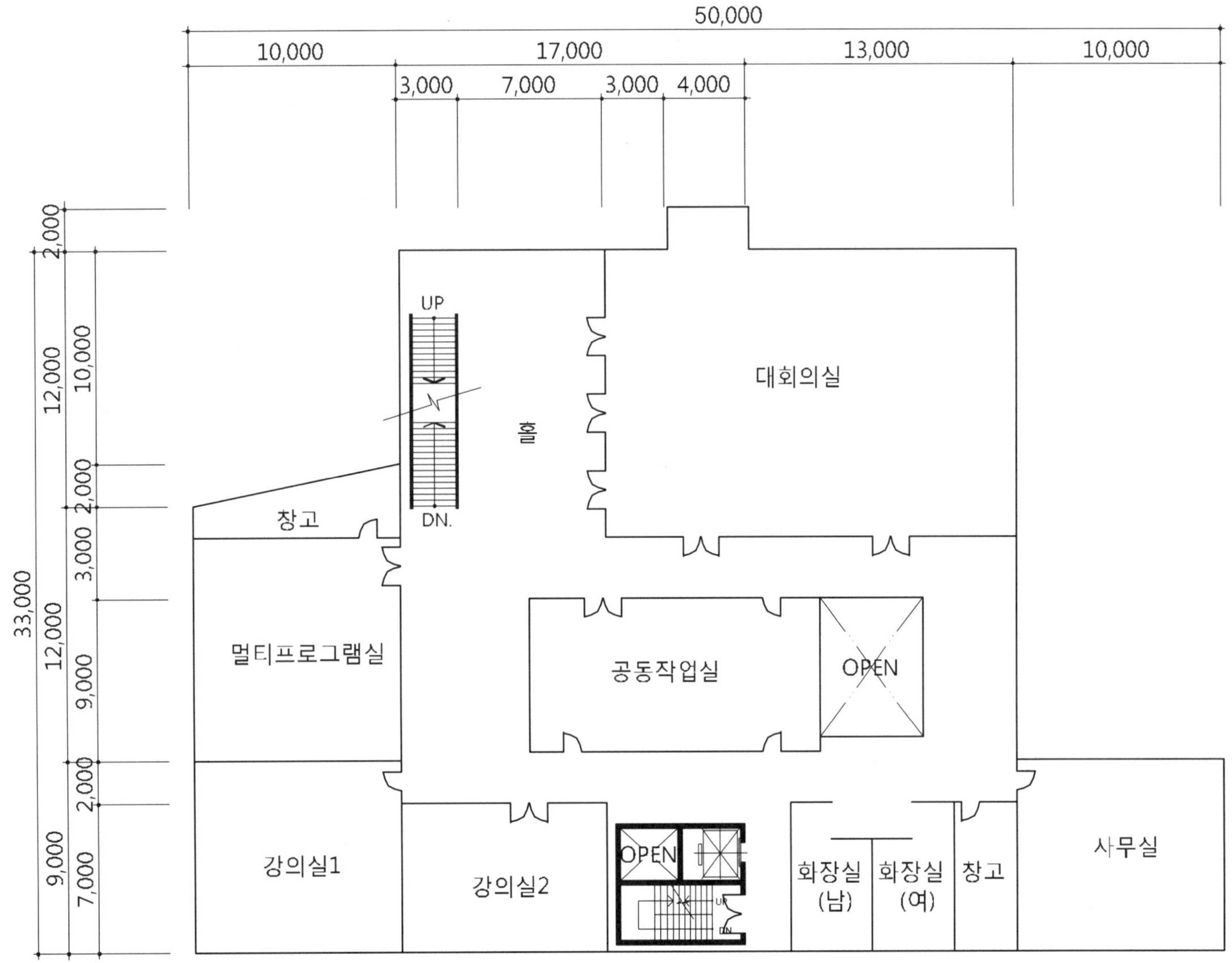

2층 평면도
축척 : 1/200

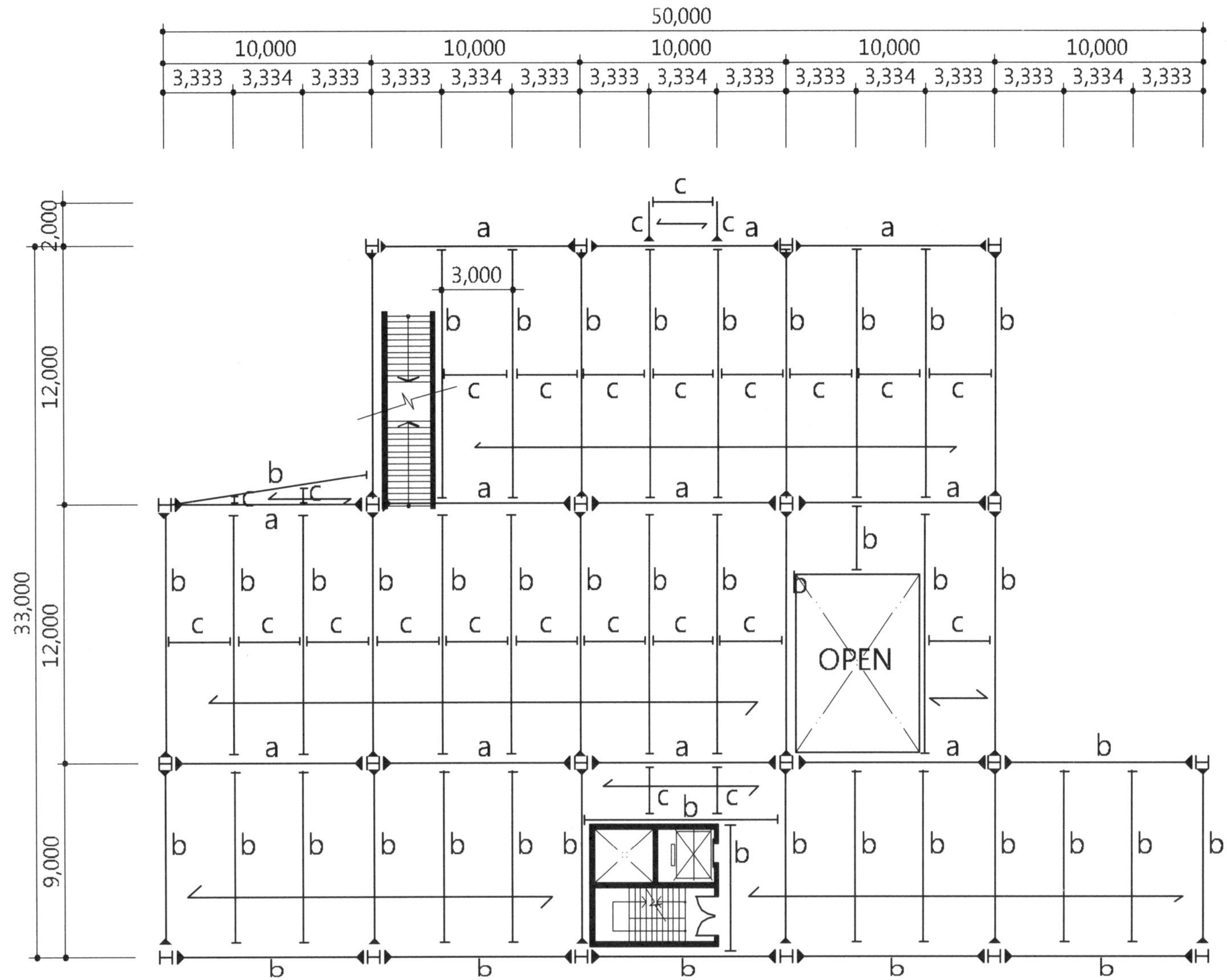

2층 바닥 구조평면도

축척 : 1/200

참고문헌

- 교육부, 건축설계제도, 2008.
- 김경섭, 건축설계제도, 건기원, 2007.
- 김수원, 제일원, 건축산업기사실기, 한솔아카데미. 2005.
- 석진욱, 김진홍, 건축설계제도, 2000.
- 주진형, 이장백, 건축설계제도의 이해, 기문당, 2001.
- 허병이, 건축설계제도, 서우, 2008.

기초제도 · 계획설계 · 실시설계를 위한
건축상세설계

2007년 3월 15일 1판 1쇄 발행
2021년 2월 25일 3판 4쇄 발행

저 자 윤천근 강혁진 전봉구 김혜민 이우진
발행인 강 해 작
발행처 기 문 당
주 소 서울시 성동구 무학봉 28길 4-1
전 화 02)2295-6171(代)~5
팩 스 02)2296-8188
출판등록 1976. 10. 7(1-44)
홈페이지 http://www.kimoondang.com
I S B N 978-89-6225-583-6 93540

검인생략